燃煤发电机组能耗分析与节能诊断技术

西安热工研究院　编著

中国电力出版社
CHINA ELECTRIC POWER PRESS

内 容 提 要

　　本书是一本关于燃煤发电机组能耗分析和节能诊断技术的专著，书中从理论到实践系统地阐述了影响燃煤发电机组能耗的主要因素、燃煤发电机组节能降耗技术及措施、燃煤发电机组运行性能监测及效率核实方法、典型燃煤发电机组节能诊断案例，并给出当前世界能源和我国电力工业的现状等。

　　本书融合了作者多年从事燃煤电厂经济性分析和技术改造研究方面的经验和体会，将国内外该领域的相关理论、研究成果与我国电厂实际相结合，有很高的应用价值。本书供从事火力发电厂节能管理、技术监督和运行人员以及相关领域的技术人员参考，也可作为大专院校能源及动力专业的教学参考书。

图书在版编目（CIP）数据

燃煤发电机组能耗分析与节能诊断技术/西安热工研究院编著. —北京：中国电力出版社，2014.9（2019.10重印）
ISBN 978 - 7 - 5123 - 6392 - 2

Ⅰ. ①燃…　Ⅱ. ①西…　Ⅲ. ①火电厂-发电机组-能量消耗-分析②火电厂-发电机组-节能-诊断技术　Ⅳ. ①TM621.3

中国版本图书馆 CIP 数据核字（2014）第 204867 号

中国电力出版社出版、发行

（北京市东城区北京站西街 19 号　100005　http：//www.cepp.sgcc.com.cn）
三河市百盛印装有限公司印刷
各地新华书店经售

*

2014 年 9 月第一版　2019 年 10 月北京第二次印刷
787 毫米×1092 毫米　16 开本　28 印张　655 千字
印数 3001—4000 册　定价 **88.00** 元

编 委 会

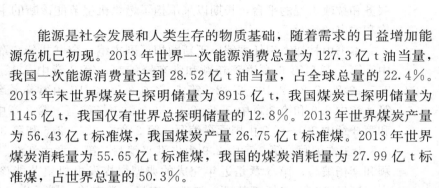

前　言

　　能源是社会发展和人类生存的物质基础，随着需求的日益增加能源危机已初现。2013 年世界一次能源消费总量为 127.3 亿 t 油当量，我国一次能源消费量达到 28.52 亿 t 油当量，占全球总量的 22.4%。2013 年末世界煤炭已探明储量为 8915 亿 t，我国煤炭已探明储量为 1145 亿 t，我国仅有世界总探明储量的 12.8%。2013 年世界煤炭产量为 56.43 亿 t 标准煤，我国煤炭产量 26.75 亿 t 标准煤。2013 年世界煤炭消耗量为 55.65 亿 t 标准煤，我国的煤炭消耗量为 27.99 亿 t 标准煤，占世界总量的 50.3%。

　　我国的年煤炭消耗量占一次能源消耗的 70% 以上，其中近 40% 消耗于燃煤发电。至 2013 年年底发电总装机容量为 124 738 万 kW，其中燃煤发电机组容量为 86 238 万 kW，占 69.14%。近年来，随着我国发电行业"上大压小"、技术改造力度的加大，新建了一大批超超临界 100 万 kW、超（超）临界 60 万 kW 机组，也涌现出一批经济性能达到世界先进水平的燃煤发电厂，燃煤机组总体经济性水平有了很大提高。全国 6000kW 及以上机组平均供电标准煤耗从 2005 年的 370g/(kW·h) 下降到 2013 年的 321g/(kW·h)，2013 年电厂热效率为 38.26%，而工业国家电厂热效率一般在 40% 左右，与其相比，仍然差距较大。

　　为了提高我国发电机组的经济性，实现节能减排，西安热工研究院为此做出了不懈努力。近十年来，西安热工研究院为中国华能集团、中国大唐集团、中国国电集团、中国华电集团、中国电力投资集团、中国神华集团、广东粤电集团等所属的发电企业完成燃煤机组能耗分析与节能诊断超过 400 台机组，对每台机组的能耗状况和节能潜力提出了详细的分析和有效的改进措施，有力地提高了发电设备的技术经济性水平，促进了节能降耗。

　　西安热工研究有半个多世纪的专业积淀，拥有一批国内外知名的发电领域专家，在电厂节能技术和节能方案设计方面成果显著，近年来，为国家发展和改革委员会、国家财政部、国家能源局、世界银行、亚太清洁发展组织（APP）等承担了多项燃煤机组节能减排方面的重大课题。《燃煤发电机组能耗分析与节能诊断技术》一书，是西安热工研究院近十年来在"燃煤发电机组能耗诊断和整体节能优化"工作中的经验总结和典型案例，提出了当前国内外有效的燃煤机组节能降耗技术和措施，是西安热工研究院专业技术人员长期技术积累的结晶，把 ASME 能耗计算理论、等效焓降法与在实践中提炼的算法升华成一套完整的燃煤机组能耗分析与节能诊断的理论体系，该体系已在大量的实践中得到应用及验证。

西安西热节能技术有限公司是西安热工研究院开展电厂节能技术服务和技改工程的平台，长期以来承担了燃煤机组节能诊断的主要工作和本书的编写。

本书由林伟杰担任主编，于新颖担任副主编。全书共分 6 章，其中：第 1 章和第 6 章由于新颖和常东锋编写，第 2 章中 2.1、2.3、2.5、2.7、2.8、2.10、2.12，第 3 章中 3.7、3.10 由常东锋编写，第 2 章中 2.9 和第 3 章中 3.4、3.5、3.6 由李杨编写，第 2 章中 2.2 和第 3 章中 3.1～3.3 由周元祥编写，第 2 章中 2.4、2.6 和第 3 章中 3.8 由王浩编写；第 3 章中 3.9 由朱洪兴编写；第 4 章由江浩、于新颖和李杨编写；第 5 章是近年完成的典型燃煤发电机组节能诊断报告，项目参与人包括于新颖、江浩、李杨、常东锋、周元祥、王浩、黄嘉驷、谢天、李欣和朱洪兴等，附录由常东锋编写。常东锋、万小燕和刘佩承担了文字校对工作。林伟杰对全书进行了统筹并终审，于新颖对全书进行了审核，柴华强负责相关组织协调工作。

本书在编写整理过程中，得到西安热工研究院相关专家的大力支持，也引用了相关专家的图表等内容。西安热工研究院教育培训部为本书出版做了大量工作，在此一并致谢。

本书可供发电行业管理和技术人员学习或参考，对燃煤发电机组能耗诊断、节能评估和节能技改等有重要的应用价值。

本书在使用过程中将不断扩充、修正和完善。书中存在的缺点和不足，欢迎读者不吝赐教。

编委会

2014 年 8 月

目　录

全球能源形势与中国电力工业的节能减排

1.1 全球能源形势及中国能源发展状况

能源是向自然界提供能量转化的物质，是人类活动的物质基础，在某种意义上讲，人类社会的发展离不开优质能源的出现和先进能源技术的使用，能源一直是关乎世界各国经济发展和民众生活的重要议题。目前，能源消费继续强劲增长，供需矛盾进一步恶化。化石能源在世界能源总体消费中仍占据主体地位，其他能源尤其是新能源发展迅速，但要取得实质性进展尚需时日。

1.1.1 主要能源的储量和生产现状

1. 石油

根据《BP Statistical Review of World Energy 2014》（《2014BP 世界能源统计年鉴》），截至 2013 年年底，全球石油已探明储量为 16 879 亿桶（折合 2382 亿 t），比 2002 年增长 26.5%。按目前开采水平，世界石油剩余探明储量可供开采 53.3 年。世界石油储量分布面较广，分布在近 80 个国家，但储量相对集中。中东国家的石油储量居世界第一位，为 47.9%；其次是美洲国家，占世界总储量的 33.1%；欧洲及欧亚大陆居第三位，占 8.8%；非洲国家居第四位，占 7.7%；亚太地区仅占 2.5%。

近年来，页岩油的开采受到广泛关注。早在 19 世纪末期，已经有很多国家建立页岩油开采工业，但随后发现的石油使页岩油工业迅速衰落。而到了 21 世纪，石油储量逐渐紧张，页岩油的开采又被多个国家重新提上日程，在美国甚至掀起影响国际能源格局的页岩油革命。据美国能源顾问公司 PIRA 数据，到 2013 年 10 月，美国已经取代沙特阿拉伯成为全球最大产油国，比国际能源署之前预测的 2017 年提前了 4 年，这是页岩油革命的里程碑。

2. 天然气

截至 2013 年年底，世界天然气探明储量增至 185.7 万亿 m^3，比 2003 年增长 19.3%。按目前开采水平，世界天然气剩余探明储量可供开采 55.1 年。世界天然气储量分布面较广，分布在 70 多个国家，但储量相对集中，主要集中在中东国家、欧洲及欧亚大陆。

近年来，非常规天然气的开采及其对国际能源格局的潜在影响受到广泛关注。据国际能源署估计，全球 74 个赋存煤层气资源的国家煤层气资源总量约为 168 万亿 m^3，其中 90% 的煤层气资源量分布在俄罗斯、加拿大、中国、澳大利亚、美国等 12 个主要产煤国。到 2035 年，非常规天然气产量比例将达到天然气总产量的 20%，天然气资源足以使当前产量维系 250 年以上。

美国曾经是天然气进口大国，现在已可实现自给自足，甚至有可能考虑出口。国际能源署 2012 年 11 月在《世界能源展望 2013》中发布的预测：美国将超过沙特阿拉伯和俄罗斯成为世界最大的天然气和原油生产国，天然气方面将于 2015 年超越俄罗斯。

美国能源情报署 2013 年 6 月 10 日发布的《全球页岩气和页岩油资源量评估报告》对全球主要的页岩层进行评估后发现，从技术上来说，页岩气的可回收资源量为 20.7 万 km^3、页岩气以外的天然气的可回收资源量为 44.1 万 km^3，这样算来，页岩气储量相当于其他天然气的 47%。

3. 煤炭

截至 2013 年年底，世界煤炭探明储量为 8915.31 亿 t，其中烟煤和无烟煤为 4031.99 亿 t，亚烟煤和褐煤为 4883.32 亿 t。按目前的开采水平，现有煤炭探明储量可供开采 113 年。但需要引起注意的是，《能源资源调查》报告中数据显示近 10 年来，由于煤炭消耗量大，煤炭储量急剧下降 12.5%。

全球煤炭资源分布不均，就世界各大区而言，欧洲和欧亚大陆地区的煤炭储量居世界第一位，占 34.8%；亚太地区居第二位，占 32.3%；北美洲居第三位，占 27.5%；中东和非洲、中南美洲分别占 3.7% 和 1.6%。

2013 年，世界煤炭产量为 78.96 亿 t，同比增长 0.8%。其中，我国煤炭产量位居世界第一，达 36.8 亿 t，占全球产量的 47.4%；美国煤炭产量位居世界第二，澳大利亚位居世界第三，印度和俄罗斯分别位居第四和第五。

4. 水电

2013 年是水力发电连续第十年持续增长，全球水利发电量达到 3782.0TW·h（1TW·h＝10 亿 kW·h），同 2012 年相比增加 2.9%。近年来的大部分增长来源于我国，其 2013 年的发电量达到了世界有史以来的最大绝对增加量，为 40TW·h，同 2012 年相比增加了 4.8%。

2013 年的主要增长国有中国、俄罗斯、西班牙和印度，部分抵消了巴西和北欧国家的大幅度下降。

5. 核能

2013 年，全球核能依旧受福岛核事故的影响，基本与 2012 年持平，2013 年全球核电机组发电量达 2489.0TW·h，比 2012 年核电发电量增加 0.9%，其中荷兰核电量降低了 30.6%，日本和巴基斯坦核电量也分别降低了 18.6% 和 16.2%。在全球核电低迷的情况下，也有部分国家保持高速增长，其中伊朗增加了 193.9%，墨西哥增加了 34.9%，中国和南非分别增加了 13.9% 和 10.4%，说明发展中国家的核电保持了较高的增长速度。

2013 年 10 月，国际原子能机构（IAEA）发布的《至 2050 年核电预测》年度报告指出，到 2050 年全球核电装机容量预计将持续增长，低速情景预测可从目前的 373GW 增长到 2030 年的 435GW，直到 2050 年的 440GW；而高速情景则预测，到 2030 年可达

722GW，到 2050 年达到 1113 GW。报告认为，中国、韩国等东亚国家增长将最为显著，预计将从 2012 年年底的 83GW 增长到 2030 年的 147～268 GW（低值～高值）。可见，长期来看，由于发展中国家的人口增长和对电力需求的不断增加，以及对气候变化、能源供应安全、燃料价格波动等问题的关切，核能发电预计在能源结构中仍将起到重要作用。

6. 新能源

据全球风能理事会统计，2013 年，全球新增风电装机 3541.6 万 kW，与 2012 年 4552.4 万 kW 的新增装机容量相比有所减少，全球风电开始进入平稳发展阶段。到 2013 年年底，全球风电累计并网装机容量达到 2.82 亿 kW。其中，中国、美国和德国位居世界前三位，累计并网装机容量分别为 9146.0 万、6129.2 万 kW 和 3431.6 万 kW。其中，我国新增风电并网装机容量为 608.8 万 kW，使风力发电增长了 21.3%，德国新增风电并网装机容量为 300.1 万 kW，美国新增风电并网装机容量为 108.4 万 kW。

2013 年，全球生物燃料产量为 6534.8 万 t 油当量，比 2012 年增加 6.1%。其中，OECD（经合组织）国家产量为 4081.3 万 t 油当量，增加 3.0%，非 OECD 国家为 2453.5 万 t 油当量，增加 11.7%。

近年来，由于对化石能源供应安全的担忧以及对气候和环境问题的关注，发展可再生能源呼声渐高，2012 年可再生能源占全球发电量的 4.7%，但可再生能源较为依赖政府支持和补贴，在市场机制面前，未来发展仍面临很多困难和问题。

1.1.2 全球能源消费现状

2010 年，全球经济复苏带动了能源消费反弹，全球能源消费呈现了自 1973 年以来最大的增长量，几乎各种能源的增长率都超出过去 10 年平均增长率的 1 倍以上，能源强度也出现自 1970 年以来的最快增长。到 2013 年，全球能源消费保持了 2.0% 的增长，稍低于历史平均水平。全球能源消费量如图 1-1 所示。

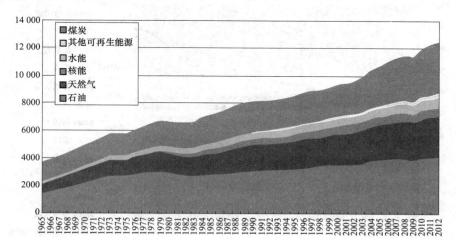

图 1-1 全球能源消费量（单位：百万 t 油当量）

注：其他可再生能源主要包括风能、地热、太阳能、生物质能等。

分区域来看（如图 1－2 所示），亚太地区是世界能源消费量最大的区域，占全球能源消费总量的 40.0％、全球煤炭消费总量的 70.4％，该地区的石油消费量和水力发电量也位居世界前列。欧洲及欧亚大陆是天然气、核电和可再生能源的主要消费地区。煤炭是亚太地区的主要燃料，天然气是欧洲及欧亚大陆的主要燃料，石油则是其余地区的主要燃料。中东油气储量丰富，其 99％以上的能源消耗来自清洁的石油和天然气。

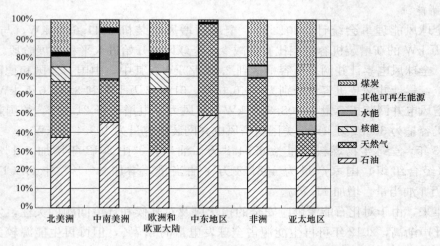

图 1－2　2013 年全球各区域能源消费格局

分主要国家来看（如图 1－3 所示），相比以往，美国的份额基本不变，略有减少；俄罗斯比前苏联时期减幅较大，但近年已稳步回升；我国和印度的增幅较大。我国和美国占世界能源总消费近 40％。2013 年，我国一次能源消费总量为 28.52 亿 t 油当量，超过同期美国总能源消费 25.8％，自 2009 年以来连续五年超过美国位居世界第一。这方面是我国快速工业化进程的表现，同时也反映出我国能耗水平相比发达国家差距较大。

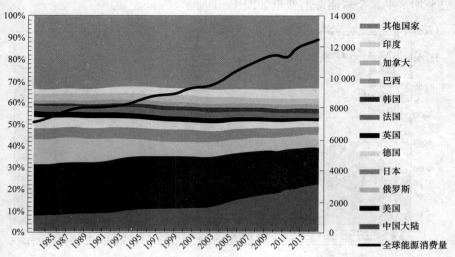

图 1－3　全球各国主要能源消费趋势（单位：百万 t 油当量）

从能源消费结构来看，石油、天然气、煤炭三大化石能源消费量显著提升（如图1-1和图1-2所示）。其中，OECD国家所占的比例逐步下降，而非OECD国家一次能源消费量不断上升，占到全球总量的56.5%。其中，我国一次能源消费量增长了4.7%，达到28.52亿t油当量，占全球总量的比例已提高到22.4%。

化石燃料仍是目前能源消费的主体，占一次能源消费总量的86.6%。在世界一次能源消费结构中，石油仍然是世界主导燃料，占全球能源消费量的32.8%，与2012年基本持平；煤炭的份额为30.0%，与2012年相比有所增加；天然气占23.7%，近年来天然气的比重得到了显著提高。

能源消费结构与各国的资源状况密切相关。俄罗斯由于天然气资源丰富，其天然气消费占一次能源消费的比例高达53.2%；我国的煤炭消费占一次能源消费的比例高达67.4%；巴西的水电消费占一次能源消费的比例达到30.7%。发达国家油气消费仍然较高，除法国外，OECD国家石油和天然气占一次能源消费的比例超过60%。

1.1.3 全球能源消费总体趋势预测

未来全球能源展望不仅关系到各国能源安全和能源企业战略，更是每个人都面临的问题。

图1-4和图1-5为《BP 2030年世界能源展望》预测的全球能源消费趋势。2010～2030年，世界一次能源消费预计年均增长1.6%，全球能源消费总量到2030年将增加39%。全球能源消费的增速会下降，将从近10年的年均2.5%下降到未来10年的年均2.0%，2020～2030年会进一步下降到年均1.3%。

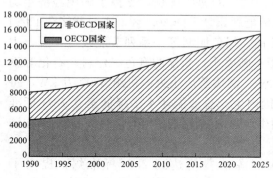

图1-4 全球各经济体能源消费趋势预测
（单位：百万t油当量）

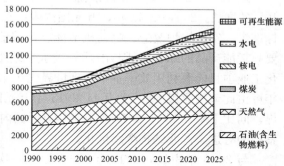

图1-5 全球各类能源消费趋势预测
（单位：百万t油当量）

预测数据显示，几乎所有（96%）的能源消费增长都来自非OECD国家。到2030年，非OECD国家的能源消费将比2010年高出69%，年均增长速度为2.7%（每年人均增速1.6%），占全球能源消费的65%，而该数字在2010年仅为54%。

OECD国家2030年的能源消费仅比2010年高出4%，到2030年，年均增速为0.2%。OECD国家的人均能源消费将呈下降趋势，未来近20年的年均降速约为0.2%。

受政策因素和资产寿命的影响，全球能源结构呈缓慢变化状态。天然气和非化石燃料的份额将提高，而煤和石油的份额将相应降低。增长最快的燃料类型是可再生能源

（包括生物燃料），2010～2030 年的预期年均增速为 8.2%；就化石燃料而言，天然气增速最快，年均 2.1%，而石油增速最慢，年均仅为 0.7%。

未来，OECD 国家的能源消费量基本保持平稳，但燃料结构将会发生显著变化。可再生能源在交通运输部门取代石油，在发电行业取代煤；天然气在发电领域的份额会提高，而煤炭发电的份额则相应减少。这些变化是燃料相对价格、技术创新和政策干预等综合因素所带来的结果。

未来，非 OECD 国家的经济发展所产生的巨大能源需求只能通过增加各种燃料的消费予以满足。对众多发展中国家而言，当务之急仍是确保获得可负担的能源，以支持经济发展。

虽然到 2030 年化石燃料仍提供全球 80% 的能源消费，但未来全球能源消费增长将日益依靠非化石燃料的供应。可再生能源、核电和水电在全球能源增长中共占 34% 的份额；非化石燃料在全球能源增长中的总体份额首次超过任何一种化石燃料。可再生能源作为一个整体在全球能源增长中的份额超过了石油。在全球能源增长中占据最大份额的化石燃料是天然气，它在全球能源预期增长中占 31% 的比重。

1.1.4　中国能源发展状况

根据国家统计局数据，2013 年，我国一次能源生产总量达到 34.0 亿 t 标准煤，为世界第一能源生产大国。其中，原煤产量 36.8 亿 t，原油产量稳定在 2.09 亿 t。天然气产量快速增长，达到 1170.5 亿 m³，全国电力装机容量达 12.3 亿 kW，年发电量为 5.35 万亿 kW·h。

从 1981～2011 年，我国能源消费以年均 5.82% 的速度增长，支撑了国民经济年均 10% 的增长。2006～2011 年，万元国内生产总值能耗累计下降 20.7%，实现节能 7.1 亿 t 标准煤。实施锅炉改造、电动机节能、建筑节能、绿色照明等一系列节能改造工程，主要高耗能产品的综合能耗与国际先进水平差距不断缩小，新建的有色、建材、石化等重化工业项目能源利用效率基本达到世界先进水平。淘汰落后小火电机组 8000 万 kW，每年可由此节约原煤 6000 多万 t。2013 年万元国内生产总值能耗水平降低至 0.737t 标准煤，同比下降 3.7%；2014 年上半年万元国内生产总值能耗同比下降 4.2%，显示结构调整稳中有进，产业结构继续优化。

与 2006 年相比，2011 年我国人均一次能源消费量达到 2.6t 标准煤，提高了 31%；人均天然气消费量为 89.6m³，提高了 110%；人均用电量为 3493kW·h，提高了 60%。

作为世界第一大能源生产国，我国主要依靠自身力量发展能源，能源自给率始终保持在 90% 左右。我国能源的发展，不仅保障了国内经济社会发展，也对维护世界能源安全做出了重大贡献。

今后一段时期，我国仍将处于工业化、城镇化加快发展阶段，发展经济、改善民生的任务十分艰巨，能源需求还会增加。作为一个拥有 13 亿多人口的发展中大国，中国必须立足国内增加能源供给，稳步提高供给能力，满足经济平稳较快发展和人民生活改善对能源的需求。

《中华人民共和国国民经济和社会发展第十二个五年规划纲要》提出：到 2015 年，

我国非化石能源占一次能源消费比重达到 11.4%，单位 GDP 能源消耗比 2010 年降低 16%，单位国内生产总值二氧化碳排放比 2010 年降低 17%。

同时，我国政府承诺，到 2020 年非化石能源占一次能源消费比重将达到 15% 左右，单位国内生产总值二氧化碳排放比 2005 年下降 40%～45%。

1.2 我国电力工业的节能减排

1.2.1 电源发展及结构

1.2.1.1 电源发展情况

图 1-6 所示为 1990～2013 年我国发电装机容量变化及其增长率，可以看到，"十五"末和"十一五"期间，我国发电装机容量得到了快速发展，截至 2013 年年底，全国发电装机容量为 124 738 万 kW，同比增长 8.77%，全年净增容量为 10 062 万 kW。

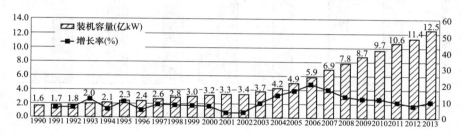

图 1-6　1990～2013 年我国发电装机容量变化及其增长率

2013 年全国发电装机容量构成如图 1-7 所示，水电装机容量为 28 002 万 kW 占总装机容量的 22.4%，火电装机容量为 86 238 万 kW，占总装机容量的 69.1%；核电装机容量为 1461 万 kW，占总装机容量的 1.2%；并网风电装机容量为 7548 万 kW，占总装机容量的 6.1%；并网太阳能发电容量为 1479 万 kW，占总装机容量的 1.2%。

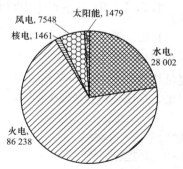

图 1-7　2013 年我国发电装机容量构成（单位：万 kW）

1.2.1.2 电源结构调整情况

我国 6000kW 及以上电厂不同容量火电机组分布如表 1-1 所示，100MW 及以上火电机组占全国火电机组总容量的比例在 2013 年年底已达到近 81.45%。火电建设继续向着大容量、高参数、环保型方向发展，截至 2013 年年底，我国投运的百万千瓦超超临界火电机组已有 63 台，总装机容量为 6352.4 万 kW，占火电装机总容量的 7.37%，平均供电煤耗为 290g/(kW·h)。另外，我国正在建设参数更高的二次再热机组，提高循环效率，使供电煤耗进一步降低。目前，无论是已经投运还是在建、拟建的百万千瓦超超临界机组，我国都居世界首位。

表 1-1　　　　　　　　　　　　2013 年我国火电机组容量分布

机组容量 P（MW）	容量（GW）	比例（%）
$100 \leqslant P < 200$	41.1	4.8
$200 \leqslant P < 300$	43.4	5.0
$300 \leqslant P < 600$	265.9	30.8
$P \geqslant 600$	352.2	40.8

　　"十一五"以来，我国已累计关停小火电机组 7696 万 kW，超额完成国家"十一五"关停小火电机组任务。"十二五"以来，关停小火电机组容量仍保持一定规模。2006～2012 年全国新增与关停火力发电容量如图 1-8 所示。

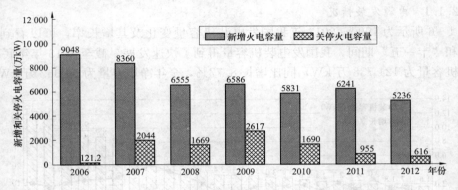

图 1-8　2006～2012 年全国新增与关停火力发电容量

　　2013 年我国清洁能源发电量为 52 451 亿 kW·h，增长 7.6%；其中，水电 8963 亿 kW·h，增长 4.76%；火电 41 900 亿 kW·h，增长 6.7%；核电 1121 亿 kW·h，增长 14.0%；风电 1401 亿 kW·h，增长 36%；太阳能发电 119 亿 kW·h，增长 91.9%。

1.2.2　电力生产和消费现状

1.2.2.1　电力生产

　　2013 年，全国发电量为 5.35 万亿 kW·h，同比增长 7.5%。2014 年 1～6 月，全国发电量约为 2.62 万亿 kWh，同比增长 5.8%，增速比去年同期提高 1.5 个百分点。"十一五"以来，全国发电量在 2008、2009、2012 年和 2013 年均受金融危机和国内经济不景气的冲击，发电量同比增长率不足 10%，其余时间段均保持了快速增长。2010 年和 2011 年受国内加大固定资产投资建设等经济政策的影响，全国发电量增速保持较高水平。2006～2013 年全国发电量增长情况如图 1-9 所示。

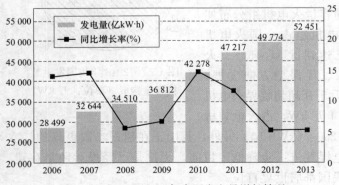

图 1-9　2006～2013 年全国发电量增长情况

1.2.2.2　电力消费规模和结构

　　图 1-10 所示是 1978～

2013 年我国经济总量和用电量统计图。可以看到，全社会用电量随国民生产总值的增长总体呈稳步增长态势，尤其是 2003～2007 年保持平均 15％左右的高速增长，2008 年和 2009 年受国际金融危机的影响，增幅降至 5％，但受国家为恢复经济的"四万亿投资计划"和"十大产业振兴规划"等政策的拉动，2010 年用电量增幅又回升至 15％左右。

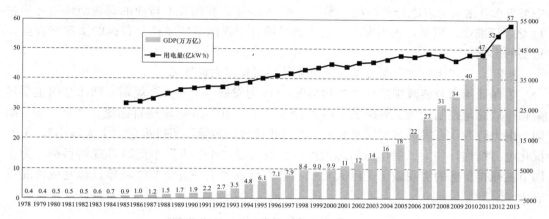

图 1-10　1978～2013 年我国经济总量和用电量统计

从电力消费结构来看（如图 1-11 所示），第一产业用电量呈稳步增长态势，平均增速接近 5％；第二产业用电量始终占全社会电力消费的 70％左右，故第二产业用电量的变动对全社会用电量的影响很大；第三产业用电量增速走高，但其所占比重基本维持在全社会用电量的 1％左右，这也是第三产业的基本属性所决定的，因此，我国为实现 2020 年单位 GDP 能耗下降 40％，很重要的一项政策就是鼓励第三产业的发展；我国城乡居民生活用电保持两位数的较高增长率，反映经济和社会发展迅速，城乡居民收入增加，人民生活水平不断提高，同时城市人口增长也是一个重要因素。

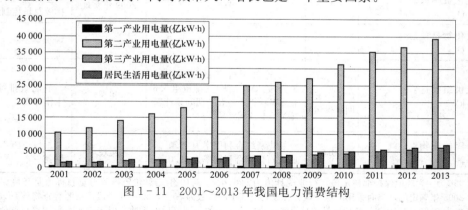

图 1-11　2001～2013 年我国电力消费结构

1.2.3　电力工业节能减排

我国是世界上少数几个以煤为主的国家，根据 BP 公司 2014 年全球能源消费统计，在 2013 年全球一次能源消费构成中，煤炭仅占 30.0％，而我国高达 15.1％，消费了几乎全球一半的煤炭。在未来相当长时期内，煤炭作为主体能源的地位不会改变，煤炭消费量还将持续增加。考虑到调整能源结构、保护环境、控制 PM2.5 污染等因素的影响，必须合理控制煤炭消费总量，限制粗放型经济对煤炭的不合理需求，降低煤炭消费增速。

火力发电行业是我国煤炭消耗的主要工业部门。我国煤炭消费量 2009 年已高达 30.66 亿 t，提前 10 年达到了"十一五规划"（第一版）所定的 2020 年 30 亿 t 的目标，其中至少 1/3 由火力发电行业消耗。预计，到 2015 年，我国发电行业的煤炭消耗量将超过 14 亿 t 标准煤。可见，火力发电行业节能减排对于我国节能减排总目标的实现有着至关重要的影响。

1.2.3.1　"十一五"电力工业节能减排规划目标完成情况

为保证国家节能减排目标的顺利实现，《能源发展"十一五"规划》和《全国主要污染物排放总量控制计划》等确定了电力行业"十一五"节能减排目标值。"十一五"期间，电力行业认真贯彻落实国家有关节能减排法规、政策，积极推进"上大压小"，不断优化电力结构，加大二氧化硫治理力度，提前完成"十一五"节能减排规划目标，为全国节能减排目标的实现做出了巨大贡献。电力行业"十一五"节能减排目标完成情况见表 1-2。

表 1-2　　　　　　　　　"十一五"电力节能减排相关指标完成情况

指标	2005 年基准值	2010 年			
		目标值	实际值	目标完成情况	目标来源
供电煤耗（标准煤），[g/(kW·h)]	370	355	333	2008 年实现	能源发展"十一五"规划
综合线损率（%）	7.21	7.00	6.53	2007 年实现	
发电水耗 [kg/(kW·h)]	3.10	2.80	2.45	2008 年实现	
二氧化硫排放总量（万 t）	1350	951.7	956*	2009 年实现	全国主要污染物排放总量控制计划
氮氧化物排放总量（万 t）	—	—	1055	—	—
脱硫机组投运容量（亿 kW）	0.53	3.55（"十一五"期间投运）	截至 2010 年年底脱硫机组 5.78 亿 kW（烟气脱硫机组 5.6 亿 kW），"十一五"期间累计新增逾 5 亿 kW	实现	节能减排综合性工作方案
工业固体废物综合利用率（%）	55.8	60.0	粉煤灰综合利用率为 68.0%，脱硫石膏综合利用率为 69.0%	实现	"十一五"规划纲要

*　956 万 t 为环境保护部核定值，行业统计值为 926 万 t。2010 年二氧化硫排放总量目标值是环境保护部在 2005 年确定的，当时采用的煤中硫分释放到空气中的系数为 80%，2007 年全国污染源普查将该系数统一调整为 85%，2010 年二氧化硫排放总量实际值核定采用的是调整后的系数，但未按此系数调整目标值。环境保护部确认电力行业 2010 年二氧化硫排放量比 2005 年降低 29%。

1.2.3.2　电力工业节能指标

1. 供电煤耗

随着大容量机组持续增加，小火电机组的关停以及节能管理的加强和技术改造的实施，我国火力发电机组煤耗水平大幅下降。图 1-12 所示为 2002～2013 年全国 6000kW

及以上火力发电厂煤耗水平情况。2013 年全国平均供电煤耗为 321g/（kW·h），低于 2006 年的美国［356g/（kW·h）］、澳大利亚［360g/（kW·h）］，较 2005 年下降 49g/（kW·h）。若考虑电力结构的差别，与主要发达国家相比，我国的火力发电煤耗已处于世界先进水平。

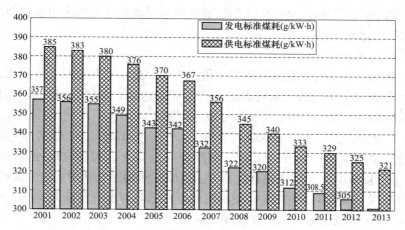

图 1-12　2001～2013 年全国 6000kW 及以上火力发电厂煤耗水平情况

2. 发电厂用电率

2013 年，全国发电厂用电率为 5.2％，比 2005 年下降 0.67 个百分点。其中，火电用电率为 6.0％，比 2005 年下降 0.8 个百分点。

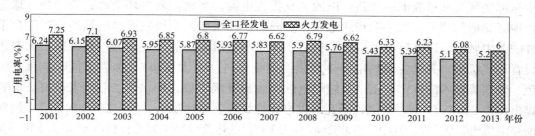

图 1-13　2001～2013 年全国发电厂用电率情况

3. 综合线损率

2013 年，全国电网综合线损率为 6.67％，比"十一五"确定的 7％的目标值低 0.33 个百分点。目前，我国电网综合线损率低于 2007 年英国的 7.4％、澳大利亚的 7.5％、俄罗斯的 11.95％，接近 2007 年美国（6.38％）水平，居同等供电负荷密度条件国家的先进水平。

1.2.3.3　电力工业减排指标

1. 脱硫脱硝

截至 2013 年年底，全国已投运脱硫机组 7.15 亿 kW，占全国煤电机组容量的 91％，比美国高 30 个百分点。通过结构减排、工程减排、管理减排的综合减排作用，电力二氧化硫排放量持续下降。

2. 烟尘排放控制

2013 年电力烟尘排放总量为 142 万 t，近年来，尽管火电发电量增长超过 70％，但

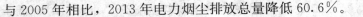

与 2005 年相比，2013 年电力烟尘排放总量降低 60.6%。

3．氮氧化物排放控制

2013 年全国电力行业氮氧化物排放量降至 834 万 t，氮氧化物排放量比 2010 年下降 12.2%。截至 2013 年年底，全国烟气脱硝机组容量达到 4.3 亿 kW，煤电脱硝比例达到 55%，比美国高 5 个百分点，仅 2013 年建成脱硝容量就接近美国火电脱硝总容量，预计 2015 年该比例将达到 85% 以上。

4．固体废物综合利用

"十五"末全国电力行业粉煤灰年产生量达 3.02 亿 t，"十一五"末粉煤灰年产生量达 4.8 亿 t，据预测"十二五"末粉煤灰年产生量将达到 5.7 亿 t。目前，粉煤灰综合利用率基本保持在 68% 左右，超过了美国等发达国家。

2013 年，全国电力行业产生脱硫石膏约 7100 万 t，同比 2012 年基本持平，是 2005 年的 14.2 倍，是 2010 年的 1.5 倍，综合利用率约为 75%。根据《国家发展改革委关于印发"十二五"资源综合利用指导意见和大宗固体废弃物综合利用实施方案的通知》（发改环资〔2011〕2919 号），到 2015 年我国脱硫石膏综合利用率目标为 80%。

1.2.3.4 "十二五"电力工业节能减排规划目标

《能源发展"十二五"规划》要求高效清洁发展煤电，稳步推进大型煤电基地建设，统筹水资源和生态环境承载能力，按照集约化开发模式，采用超超临界、循环流化床、高效节水等先进适用技术，在中西部煤炭资源富集地区，鼓励煤电一体化开发，建设若干大型坑口电站，优先发展煤矸石、煤泥、洗中煤等低热值煤炭资源综合利用发电。在中东部地区合理布局港口、路口电源和支撑性电源，严格控制在环渤海、长三角、珠三角地区新增除"上大压小"和热电联产之外的燃煤机组。积极发展热电联产，在符合条件的大中城市，适度建设大型热电机组，在中小城市和热负荷集中的工业园区，优先建设背压式机组，鼓励发展热电冷多联供。继续推进"上大压小"，加强节能、节水、脱硫、脱硝等技术的推广应用，实施煤电综合改造升级工程，到"十二五"末，淘汰落后煤电机组 2000 万 kW，火电每千瓦时供电标准煤耗下降到 323g。"十二五"时期，全国新增煤电机组 3 亿 kW，其中热电联产 7000 万 kW、低热值煤炭资源综合利用 5000 万 kW。表 1-3 为"十二五"电力工业相关的节能减排指标目标值。

表 1-3　　　　　　　"十二五"电力工业相关的节能减排目标值

指标	2010 年基准值	2015 年		
		目标值	目标来源	属性
供电煤耗［标准煤，g/(kW·h)］	333	323		预期性
综合线损率（%）	6.5	6.3	能源发展"十二五"规划	预期性
煤电二氧化硫排放系数［g/(kW·h)］	2.9	1.5		约束性
煤电氮氧化物排放系数［g/(kW·h)］	3.4	1.5		约束性

从 2012 年数据来看，"十二五"节能减排实际进度落后于目标，五年目标为单位国内生产总值（GDP）能源消耗下降 16%，前两年下降 5.5%，只完成了"十二五"进度的 32.7%，后 3 年减排压力巨大。

1.2.3.5 节能降耗新技术

近年来，依靠先进的节能技术，我国燃煤机组能耗水平大幅度降低，主力机组的能耗指标已接近国外的先进水平。针对新建机组和在役机组的深度节能降耗，目前的一系列节能新技术将发挥重要作用。部分节能新技术见表 1-4。

表 1-4　　　　　　　　　　　部分节能新技术

名称	技术简介
主、辅设备选型优化	对锅炉、汽轮机和三大风机、磨煤机、给水泵、循环水泵、凝结水泵等主辅设备的经济性、安全性及可靠性进行研究，提出参数、系统、设备的优化配置方案。优化后机组供电煤耗下降 2～3g/(kW·h)
四大管道系统设计优化	通过对主、再热（包括冷再和热再）蒸汽管道和主给水管道的管径、弯管半径和布置方式进行优化设计，减少流动阻力，汽轮机热耗可降低约 18kJ/(kW·h)
汽轮机背压优化设计	针对汽轮机进汽参数、低压缸结构尺寸、末级叶片长度、实际循环水温度，通过循环水流量、凝汽器冷却面积、凝汽器管束布置形式等的技术经济性分析，优化并降低汽轮机排汽背压
给水泵系统配置优化	单台 100%容量汽动给水泵配置，主给水泵与前置给水泵同轴驱动，启动阶段给水泵汽源可用临机的高压缸排汽。该方案给水泵汽轮机和给水泵的效率及可靠性要求较高，实施后机组热耗与厂用电率分别降低约 17kJ/(kW·h) 和 0.15 个百分点
弹性回热技术	利用汽轮机已有补汽阀对应的抽汽口或其他温度较高的汽源，增加一级高压加热器，提高低负荷下的给水温度，改善低负荷工况下锅炉燃烧性能，避免烟气温度过低影响后续脱硝装置的投运率
疏水阀控制方式优化	以疏水通道，特别对汽轮机本体及高能位疏水管道的上下壁温差控制疏水阀开启，减少了机组启停过程中的汽水损失，提高机组经济性
低温省煤器技术	对脱硫无气气换热器、燃用褐煤和排烟温度超过 130℃的机组，应采用低低温省煤器技术，进一步减少排烟热损失，提高机组热经济性。 1000MW 机组典型布置：低温省煤器布置在空气预热器后、除尘器前，额定工况烟气温度自 120℃降至 95℃；低低温省煤器布置在引风机后、脱硫装置前，烟气温度自 101℃降至 75℃。凝结水依次进入低低温省煤器、低温省煤器，温度从 58.7℃升至 105℃。汽轮机额定工况共吸收热量 50.73MW，可降低热耗 80kJ/(kW·h)
凝结水调频技术	特别针对全周进汽汽轮机，通过调整凝结水流量，从而改变低压缸抽汽流量，实现汽轮机输出功率变化，在提高或者不降低机组负荷响应性能的前提下，有效降低汽轮机调节阀的节流损失，提高机组运行的经济性和安全性。典型的 1000MW 超超临界机组在低负荷工况下可降低煤耗 1～2g/(kW·h)
引增风机二合一技术	去掉增压风机，对原有引风机进行扩容改造，使其同时满足烟风系统和脱硫系统的出力需求，将增压风机及不必要的烟道拆除，并对引风机出口烟道和脱硫烟道进行整体优化设计。改后的风机可采用静叶调节或动叶调节的轴流式风机。1000MW 机组采用引增合一技术，厂用电率也有一定的下降空间
锅炉烟风系统优化	采用先进计算方法，对包括系统管道布置、管道尺寸和形状、风机吸入口进风方式、风道的转弯半径等的锅炉烟风系统进行流场优化，分别降低冷热一次风管道、冷热二次风管道、送粉管道、除尘器前烟道等烟风道阻力损失，最终降低风机出力，不但达到节能效果，而且改善了锅炉燃烧性能

名称	技术简介
空气预热器全向柔性密封技术	在不改变原有设备结构的前提下，对冷热端径向、轴向和旁路密封等全向，加装接触式柔性密封，使其完全覆盖动、静间的漏风间隙，并自动补偿空气预热器转子变形与漏风间隙的非线性变化，实现全方位密封，使漏风率始终保持在 4% 以下的较低水平
变频总电源技术	利用汽轮机中压缸排汽，在厂内配置小型汽动异步发电机组，发电机转速（频率）可调，通过母线直接带动送、引风机、一次风机、增压风机、循环水泵、凝结水泵等厂用负载，实现这些负载的调速运行，可大幅度降低厂用电率
抽汽机组功热分级应用技术	针对供热机组通过节流方式降低抽汽压力以满足热网设备运行要求的不经济现象，先将供热蒸汽导入汽动异步发电装置发电，然后分级换热供给热网。异步电动机出线电压为厂用电电压，出线直接接入厂用电系统，为厂用电负载提供电源

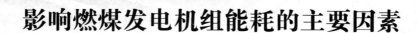

影响燃煤发电机组能耗的主要因素

目前，我国燃煤发电机组除了极少数的进口机组性能可达到设计水平以外，其他机组都与设计水平有较大的差距，表 2-1 和表 2-2 分别列出了影响燃煤发电机组发电煤耗和厂用电率的主要因素。

表 2-1　　　　　　　　　影响燃煤发电机组发电煤耗的主要因素

序号	影响因素	对发电煤耗影响量 g/(kW·h)
1	汽轮机本体性能差	5.0～12
2	出力系数低	3.0～7.0
3	真空低	0.5～5.0
4	锅炉效率低	-1.0～3.0
5	锅炉减温水量大	0.5～2.0
6	热力系统阀门内漏	0.5～3.0
7	启停频繁	0.5～1.5
8	主、再热蒸汽参数低	<1.0
9	设备保温差	<0.2
10	给水泵汽轮机组性能低	0.5～1.0

表 2-2　　　　　　　　　影响燃煤发电机组厂用电率的主要因素

序号	影响因素		对厂用电率影响量（百分点）
1	循环水泵运行方式（未双速）		0.1～0.3
2	凝结水泵运行方式（未变频）		<0.1
3	电动给水泵的投用量（配有汽动给水泵，但机组启停频繁）		<0.02
4	一次风机	风机运行效率低、系统阻力大或烟风流量大	0.05～0.15
5	增压风机		0.12
6	引风机		0.05～0.2
7	送风机		<0.1
8	磨煤机运行方式或受煤质的影响		0.02～0.05

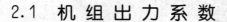

2.1 机组出力系数

发电厂采用出力系数来反映机组运行时带负荷的状况，出力系数（即负荷系数）是指平均负荷与发电机额定容量之比。

出力系数是影响机组经济运行的重要指标之一，与机组供电煤耗成反比。若出力系数降低，将直接导致汽轮机热耗率增大、厂用电率升高及锅炉效率的变化，最终引起机组供电煤耗上升。而且，随着出力系数降低越多，其单位变化量对机组供电煤耗的影响将大幅增加。典型发电机组出力系数对发电煤耗的影响曲线如图 2-1 所示。

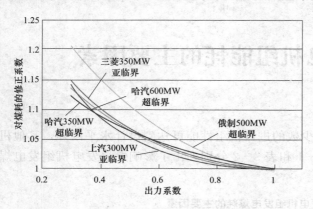

图 2-1 典型发电机组出力系数对供电煤耗的影响曲线

目前，我国火电机组出力系数在 0.6～0.8 之间，仅出力系数对机组供电煤耗的影响平均在 5.0g/(kW·h) 以上。降低出力系数的影响，首先要增加出力系数，其次应在机组间合理分配负荷，实现经济调度，最后要提高设备检修质量，减少因设备故障引起的非计划停运和降低出力事件。

目前，电网调度为了保证供电可靠性，通常会增加机组旋转备用量，即通过降低已并网机组的出力系数，来保证电网安全裕量。另外，电网调度直接指令机组，即使是装备有多台机组的大型电厂也无权进行厂内经济调度，而且大容量高参数的基本负荷机组也参与调峰和旋转备用，这些调度和运行方式都很不经济。

在国民经济运行对现有发电量的需求下，为降低出力系数对机组经济性的影响，首先，大容量高参数的基本负荷机组其经济性较好，可不参与调峰；其次，电网调度总指令发至电厂，电厂应有一定权限进行厂内经济调度；另外，加强对机组可靠性事件的考核力度，强化设备检修质量，减少由于设备故障导致的可靠性事件。

2.2 锅炉热效率

锅炉热效率是反映锅炉运行经济性的一项综合指标。直接决定锅炉热效率的指标主要包括排烟温度、锅炉氧量（排烟氧量）、飞灰可燃物含量和炉渣可燃物含量。其他一些影响因素都是通过上述四个指标实现对锅炉热效率影响的。

2.2.1 排烟温度

排烟温度是指燃料燃烧后离开锅炉最末一级受热面（一般指空气预热器）的烟气温度。一般情况下，300MW 燃煤机组锅炉排烟温度每升高 10℃，锅炉效率下降约 0.5 个百分点，机组供电煤耗升高 1.5g/(kW·h) 左右。

通常情况下，燃煤锅炉设计排烟温度为 120～140℃，其中，低硫分无烟煤锅炉设计值较低，褐煤设计值相对较高。目前，国内燃煤电厂锅炉排烟温度普遍偏高，其主要原因，在设计方面包括受热面布置不合理、省煤器受热面面积不足、空气预热器蓄热板面积偏小等。例如，海南某电厂 1 号锅炉，由于空气预热器以及省煤器的面积偏小导致排烟温度高于设计值 20℃ 以上，使锅炉效率下降 1 个百分点左右，影响供电煤耗 3.0g/(kW·h)左右。运行方面主要原因有燃煤偏离设计煤质较大，特别是目前部分电厂大量掺烧褐煤、燃煤热值低、水分高等特性，导致炉内燃烧工况发生变化，燃烧产生烟气量增加，导致排烟温度升高；运行方式不合理，包括一次风率、磨煤机投运方式及投运台数、磨煤机出口温度控制水平等；炉内燃烧状态不佳，火焰刷墙，受热面存在积灰结焦；制粉系统掺入冷风量大、部分风门严密性差导致漏风量大；空气预热器蓄热板积灰等。

降低排烟温度的主要措施如下：

(1) 控制适当的炉内过剩空气系数。通过锅炉优化燃烧调整，在保证煤粉完全燃烧的条件下，控制氧量能够减少锅炉的排烟热损失。

(2) 根据机组负荷变化，及时调整燃烧器运行方式，控制火焰中心位置，减少火焰刷墙，避免出现积灰结焦。

(3) 当煤质发生变化时，及时调整制粉系统运行方式，保证经济的煤粉细度的同时，对磨煤机投运方式、投运台数、磨煤机出口温度等进行优化。

(4) 加强对吹灰器的运行维护，保证吹灰设备投入率，防止受热面积灰。

(5) 受热面（省煤器、低温过热器或低温再热器）技术改造，降低排烟温度。

2.2.2 锅炉氧量

运行氧量是炉膛出口烟气中氧的容积含量百分比，反映燃烧过程中过剩空气的含量，影响锅炉的排烟热损失。运行氧量等于锅炉燃烧控制的烟气氧量加上到氧量测点处的漏风。一般情况下，300MW 燃煤机组锅炉烟气含氧量每升高 1%，锅炉效率下降 0.2～0.3 个百分点，机组供电煤耗升高 0.6～0.9g/(kW·h)。因此，在火电机组运行过程中，保持合理的烟气含氧量能提高火力发电厂机组运行经济性与可靠性。

运行氧量直接影响锅炉燃烧工况，在其他条件不变的情况下，随着锅炉氧量增加，过剩空气系数增加，炉内燃烧供氧充分、气流混合扰动增强、煤粉燃烧效率提高、飞灰可燃物含量降低，使得锅炉机械不完全燃烧热损失减少，但与此同时，锅炉排烟烟气量增加，排烟热损失增大，锅炉送、引风机耗电率也增加，而且同时过热、再热减温水量升高，NO_x 生成量增加。因此，综合考虑机械不完全燃烧热损失、排烟热损失、风机耗电率、减温水以及 NO_x 生成量达到最优的锅炉氧量称为最佳氧量。

锅炉运行最佳氧量根据机组负荷、运行状态以及煤质变化而变化。目前，国内电厂燃煤锅炉运行氧量控制通常由运行人员根据经验进行操作，具有较大的随意性，同时表盘运行氧量与实际氧量存在偏差，普遍存在机组实际运行氧量偏离最佳氧量，导致机组经济性下降。

最佳锅炉运行氧量确定，通常是在锅炉大修、煤质有较大变化或燃烧器进行改造后，进行锅炉燃烧调整试验，在保持合适的一次风率、磨煤机投运方式条件下，对比不同运

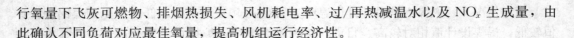

行氧量下飞灰可燃物、排烟热损失、风机耗电率、过/再热减温水以及 NO_x 生成量，由此确认不同负荷对应最佳氧量，提高机组运行经济性。

2.2.3 灰渣可燃物

灰渣可燃物包括飞灰可燃物和炉渣可燃物。对于电厂煤粉锅炉，通常认为灰渣中飞灰：炉渣＝9：1，故飞灰可燃物较炉渣可燃物对机组经济性影响更为显著，由此飞灰可燃物往往是电厂经济性分析关注的重点。在一般情况下，300MW 燃煤机组锅炉飞灰可燃物含量每升高 1 个百分点，锅炉热效率就降低 0.1～0.5 个百分点（根据入炉煤的灰分以及发热量而不同）。

煤质是影响灰渣可燃物最主要的因素。目前，对于燃用烟煤与褐煤的锅炉，其灰渣可燃物一般来说在 2％ 以内，对应的机械未完全燃烧热损失通常低于设计值。而对于燃用无烟煤、贫煤以及无烟煤和贫煤掺烧的锅炉，其飞灰可燃物通常达到 2％～3％，部分机组高达 5％ 以上，是造成锅炉效率偏低的主要原因。

煤粉细度同样对灰渣可燃物有重要影响。煤粉细度相对较细，有助于降低灰渣可燃物，固体未完全燃烧热损失相对较低，但同时会增加制粉系统耗电率以及磨损，综合考虑灰渣可燃物与磨煤机耗电率达到最优的细度称为最佳煤粉细度。

最佳煤粉细度根据不同煤种及制粉系统有所不同，通常需要进行制粉系统燃烧优化调整试验来确定。依据一般规律，对于燃用烟煤、褐煤锅炉，灰渣可燃物相对较低，可考虑磨煤机出口煤粉细度适当放粗（通常情况下煤粉细度 R_{90} 可放粗至 30％ 左右），在保证燃烧效率、灰渣可燃物相对较低的情况下，有助于降低磨煤机耗电率，提高磨煤机出力，提高机组经济性。对于燃用无烟煤、贫煤或无烟煤与贫煤掺烧锅炉，灰渣可燃物相对较高，在保证磨煤机满足机组出力要求的同时，应尽可能保证磨煤机出口煤粉细度较小（通常情况下煤粉细度 R_{90} 可保持在 15％ 左右，部分难燃煤质保持在 10％ 以内），有助于降低灰渣可燃物，提高机组经济性。

2.2.4 空气预热器漏风率

空气预热器漏风率主要是漏入空气预热器烟气侧的空气质量与进入该烟道的烟气质量之比。空气预热器漏风率是反映空气预热器设计、制造与运行经济性的一个综合指标。空气预热器漏风对锅炉经济性的影响主要体现在对风机耗电率和空气预热器换热的影响，其影响程度的大小与漏风发生的情况密切相关。根据相关经验，通常认为空气预热预热器漏风率降低 1 个百分点，机组煤耗下降约 0.1g/（kW·h）。从数量级上来看，空气预热器漏风率对煤耗影响量较小。由此，考虑相关改造的可靠性以及费用等，通常认为空气预热器漏风率控制在 6％～7％ 水平，其机组经济性相对较好。

目前，国内燃煤锅炉配备空气预热器主要分为管式与回转式，其中部分投产时间较长、容量较小及小容量流化床锅炉通常采用管式空气预热器，其漏风率普遍偏大，主要与管子的磨损、堵塞、腐蚀或安装（检修）质量引起的管子泄漏以及运行过程中送风机风压的控制等有关。

对于大容量机组及新建机组，国内电厂锅炉普遍采用的三分仓回转式空气预热器。回转式空气预热器漏风率主要与预热器密封结构形式、密封间隙变化、密封自动跟踪系统投入情况，吹灰设备投运情况，检修质量以及运行周期有关。

降低空气预热器漏风率的措施包括检修期间严格调整控制预热器密封间隙；运行期间定时检查自动密封跟踪装置，及时调整，加强维护；定期进行空气预热器漏风试验，及时监测空气预热器漏风率；防止空气预热器腐蚀、堵灰、积灰。

2.2.5 提高锅炉热效率的主要措施

综合上述影响锅炉效率的主要因素分析，提高锅炉经济性的主要措施如下：

（1）尽量保证锅炉燃用煤品质的稳定和运行负荷的稳定性；

（2）根据煤质、机组负荷及燃烧设备的变化因素，及时进行优化燃烧调整试验；

（3）合理控制锅炉的过剩空气系数或入炉风量；

（4）合理控制煤粉细度；

（5）减少锅炉本体、空气预热器及烟风系统、制粉系统的漏风；

（6）实现机组自动协调控制运行，及时投入锅炉汽温、汽压自动控制系统；

（7）汽轮机、锅炉在线优化运行系统采用耗差分析等手段，直观显示锅炉经济技术参数、指标的实际值和目标值，指导运行人员经济运行；

（8）严格执行定期吹扫制度，保证受热面的积灰及时清除，提高换热效率，降低排烟温度；

（9）加强保温，减少散热损失；

（10）控制汽水品质；

（11）防止漏水冒汽。

2.3 汽轮机本体性能

目前，我国燃煤发电机组除了极少数的进口机组性能可达到设计水平以外，其他机组都与设计水平有较大的差距。一般，额定工况下热耗率至少比保证值高约 $150kJ/(kW \cdot h)$，造成燃煤机组发（供）电煤耗偏高 $5.5g/(kW \cdot h)$ 以上。而且，近几年投产的超临界 600MW 机组和个别超超临界 1000MW 机组也存在热耗率达不到设计保证值的状况。

国内现役大容量汽轮机主要采用两种技术体系：一是以美国西屋、GE 公司，以及日本三菱、东芝、日立为代表的"美—日技术体系"；二是以西门子和阿尔斯通公司为代表的"欧洲技术体系"。

1."美—日技术体系"

采用"美—日技术体系"生产的汽轮机具有以下缺点：

（1）均采用喷嘴调节，具有调节级，使通流效率降低；

（2）汽缸内部结构复杂，高、中压缸内短路蒸汽较多（如高、中压缸内外缸夹层漏汽），且漏量大，造成蒸汽做功损失大；

（3）机组需在现场完成组装，安装精度差；

（4）大修间隔较短，一般为 4～5 年。

由于结构上的原因，以及国内制造、安装等方面存在的问题，目前我国采用"美—

日技术体系"生产的汽轮机普遍性能较差,一般热耗率至少较制造厂的设计保证值高约150kJ/(kW·h)。

我国上海汽轮机厂(简称上汽)、哈尔滨汽轮机厂(简称哈汽)、东方汽轮机厂(简称东汽)生产的300、600、1000MW汽轮机(上汽超超临界机组除外),即国内运行机组的大多数均属于"美—日技术体系"。

2."欧洲技术体系"

采用"欧洲技术体系"生产的汽轮机优点如下:

(1)汽缸结构设计合理,内外缸夹层漏汽量极少;

(2)高、中压缸在工厂内完成组装,整体发往现场,因此制造、安装质量极高,动静间隙小,容易保证机组性能;

(3)多采用节流调节,没有调节级,高压缸通流效率较高;

(4)大修间隔长,一般均超过10年。

上汽引进西门子技术生产的600、1000MW超超临界机组及北京重型电机厂(简称北重)引进阿尔斯通技术生产的600MW超临界汽轮机属于"欧洲技术体系"。从目前运行状况来看,上述采用"欧洲技术体系"的机组各项性能指标基本都达到了设计保证值。

以亚临界机组为例,国内运行的亚临界机组主要包括300MW等级和600MW等级,其初参数基本一致,目前国内三大主机厂(哈汽、上汽、东汽)均采用"美—日技术体系"生产,给水泵多为汽动形式,表2-3给出了我国部分亚临界机组性能考核试验数据。

表2-3　　　　　　　部分国产亚临界汽轮机性能试验数据

制造厂	容量和参数	电厂	机组	高压缸效率 (%)	中压缸效率 (%)	低压缸效率 (%)	热耗率 [kJ/(kW·h)]
哈汽	亚临界 600MW		设计值	87.55	93.44	91.56	7825
		YM	3号	84.48	88.29	88.12	8063.7
			4号	82.76	88.10	87.54	8041.9
	亚临界 300MW		设计值	86.8	93.0	91.0	7823
		HX	1号	82.69	90.77	89.21	8006.9
			2号	83.73	89.36	87.89	8014.2
上汽	亚临界 600MW		设计值	88.53	91.46	89.30	7796
		DZ	1号	85.03	89.34	87.66	7935
			2号	83.81	89.09	86.00	7966
		NH	1号	86.46	90.21	—	7953.7
			2号	86.69	91.29	83.00	8066.0
	亚临界 300MW		设计值	85.94	90.48	89.74	7946.1
		JN (双抽)	1号	82.56	88.8	90.96	7939
			2号	81.53	88.23	89.64	7999.8

续表

制造厂	容量和参数	电厂	机组	高压缸效率（%）	中压缸效率（%）	低压缸效率（%）	热耗率[kJ/(kW·h)]
东汽	亚临界600MW		设计值	86.4	92.5	92.9	7736
		HQ	1号	83.18	88.08	86.55	7987.4
			2号	82.71	89.65	85.67	8047.7
		TC（直空冷）	1号	82.31	90.45	—	
			2号	82.83	90.85		
	亚临界300MW		设计值	85.68	92.66	91.70	7898
		ZJ	1号	86.32	90.01	92.16	7948.3
			2号	85.83	91.07	91.00	7942.1
三菱	亚临界350MW		设计值	86.77	93.15	89.6	7833.5
		DL	1号	83.5	92	89	7939
西屋	亚临界350MW		设计值	85.76	94.75	87.52	7825
		DL	3号	85.5	90.5	85.5	7880.1
西门子	亚临界600MW		设计值	89.14	93.54	88.31	7817
		HF	1号	90.42	92.69	—	7814.3
	亚临界350MW		设计值	86.38	94.87	87.37	7817
		FZ	3号	85.97	93.47	—	7815.2

注 热耗率为一、二类修正后数值。空冷机组高、中压模块与其湿冷机组相同，表中列出仅对高、中压缸的性能状况进行支持。

我国 20 世纪 80 年代末至 90 年代末全套进口的 300MW 亚临界汽轮机性能基本能够达到设计值，实际热耗率均在 7900kJ/(kW·h) 左右，甚至更低达到 7850kJ/(kW·h) 的水平。

2000 年前后，上汽、哈汽采用西屋引进型技术生产的 300MW 亚临界汽轮机实际热耗率约在 8000～8100kJ/(kW·h) 的水平，600MW 亚临界汽轮机的实际性能水平略好，但也多在上述范围之内。

目前，国内三大主机厂（哈汽、上汽、东汽）及北京全四维动力科技有限公司（简称全四维）等公司均具有对 300MW 亚临界机组实施通流改造的能力（主要指哈汽、上汽、东汽机组），改造后机组的热耗率多在 7950 kJ/(kW·h) 左右，达到 7900 kJ/(kW·h) 以内的情况比较罕见，因此，与国外 20 世纪末技术水平相比仍有差距。

2.4 汽轮机冷端系统

凝汽式火电机组冷端系统主要任务是把从汽轮机排汽口排出的蒸汽凝结成水，并在汽轮机排汽口建立与维持一定的真空度，其主要设备包括凝汽器、循环水系统、循环水泵和冷却塔、凝结水系统和凝结水泵、抽空气系统和真空泵以及相关的管道、阀门等附属结构。

目前，国内运行的大容量火电机组冷端系统存在着一些问题，影响着机组的热经济性。从火电机组冷端系统着手，提高汽轮机组冷端性能和运行可靠性，具有投入小、见效快的优点，是电厂节能降耗、提高机组热经济性、实现效益最大化的最佳途径。

冷端系统内各设备的工作状况不仅通过凝汽器压力影响机组的经济性，而且通过辅机电耗影响厂用电。利用火电机组变工况性能计算方法和等效焓降法，结合数台火电机组冷端系统节能诊断为实例，建立了以供电煤耗率为一阶评价指标以及凝汽器压力和辅机电耗为二阶评价指标的冷端系统能耗分析与节能诊断模型，提出了表征冷端系统和设备运行性能的六个特征参量，研究了它们对凝汽器压力的影响规律及机组经济指标的影响程度，进而研究了引起特征参量变化的主要因素，最终提出节能降耗相关方面的措施。

冷端系统节能诊断评价体系构架如下：

（1）一阶评价指标。供电煤耗率作为冷端系统经济性的一阶评价指标。

（2）二阶评价指标。冷端系统中的凝汽器压力和各种水泵的电耗是影响机组煤耗率的两个重要参数，系统内其他因素的变化最后都归结到这两个参数的变化。因此，凝汽器压力和水泵耗电量是冷端系统的二阶评价指标。

（3）三阶评价指标。由冷端系统工作过程可知，冷端系统内各设备的工作状况能够通过相应的参数给予表征，参数主要包括凝汽器冷却面积、凝汽器热负荷、凝汽器清洁系数、空气侧分压力、冷却水温度、冷却水流量，评价相应的设备和系统的工作状况；水泵耗电量主要是循环水泵电耗和真空泵电耗。因此，三阶评价指标主要包括表征凝汽器压力的六个参数和循环水泵电耗以及真空泵电耗。冷端系统能耗分析与节能诊断指标组成框图如图2-2所示。

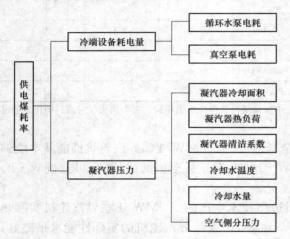

图2-2　冷端系统能耗分析与
节能诊断指标组成框图

2.4.1　凝汽器性能

凝汽器是冷端系统内的主要设备之一，它的运行性能直接影响冷端系统的总体经济指标。通常评价凝汽器工作状况的主要参数是凝汽器压力和凝汽器端差。

理论上凝汽器端差是体现凝汽设备换热性能的综合指标。但实际运行中利用凝汽器端差对其性能进行评价，只能在一定范围内定性地估计凝汽器性能变化，但不能准确地计算出是何种因素引起凝汽器的性能降低，更不能定量计算出各影响因素对机组经济性的影响。因此利用凝汽器端差对凝汽器性能进行诊断不具有实际意义。

凝汽器的压力是冷端系统经济运行的综合经济指标，它不仅反映凝汽器的工作状态，而且还通过冷却水温度（凝汽器入口）反映了冷却塔的工作状态（开式冷却水系统反映了气象参数变化以及取水口位置差异）。可利用凝汽器变工况性能计算，定量的计算出凝汽器热负荷、循环水流量、循环水进口温度以及凝汽器清洁系数的变化对经济性的影响。因此，利用凝汽器压力对其性能进行诊断，准确并具有实际意义。

一般凝汽器的工作状况能够通过相应的参数给予表征，参数主要包括凝汽器冷却面积、凝汽器热负荷、凝汽器清洁系数、空气侧分压力、冷却水温度、冷却水流量等，如图2-3所示。凝汽器性能诊断主要是在凝汽流量和气象参数一定的条件下，考察凝汽器实际压力与该边界条件下应达到的压力之间的差距，找出影响其偏差的主要因素，利用凝汽器变工况性能计算模型，定量核算出该因素对凝汽器压力的影响程度，进而对影响其主要因素进行分析，最后提出解决问题的措施。

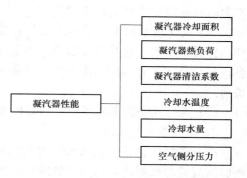

图2-3　凝汽器性能影响因素组成框图

1. 凝汽器面积

与同容量等级机组相比，直流冷却系统机组（俗称开式循环方式）凝汽器面积略小，冷却水流量较大（多为低扬程、大流量循环水泵）；对于循环冷却系统（俗称闭式循环方式）凝汽器面积略大，冷却水流量较小（多为高扬程、流量略小循环水泵）。

通常600MW机组凝汽器冷却面积为34 000～38 000m²，1000MW机组凝汽器冷却面积为52 000～60 000m²，对于全年平均循环水温度高于20℃，凝汽器面积应适当增大，并根据优化计算确定凝汽器的面积。在其他边界条件不变的情况下，1000MW机组凝汽器面积从52 000m²增加到57 000m²，对应额定工况时凝汽器压力下降约0.2kPa。

对于投运已久的机组，凝汽器增容改造通常需要增加冷却管数量和更改相应的管板连接支撑等，必要时需更换凝汽器外壳，投资和工程量较大，而得到的收益相对较小，因此，原则上不宜通过增加凝汽器面积来解决冷端的问题。若确实需要增加凝汽器面积，进行技术经济分析论证，注意凝汽器面积增加，其排汽压力随之降低，但冷却水温度较低时期，排汽压力降低有限。凝汽器冷却面积增加10%，冷却水温度为5～15℃时排汽压力降低0.15～0.2kPa，冷却水温度为15～25℃时排汽压力降低0.2～0.3kPa，冷却水温度为25～35℃时排汽压力降低0.3～0.4kPa。

目前，现役大型发电机组凝汽器冷却面积完全可以满足该型机组冷端系统性能的需求。造成现役机组真空降低，乃至机组出力减小的主要原因不是凝汽器冷却面积偏小。

2. 凝汽器热负荷

凝汽器热负荷升高的主要原因有汽轮机效率下降，冷源损失增加；附加流体不正常进入凝汽器，导致热负荷增加。通常600MW等级机组额定工况下凝汽器热负荷增加10%使凝汽器压力升高0.25～0.3kPa。

降低凝汽器热负荷的主要措施如下：

（1）提高汽轮机通流效率，降低低压缸排汽流量。选用合理且高效的汽封结构形式；机组大修时及时合理调整汽封间隙或更换损坏的汽封，提高机组通流效率。

（2）加强运行管理，合理调整加热器的运行水位保护和疏水调节阀开启阈值，保证

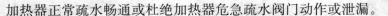

加热器正常疏水畅通或杜绝加热器危急疏水阀门动作或泄漏。

（3）减少阀门内漏。定期检查和维护疏水系统阀门（主要是自动疏水器）的严密性，必要时更换质量较好的疏水阀门。

（4）优化疏水系统，提高疏水扩容器的工作能力。对汽轮机疏水系统（特别是本体和高压管道疏水）进行优化改造，简化疏水管道和阀门的数量，减少水（汽）泄漏的机会。提高疏水扩容器的工作能力，使得疏水在扩容器内完全扩容卸能，减少凝汽器的热负荷。

（5）提高汽动给水泵汽轮机的运行效率，减少排入凝汽器的热量。

3. 凝汽器水侧脏污

冷凝管脏污包括汽侧和水侧脏污两种，引起凝汽器性能下降的一般是水侧脏污。水侧脏污直接导致凝汽器清洁系数降低，增加了传热热阻。

水侧脏污的主要原因有胶球清洗装置投运不正常，冷却水水质差或有机杂质多，一、二次滤网投运不正常，冷凝管未定期冲洗或清理。

清除或预防水侧脏污的主要措施如下：

（1）胶球清洗。保证胶球清洗装置正常投运，对于冷却水量小（流速低）造成收球率低的情况，可以尝试关闭或关小半侧凝汽器冷却水入（出）口门，进行半侧收球。

（2）去除水中杂质。直流冷却系统杂质较多，原则应设一、二次滤网，并正常投运。

（3）控制循环水水质和有机物。

（4）定期进行高压水冲洗或水室杂质清理。

（5）必要时对铜管凝汽器进行酸洗。

（6）对不能清除顽垢或铜管已经很薄弱的凝汽器，可考虑换管技术改造。

4. 凝汽器汽侧空气聚集

（1）凝汽器汽侧空气聚积主要原因如下：

1）机组真空严密性变差，漏入凝汽器的空气流量超出真空泵抽吸能力（一定条件下），导致真空泵入口压力升高，进而导致凝汽器压力升高（机组真空降低）；

2）真空泵抽吸能力下降；

3）双背压凝汽器的高、低背压抽空气系统设计不合理，导致高、低压凝汽器抽空气管内空气相互干扰，空气抽不出影响凝汽器性能，降低机组真空。

（2）消除或减弱凝汽器汽侧空气聚集的主要措施如下：

1）提高机组真空系统严密性。通过各种技术手段进行真空系统检漏，及时发现真空系统泄漏点，并进行科学处理。

2）机组在80%负荷以上，湿冷机组真空严密性小于或等于200Pa/min；机组负荷为50%～80%，湿冷机组真空严密性小于或等于270Pa/min。

3）进行真空泵及抽空气系统诊断试验，确认真空泵抽吸能力下降的主要原因，并有针对性地进行治理。真空泵抽吸能力变差主要是由真空泵工作水温度升高引起的，应从工作水的冷却系统寻找原因。

4）确认双背压凝汽器高、低压抽空气管路存在的问题，进行抽空气管路完善和改进，确保抽气设备能及时抽出凝汽器内聚积的空气。

　　5. 冷却水进口温度

　　冷却水全年平均温度的升高，直接导致机组全年平均真空的降低。对于直流冷却系统（俗称开式循环方式），取水口水温度受水源地环境温度的影响；对于循环冷却系统（俗称闭式循环方式），冷却塔性能变差和环境温度升高是主要原因。

　　降低冷却水进口温度一般采取的措施如下：

　　（1）对于直流冷却系统，通过论证确实是取水口温度升高而又不能通过其他途径解决的，可以考虑改变取水口位置，避开热水回流造成取水口水温度的升高。

　　（2）对于循环冷却系统，如果确认冷却塔性能变差，可以进行冷却塔冷却能力诊断试验，找出冷却塔性能变差的主要原因，并进行治理或改造。

　　6. 冷却水流量

　　冷却水流量不足直接导致冷却水温升的增加，最终使机组真空降低。冷却水流量不足的主要原因有循环水泵本身出力不足、循环水系统阻力增大。

　　提高冷却水流量的主要措施如下：

　　（1）进行循环水泵性能与循环水系统阻力匹配性试验，确认循环水泵出力不足是循环水泵本身性能缺陷造成还是由于循环水泵性能与循环水系统阻力不匹配造成循环水泵出力不足。

　　（2）根据诊断试验结果，如果是循环水泵本身的原因，可以直接进行维修或增容改造；若是泵性能与系统阻力不匹配，则分两种情况：

　　1）实际循环水系统阻力增加。排查循环水系统所有阀门是否开足或冷却水中杂质堵塞进水室管口，特别注意凝汽器出水室顶部是否可能聚积空气，导致系统阻力增加。

　　2）设计原因导致泵与系统阻力不匹配。则要求参照实际的循环水系统阻力重新进行循环水泵选型，并进行技术改造。

2.4.2　抽空气系统

　　抽空气系统性能变差直接导致空气在凝汽器汽侧聚集，影响凝汽器换热，进而影响机组真空。抽空气系统性能变差的主要原因有真空泵抽吸能力下降、抽空气系统管路流动不畅。

　　1. 真空泵

　　与国产大容量火电机组冷端系统配套的抽气设备最常见的是水环真空泵。影响水环真空泵运行性能的因素有工作水进口温度、工作水流量、吸入口压力、吸入口混合物温度及真空泵转速等。其中最主要的是真空泵工作水进口温度。

　　工作水进口温度升高、工作水流量减少、吸入口压力降低、吸入口混合物温度降低、真空泵转速下降等都将降低真空泵的抽吸能力，反之亦然。并且上述影响因素多数相互影响，工作水温度受其冷却条件的影响。上述影响因素对真空泵性能影响的理论关系式见式（2-1），即

$$q_t = \frac{q_{cor}}{\dfrac{n_g}{n_t} \times \dfrac{p_1 - p_{dg}}{p_1 - p_{dt}} \times \dfrac{t_{Lt} + 273}{t_{Lg} + 273} \times \dfrac{t_{1g} + 273}{t_{1t} + 273}} \qquad (2-1)$$

式中 q_t ——真空泵实际抽吸干空气流量，m^3/h；

$\quad\quad q_{cor}$ ——真空泵设计工况下抽吸干空气流量，m^3/h；

$\quad\quad n_g$ ——真空泵额定转速，r/min；

$\quad\quad n_t$ ——真空泵实际转速，r/min；

$\quad\quad p_1$ ——真空绝对吸入压力，kPa；

$\quad\quad p_{dg}$ ——真空泵额定工作水温度对应的饱和压力，kPa；

$\quad\quad p_{dt}$ ——真空泵实际工作水温度对应的饱和压力，kPa；

$\quad\quad t_{Lt}$ ——真空泵实际工作水温度，$℃$；

$\quad\quad t_{Lg}$ ——真空泵额定工作水温度，$℃$；

$\quad\quad t_{1g}$ ——真空泵额定工况下进口气体温度，$℃$；

$\quad\quad t_{1t}$ ——真空泵实际工况下进口气体温度，$℃$。

真空泵的转速与真空泵抽吸能力成正比，国内火电机组配备的真空泵都是定速泵，其转速由驱动电动机的转速而定，一般情况下都在设计转速附近运行，故转速对真空泵性能的影响不大。

真空泵工作水进口温度变化是影响真空泵抽吸能力的最主要因素。当工作水流量、吸入口压力、吸入口温度、转速不变，而真空泵的工作水进口温度高于设计水温时，真空泵实际抽吸能力将相对于设计值下降。假定抽吸压力为 4.9kPa，在吸入口混合物温度、转速、工作水流量不变的情况下，工作水进口温度从设计值 15℃ 升高到 30℃，通过式 (2-1) 计算得到真空泵的抽吸能力将下降约 50%。

从运行角度看，工作水温度是影响真空泵抽吸能力的最常见和最主要的因素。解决工作水温度高的问题，可以从降低工作水的冷却水温度、提高工作水冷却器换热能力（面积）和效率、增加冷却水流量等方面着手。通常可采取的主要措施如下：

（1）对于新设计的机组，应配置 3×50% 容量双级水环式真空泵。

（2）真空泵冷却水系统改造。具体的解决方法须考虑运行安全性、可靠性和投资回收年限。最安全可靠、简单的措施就是寻找低温的冷却水源，替代循环水冷却，保证机组迎峰度夏的安全经济性，具体如图 2-4 所示。表 2-4 是某电厂真空泵冷却水改造后试验数据，供参考。

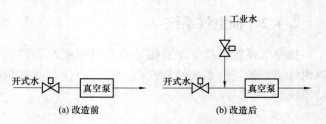

图 2-4 真空泵冷却水系统改造方案一

表 2-4　　　　　　　　某电厂真空泵冷却水改造后试验数据

序号	项目	单位	工况 1	工况 2	工况 3
1	机组负荷	MW		300	
2	循环泵运行方式	—		三台循泵	
3	冷却水运行方式	MW	循环水	混合水	工业水
4	循环水进口温度	℃	30.9	30.9	

续表

序号	项目	单位	工况1	工况2	工况3
5	工业冷却水温度	℃	—	18.5	18.5
6	真空泵冷却水温度	℃	30.9	22.2	18.5
7	循环液出口温度	℃	45.1	38.8	35.3
8	真空泵耗功	kW	134.3	130.9	128.1
9	凝汽器循环冷却水量	m^3/h	40 690	40 690	40 690
10	循环水出口温度	℃	38.4	39.6	39.5
11	凝结水温度	℃	47.8	42.2	44.6
12	凝汽器压力	kPa	11.2	9.9	9.5
13	修正后的传热系数	$kW/(m^2 \cdot ℃)$	1.21	1.86	2.01
14	修正后的温升加端差	℃	19.5	16.3	15.5
15	修正后的饱和温度	℃	39.5	36.3	35.5
16	修正后凝汽器压力	kPa	7.21	6.07	5.78

（3）制冷装置改造，考虑有些电厂无工业水源或工业水水质不合格等，建议电厂也可考虑加装制冷装置对真空泵工作液冷却水进行冷却，以提高夏季真空泵的抽吸能力，达到降低凝汽器压力的目的，如图2-5所示。

（4）清理和清洗真空泵工作水冷却器。如果冷却水杂质较多，可以考虑更换为易于清理和清洗的冷却器形式。

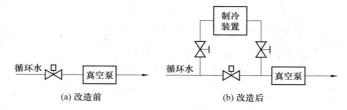

图2-5 真空泵冷却水系统改造方案二

（5）增加冷却器的冷却面积和冷却水流量。

2. 抽空气管路

抽空气管路流动不畅分为凝汽器内部空冷区空气管不畅；双背压凝汽器高、低压侧空气流动相互影响，导致流动不畅两种情况。

（1）对于凝汽器内部空冷区空气管不畅的问题只有在停机检修时按照设计图纸对空气管进行检查，并及时更正安装错误。

（2）双背压凝汽器高、低压侧空气流动相互影响。双背压凝汽器的抽气系统分为串联和并联两种布置方式。串联布置方式是高压凝汽器中的不凝结气体连通到低压凝汽器抽气通道，与低压凝汽器中的不凝结气体混合后经真空泵抽出，该方式的优点是系统简单；缺点是高、低压凝汽器相互干扰，易造成抽气量不匀，影响凝汽器换热。并联布置方式是高、低压凝汽器中不凝结气体各自由单独的真空泵抽出，该方式的优、缺点正好和串联布置方式相反。

发生串联布置方式下高、低压凝汽器抽气不均匀现象的主要原因是设计阶段空气管路流动阻力计算不符合实际情况。解决的方法只有把抽空气系统改为并联布置方式，即高、低压凝汽器中不凝结气体各自由单独的真空泵抽出。具体参考系统连接方式如图 2-6 所示，该连接方式三台真空泵运行方式灵活，可以互为备用。

2.4.3　循环水系统

循环水系统是冷端系统的重要组成部分之一，它由循环水流动的管路和设备构成。循环水系统工作性能的好坏通过循环水流量和水泵耗功直接影响机组的热经济性。运行中凝汽器热负荷和气象参数一定时，对循环水系统节能诊断主要从循环水泵性能、循环水系统阻力特性及循环水泵运行方式三方面来考虑。

1. 循环水泵性能

循环水泵存在的主要问题如下：

（1）对于运行时间较长的机组，循环水泵老化性能下降。

（2）对于新投产的机组，循环水泵选型不合理。

（3）对于运行时间较长的机组，循环水泵存在的主要问题为老化现象严重，其工作叶轮和轴发生磨损会引起水泵特性的下降，反映出循环水流量的减少。如图 2-7 所示，水泵的工作点由 A_0 点移到了 A_1 点，循环水流量由 Q_0 降低至 Q_1。

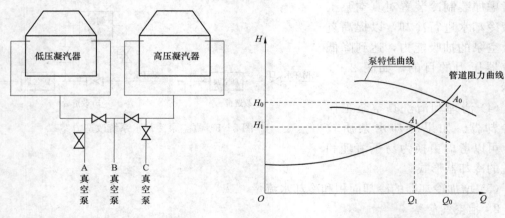

图 2-6　真空系统连接方式　　　　图 2-7　循环水泵性能曲线一

（4）对于新投产的机组，循环水泵存在的主要问题为选型不合理。在设计流量工作点，当循环水泵配套的扬程高于系统阻力，导致循环水泵实际运行在低扬程大流量区域，在冬季水温度较低时，凝汽器冷却水流量偏大，机组真空高于极限真空，同时过高的流速可能会冲刷铜管的胀口，造成安全性问题；当循环水泵的扬程小于系统阻力，导致循环水泵实际运行在高扬程小流量区域，凝汽器冷却水流量偏小，直接影响机组运行经济性。无论流量偏大或偏小，循环水泵都偏离设计工作点，导致循环水泵的运行效率偏低。

2. 循环水系统阻力特性

对于型号确定已在役运行的循环水泵，短期内其性能降低可能性较小，但循环水系统管路阻力特性的变化也能引起经济性变化，如循环水系统一、二次滤网堵塞，凝汽器冷却管脏污、凝汽器水室顶部排管有空气积聚导致虹吸恶化（开式冷却水系统）、胶球回收率低，堵管严重等，以上现象均使循环水系统阻力增大、循环水流量减少，如图 2-8 所示，循环水泵工作点由 A_0 上升到 A_1，循环水流量有 Q_0 下降至 Q_1。

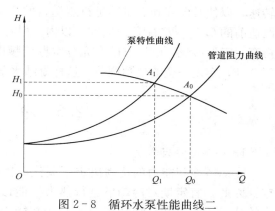

图 2-8　循环水泵性能曲线二

3. 循环水泵运行方式

对于确定的凝汽器热负荷、气象参数、循环水泵性能及循环水系统阻力特性等，冷端系统存在着能耗最小的运行工况和参数，理论上通过建模可核算出冷端系统工作的最佳状态（也可通过冷端优化试验确定），即得出最佳凝汽器压力和最佳循环水泵耗电率。

4. 循环水系统节能降耗采取的主要措施

（1）进行循环水泵性能与循环水系统阻力匹配性诊断试验，寻找循环水系统阻力增大的原因；或对循环水泵进行增容改造或降低扬程改造。

（2）循环水泵增效改造。对运行效率偏低的情况，建议进行循环水泵增效改造。

（3）循环水泵运行方式优化。从节能降耗的角度出发，循环水泵的运行方式越灵活（流量调节范围越大），机组的运行经济性就越好。

循环水泵电动机变频提供了循环水量可以连续调节，通过运行方式优化试验，结合机组负荷、冷却水温度，可以得到机组最佳运行真空对应的最佳变频运行方式。

循环水泵电动机双速运行在一定程度上实现了循环水泵运行方式和运行流量的多样化，通过运行方式优化试验，结合机组负荷、冷却水温度，可以得到机组最佳运行真空对应的最佳循环水泵运行方式。

2.5　凝结水系统

凝结水系统包括凝结水泵和相应的凝结水系统管道、阀门等，任何凝结水系统的附件工作是否正常都影响凝结水系统的正常功能。

凝结水泵把机组排汽到凝汽器内凝结成的水及时抽走，并输送至除氧器。通常配备两台全容量水泵，一台运行一台备用。凝结水泵及其附件的工作失常现象主要是凝结水泵不能把凝结水及时抽走，使凝汽器热井水位升高，导致凝结水过冷度增大、凝结水含氧量增加。出现上述现象的主要原因是凝结水泵本身故障、凝结水泵再循环门误开、凝结水调整门故障或凝结水泵进口门以及连接部件不严密导致凝结水泵出力下降等。

通常，采用凝结水泵耗电率来描述凝结水泵能耗水平，它是指发电过程中凝结水泵耗用的电量与相应机组发电量的比率。影响凝结水泵经济性的主要因素是设计扬程偏高，运行中富余的凝结水压头通过除氧器给水调节阀节流损失掉，特别是低负荷运行情况。

目前，绝大多数机组均完成了凝结水泵变频改造，通过变频调速装置调节凝结水泵转速，以使其扬程和流量满足机组运行的要求。一般，变频改造后凝结水泵耗电率可由改造前的 0.35% 左右降至 0.20% 以内。但有些电厂完成改造后，除氧器水位调节门仍保持有一定的节流，电厂可以在充分掌握变频设备运行性能的基础上，将除氧器水位调节门全开，实现完全的变频调节，这样凝结水泵的耗电率还有下降的空间。

2.6 冷 却 塔

1. 冷却塔冷却能力

冷却塔冷却能力的优劣决定了凝汽器冷却水的进水温度，直接影响了机组运行真空。因此，宜定期对冷却塔进行热力性能诊断试验，确定冷却塔存在的问题，制订相应的技术改造方案。冷却塔的实测冷却能力小于 95% 时或夏季 100% 负荷下冷却幅高大于 7℃，表明冷却塔存在问题，宜对冷却塔进行全面检查，必要时实施冷却塔技术改造。

2. 提高冷却塔冷却能力的措施

(1) 配水系统。

1) 对于槽式配水的冷却塔，每年夏季前宜清理水槽中的沉积物及杂物，保持每个喷溅装置水流畅通，必要时修补破损的配水槽。

2) 对于管式配水的冷却塔，夏季前宜开启内区配水系统，实现全塔配水。保持每个喷溅装置完好无缺，及时修补破损的配水管及喷溅装置。

3) 采用虹吸配水的冷却塔，应使虹吸装置处于正常工作状态。

4) 根据冷却塔内配水的均匀性情况，更换为喷溅效果良好的喷溅装置。

(2) 淋水填料。根据淋水填料的破损、结垢程度及散热效果，可以部分或全部更换冷却塔淋水填料。全塔更换淋水填料时，应进行不同方案的技术经济比较，优化淋水填料的形式及组装高度。

(3) 除水器。除水器变形或破损影响冷却塔通风。冷却塔技术改造时，宜对破损及变形的除水器进行更换。

(4) 机力通风冷却塔。应根据外界气象条件的变化，改变机力通风冷却塔风机运行台数，满足冷却塔工艺的要求。

3. 冷却塔节水

(1) 选用高效除水器，减少冷却塔飘滴损失水量。

(2) 冷却塔补水时，宜注意冷却塔水池水位变化，以免溢流造成补水水量损失。

(3) 提高循环水浓缩倍率，减少排污损失水量。

(4) 对循环水水质进行分析，降低水质的结垢速率。

2.7 给 水 泵 组

给水泵组的作用是不间断地供给锅炉软化水或除盐水，包括给水泵、给水泵汽轮机和前置泵。通常，200MW 及以下等级机组采用电动给水泵，200MW 以上等级机组采用给水泵汽轮机拖动给水泵，而北重—阿尔斯通的 330MW 机组采用电动给水泵。

一般，描述电动给水泵和前置泵能耗水平均采用耗电率，它是指发电过程中泵耗用的电量与相应机组发电量的比率，大型火电机组电动给水泵耗电率一般约为 3% 左右。汽动给水泵的能耗已计入汽轮机热耗中，故运行中仅通过考察给水泵汽轮机进汽量，来定性的判断给水泵的能耗状况。表 2-5 为某厂四台 600MW 超临界机组给水泵汽轮机运行参数，可以看到，给水泵汽轮机进汽量偏大的原因除了给水泵组效率低，还包括汽轮机热耗高。

表 2-5   某厂给水泵汽轮机运行数据

项目	单位	设计值	1 号机	2 号机	3 号机	4 号机
负荷	MW	600.0	601.5	593.8	605.3	612.9
给水流量	t/h	1660.75	1769.28	1788.86	1791.18	1802.3
给水压力	MPa	26.60	28.94	28.52	29.15	28.56
主蒸汽压力	MPa	24.20	23.88	23.77	24.01	24.01
给水泵汽轮机进汽压力	MPa	1.01	1.06	1.09	0.97	1.07
给水泵汽轮机进汽温度	℃	369.39	366.54	373.54	366.84	369.03

目前，给水泵组影响机组经济性的原因主要包括：
(1) 投产时间较长的给水泵，因技术落后且设备老化，效率较低；
(2) 前置泵选型扬程裕量较大，虽然不影响机组总能耗，但影响对外供电量；
(3) 部分给水泵汽轮机效率较低；
(4) 国产机组给水泵最小流量阀普遍泄漏。

为使给水泵组经济可靠运行，建议：第一，检修中需认真调整给水泵的内部间隙，提高给水泵效率；第二，检修中认真调整给水泵汽轮机的汽封间隙，提高给水泵汽轮机效率；第三，加强对给水泵最小流量阀泄漏情况的监察，发现泄漏应及时择机处理；第四，设计中应尽量减少给水管路中的弯头、阀门和异型部件的数量，降低给水管路沿程阻力。

2.8 回 热 系 统

目前，国内大多数机组的回热系统均由四台低压加热器、一台除氧器和三台高压加热器组成，加热器疏水为逐级自流。有的机组高、低压加热器数量略有不同，有的机组低压加热器装有疏水泵。

低压加热器的作用是利用汽轮机的各级抽汽加热凝结水，提高进入除氧器的凝结水温度。除氧器的作用是利用汽轮机抽汽加热凝结水以减少锅炉给水中的溶解氧和二氧化碳的含量，延缓锅炉和相关设备的腐蚀。高压加热器的作用是利用汽轮机的各级抽汽加热锅炉给水，提高进入锅炉的给水温度。

描述高、低加热器性能的主要指标是加热器的给水端差、疏水端差和温升。加热器设备和运行缺陷均会反映在加热器的端差和温升上，通常电厂都将加热器的端差作为考核指标的重要内容。给水端差是指加热器进口蒸汽压力下的饱和温度与出口给水温度之差。疏水端差是指离开加热器汽侧的疏水温度与进入水侧的给水温度之差。

一般，设有内置式蒸汽冷却段加热器的给水端差应小于0℃，无蒸汽冷却段的加热器的给水端差应小于3℃，设有内置式疏水冷却段的加热器疏水端差应小于6℃。若加热器端差高于基准值，则显示加热器内换热效率偏低，对机组的经济性产生一定的影响。表2-6为亚临界300MW和亚临界600MW等级机组加热器给水端差对发电煤耗的影响。疏水端差对机组经济性的影响相对较小，但若疏水端差长期偏大较多，容易造成加热器疏水冷却段入口附近换热管破损，影响加热器的安全运行。

表2-6   亚临界300MW和600MW等级机组加热器给水端差对发电煤耗的影响

名称	增加（℃）	发电煤耗增加量［g/(kW·h)］	
		亚临界300MW	亚临界600MW
8号低压加热器	1	0.04	0.02
7号低压加热器	1	0.03	0.03
6号低压加热器	1	0.05	0.04
5号低压加热器	1	0.04	0.04
3号高压加热器	1	0.04	0.04
2号高压加热器	1	0.04	0.03
1号高压加热器	1	0.07	0.06

另外，高压加热器投入率也是电厂考查高压加热器性能的重要指标。高压加热器投入率是指高压加热器投入运行小时数与其相应的汽轮发电机组运行小时数之比的百分数。高压加热器投入率与高压加热器运行操作水平和设备维护水平有关。电厂技术监督要求：随机组启停，高压加热器投入率应不小于98%，定负荷启停机组高压加热器投入率应不小于95%。一般，高压加热器解列对机组经济性的影响高达8～10g/(kW·h)。

机组运行中通过测定给水中溶解氧含量来考察除氧器的性能，一般要求给水的溶解氧量在75μg/L以内。该指标的优劣主要影响设备安全性，不直接影响机组的经济性。

目前，回热系统影响机组经济性的原因主要包括：

（1）个别机组的加热器疏水管路和阀门的设计走向与布置存在问题，造成运行中疏水管路振动严重；

（2）制造厂产品质量不过关，有的加热器投运一年后即出现水室隔板泄漏和换热管破口等缺陷；

（3）有的电厂运行人员为省事，加热器长期低水位运行，影响其安全可靠性；

（4）运行中未能及时发现加热器换热管泄漏，导致破口附近的换热管均被吹损，造成大面积泄漏；

（5）由于设备质量原因，疏水泵叶轮经常汽蚀破损严重，造成停运，正常疏水被迫经过危急疏水流入凝汽器；

（6）个别机组的高压加热器旁路门泄漏，影响最终给水温度；

（7）高压加热器的启停应严格控制温升率，否则影响加热器的寿命；

（8）加热器疏水器或疏水调节门故障，疏水水位不能调节。

综上所述，回热系统设备对机组经济性影响较小，只要加强运行调整和检修养护，提高设备的安全可靠性，即可实现回热系统的经济运行。

2.9 电 厂 风 机

电厂风机通常指电厂锅炉的送风机、引风机与一次风机（或排粉机），增压风机和氧化风机。另外，CFB（循环流化床）锅炉还有高压流化风机等。通常锅炉风机的电耗率占发电厂用电率的 30％以上，因此降低电厂风机耗电率，对电厂的经济运行有着十分重要的现实意义。

锅炉风机的能耗取决于锅炉风烟系统中流量、阻力特性和风机运行效率，因此，锅炉风机能耗诊断需从以下方面入手。

（1）在保证锅炉燃烧需要的前提下尽可能降低烟风系统的流量。在保证锅炉燃烧需要的前提下，使锅炉运行在最佳氧量，避免过大的过剩空气系数；减小空气预热器的漏风率；减小风烟管道漏风量（包括各种密封不严的孔洞和人孔门及膨胀节等）；减小隔断风门漏风量（如热风再循环门、磨煤机出口隔离门、脱硫系统旁路风门等）；避免一次风率偏大等。

（2）尽可能降低烟风系统的阻力。烟风系统阻力包括系统内各设备（特别是如暖风器、空气预热器、SCR，除雾器等）因种种原因而造成的阻力过分增加；管道布置不当造成局部阻力过大；各种风门（如磨煤机入口热风门等）开度过小造成的节流损失；过高的一次风压力等。

（3）在烟风系统流量和阻力达到最佳水平的基础上，选择与风烟系统相匹配的风机及调节装置，提高风机的实际运行效率。对于已经运行的风机来说，可通过风机改造或电动机改造来提高风机与其相应的风烟系统的匹配程度。

（4）合理的风机进、出口管道布置。风机进、出口管道布置不合理不仅会增加风（烟）系统阻力，增加风机耗电，而且会直接影响风机的性能，还有可能造成气流涡流和压力脉动直接影响风机结构的可靠性。特别是风机进口管道布置不合理，会破坏风机进口气流的均匀性，使风机出力和效率显著降低。

2.9.1 烟风系统流量

影响烟风系统流量的主要原因有氧量、空气预热器漏风率、电除尘漏风率、烟风管道漏风率和隔断风门漏风量（如热风再循环门、磨煤机出口隔离门、脱硫系统旁路风门等）。另外，若一次风率偏大，将使一次风机耗电率增加，在相同氧量的条件下，同时使送风机耗电率减小，但由于一次风压力较高，因此，一次风机耗电率的增加大于送风机耗电率的减小。

由于风机的能耗与烟风系统流量的 3 次方成正比例，因此，在满足锅炉燃烧的前提下，在运行中，通过调整试验，确定最佳氧量和风煤比，按照氧量曲线和风煤比曲线运行；在检修中，降低空气预热器漏风率，采用新型密封技术，定期检查电除尘漏风情况，以及各种风道和风门的漏风情况。

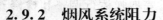

2.9.2　烟风系统阻力

影响烟风系统阻力的主要因素分为两种。

（1）烟风管道本身的阻力。目前，新建机组在烟风管道布置优化方面进行了大量的工作，主要集中在锅炉送粉管道、冷一次风道、热一次风道、除尘器前烟道进脱硫塔烟道。可以减少烟风系统阻力以及烟风管道的初投资。

（2）在运行中，密切关注系统内各设备（特别是暖风器、空气预热器、SCR，除雾器等）因种种原因而造成的阻力过分增加、各种风门（如磨煤机入口热风门等）开度过小造成的节流损失及过高的一次风压力等。

而对于管道布置不当造成的局部阻力过大及风机进出口管道布置不当，需要在设计阶段就引起足够的重视，机组投运后，再进行烟风管道的优化困难较大，投资也较多。

这里重点强调风机系统效应损失，风机进、出口管道布置不合理不仅会增加风（烟）系统阻力，增加风机耗电，而且会直接影响风机的性能，还有可能造成气流涡流和压力脉动，直接影响风机结构的可靠性。特别是风机进口管道布置不合理，会破坏风机进口气流的均匀性，使风机出力和效率显著降低。

2.9.3　风机运行效率

在最佳的烟风系统流量和优化的烟风管道基础上，选择合适的、高效的风机是降低风机电耗的主要途径。首先需要选择合适的、与烟风系统匹配的风机，使风机的运行点在风机的高效区；其次，选择调节效率较高的、高效区面积较大的、负荷适应性好的风机。

目前，电厂风机基本为离心风机和轴流风机两种形式，离心风机和轴流风机所能达到的最高效率相差不多，动叶可调轴流风机最高效率可达88％，离心风机最高效率接近86％，这主要与风机本身的性能和调节方式有关，但风机在中/低负荷时运行效率相差很大。这主要是由于动叶可调轴流风机的调节效率远高于离心风机，特别是动叶可调轴流风机，见表2－7。

表2－7　　某机组不同负荷下动叶可调轴流风机和定速离心风机的效率比较

序号	项目		动叶可调轴流风机	定速离心风机
1	TB（风机最大出力工况）点参数	$Q(\mathrm{m^3/s})$	150	150
		$p(\mathrm{Pa})$	14 702	14 702
2	设计点（TB点）风机效率（％）		86.33	81
3	100％BMCR（锅炉最大连续蒸发量）点负荷风机效率（％）		88.03	57.9
4	75％BMCR 负荷时风机效率（％）		85	56
5	50％BMCR 负荷时风机效率（％）		76	50
6	40％BMCR 负荷时风机效率（％）		72	44

一般而言，风机最好的调节方式为无级变转速调节，然后是动叶调节轴流和双速（电动机）调节，其次是静叶调节轴流式风机、入口导叶调节离心风机、采用进风箱进口百叶窗式挡板调节的离心风机。

变转速调节是采用变频技术来改变风机的转速，从而改变风机的流量—压头（Q-H）特性曲线。由于风机在不同的转速下对应的风机效率实际是相同的，所以这种调节方式是最经济的。

动叶可调轴流风机是利用改变动叶片运行角度来进行风机流量和压头调节的。这种调节方式使风机在较大的负荷变化范围内获得较高的平均效率。

进口导叶调节是通过改变风机入口的气流方向来改变风机的 Q-H 特性曲线的。离心风机的这种调节方式只能向着流量和压头减小的单方向调节。这也使风机的效率降低，但是与进口挡板调节相比，其调节效率要高。由于入口导叶调节的结构和维护都比较简单，所以是离心风机应用最普遍的调节方式。

进口挡板调节是最简单的调节方式，也是最不经济的调节方式。它是采用在低负荷时减少挡板开度的方法进行调节的。在减少挡板开度时并不能改变风机的 Q-H 特性曲线，而是人为的增加通道阻力。挡板调节的经济性很差，所以一般不采用这种调节方式。

2.10　系　统　泄　漏

热力系统泄漏分为系统内漏和系统外漏，系统内漏是指火电机组热力系统由于部分阀门不严密导致部分工质泄漏至疏水扩容器或凝汽器的现象，内漏是影响机组经济性的一项重要因素，内漏不仅导致直接做功的能量减少，还造成凝汽器热负荷增大，影响机组出力，同时，使得凝结水泵和给水泵的功耗增加。系统外漏是指工质泄漏至系统外，不再参与系统循环，机组需通过大量补水来维持做功能力，不但造成能量的浪费，也造成水资源的浪费。

容易发生泄漏的阀门主要包括汽轮机本体疏水阀、高压导汽管疏水阀、主蒸汽/再热蒸汽门前疏水阀、高压旁路阀、低压旁路阀、加热器事故疏水阀等。

表 2-8 给出了国产 300MW 机组各部位阀门泄漏对机组热耗率的影响。由该表可知，蒸汽品质越高，其泄漏对机组经济性的影响越大，而水侧发生的泄漏对机组经济性的影响相对较小，因此电厂必须关注与高品质蒸汽有关的阀门（表 2-8 中所列一类阀门），务必保持其严密性。

表 2-8　　　　　国产 300MW 机组各部位阀门泄漏对机组热耗率的影响

分类	部位	循环效率（%）	热耗率 [kJ/(kW·h)]	发电煤耗 [g/(kW·h)]
一类阀门（高品质蒸汽）	主蒸汽管道	1.0245	78.4	2.95
	热段再热管道	0.9227	70.6	2.66
	冷段再热管道	0.6866	52.5	1.98
	高压旁路	0.4933	37.7	1.42
	低压旁路	0.9227	70.6	2.66
	一段抽汽管道	0.7605	58.2	2.19
	二段抽汽管道	0.6867	52.5	1.98
	三段抽汽管道	0.7265	55.6	2.09

分类	部位	循环效率 （%）	热耗率 [kJ/(kW·h)]	发电煤耗 [g/(kW·h)]
一类阀门 （高品质蒸汽）	四段抽汽管道	0.5367	41.0	1.55
	五段抽汽管道	0.4432	33.9	1.28
	六段抽汽管道	0.2899	22.2	0.83
二类阀门 （高品质水）	1 号高压加热器危急疏水	0.1629	12.5	0.47
	2 号高压加热器危急疏水	0.1130	8.6	0.33
	3 号高压加热器危急疏水	0.0718	5.5	0.21
	除氧器溢放水	0.0629	4.8	0.18
三类阀门 （水）	5 号低压加热器危急疏水	0.0230	1.8	0.07
	6 号低压加热器危急疏水	0.0070	0.5	0.02
	7 号低压加热器危急疏水	0.0003	0.02	0.0008
	给水泵再循环	0.0188	1.4	0.05

注 表中数据为当泄漏量为 1% 主蒸汽流量时的影响量。

一般，火电机组热力系统内漏对机组经济性的影响平均为 0.5～3g/(kW·h)，技术管理水平高的电厂略低。

造成火电机组热力系统泄漏的原因主要包括以下几点：

（1）多数国产阀门由于产品质量不过关，往往开关几次就会出现门芯吹损或执行机构故障等问题，个别阀门在机组调试过程中就已损坏；

（2）机组运行中关闭阀门时，可能因执行不到位，阀门缝隙处很易被吹损；

（3）发现阀门泄漏后未能及时处理维护，导致泄漏越来越严重；

（4）个别设计院设计热力系统时，尤其是疏水、放气、放水系统，还存在系统冗余或不合理之处，增加了系统泄漏点。

对热力系统泄漏的治理是一项长期的细致工作，需要根据不同类型阀门的具体情况从热力系统设计、检修、运行等多个方面采取措施，综合治理。实践表明，机组阀门的泄漏虽然对机组煤耗的影响较大，但仅需较小的投入就能获得较大的节能效果。在一定条件下其投入产出比远高于对通流部分的改造，因此，在节能降耗工作中首先应重视对系统阀门严密性的治理。

针对热力系统内漏治理，建议：①在设计阶段应优化热力系统，消除系统冗余；②设备采购时，尽量选购优质阀门，虽然投资大，但可以减少投产后的检修、维护和备品备件费用；③日常检修中一定要重视阀门泄漏对经济性的不利影响，建立泄漏阀门台账，管理上落实责任制；④一些电厂在容易发生泄漏的阀门后安装温度测点，是一种方便点检人员查找系统泄漏的好办法。

2.11 冷 却 水 泵

冷却水泵包括开式冷却水泵和闭式冷却水泵，主要为全厂的辅机提供冷却水。因水质的要求不同，冷却水分为开式冷却水和闭式冷却水。开式冷却水通常采用凝汽器循环冷却水，经开式水泵升压后，供给各辅机使用，有的电厂不设开式冷却水泵，循环冷却水压力已可满足辅机冷却要求。闭式冷却水通常来自除盐水，由闭式冷却水泵提供冷却水循环的动力，供给各辅机使用。

冷却水泵由于耗电率偏低，且随机组运行常开，主要通过提供冷却水来确保辅机的安全稳定运行，冷却水泵运行中一般不具有调节能力，故电厂经济性指标统计中很少单独计算冷却水泵的耗电率。

改善冷却水泵能耗水平的主要措施：由于部分电厂冷却水泵选型偏大，运行中阀门节流较大，可通过车削叶轮或改双速等方式来降低耗电。另外，还可通过在某些季节或某些工况下，停开开式水泵来实现降低冷却水泵耗电的目的。

2.12　保　　　温

火电厂热力设备和管道及其附件的保温绝热，不仅可以减少散热损失，提高机组运行的经济性，也有利于机组的安全可靠运行及提高机组的快速启动能力。

根据 DL/T 934—2005《火力发电厂保温工程热态考核测试与评价规程》，热力设备和管道及其附件保温结构的外表面温度应达标准为：当环境温度不高于 25℃时，保温结构外表面温度不应超过 50℃；当环境温度高于 25℃时，保温结构外表面温度与环境温度差应不大于 25℃。

火力发电厂热力设备和管道及其附件的保温效果取决于投产时保温工程的安装质量，火电工程达标投产考核标准对保温工程的安装质量有详细的要求。一般，新投产机组的热力设备和管道及其附件保温工程效果较好，能够满足相关要求。投产时间较长的机组由于保温工程的老化，存在一定面积的超温现象。相关文献显示，虽然个别机组保温表面超温现象较多，但是对机组供电煤耗的影响一般不超过 0.3g/(kW·h)。

针对火力发电厂热力设备和管道及其附件的保温绝热，建议：首先，严格按照相关标准和规程，做好新建和改造的保温工程的验收工作；其次，加强保温工程的普查和测试，对超标的保温表面应及时改造。

燃煤发电机组节能降耗技术及措施

3.1　燃煤掺烧技术

3.1.1　基本原理

动力煤掺烧是根据锅炉燃烧对煤质的要求，将若干不同种类不同性质的煤，按照一定比例掺配后完成发电过程。其基本原理是利用不同煤种的成分，按照要求，进行掺配混合，使最终配出的煤在性能指标上达到或接近锅炉的设计煤种要求，以使锅炉效率高、出力足，环保性能好。

我国煤炭资源丰富，动力用煤从烟煤、劣质烟煤、贫煤、褐煤到无烟煤的各种煤种，常应用于火力发电厂，各煤种之间的特性差异明显，即使同一种煤，随产地、矿点、地质条件及开采、运输、储存条件等因素的不同，其煤质特性也有差别。另外，实际用煤时，有些电厂还掺烧各类洗中煤和煤矸石等劣质燃料，无疑增大了实际用煤的变化幅度，远远偏离了设计煤种。众所周知，锅炉是根据给定的煤种设计制造的。设计煤种不同，锅炉的炉型、结构、燃烧器及燃烧系统的形式将不同，配套的燃料输送系统、锅炉辅机和附属设备的选型也不用。解决实际燃用煤种偏离设计煤种带来危害的一个有效途径就是采用合理的燃煤掺烧技术。

3.1.2　掺烧方式

目前，电厂锅炉混煤燃烧一般采用如下三种掺烧方式。

3.1.2.1　间断掺烧（或周期性掺烧）

间断掺烧一般用在电厂供煤比较困难或煤场较小、不便存放的情况下。如果单烧一种煤种一段时间后，存在比较重的结渣，则可改烧其他煤种一段时间，或者与其他煤的混煤，待结渣缓解后再切换回单烧煤，一般根据炉内结渣情况控制上煤。

采用这种掺烧方式的电厂一般对来煤随到随烧。实践表明，这种方式不适合诸如神华煤与高 Fe_2O_3（原则为大于 8%）煤掺烧的情况。另外，这种掺烧方式应注意如下两方面的问题：

（1）避免长期高负荷燃烧结渣煤。

（2）注意煤种切换过程，防止由于换煤过程中燃烧温度场和煤灰化学成分的变化引起塌焦或结渣加重等现象。

3.1.2.2　炉前预混掺烧

可在煤场堆煤时预混或通过不同皮带向同一煤斗输煤时预混，还可以在煤码头预混。该配煤方式对煤场较小的电厂不易实现，另外，对从不同皮带向同一煤斗输煤的方式，其混煤比例不易精确控制（应在输煤皮带分别设置计量装置）；但对于如某些有铁路运输和海运能力的大型集团公司来说，将需要掺配的两种煤（如神华侏罗纪煤和石炭纪煤）集中到铁路中转地或煤码头，按照供应电厂锅炉的抗渣能力水平预先掺配成适当比例后装船，这样供应到电厂的混煤可以被电厂锅炉直接燃用，减少了中间若干环节，提高了掺混煤的使用比例和效率。

预混的主要方式如下：

1. 在煤矿或煤炭中转过程中混合

目前，神华侏罗纪煤与神华石炭煤即以该方案掺烧，其掺配地点在秦皇岛和黄骅港煤码头，沿海的较多电厂均燃用该类煤。在配煤比例适合的情况下，可有效缓解结渣问题。具体方式是按不同的燃煤配比调整取料机速度，将各混合煤种倒换至同一皮带上，通过多次皮带转运进行混合，其混合效果较好，但要求有较大的煤场，实现煤种分堆。

2. 在入炉煤上煤过程中掺配

主要用于煤种差异较大、中储式制粉系统或无法实现炉内混合及煤矿预混的部分电厂。如华能南京（贫煤＋无烟煤）、丹东（烟煤＋无烟煤）电厂以及德国的威廉港（Wilhelmshaven）电厂。

3. 电厂煤场储存过程中的混煤措施

这种混煤方法较多，需强化煤场管理，方式不当时可导致燃煤混合不匀，严重影响机组的安全、经济运行。如某厂在采用堆煤方法进行混合以燃用两种煤质差异较大的煤（见表3-1）时，因水分对制粉系统干燥出力的要求不同，出现磨煤机出口温度的频繁波动，并常出现制粉系统的自燃问题。同时，炉内燃烧、结渣问题也频频出现，给机组运行带来了安全隐患。

表3-1　　　　　　　　　　　**某厂两种掺烧煤种煤质数据**

项目	符号	单位	煤种1	煤种2
全水分	M_t	%	15.0	2.1
收到基灰分	A_{ar}	%	8.26	8.20
挥发分	V_{daf}	%	31.24	33.91
收到基低位发热量	$Q_{net,ar}$	MJ/kg	22.52	29.60
灰软化温度	ST	℃	1180	1300

3.1.2.3　分磨入炉掺烧

采用不同磨煤机，不同燃烧器分别燃用不同煤种，使煤种在炉内燃烧过程中混合（可随时根据负荷等调节比例）。该种混合方式对四角切圆燃烧方式较好，对前、后墙对冲燃烧方式的作用有限。

由于这种方式可确保所有掺烧煤种进入炉内参与燃烧，避免了入炉煤质的较大波动，因此，适合用于燃烧结渣特性相差较大的煤种直吹式制粉系统的电厂。国内目前主要采用如下两种燃煤入炉方式：

（1）上层燃烧器燃烧其他煤，下层燃烧器燃烧易结渣煤（如神华煤）。该方案优点是下层燃烧温度偏低，有利于防止结渣。由于下层煤种总要经过高温区，所以该方案对部分电厂并不理想。下层燃烧器距冷灰斗折点较小的锅炉则禁用该方案。

（2）上层燃烧器燃用易结渣煤（如神华煤），下层燃用其他煤种。采用该方案的电厂包括华能南通电厂、利港电厂（试烧时）。

分磨掺烧主要用于直吹式系统。一般固定某一台或几台研磨待混煤种，其他研磨正常用煤；对四角切圆燃烧式锅炉，两煤种为分层混合，各角相互引燃、各层相互补充；墙式对冲燃烧方式每个燃烧器为一个独立燃烧单元，各燃烧器缺乏相互支撑，混合效果不如四角切圆燃烧方式好。分磨掺烧并控制合理的混煤比例能提高锅炉运行的安全性和经济性。这种方式掺烧比例较易控制，但炉内是否均匀混合将直接影响掺烧效果。另外，该方法不适合旋流燃烧器。例如：炉膛尺寸较大的北仑电厂 3、4 号炉采用分磨掺烧方式，适应的神华煤比例仅为 20%；同样炉膛尺寸较大的绥中电厂 1、2 号炉采用预混方式，适应的神华煤比例可达 80% 以上；扬州二厂燃用神华煤与石炭纪煤的混煤（黄骅港口配煤），可安全、低结渣地燃用神华煤占 80% 的混煤。

3.1.2.4 掺烧方式比较

三种掺烧方式各有利弊和相应的实现条件。利用好三种掺烧手段，可以为电厂带来最大的经济效益。表 3-2 为几种神华煤掺烧方式的比较。

表 3-2　　　　　　　　　　几种神华煤掺烧方式的比较

掺烧方式	间断掺烧	预混掺烧	分磨掺烧
优点	在电厂供煤比较困难或煤场场小，不便存放的情况下采用较为方便	对结渣防治较为有效。在掺烧高水分褐煤时采用该方法对防止制粉系统爆炸有效，并能充分利用各磨煤机的干燥能力，提高掺烧量	不需专用混煤设备，易实现，掺烧比例控制灵活。煤种性能差异较大时燃烧稳定性易掌握
缺点	煤种切换周期长，可能出现高负荷时燃烧结渣煤，在煤种切换过程出现大量落渣。不适合煤种特性差异较大时的煤种掺烧	对混煤设备和混煤控制要求较高，一般电厂实施困难	一般用于四角切圆燃烧对应直吹式制粉系统效果较好，而不太适用于旋流燃烧器对冲燃烧方式。炉内混合存在不均匀的可能。煤种差异较大时对煤场管理要求较高
尽量避免的掺烧煤种	结渣方面应注意掺烧后煤质的特性，如神华煤不能与高 Fe_2O_3（原则为大于8%）煤掺烧	掺烧煤热值、水分、灰分等参数相差较大时，应注意混合均匀性	—

掺烧方式	间断掺烧	预混掺烧	分磨掺烧
应用较为成功的锅炉	大多数电厂受条件所限，不得不采用该方式，不出现问题的较少。相对较为成功的有珠江电厂（在神华煤比例为60%时）	内地及沿海主要大容量机组等	沿海地区电厂
建议	该方法的危险性较大，尽量少采用。鉴于国内较多电厂煤场较小，建议采用设施齐备的港口进行配煤	对结渣防治较为有效，应尽量采用	掺烧位置的选择对机组运行有一定影响，应注意选择。前、后墙对冲旋流燃烧方式尽量不采用。四角切圆燃烧方式应注意炉内混合问题。在操作过程中还应注意煤种在同一磨煤机上的切换可能带来的结渣加重以及制粉系统防爆问题。一般电厂可采用

3.2　锅炉制粉及燃烧系统优化运行调整

3.2.1　调整概述

近年来由于电煤供应较为紧张，电厂燃用煤质难以得到保障，部分电厂现有供煤及配煤系统存在很多不完善的地方，均导致锅炉实际燃煤变化频繁；同时电厂锅炉实际运行中往往存在监控参数偏差、设备缺陷、频繁大幅度变负荷运行等问题，各电厂锅炉燃烧难以达到最佳工况，因此有必要通过制粉及燃烧系统优化调整试验，提高锅炉热效率，降低机组煤耗。

制粉及燃烧系统优化调整试验一方面对一次风率、风煤比、配煤方式、磨煤机投运方式、磨煤机投运台数、磨煤机出口温度、煤粉细度及运行氧量等参数进行优化，确定锅炉燃烧系统的最佳运行参数，并提供不同负荷下运行氧量曲线、风煤比曲线等，用以指导锅炉优化运行。

制粉及燃烧系统优化调整试验另一方面通过对主要运行参数的优化调整，分析锅炉存在结焦、高温腐蚀、管壁超温、烟温偏差、汽温难以达到设计值等问题原因，查找解决问题的方向与途径，保证机组运行的经济性与安全性。

鉴于上述原因，锅炉在煤种发生较大变化、燃烧设备改造、锅炉大修后均需要对锅炉制粉及燃烧系统进行优化调整，以提高锅炉运行安全及经济性，掌握锅炉在各个负荷下的运行特性。

3.2.2　以提高经济性为目的的锅炉制粉及燃烧系统优化运行调整思路

锅炉的热平衡是指输入锅炉的热量与锅炉输出热量之间的平衡。输出热量包括用于生产具有一定热能的蒸汽的有效利用热量和生产过程中的各项热量损失。

如果把输入的热量即燃料燃烧所放出的热量看成 100%，则可以建立以百分数表示的热平衡方程式，即

$$100\% = q_1 + q_2 + q_3 + q_4 + q_5 + q_6 \tag{3-1}$$

式中　q_1——锅炉有效利用热量占输入热量的百分数，%；

q_2——排烟热量损失占输入热量的百分数，%；

q_3——化学不完全燃烧热量损失占输入热量的百分数，%；

q_4——固体未完全燃烧热量损失占输入热量的百分数，%；

q_5——锅炉散热热量损失占输入热量的百分数，%；

q_6——灰渣物理热量损失占输入热量的百分数，%。

研究锅炉的热平衡，可以找出引起热量损失的主要原因，提出降低各项热损失的技术措施，以便有效地提高锅炉的热效率。

锅炉热效率按计算方法的不同，可分为正平衡效率和反平衡效率，分别见式（3-2）和式（3-3），即

$$\eta = Q_1/Q_i = q_1 \tag{3-2}$$

式中　η——锅炉热效率，%；

Q_1——1kg 燃料的有效利用热量，kJ/kg；

Q_i——1kg 燃料输入锅炉的热量，kJ/kg；

q_1——锅炉有效利用热量占输入热量的百分数，%。

依据式（3-1）和式（3-2）又可获得

$$\eta = 100 - (q_2 + q_3 + q_4 + q_5 + q_6) = q_1 \tag{3-3}$$

从式（3-1）~式（3-3）可知，锅炉的正平衡效率是指有效利用热量占输入热量的百分比，只要知道输入锅炉热量 Q_i 和有效利用热量 Q_1，便可求得锅炉热效率。该计算过程不能反映锅炉的各项热损失，因此，无法从中分析引起各项热损失的原因和寻找降低热损失的有效方法；此外，输入热量和有效利用热量的计算常常存在较大的误差，因而火力发电厂常采用反平衡法计算锅炉热效率。采用反平衡法求锅炉效率时，必须先求得各项热损失，这样便于对各项热损失进行分析。

从锅炉正平衡和反平衡方程式可知，锅炉的各项热量损失有排烟热损失、化学不完全燃烧热损失、固体不完全燃烧热损失、锅炉散热损失和灰渣物理热损失等。锅炉运行中如果能减少这些热损失，就能提高锅炉的有效利用热量，也就能提高锅炉的热效率与运行经济性。以下将对各项热损失进行具体分析。

3.2.3　降低锅炉排烟热损失

排烟热损失是锅炉各项热损失中最大的（5%~7%）一项，由此提高锅炉经济性的首要考虑方向即为降低排烟热损失。目前，各类型燃煤电厂均存在不同程度排烟温度偏高导致排烟热损失高于设计值问题。过高的排烟温度，影响机组经济性的同时，对电除尘及脱硫设备的安全运行也构成威胁，因此，有必要根据设备的具体情况，全面分析造成锅炉排烟温度升高的各种因素，制定出切实可行的措施以降低排烟温度，减少排烟热损失，提高锅炉效率。

在运行方面影响锅炉排烟温度的因素主要包括受热面积灰、火焰中心位置、炉膛及制粉系统漏风、一次风率、磨煤机出口温度、空气预热器进口风温、磨煤机投停等因素。以下将在对排烟温度进行理论分析和总结现场经验的基础上，对各影响因素进行讨论。

通过对排烟温度理论分析和现场经验的总结，一般可对制粉系统采取以下措施，以缓解排烟温度高的问题。

1. 治理本体及制粉系统漏风

漏风是指炉膛漏风、制粉系统漏风及烟道漏风，是导致排烟温度升高的主要原因之一。炉膛漏风主要指炉顶密封、看火孔、人孔门及炉底密封水槽处漏风；制粉系统漏风主要指磨煤机风门、挡板处及缩气器漏风等；烟道漏风主要指氧量计前尾部烟道漏风。漏风主要与运行管理、检修状况及锅炉设备结构等因素有关。

实际运行中由于磨损、检修不到位，运行维护人员责任心不足等原因，炉顶密封、炉底水封槽、制粉系统各风门、挡板及连接法兰、风粉管道弯头等都可能存在漏风。特别是部分电厂磨煤机入口冷一次风门在全关的状态下，磨煤机入口混合后风温较热一次风母管风温偏低30℃以上，说明冷一次风门漏入冷风量加大，冷风门严密性差。由此建议电厂在锅炉大、小修及日常运行维护中，加强对锅炉本体及制粉系统的查漏和堵漏，对各个连接法兰密封、膨胀节处密封、锁气器不严密的及时进行修复、更换，随时关闭各看火门孔。对于中储式制粉系统，在运行调整中将炉膛负压及钢球磨煤机入口负压尽量控制得较低些。经验表明，通过漏风综合治理，排烟温度可降低2~3℃。

2. 制粉系统调整减少冷风掺入量

目前，国内部分燃用高挥发烟煤锅炉机组，在设计时考虑到磨煤机干燥出力要求，空气预热器出口热一次风温通常远高于磨煤机入口风温需要，因此实际运行中在满足制粉系统干燥出力要求的同时，磨煤机入口冷一次风门需要较大开度，相应大量冷一次风不经过空气预热器，直接通过旁路与热一次风混合，从而在运行氧量不变时，空气预热器入口烟气量及烟温不变，经过空气预热器冷风量减少，导致排烟温度升高。

制粉系统掺入冷风调整，一方面需要加强冷一次风门严密性检查，减少不必要掺入冷风；同时可考虑在保证磨煤机运行安全的前提下，适当提高磨煤机出口温度，减少冷风掺入比例；对于空气预热器旋转方向为烟气→一次风→二次风的机组，可考虑对空气预热器进行反转改造，降低一次风温；对于现场布置空间较大的机组，可考虑进行热一次风加热技术改造，增设换热器吸收热一次风中多余热量进行利用，降低磨煤机入口热一次风温。

（1）调整磨煤机出口温度。为保证磨煤机安全运行，通常对磨煤机出口的温度有所限制。DL/T 466—2004《电站磨煤机及制粉系统选型导则》对磨煤机出口温度有详细具体的规定。提高磨煤机出口温度，磨煤机入口混合温度相应提高，磨煤机入口冷风掺入量减少，通过空气预热器风量增加，排烟温度下降，锅炉经济性提高。根据理论计算结合相关经验，磨煤机出口温度提高5℃，可以减少制粉系统冷风掺入量5%~10%，排烟温度可下降3~5℃，但出口温度过高，存在磨煤机自燃及爆炸等制粉系统安全性风险。根据目前国内电厂运行经验，磨煤机出口温度推荐值对于神混煤通常不高于80℃，对于无烟煤通常可以达到110℃，对于褐煤则在65℃左右。

（2）调整一次风率及风煤比。磨煤机实际运行中，通常由于磨煤机入口风量测量的不准确，风煤比难以按照合理设定曲线进行控制。为了保证磨煤机运行安全，防止一次风粉管积粉自燃，运行人员往往习惯高一次风率运行。在保持一定的磨煤机出口温度下，一次风率越高，则其中冷一次风量也增大，这样将会造成通过空气预热器冷风量的降低，排烟温度升高。但是过低一次风率，易使一次风管内积粉造成堵管，出现燃烧器喷嘴的烧损，同时磨煤机出力下降，影响机组带负荷能力。因此，通过制粉及燃烧系统优化调整试验，对一次风率及风煤比曲线进行优化，有助于提高机组运行经济性与安全性。

（3）磨煤机投运方式优化。对于直吹式的系统，磨煤机的投停主要是影响在运燃烧器的位置，投上停下则排烟温度升高（若投上停下影响到减温水量增大，则省煤器流量减少也会引起排烟温度升高）；此外，多投运一台磨煤机，还会导致总的一次风率增加，增加一台磨煤机的制粉系统冷风，引起排烟温度升高。对于中间储仓式热风送粉系统，磨煤机的投停主要影响到三次风的投切及制粉系统总的漏风率，多投运一套制粉系统，排烟温度一般会明显升高，细粉分离器的效率越低，制粉系统漏风率越大，其影响就越大。而对于中间储仓式乏气送粉系统，磨煤机投停，排烟温度可能升高，也有可能降低。

某电厂排烟温度实际运行值超过了设计值 10℃ 以上，为了降低锅炉排烟温度，对锅炉进行了全面燃烧调整及相应的诊断分析，得出引起排烟温度偏高的原因，除设计空气预热器存在换热不足的问题外，实际运行方面也存在问题。调整试验结果表明：在满负荷下锅炉运行时，习惯投运 5 台磨煤机，而另外一台备用磨煤机的冷风门开度经常在30％左右，同时磨煤机出口一次风管隔绝门全开，实测备用磨煤机对应冷风量约 70～80t/h。备用磨煤机在停运的情况下送入锅炉炉膛的风量实际上相当于锅炉的漏风，这样必然导致排烟温度升高。试验结果见表 3-3，磨煤机出口隔绝门全开，入口冷风门开30％时，锅炉排烟温度（修正后）为 136.43℃，磨煤机出口隔绝门全关后，在同样负荷下排烟温度（修正后）为 133.72℃，比全开时排烟温度降低了 2.71℃，通过对比可以看出备用磨煤机漏入的冷风量对排烟温度影响较大。

表 3-3　　　　　　　　　备用磨煤机出口隔绝门开关前后对排烟温度影响

序号	项目	单位	磨煤机出口隔绝门开关试验	
			出口隔绝门开	出口隔绝门关
1	磨煤机通风量 （B/C/D/E/F）	t/h	130/150 /129/129/134	130/149/126/130/133
2	BCDEF 磨煤机平均一次风温	℃	68.58	66.51
3	环境/空气预热器入口风温	℃	22/27.8	20/26.5
4	空气预热器出口风温 （一/二次风）	℃	295.06/322.75	292.92/321.90
5	实测空气预热器入口烟温 （A/B/平均）	℃	355.1/361.0/358.0	357.3/358.5/357.9
6	实测排烟温度 （A/B/平均）	℃	138.2/138.8/138.5	133.8/136.0/134.9
7	实测排烟温度 （修正后）	℃	136.43	133.72

　　同时，对该炉磨煤机出口温度也进行了调整，试验结果见表3-4。将磨煤机出口温度提高7℃，则排烟温度下降了2℃左右，分析提高磨煤机出口温度、排烟温度降低的原因，实质是磨煤机出口温度提高时，磨煤机入口冷风比例降低。提高磨煤机出口温度时，若增加一次风量，冷、热风量将同时增加，这时排烟温度变化不明显；若维持一次风量不变，则进入磨煤机的冷风比例必然减小，进入空气预热器换热的风量增加，排烟温度降低；若一次风量进一步降低，为维持干燥出力并达到磨煤机出口温度，冷风门将关得更小，排烟温度将进一步降低。

表 3-4　　　　　　　　　　　　磨煤机出口温度变化对排烟温度的影响

序号	项目	单位	磨煤机出口温度调整试验	
			T-1	T-2
1	磨煤机出力 (B/C/D/E/F)	t/h	69.2/69.3/66.1/68.8/69.6	69.7/70.0/66.7/69.1/70.2
2	磨煤机通风量 (B/C/D/E/F)	t/h	155/168/174/168/149	139/170/176/150/140
3	磨煤机进口风压 (B/C/D/E/F)	℃	9.63/5.56/9.62/6.59/9.25	9.15/5.45/8.67/5.75/8.03
4	磨煤机入口风温 (B/C/D/E/F)	℃	274/260/277/262/261	255/236/252/236/243
5	B/C/D/E/F 磨煤机平均一次风温	℃	78.24	71.34
6	环境/空气预热器入口风温	℃	21.5/28.57	21/27.62
7	空气预热器出口风温 (一次/二次风)	℃	292.76/323.06	295.34/324.29
8	实测空气预热器入口烟温	℃	362.20	363.80
9	实测排烟温度	℃	136.85	138.75
10	实测排烟温度 (修正后)	℃	132.92	134.94

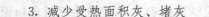

3. 减少受热面积灰、堵灰

受热面积灰是指锅炉受热面积灰、结渣及空气预热器传热元件积灰等。锅炉受热面积灰将使受热面传热系数降低，锅炉吸热量降低，烟气放热量减少，空气预热器入口烟温升高，从而导致排烟温度升高；空气预热器堵灰则使空气预热器传热面积减少，也将使烟气的放热量减少，引起排烟温度升高。

目前，各个电厂普遍存在煤质变差、发热量下降、灰分增加等问题。运行中在汽温能够维持的前提下，应加强锅炉吹灰，优化吹灰方式；同时，检修人员应加强日常检修与维护，确保吹灰器的正常投入，保持各受热面的清洁，将空气预热器压差控制在合理范围内。

3.2.4　降低锅炉固体未完全燃烧热损失

固体未完全燃烧热损失是由飞灰和炉渣中的残碳所造成的热损失。锅炉运行中，由于部分固体燃料在炉内未燃尽就以飞灰形式随烟气排出炉外或随炉渣进入冷灰斗中，而造成固体未完全燃烧热损失。

固体未完全燃烧热损失是燃煤锅炉的主要损失之一，通常仅次于排烟热损失。影响这项热损失的主要因素是炉灰量和炉灰中残碳的含量。其中炉灰量主要与燃料中灰分含量有关，而炉灰中的残碳含量则与燃料性质、煤粉细度、燃烧方式、炉膛结构、过剩空气系数、锅炉运行工况及运行调整水平等因素有关。一般固态排渣煤粉炉的 q_4 为 $0.5\%\sim5\%$。显然，煤中灰分和水分越少、挥发分含则越多、煤粉越细，则 q_4 越小。炉膛结构不合理（容积小或高度不够）以及燃烧器的结构性能差或布置不恰当，都会影响煤粉在炉内停留的时间及风粉混合质量，从而使 q_4 增大。锅炉负荷过高将使煤粉来不及在炉内烧尽，而负荷过低则炉温降低，都会导致 q_4 增大。运行中，锅炉过剩空气系数适当，炉膛温度较高时，q_4 较小；当过剩空气系数降低时，一般会导致固体未完全燃烧热损失增加。

总之，在炉膛结构、燃烧器形式固定后，从燃烧优化调整的角度，减少固体未完全燃烧热损失，应根据煤种的变化及时做好锅炉的燃烧调整工作，经常保持最佳的过剩空气系数和合适的煤粉细度。

随着煤粉细度 R_{90} 的减小，煤粉变细、飞灰含碳量降低。考虑固体未完全燃烧热损失与厂用电（制粉单耗引起），煤粉细度存在一个经济煤粉细度。经济煤粉细度是指使锅炉的不完全燃烧损失与制粉系统电耗之和，即 q_4+q_{zf} 为最小时的煤粉细度。煤粉细度调整试验一般在额定负荷的 $80\%\sim100\%$ 下进行。试验前入炉煤种和锅炉运行参数稳定，试验调整期间锅炉不吹灰、不启停磨煤机，分别将各台磨煤机煤粉细度调整到各个预定的水平。在每个稳定工况下，测取 q_4 损失和制粉单耗所需的相关数据，并从中确定最为经济的煤粉细度。为便于比较，制粉单耗 q_{zf}（%）可按式（3－4）整理成与 q_4 损失相当的热量损失，即

$$q_{zf} = 2930bP_{zf}/BQ_r \qquad (3-4)$$

式中　b——本电厂的标准煤耗，$g/(kW \cdot h)$；

　　　P_{zf}——制粉系统总电耗，kW；

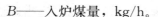

B——入炉煤量，kg/h。

煤粉细度试验初值可在常用煤粉细度附近各选 2 或 3 个进行，也可通过经验公式或曲线选取。根据中华人民共和国电力行业标准 DL/T 831—2002《大容量煤粉锅炉炉膛选型导则》，煤粉细度可按式（3-6）选取，即

$$R_{90}=K+0.5nV_{daf} \tag{3-5}$$

式中　R_{90}——用 90μm 筛子筛分时筛上剩余量占煤粉总量的百分比，%；

　　　　n——煤粉均匀性指数可取 1；

　　V_{daf}——煤的干燥无灰基挥发分，%；

　　　K——系数，对于 $V_{daf}>25\%$ 的煤质，$K=4$；对于 $V_{daf}=15\sim25\%$ 的煤质，$K=2$；对于 $V_{daf}<15\%$ 的煤质，$K=0$。

经济煤粉细度的选取主要考虑以下三个因素：

（1）煤的燃烧特性。一般来说，挥发分高、灰分少、发热量高的煤燃烧性能好，煤粉细度可以适当放粗；

（2）燃烧方式、炉膛的热强度和炉膛的大小。旋风炉，炉膛的热强度高及炉膛较大、较高时，煤粉细度可以适当放粗；

（3）煤粉的均匀性系数。煤粉的均匀性较好时煤粉细度可以适当放粗。

考虑到制粉单耗 q_{zf} 的试验比较复杂，如果是中间储仓式制粉系统，运行中进行制粉单耗试验较为困难，较简单的方法是只测量飞灰可燃物含量 C_{fh} 与煤粉细度 R_{90} 的关系。飞灰可燃物与煤粉细度的关系如图 3-1 所示。在 R_{90} 较小时，随着 R_{90} 的增加，C_{fh} 变化比较平缓，但超过某一值后（图中 C 点），C_{fh} 迅速增大，可以将此转折点作为经济细度的估计值。国内一些燃用较高挥发分煤的大型锅炉，C_{fh} 有的很低（0.7%～1.0%，甚至更低），但制粉电耗较高，对于这些锅炉，不应继续追求更低的固体未完全燃烧热损失，而适当提高煤粉细度 R_{90} 则可能更加经济。

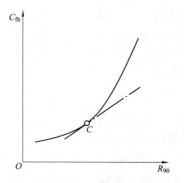

图 3-1　飞灰可燃物与煤粉
细度的关系

磨煤机检修后，一般需进行煤粉细度试验，以获得煤粉细度与粗粉分离器挡板开度（或转速）之间的具体关系，为运行调整提供指导依据，煤种发生变化可在此基础上适当进行调整。

某厂锅炉为原苏联制造的 210MW 机组配套锅炉，该机组投产以来锅炉飞灰可燃物含碳量偏高，基本处于 8%～15%。根据煤场进煤资料，燃煤中掺混了一定数量的无烟煤（大多为贫煤），而且无烟煤中含有我国最难燃尽的无烟煤之一——阳泉无烟煤。初步分析认为飞灰可燃物含碳量高与煤粉细度偏高有关。由于无烟煤与贫煤的燃烧特性相差较大，在燃烧初期，大量的氧气都被相对着火燃尽特性较好的贫煤燃烧消耗，使相对着火燃尽特性较差的无烟煤更难燃尽，造成整体飞灰含碳量较高。因此，降低飞灰含碳量的关键是提高无烟煤的燃尽性能，这就需要进一步降低煤粉细度，提高煤粉均匀性，减少大颗粒含量。因此，主要针对煤粉细度进行了调整，将煤粉细度 R_{90} 从 11% 调整到

5％，同时对燃烧器风粉进行了调平，并将一次风速与过剩空气系数进行了适当调整。调整后，飞灰及大渣含碳量均大幅度下降，由燃烧调整前的 8％～15％下降到调整后的 4％～8％，锅炉效率由调整前的 85％～86％上升至 88％以上，锅炉效率提高了 2 个百分点，初步估算可使供电煤耗下降 5～6g 以上，取得了良好经济效益。

3.2.5　降低锅炉化学未完全燃烧热损失

化学未完全燃烧热损失是指排烟中残留的可燃气体，如 CO、H_2、CH_4 等未放出其燃烧热而造成的损失。在煤粉炉中，q_3 一般不超过 0.5％；燃油炉的 q_3 在 1％～3％之间。影响化学不完全燃烧热损失的主要因素是燃料的挥发分含量、炉内过剩空气系数、炉膛温度、炉膛结构以及炉内空气动力场工况等。

一般燃料中的挥发分高，炉内可燃气体的量就多，当炉内空气动力工况不良时，就会使 q_3 增加。炉膛容积过小、高度不够、烟气在炉内流程过短时，将使一部分可燃气体来不及燃尽就离开炉膛，从而使 q_3 增大。此外，CO 在低于 800～900℃ 的温度下很难燃烧，因此当炉膛温度过低时，即使其他条件均好，q_3 也会增加。

炉内过剩空气系数的大小和燃烧过程的组织，将直接影响炉内可燃气体与氧气的混合，因而其与化学不完全燃烧热损失密切相关。若过剩空气系数过小，则可燃气体将由于得不到充足的氧气而无法燃烧；若过剩空气系数过高，则又会使炉内温度降低，不利于燃烧反应的进行，所有这些都会造成 q_3 的增大。因此，根据燃料性质和燃烧方式，控制合理的过剩空气系数，是运行调整减少 q_3 的主要措施。

1. 最佳过剩空气系数

炉内过剩空气系数 α 过大或过小，都会对锅炉的热效率产生直接影响（即锅炉各项热损失总和发生变化）。一般来说，q_2 将随过剩空气系数的增加而增大，而 q_4 却随 α 增大而降低，风机耗电随 α 增加而增大。因此，使 q_2、q_3、q_4 及风机耗电之和最小，此时的 α 被称为最佳过剩空气系数。另外，在调整过剩空气系数时还要考虑汽温特性，过低的过剩空气系数可能会引起汽温偏低，因此，运行中应综合考虑对过剩空气系数的控制。

某电厂总装机容量为 $4×300MW$，锅炉选用哈尔滨锅炉厂生产的亚临界压力、一次中间再热、自然循环汽包锅炉，采用四角切圆燃烧方式，制粉系统为正压直吹式，设计燃煤为陕西神府东胜煤。为了进一步提高锅炉效率，分别在不同负荷下，对过剩空气系数进行了优化调整试验。通过试验，获得不同负荷下的最佳氧量控制值，试验结果见表 3-5。虽然各个负荷点下，随着运行氧量的降低，锅炉效率呈现增加的趋势，但考虑到该电厂粉煤灰综合利用的特殊情况，特兼顾飞灰含碳量化验结果及汽温特性，推荐不同负荷下的最佳氧量控制曲线如图 3-2 所示，根据该曲线可修正氧量随负荷控制曲线，指导锅炉优化运行调整。

表 3-5　　　　　　　某锅炉不同负荷下氧量调整对锅炉效率的影响

序号	调整项目	设定氧量（%）	排烟温度（℃）	C_{fh}（%）	q_2（%）	q_4（%）	η（%）
1		2.5	139.4	5.020	5.597	0.601	93.30
2	300MW 氧量调整	3.0	140.7	4.530	5.823	0.539	93.14
3		3.5	146.4	2.090	6.413	0.361	92.70
4		4.0	141.5	2.260	6.255	0.265	92.98
5		3.0	133.5	4.430	5.434	0.328	93.73
6	270MW 氧量调整	3.5	133.2	3.170	5.635	0.233	93.63
7		4.5	134.6	2.290	6.335	0.168	92.99
8		3.5	126.4	3.490	5.261	0.260	93.88
9	230MW 氧量调整	4.0	125.7	3.100	5.423	0.230	93.75
10		4.8	127.7	2.325	5.924	0.170	93.31
11		3.5	121.0	2.980	5.271	0.236	93.84
12		4.0	124.3	0.795	5.360	0.138	93.85
13	210MW 氧量调整	4.5	120.8	2.380	5.624	0.196	93.54
14		4.8	124.6	0.580	5.717	0.102	93.49
15		5.5	120.1	1.680	6.012	0.136	93.20
16		3.8	122.3	3.925	5.426	0.317	93.51
17		4.5	122.4	0.490	5.609	0.088	93.84
18	180MW 氧量调整	4.8	123.1	2.325	5.727	0.210	93.32
19		5.5	123.7	1.595	6.140	0.152	92.96
20		6.0	119.5	0.495	6.305	0.089	92.90

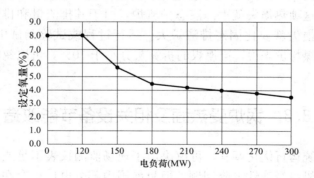

图 3-2　设定氧量与电负荷关系曲线

2. 燃烧器运行方式及配风方式

燃烧器的运行方式指燃烧器各运行参数的控制（如一、二次配比等）、燃烧器的负荷分配、投停组合等；配风方式指燃烧器各层辅助风的配比及相互配合。这些因素会直接或间接影响燃烧器区域温度、炉膛火焰中心位置、风粉的混合状况等，从而对飞灰可燃物含量产生一定的影响。

一般而言，燃烧器投下、停上或热功率下多、上少，有利于延长煤粉在炉内的停留时间，降低飞灰可燃物含量；集中投运火嘴可使燃烧相对集中，燃烧器区域炉温升高，降低飞灰可燃物含量，尤其是低负荷或燃用挥发分低的煤时更是如此。二次风配风采用倒塔方式，有利于低挥发分煤的稳定燃烧，同时兼有压住火球位置、阻止大颗粒煤一次上行、延长其停留时间等作用，有利于降低燃烧低挥发分煤种对应的飞灰含碳量。周界风量的大小会影响到煤粉气流的着火热及火焰刚性，对飞灰可燃物含量也会产生一定的影响。

对于实际运行锅炉，由于安装和设计存在差异或者煤质存在差别，各种因素的影响可能并不相同，因此，合理的燃烧器运行方式及配风方式需要针对特定煤质经过燃烧调整试验确定。

3.2.6　降低锅炉散热损失

锅炉运行时，炉墙、金属结构以及锅炉机组范围的烟风管道、汽水管道和联箱等的外表温度高于周围环境温度，这样就会通过自然对流和辐射向周围散热。这部分散失的热量，称为散热损失。散热损失的大小主要决定于锅炉容量、锅炉外表面积、炉墙结构、管道保温及周围的空气温度等。

显然，锅炉结构紧凑、外表面积小、保温完善时，q_5 较小；锅炉周围空气温度低时，q_5 较大。由于锅炉容量的增加幅度大于其外表面增加幅度，所以大容量锅炉的 q_5 较小。对于同一台锅炉来说，负荷低时 q_5 较大，这是因为炉膛面积并不随负荷的降低而减少，炉壁温度降低的幅度也比负荷降低的幅度小。

3.2.7　降低锅炉灰渣物理损失

灰渣物理热损失是由于从锅炉排出的炉渣还具有相当高的温度而造成的热量损失。它的大小与燃料的灰分、炉渣占总灰量的份额、排渣方式及炉渣温度等因素有关。简言之，灰渣物理热损失 q_6 的大小决定于排渣量和排渣温度。当燃料中的灰分高或炉渣占总灰量的比例大时，这项热损失就大。液态排渣炉，由于其排渣量和排渣温度均大于固态排渣炉，故此项热损失就要比固态排渣炉大。运行过程或试验测试中必须考虑 q_6 的影响，对于固态排渣煤粉炉来说，当燃煤的折算灰分小于 10% 时，可以忽略 q_6，只有当燃用高灰分煤时考虑计入 q_6。

3.3　锅炉受热面及相关设备节能改造

制粉及燃烧系统运行优化调整，可解决由于现场监测仪表不足或偏差、运行人员经验缺乏等原因导致机组经济性下降问题。但目前国内部分电厂也存在由于煤质、受热面设计、设备选型等原因带来机组经济性下降，仅仅通过运行优化调整难以有效提高机组经济性，需要进行相关受热面或设备改造。

3.3.1　受热面改造降低排烟温度

通过受热面改造，主要是增加省煤器面积、降低空气预热器入口烟气温度或通过增加空气预热器换热面积、提高空气预热器换热效果来实现排烟温度的降低。

1. 增加省煤器面积

降低排烟温度，通常会考虑降低空气预热器入口烟气温度，由此对于部分电厂可考虑增加部分省煤器面积。由于省煤器面积变化影响脱硝系统入口烟气温度，为满足脱硝系统运行要求，入口烟气温度不低于 310℃，同时考虑降低空气预热器入口烟气温度，可进行省煤器分级布置改造，即通过合理设计，减少部分当前省煤器面积，在脱硝系统出口与空气预热器入口位置，增设一级省煤器与原省煤器进行串联（根据现场空间可以设计改造后两级省煤器面积之和大于原省煤器），保证不同负荷工况下脱硝系统运行要求，同时，降低空气预热器入口烟气温度，实现排烟温度的降低。该方案需要考虑现场空间，同时兼顾空气预热器出口热一次风温要求，排烟温度通常可降低幅度为 5~10℃。

2. 增加空气预热器面积

针对部分电厂空气预热器换热效果未达到设计状况，可以考虑进行增加空气预热器换热面积改造。脱硝系统改造时，为避免空气预热器由于脱硝系统运行导致的堵灰加剧，电厂通常会将空气预热器冷端更换为搪瓷受热面，由于搪瓷受热面相对换热效果较差，因此大部分电厂在脱硝系统改造时，将利用原空气预热器预留空间，冷端更换搪瓷的同时，增加蓄热元件高度 100~150mm，以最大程度地避免脱硝改造对排烟温度升高的影响。

3. 改造案例

某电厂 1 号锅炉为哈尔滨锅炉厂设计生产的 HG‑1100/25.40/571/569 型超临界参数变压运行螺旋管圈直流锅炉，自投运以来，锅炉排烟温度明显高于设计值，考核试验结果表明，BRL（额定工况）负荷下，修正后排烟温度高于设计值 20.3℃。为有效降低排烟温度，改善机组经济指标，哈尔滨锅炉厂对省煤器和空气空气预热器进行改造，主要手段为增加省煤器管圈、更换空气预热器热端传热元件。具体为利用省煤器区域现有空间，最大限度地增加受热面，增加两圈管子（即加 8 根管子、质量增加 102t）共 130 排，省煤器面积增加 50%。在保持原空气预热器型号不变的情况下将空气预热器热端传热元件盒由 1000mm 高更换为 1100mm 高，同时将板型由原来的 DU3 改为 FNC，并采取封堵措施。

西安热工研究院对该电厂 1 号锅炉进行了改造前后试验测试，改造后额定负荷测试结果显示：

（1）排烟温度降低约 12℃。

（2）省煤器进、出口水温差上升 5.3℃，幅度较小，不影响汽水系统安全运行。

（3）空气预热器进出口一次风温差上升 15.9℃，一次风温大幅上升对满足制粉系统干燥出力、保证磨煤机出口风粉温度极为有利。

（4）空气预热器进、出口二次风温差上升 18.5℃，二次风温大幅上升可提高锅炉燃烧稳定及燃尽性能。

（5）空气预热器烟气侧阻力增加约 160Pa，阻力升高不多，基本不影响风机出力。

3.3.2　空气预热器反转改造

当前部分燃用高挥发分、低水分煤质电厂，在保证磨煤机干燥出力与安全的同时，空气预热器出口热一次风温度高导致磨煤机入口冷风掺入量过大，造成排烟温度升高。

对于该类型电厂中若存在空气预热器旋转方向为烟气→一次风→二次风，可以考虑进行空气预热器反转改造，即通过改造将空气预热器旋转方向调整为烟气→二次风→一次风。由于转子通过烟气侧后先经二次风通道，再经一次风通道，将导致二次风升高、一次风温下降。二次风温升高，有助于炉内着火燃烧，同时热一次风温下降，磨煤机入口冷风掺入量相应减少，将导致锅炉排烟温度下降。热一次风温下降，还可增加热一次风门开度，降低热一次风母管压力，有助于一次风机功耗减小及空气预热器漏风下降。

某电厂一厂2号锅炉2008年对空气预热器进行了反转改造，空气预热器转向由烟气→一次风→二次风调整为烟气→二次风→一次风，改造完后热一次风温度由330℃下降到310℃，下降幅度约20℃；该电厂二厂于2007年为提高磨煤机干燥出力，对空气预热器进行了反转改造，空气预热器转向由烟气→二次风→一次风调整为烟气→一次风→二次风，改造完后热一次风温度由330℃提高到350℃，升高幅度约20℃。根据相关电厂经验，一般情况下锅炉进行空气预热器反转改造，热一次风温度可下降15～20℃，磨煤机入口冷风掺入量可减少0.5％～1％（占入炉总风量），根据相关经验，排烟温度可下降2～3℃，机组发电煤耗相应降低0.2～0.3g/(kW·h)。

需要说明的是，转向改造的同时，应对空气预热器密封片进行换边安装，同时应和空气预热器厂家确认减速箱转向的可靠性。

3.3.3 热一次风加热技术改造

目前国内部分燃用高挥发烟煤锅炉机组，由于空气预热器出口热一次风温通常远高于磨煤机入口风温需要存在制粉系统掺入冷风量大、导致排烟温度升高问题，还可考虑采用热一次风加热技术。

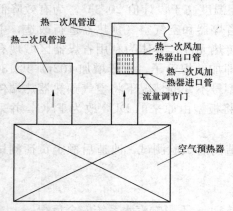

图3-3 热一次风加热器系统示意图

热一次风加热器系统主要目的在于减少制粉系统掺入的冷风量，增加流经空气预热器的一次风量，从而降低锅炉排烟温度，其示意图如图3-3所示。

热一次风加热器被加热的工质为来自机组回热系统的主凝结水，其工质经加热后再回到机组的回热系统，以此来回收热一次风中多余的热量。

1. 热一次风加热器主要特点

（1）工质（即凝结水）与热一次风的传热温压大，热一次风加热器的面积小，阻力小。

（2）布置在一次风道中，无低温腐蚀堵灰问题，因此，受热面管壁不需要防腐处理，投资成本小。

（3）热一次风与凝结水的传热温压大，凝结水温度可以取值比较高，对回热系统的影响小。

（4）通过对凝结水量的调节，可以根据煤质变化，改变冷风的掺入比例，提高一次风温对煤质的适应性。

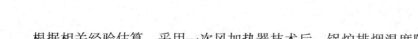

根据相关经验估算，采用一次风加热器技术后，锅炉排烟温度降低约 10℃，考虑一次风加热器对热一次风温度、回热系统及一次风机电耗增加的影响后，实际机组发电煤耗均可下降 0.5～1.0g/(kW·h)。

2. 改造案例

某电厂 2 号 600MW 超超临界机组于 2012 年 12 月～2013 年 1 月已完成热一次风加热器技术改造。该电厂采用冷一次风正压直吹式制粉系统，实际燃用高挥发分烟煤，磨煤机出口温度在 75℃ 左右，磨煤机入口温度由此控制在 160～180℃，而空气预热器出口热一次风温度高达 300℃，导致磨煤机入口不得不掺入大量冷风，进而导致排烟温度升高。采用热一次风加热技术，热一次风温度由 300℃ 控制在 200℃ 左右，磨煤机入口冷风掺入量大幅降低。改造完成后，凝结水温升为 7℃，排烟温度下降约 10℃，同时引风机与增压风机耗电率下降约 0.2 个百分点，锅炉综合经济性为 1.5g/(kW·h)，在满足制粉系统安全性的前提下，节能效果明显。

3.3.4 低压省煤器改造

低压省煤器改造也是目前有较多电厂在受热面改造条件不具备情况下，考虑降低排烟温度的一种措施。低压省煤器主要是在锅炉尾部空气预热器出口和脱硫塔进口之间的烟道内安装烟气冷却器来吸收烟气的热量，并将其用于机组的凝结水系统。低压省煤器系统的经济性取决于安装烟气冷却器后烟气温度下降的幅度；其安全性取决于烟气冷却器安装的位置及其出口的烟气温度（涉及传热管的腐蚀、积灰、磨损等问题）。低压省煤器应用到某台锅炉上是否可行，主要取决于现场空间及烟气余热回收利用系统的经济性和安全性。

低压省煤器改造降低烟气幅度，受限于锅炉入炉燃煤煤质含硫量。同时排烟温度的降低对提高锅炉效率没有作用，其本质为废热利用。通常认为排烟温度下降幅度在 20℃ 左右，其综合收益约为 1.5g/(kW·h)，而通常 300MW 等级及以上机组进行低压省煤器改造费用不低于 1000 万元，改造可行性需要电厂进行综合对比权衡。需要说明的是，低压省煤器回收热量若能用于居民采暖或工业供热，同样烟温降低幅度为 20℃，其经济性将不低于 3g/(kW·h)；另外，还可结合脱硫系统运行，利用低压省煤器回收热量加热脱硫出口烟气，由此取消当前 GGH（烟气换热器），在满足环保要求的同时，避免 GGH 堵塞对机组运行的影响。

改造案例如下：

某电厂 2 号锅炉为东方锅炉厂生产的 DG1025/18.2—II4 型亚临界四角切圆燃烧锅炉。为降低排烟温度，该厂于 2012 年 10 月投资约 700 万元对 2 号锅炉进行了低压省煤器改造。该锅炉入炉煤含硫量约为 0.5%，不同负荷空气预热器出口烟气温度为 130～150℃，通过低压省煤器后烟气温度为 110～130℃，烟温下降 20～30℃；同时低压省煤器给水取自 2 号低压加热器出口，不同负荷下流量为 200～240t/h，经过加热后水温升高 20～30℃，回到 3 号低压加热器出口，改造完成后至今约半年时间，运行效果良好。根据余热利用效益核算，通过低压省煤器改造，机组煤耗可下降约 1.5g/(kW·h)，节能效果较为显著。

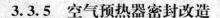

3.3.5 空气预热器密封改造

空气预热器漏风对锅炉经济性的影响主要体现在对风机耗电率和空气预热器换热的影响，其影响程度的大小与漏风发生的情况密切相关。根据相关经验，通常认为空气预热器漏风率降低 1 个百分点，机组煤耗下降约 $0.1g/(kW \cdot h)$。对于当前国内部分电厂所配备回转式空气预热器漏风率达到 10% 以上，可考虑进行空气预热器密封改造。空气预热器密封技术有常规固定式密封技术和柔性密封技术等多种技术可供选择。

1. 常规固定式密封改造

采用多重密封减小漏风技术原理在于降低直接漏风压差。双道密封即属于这种方式。双道密封设计的转子密封板，覆盖了 2 个完整的转子格仓，密封区始终存在 2 道密封，因此漏风压差只有传统设计单道密封的 1/2。在此基础上又发展出了三道密封技术，即进一步缩小转子格仓大小，使得密封区始终存在三道密封。考虑不增加烟风阻力需要，目前一般最多增加三道密封。多重固定密封技术相对简单、可靠性好、维护量小，改造完后漏风率可维持在 6% 左右，但需要注意检修过程对密封间隙的调整。

采用常规空气预热器密封技术在国内应用十分普遍，关键是通过分析和计算，核算空气预热器设计参数，确定热态运行中转子及壳体各部位的变形量，设计各部密封间隙，检修冷态调整将各间隙设定到位，使其适应转子及壳体热态变形，机组满负荷运行时密封间隙自动变化最小，密封效果达到最佳。

（1）主要改造内容。

1）径向双密封改造；

2）轴向双密封改造；

3）扇形板静密封改造；

4）转子找正及扇形板水平度调整工作；

5）冷端径向密封片调成 V 形等。

（2）应用案例。

某电厂 1、2 号锅炉配备两分仓空气预热器。随着设备的老化，检修后的漏风率上升较快，检修维护的工作量增大，工期延长、费用升高，电厂由此对空气预热器进行了密封改造，包括将空气预热器内部可调式密封改为固定式密封，同时径向、轴向应形成三密封结构（原有的 24 分仓相应改为 48 分仓），扇形板及轴向密封板一并更换。为减小工程量、节省费用，仍保持原有的侧面驱动。改造完成后进行试验，满负荷平均漏风率 A 侧为 4.55%，B 侧为 4.41%，漏风率下降约 3 个百分点，效果较为显著。

2. 柔性接触式密封技术

近期，柔性接触式密封技术在空气预热器改造中也得到了部分应用。它将扇形板固定在某一合理位置，柔性接触式密封系统安装在径向转子格仓板上，在未进入扇形板时，柔性接触式密封刷或滑块高出扇形板 5～8mm。当柔性接触式密封刷或滑块运动到扇形板下面时，连接簧片发生变形，密封刷或滑块与扇形板柔性接触，形成严密无间隙的密封系统。当该密封滑块离开扇形板后，连接簧片将密封刷或滑块自动弹起，以此循环进行，如图 3-4 所示。

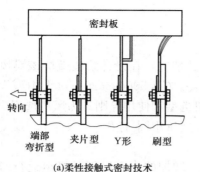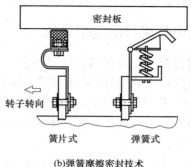

(a)柔性接触式密封技术　　　　　　　(b)弹簧摩擦密封技术

图 3-4　接触式密封技术

接触式密封技术由于与密封板直接接触，直接减少工作间隙，漏风率一般可达到4%～5%，但根据部分电厂改造经验，接触式密封技术改造费用相对较高，运行时间稍长，柔性密封刷或弹簧滑块容易出现磨损、疲劳失效等，可靠性不高。

NH电厂1、5号锅炉于2009年7月进行了柔性刷式接触密封改造，改造费用为150～200万/台，改造完成后漏风率约为4%左右，厂家承诺刷式密封可使用2年，但据电厂技术人员反映，实际可使用时间在1年左右。

常规固定式密封技术和柔性密封技术均各自存在一定的优、缺点，电厂宜根据本厂锅炉配备空气预热器结构特点、运行状况、存在问题等情况选择最适宜的密封技术，达到密封效果佳，节约成本的目的。

3.4　电厂风机节能技术

3.4.1　电厂风机能耗现状

1. 大型电厂锅炉三大风机耗电率

目前，我国大致为：

（1）1000MW机组。约在1.3%左右。

（2）600MW级机组。约为1.5%。但高的可达1.7%以上。

（3）300MW级机组。约在1.8%左右。三大风机均为动调轴流的，配置选型较好的，最低的可达1.1%左右。由此可见，我国电站风机能耗较高，节能空间较大。

2. 电风机运行经济性差的原因

我国电厂风机耗电率高的原因是多方面的。结合西安热工研究院多年对我国电厂风机的试验研究、产品设计开发、运行风机改造和故障诊断的实践经历，总结出我国电厂风机运行经济性差的主要原因如下：

（1）风机选型裕量过大或风机选型不当。

（2）烟风系统流量偏大（氧量偏大、漏风偏大等）。

（3）烟风系统阻力偏大（空气预热器阻力偏大、烟气换热器阻力偏大等）。

（4）风机进出口管道布置不合理。

（5）风机负荷适应性差，调节效率较低。

3.4.2　电厂风机的选型建议

目前国内机组普遍存在风机裕量不合适的情况，在设计阶段就应该对风机的选型裕量优化进行研究，以便指导新建机组节能降耗。GB 50660—2011《大中型火力发电厂设计规范》和 DL/T 468—2004《电站锅炉火机选型和使用导则》为风机选型应该依据的标准，在遵循该标准的前提下，其他影响风机选型的因素有：

1. 风量裕量

（1）炉膛过剩空气系数。造成送风机风量增加的主要原因是机组运行时，由于燃烧调整，使得炉膛过剩空气系数较设计值增加较多。送风机的基本风量是以锅炉炉膛过剩空气系数的设计值 1.15 计算的。如按炉膛的过剩空气系数为 1.20 计，送风机风量将增加 5% 左右。

（2）空气预热器的漏风率。根据理论计算，空气预热器中的风从二次风侧漏向烟气侧，同时又从一次风侧漏向二次风侧，空气预热器中二次风的漏风量因相互抵消而绝对数量较小。

空气预热器漏风量的变化会给一次风量带来影响。但近年来，国内三分仓空气预热器的设计制造技术和运行管理水平已有较大提高，空气预热器漏风率的总体水平及漏风变化率有了显著的降低。空气预热器在设计状态漏风率为 6%，对应一次风漏风率为 23%；一年后漏风率为 8%，对应一次风漏风率为 32%；若长期运行，漏风率为 8%～13%，对应一次风漏风率为 33%～44%。故空气预热器漏风率的增加带来的一次风量变化可以初估为 15%～38%。

（3）燃烧调整。燃料波动引起一次风率变化从而影响送风机出力。在燃烧调整时，氧量的变化会带来总的烟气量变化。

（4）燃煤变化及机组效率的波动。燃煤的变化以及机组效率的波动会导致烟气量的变化。煤的水分含量增加，其烟气量也有所增加。

（5）锅炉排烟温度。锅炉排烟温度上升将导致烟气容积流量增加。对已运行电厂的性能试验数据进行分析，均存在锅炉排烟温度偏高的现象。锅炉排烟温度的波动有多方面的原因。从电厂运行情况看，锅炉的排烟温度在夏季明显高于冬季。大气温度的提高导致一、二次风进风温度高，空气预热器换热温压下降，提高了排烟温度是原因之一。

（6）烟气系统漏风。随着机组的运行，系统的老化会带来漏风量增加，从而增大烟气量。

（7）磨煤机通风量或一次风量运行情况。磨煤机通风量或一次风量大小及其变化幅度对于一次风机参数和裕量有直接影响。在正压直吹制粉系统中，磨煤机通风量即一次风量的运行值往往会大于制造厂商提供的设计值，这里有以下几种原因：

1）适应煤质变化，减少石子煤的排放；

2）为减轻燃烧器区域结焦而修改风煤比；

3）磨煤机进风测量装置受布置条件影响造成精度过低、指示风量较实际偏低较多；

4）防止送粉管道堵管；

5）磨煤机切换运行，在倒磨煤机切换工况下，磨煤机总风量将增大，某厂 1000MW 机组燃烧调整期间的倒磨煤机切换工况，带来的风量增加约为 15% 左右。

（8）一次风压与风量的匹配。为维持煤粉管道的安全流速，当锅炉负荷变化时一次风压的变化幅度并不大。为了满足风压、风量的匹配，需要调整一次风的风煤比以满足煤粉安全输送条件。

2. 压头裕量

（1）空气预热器受热面沾污。空气预热器在运行后期未冲洗的情况下，由于受热面沾污造成的阻力增大。目前，国内大型机组一般同步装备脱硝（SCR）系统或预留脱硝。SCR 系统中未耗尽的氨与烟气中的 SO_3 发生化学反应而产生硫酸氢氨（NH_4HSO_4）。NH_4HSO_4 在 $150\sim210℃$ 时处于液态，液态的 NH_4HSO_4 黏性很强，容易黏结在空气预热器的低温段而造成通道堵塞。当 NH_3 的逃逸率在 $3\sim5mg/kg$ 时，运行 3~6 个月后，就能使空气预热器的阻力上升 1 倍，需停机进行空气预热器的清洗。因此对于设置 SCR 的机组，在风机压头裕量的取值上需要充分考虑空气预热器堵塞的因素。

（2）因风量增大带来的风道阻力增加。

（3）烟道积灰。烟道运行期间如若清灰不及时，会造成烟道运行阻力大幅度增加。

（4）脱硫 GGH 堵灰。对于取消脱硫增压风机，并且设置 GGH 的机组而言，GGH 的堵灰会带来阻力的大幅度增加。

（5）煤粉管道堵粉或煤粉浓度升高。

3. 结论

GB 50660—2011 的颁布对于电厂风机选型裕量的选择起到了指导作用，但随着技术的进步和设备制造质量的提高，原计算考虑的因素如空气预热器漏风等已得到明显改善，故应针对具体工程进行风机裕量的优化选择，在满足运行需要的同时可降低厂用电耗。

（1）送风机。送风机的风量裕量不低于 5%，另加温度裕量；送风机的压头裕量不低于 10%。目前，国内部分机组送风机选型偏大。初步总结原因，主要为设备厂给出的 BMCR 设计阻力较大和风机选型裕量偏大。在目前情况下，可以考虑进行风机选型裕量专题研究，根据已经投运的同类型机组二次风系统实际运行情况的实测、统计和分析，对燃用类似煤种、同类型锅炉的设备 BMCR 设计值进行核定，降低设备的设计阻力。其次，在满足 GB 50660—2011 要求下，在设计阶段就将送风机设计为双速配置，这种双速配置不同于一般意义上的双速切换风机。这种双速送风机配置在正常运行时（如小于 105% 的 BRL），不需要进行切换（送风机一般为动调风机，高效区范围较大、运行效率较高），在超过 105% 的 BRL 和特殊工况下（如一台送风机跳闸），可以切换到高速。这种双速配置的送风机选型优势如下：

1）可以根据上述的二次风系统实际运行情况的实测、统计和分析结果进行选择，使送风机和二次风系统匹配程度提高；

2）可以选择较小的风压和风量裕量，如只要低速满足 105% 的 BRL 和一定的失速裕量即可；

3）只要切换到高速，即可满足设备厂提供的设备阻力及 GB 50660—2011 的要求，降低设计风险；

4）在设计阶段就考虑送风机双速，基建成本增加量较小，双速切换装置技术成熟可靠。

（2）引风机。引风机的风量裕量不低于 10%，另加不低于 10℃ 的温度裕量；引风机的压头裕量不低于 20％。引风机选型的关键在于空气预热器的积灰堵塞程度怎样考虑，一般而言，空气预热器的阻力按照 50％ 的堵塞裕量进行考虑，在运行中，如果超过堵塞裕量，那么就应该降出力或停机进行检修。

（3）一次风机。一次风机的风量裕量宜为 35％，另加温度裕量，可按 "夏季通风室外计算温度" 来确定；风机的压头裕量宜为 30％。然而，若选择双级动调风机，一次风机高效区较大，一次风机平均运行效率在 75％ 左右，风量裕量偏大对风机运行效率影响较小。因此，建议在一次风机的选择中，当风量裕量有争议时，可以选择较大的风量裕量，在选择双级动调轴流风机的基础上，风量偏大对一次风机的运行效率影响很小。

3.4.3 烟风系统的节能改造案例

1. 降低空气预热器漏风

某 1000MW 机组锅炉配备两台型号为 2－34.5Ⅵ（50）－86 三分仓容克式空气预热器，由上海锅炉厂根据 ALSTOM 技术制造，容克式空气预热器同管式相比，具有结构紧凑、钢耗少，容易布置等优点，但是容克式空气预热器漏风率高却是难以解决的问题，是该类设备的致命缺点，因此在容克式空气预热器技术中，防止或降低漏风即密封技术占有很重要的地位。空气预热器的漏风会导致机组热力工况的变化，随着漏风量的增加，热风温度下降，排烟温度也下降，排烟温度下降又导致空气预热器冷端受热面壁温降低，加速了低温腐蚀的过程；漏风还影响机组运行的经济效益，它一方面降低了机组的热效率，另一方面增加了风机的功率消耗，使电厂发电煤耗和供电煤耗增加。

该机组改造前空气预热器漏风率为 7％～8％，属于正常水平，电厂为了进一步节能降耗，通过在空气预热器径向密封和旁路密封上增添密封金属丝作为辅助密封的密封改造方案，此改造的原理为应用金属丝的弹性与柔软性，在空气预热器不同负荷膨胀即出现不同的密封间隙时能通过金属丝来补充密封，从而达到零间隙效果。金属丝采用厚钢板进行夹制，做成刷子形式，固定螺栓紧固后点焊，这样即保证了密封丝的柔软特性又能在空气预热器较大风压情况下长时间运行而不散落。

空气预热器进行密封改造后，取得良好的效果，锅炉性能试验测量结果表明空气预热器漏风率 A、B 两侧均低于保证值，其中 BMCR 工况下 A 侧空气预热器漏风率为 3.05％，B 侧空气预热器漏风率为 3.15％；额定工况下两次正式结果的平均值：A 侧空气预热器漏风率为 3.14％，B 侧空气预热器漏风率为 3.23％，为目前投运大型电厂锅炉的优秀水平。

根据试验结果和理论分析，空气预热器漏风率降低 1 个百分点，可降低供电煤耗 0.1g/（kW·h），漏风率从 7％ 降至 3.5％，可降低 3.5 个百分点，折算供电煤耗为 0.35g/（kW·h），按年运行小时 5500h 计算，年节约费用 110 万元，改造每台机组空气预热器所需费用为 144 万，保守计算 2 年内就可收回投资。

2. 在设计阶段对烟风管道进行优化

某厂筹建 1000MW 机组，在设计阶段，对烟风系统的管道进行了优化，主要包括冷一次风道、冷二次风道、热一次风道、热二次风道、送粉管道和除尘器前烟道。烟风管道主要优化的特点如下：

（1）优化布置，减少弯头；

（2）将方形烟道改为圆形烟道，减小阻力，优化流场；

（3）垂直周向吸风口改为圆弧形收缩吸风口，减小吸入口阻力；

（4）直角三通改为锐角三通，各台磨煤机减少阻力和钢材消耗；

（5）磨煤机入口改为斜接形式，减少一个90°弯头，减小阻力；

（6）优化煤粉管道，将横平竖直走向改为斜管，减少弯头数目。

根据设计核算，通过烟风管道的优化，可使该1000MW机组减小初投资约35万元，减小厂用电率0.03个百分点，年节约机组运行费用40万元。

3. 改造不合理的风机进、出口管道

风机进、出口管道布置不合理，直接影响风机的性能。某300MW机组动调轴流送风机，因进口管道布置十分不合理，造成风机进口气流不均匀，使得风机在最大开度下，风量为620 000m³/h时，实际产生的压力为1470Pa，仅为设计值3724Pa的40%，风量也小于设计值30%。根据现场情况，经过核算，在风机进口弯头的三个侧面各开面积为3m²的进风口后，风机出力得到明显改善，风机风量可达7 260 000m³/h，风机压头为2087Pa，已经可以满足机组额定负荷的出力要求。

某300MW机组，配置有SCR和电袋除尘设备，采用离心引风机，投运以来，一直存在引风机出力不足的问题，现场试验结果显示，从引风机出口渐扩段，再到拐弯后烟道的全压损失平均为1.4kPa左右，损失偏大，动压基本没有回收。一般而言，引风机出口变径回收动压管需要较长的烟道，而且变径管的渐扩角度不能超过15°。该锅炉引风机出口渐扩变径管的角度近35°。然而，要改变风机出口管道布置，受场地和条件限制，实施难度较大。因此，计划改变引风机出口形状结构，并在烟道内安装多层导流板，通过数值模拟计算导流板的结构和尺寸，缓解烟道损失偏大的情况。

3.4.4 电站风机节能改造案例

3.4.4.1 离心式风机变频改造

某电厂一台300MW机组1025t/h锅炉一次风机为上海鼓风机厂生产制造的1888 AB/1122型离心式风机，进口导叶调节。其设计规范见表3-6，性能曲线如图3-5所示。

表3-6　　　　　　　　　　　　一次风机设计规范

项目	单位	内容	
工况	—	BMCR	TB
风量	m³/s	47.1	63.0
进口温度	℃	24	25
全压	Pa	13 661	15 015
轴功率	kW	867	1086
转速	r/min	1480	
电动机	型号	YKK5601-4	
功率	kW	1250	
额定转速	r/min	1480	
额定电压	V	6000	
制造厂家	—	哈尔滨电机厂	

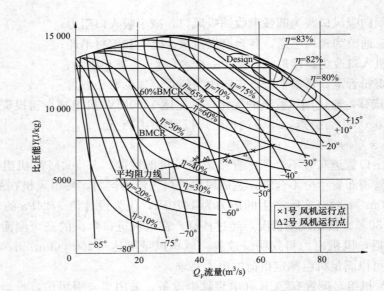

图 3-5 1888 AB/1122 型离心式一次风机性能曲线及试验
所得系统阻力特性线

机组投运以后发现该一次风机出力过大，风机入口调节门开度在 65% 以下运行，风机运行效率低，电耗高。为此，电厂提出将该一次风机改为变频调速，并委托西安热工院进行论证。

1. 改前试验

为清楚一次风机实际运行状况、为变频改造论证提供依据，热工院派员到电厂进行了热态运行性能试验。试验结果示于表 3-7 和图 3-6 中。

表 3-7 　　　　　　　　　　　一次风机改前试验结果

项目	单位	工况 1		工况 2		工况 3	
机组负荷	MW	303		225		156	
风机编号	—	1 号	2 号	1 号	2 号	1 号	2 号
挡板开度	%	64	61	56	53	47	46
风机电流	A	97	100	89	91	83	81
风机流量	m³/s	55.3	58.2	48.7	49.7	43.2	39.9
风机压力	Pa	8339	8567	7453	7939	7772	7762
风机空气功率	kW	448.8	484.8	354.6	384.4	327.7	302.0
电动机输入功率	kW	879.6	904.5	794.2	812.1	738.3	702.0
风机设备总效率	%	51.0	53.6	44.6	47.3	44.4	43.0
电动机效率	%	94	94	94	94	94	94
风机轴功率	kW	826.8	850.2	746.5	763.3	694.0	659.9
风机轴效率	%	54.3	57.0	47.5	50.4	47.2	45.8
6kV 开关功率因数	—	0.858	0.856	0.845	0.845	0.842	0.820
两台风机总耗功	kW	1784.1		1606.3		1440.3	

从表 3-7 和图 3-6 可见，风机运行在远离高效区域内，最高运行效率不到 60%，节能空间很大，有必要对其进行节能改造。

2. 变频改造经济性论证

离心风机在入口调节门全开时的效率最高，因此采用变频调节时，应以调节门全开时的性能为基础，换算出变转速调节的风机性能曲线，如图 3-6 所示。图中还示出了改前试验运行工况点。

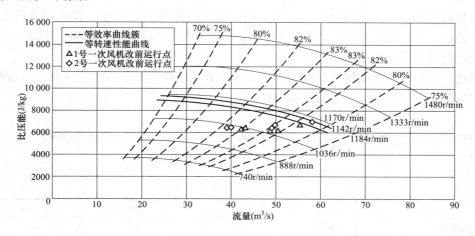

图 3-6 1888 AB/1122 型离心式一次风机转速调节性能曲
线及改前试验运行工况点位置

由图 3-6 可见，该型风机改为变频调速后，风机本身运行效率可提高 20% 以上，达到 81%～83%。节电量较大，但变频器自身有损失，其节电量估算（因无变频器及电动机效率曲线，故设其为固定值进行估算）示于表 3-8。

表 3-8 变频绸速改造节电量估算

项目	单位	工况 1		工况 2		工况 3	
机组负荷	MW	303		225		156	
风机编号	—	1 号	2 号	1 号	2 号	1 号	2 号
挡板开度	%	100	100	100	100	100	100
风机流量	m³/s	55.3	58.2	48.7	49.7	43.2	39.9
风机压力	Pa	8339	8567	7453	7939	7772	7762
风机空气功率	kW	448.8	484.8	354.6	384.4	327.7	302.0
风机效率	%	81.5	81	82.5	83	83	82.4
变频器效率	%	95	95	95	95	95	95
电动机效率	%	94	94	94	94	94	94
电动机输入功率	kW	646.6	670.2	481.3	518.5	442.1	410.4
两台风机总耗功	kW	1316.8		999.8		852.5	
两台风机每小时节电量	kW	467.3		606.5		614.8	

按年运行 7000h，三个负荷各占 1/3 计算，则一年的节电量为

$$7000/3×(467.3+606.5+614.8)＝3\ 940\ 066.7（kW·h）$$

锅炉两风机改造前试验最大工况运行点对应的转速分别为 1142r/min 和 1170r/min，已到 80%的调节深度，低负荷时运行转速不到 70%，变速系统自身损失相对大些。电动机负荷率降低后，其效率也会降低。因此，实际节电量会偏小，下面的经济性论证取年节电量为 3 800 000kW·h 进行计算。

设电价为 0.30 元/(kW·h)，则全年节电费为 114 万元。

变频器改造工费（包括变频器、开关柜、电缆、变频器空调室、自动切换的风机调节门快速执行器、安装费等）单价按 1250 元/(kW·h) 计，则每台炉两台 1250kW 电动机变频改造的总费用为 312.5 万元。

结论：对该厂一次风机进行变频调速改造，其年节电量约为 380 万 kW·h，改造费用不到三年即可回收，是可行的改造方案。

3. 变频改造效果

为评价变频改造效果，在改造工程完成后进行了一次风机热态性能试验。其试验结果见表 3-9。

表 3-9　　　　　　　　　　　改造后试验结果

项目	单位	工况 1		工况 2		工况 3	
机组负荷（改后）	MW	302		225		151	
风机编号	—	1 号	2 号	1 号	2 号	1 号	2 号
风机频率	Hz	39	38	35	37	35	33
风机电流	A	61	69	44	62	46	42
风机流量	m³/s	53.5	60.4	43.6	54.8	42.4	41.5
风机压力	Pa	8771	9055	8041	8777	8155	7990
风机空气功率	kW	455.8	530.5	341.2	467.1	336.3	323.1
电机输入功率	kW	598.0	702.1	438.9	609.0	446.8	389.4
风机设备总效率	%	76.2	75.6	77.7	76.7	75.3	82.97
6kV 开关功率因数	—	0.928	0.963	0.944	0.930	0.919	0.878
两台风机总耗功	kW	1300.2		1047.9		836.2	

比较表 3-7 和表 3-9 可得到表 3-10 的改造效果。

表 3-10　　　　　　　　　　　改 造 效 果

项目	单位	工况 1		工况 2		工况 3	
一次风机编号	—	1 号	2 号	1 号	2 号	1 号	2 号
风机设备总效率提高	%	25.2	22.0	33.1	29.4	30.9	39.97
电流下降值	A	36	31	45	29	37	39
功率因数提高	—	0.070	0.107	0.100	0.085	0.077	0.057
两台风机每小时节电量	kW·h	483.9		558.4		604.1	
两台风机年节电量	kW·h			3 841 514			

注　1. 一次风机变频器改造后节能量按年运行 7000h，三个负荷各占 1/3 计算。
　　2. 表中 6kV 开关功率因数是根据实测电动机功率、电流、电压和功率 $P＝1.732UI\cos\varphi$ 计算而得到。

由表 3-10 可得，一次风机改造变频调速运行后，各个工况下的实测运行效率均得到了明显提高，风机设备总运行效率提高 22％～39％；6kV 开关的功率因数有所增加，减少了无功功率消耗；电动机电流下降非常明显，为 31～45A；两台一次风机变频调速运行后，实际年节电量为 3 841 514kW·h，年节电率可达到 34％，节电效果非常显著；若按照每度电 0.3 元计算，两台一次风机每年可为电厂节省资金为 3 841 514×0.3＝1 152 454（元）

电厂结算两台风机实际花费 329 万元，不到 3 年可回收改造成本，与评估结论吻合（因变频和工频间的切换采用了自动控制系统成本略高）。

经过 2 年多的无故障运行表明：该厂一次风机变频节能改造成功，取得了显著的节能和经济效果。

3.4.4.2 静叶调节轴流式风机改造

某电厂一台 1004t/h 煤粉锅炉。配有两台静叶可调轴流式风机。其设计规范示于表 3-11，其性能曲线如图 3-7 所示。

表 3-11　　　　　　　　　　　　引 风 机 设 计 规 范

名称	单位	数值	
型号	—	AN30e6	
工况	—	BMCR 工况	TB 工况
风压	Pa	3895	4868
比压能	J/kg	4899	6347
风量	m³/h（m³/s）	1 004 400（279）	1 185 480（329.3）
静叶调整范围	—	−75°～＋30°	
介质温度	℃	120	120.6
介质密度	kg/m³	0.795	0.767
风机轴功率	kW	1278	1880
风机效率	％	86.8	87
电动机型号	—	YFKK800-8	
电动机功率	kW	2240	

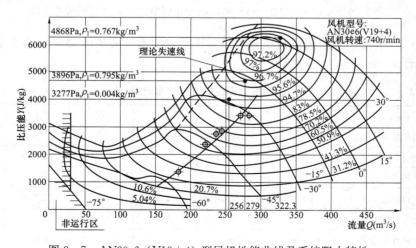

图 3-7　AN30e6（V19＋4）型风机性能曲线及系统阻力特性

该引风机自投运以后，一直存在电耗高的问题，为此特委托西安热工院进行节能改造研究。

1. 改造前试验

由西安热工研究院对该型引风机进行热态运行性能试验的结果如图 3-7 所示。可见，该型风机与锅炉烟气系统不匹配，风机出力富裕量过大。在机组满负荷（335MW）时，平均每台引风机风量为 274.4m³/s，风压为 2619Pa。风机设计工况（TB）的风量和风压富裕量分别为 20％和 86％。造成两台风机入口调节门开度在 45％（调节叶片角度在 −30°）以下运行。因而运行效率低，电耗高。

2. 改造方案及比较

西安热工研究院提出了两个改造方案进行比较。一是改变频调节，二是将电动机转速由 740r/min 降至 596r/min，同时更换风机叶轮，将叶片数由 19 片降至 13 片、变成 AN30e6（V13＋4）型风机。

方案 1：变频改造

AN30e6（V19＋4）型风机采用变频器进行转速调节后，其风机性能如图 3-6 所示。

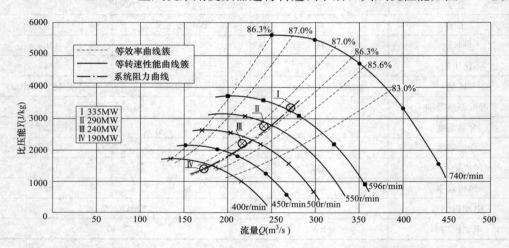

图 3-8　AN30e6（V19＋4）型风机变速调节性能曲线及系统阻力线

由图 3-8 可见，当采用变转速调节后，风机运行效率有很大提高，其节电量计算如表 3-12 所示。

表 3-12　　　　　　　　采用变频调速方案节电量计算

名称	符号	单位	工况 1	工况 2	工况 3	工况 4
机组负荷	E	MW	335	290	240	190
风机烟气量	q_V	M³/s	274.4	237.45	217.85	181.1
风机压力	p_F	Pa	2619	2115	1752	1122.1
风机比压能	Y	J/kg	3323.3	2704	2223.8	1377
风机空气功率	P_u	kW	718.65	502.2	381.7	203.2
定速风机叶轮效率	η_R	％	83.7	76.0	61.0	36.5

续表

名称	符号	单位	工况 1	工况 2	工况 3	工况 4
变速风机叶轮效率	η_{rb}	%	86.4	86.5	86.75	86.5
定速风机轴效率	η_a	%	82.0	74.48	59.8	35.8
变速风机轴效率	η_{ab}	%	84.67	84.77	85.02	84.77
变频器效率	η_b	%	95	95	95.0	95
电动机效率	η_e	%	94	94	94.0	94
定速电动机输入功率	P_t	kW	932.3	717.3	679.0	603.8
变速电动机输入功率	P_{tb}	kW	950.46	663.4	502.5	268.4
年运行小时	H	h	2400	1200	2400	1200
定速运行年耗电量	N	MW·h	2237.5	860.8	1629.6	724.6
变速运行年耗电量	N_b	MW·h	2281.1	796.1	1206.0	322.0
定速年总耗电量	N_e	MW·h	5452.5			
变速年总耗电量	N_{eb}	MW·h	4605.2			
用变频年总节电量	N_J	kW·h	847 300			

注 表中风机空气功率忽略了压缩性修正,电动机和变频器效率未考虑低负荷时的降低。

由表 3-12 可见,该风机改变频调速的节电率可达 15%,若按 0.30 元/(kW·h)的电价计算,一年能节约 25.4 万元。而要加装 2240kW 的高压变频装置系统,却需 250 万元以上。不计投资利息也需 10 年才能回收改造成本。因此,此方案不宜采用。

以上说明,该风机虽然出力过大,与系统特性不匹配。但采用变频调速后节电率还不大,经济上不合理。究其原因,一是该型风机为静叶调节轴流式风机,调节性能较好,因此在机组满负荷运行时,原风机效率与变转速调节效率相差很小,加上变频器自身的损耗,反而耗电增加;二是低负荷时,变频调速运行风机效率虽比定速运行高出很多(190MW 负荷高出 50 个百分点),但低负荷时风机空气功率大大减小,节电量有限;三是变频装置价格过于昂贵,节电量虽不小,但靠节电量不足以偿还初投资,经济上不合理。

方案 2:更换叶轮并降速

将 AN30e6(V19＋4)型引风机降速并更换为 AN30e6(V13＋4)型风机叶轮后的性能曲线示于图 3-9。

由图 3-9 可见,该引风机在 590r/min 转速下运行时完全可以满足引风机在 BMCR 工况下的需要,因此,决定将原 746r/min 的引风机电动机改造为具有 746r/min 和 596r/min 两种转速的双速电动机,并更换叶轮。当电动机在低速 596r/min 运行时,电动机功率为 1400kW,对应风机最大轴功率仍有 1.6 倍的安全系数,完全满足电动机功率的选型要求。并且由于电动机基础保持不变,减小了很大的工作量。

从图 3-9 可得改造后的风机运行效率与变频改造的风机效率相当。但由于没有变频装置自身的损耗,其节电量比改变频还多。详细计算见表 3-13。

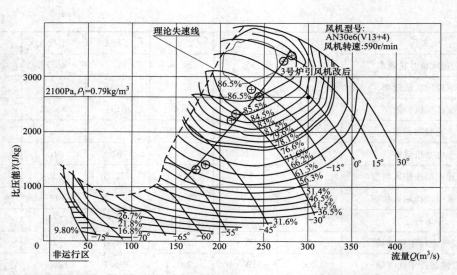

图 3-9　AN30e6（V13＋4）型引风机 590r/min 的性能曲线及系统阻力线

表 3-13　　　　　　　　　　更换叶轮并降转速到 596r/min 运行时的节电量计算

名称	符号	单位	工况 1	工况 2	工况 3	工况 4
机组负荷	E	MW	335	290	240	190
风机烟气量	q_V	M³/s	274.4	237.45	217.85	181.1
风机压力	p_F	Pa	2619	2115	1752	1122.1
风机空气功率	P_u	kW	718.65	502.2	381.7	203.2
风机叶轮效率	η_R	%	87	86.5	85	66.0
风机轴效率	η_a	%	85.26	84.77	83.3	64.68
电动机效率	η_e	%	94	94	94	94
电动机输入功率	P_t	kW	896.7	630.2	487.5	334.2
年运行小时	H	h	2400	1200	2400	1200
年耗电量	N	MW·h	2152.1	756.24	1169.9	401.0
年总耗电量	N_e	MW·h	4479.2			
改前年总耗电量	N_e	MW·h	5452.5			
年总节电量	N_J	kW·h	973 300			

　　改造后实测 335、290MW 和 240MW 三工况的风机运行轴效率分别达到 85.8%、83% 和 77.5%（低负荷实测效率比曲线效率低些）。实测三工况电动机输入功率分别为 885、637kW 和 532kW。

　　一台风机的改造费用包括电动机改双速 20 万元，更换新叶轮 22 万元。即一台风机的改造成本为 42 万元。改后一台风机年节电量为 973 300kW·h，按 0.30 元/（kW·h）的电价计算，一年节约 29 万元，一年半即可收回成本。

　　改造后风机运行稳定，噪声明显下降，达到了节能改造的预期目的。

3.5 脱硫装置运行节能技术

3.5.1 基本原理

脱硫装置运行有如下两个特点：

(1) 经济效益和环保效益在一定程度上相互制约；

(2) 运行成本随运行工况（脱硫效率）的变化而变化。如增加浆液循环泵投运的台数或适当增加石灰石浆液的供给可以提高系统的脱硫率，从而达到更好的环保效果，但系统的电耗和脱硫剂的消耗就会明显增加，反之亦然。

运行优化都有一个标尺，故可以将脱单位质量 SO_2 相对生产成本的概念作为脱硫运行的标尺。

脱硫装置的各项成本费用主要包括电费、脱硫剂费用、水费、蒸汽费、财务费用、折旧费、人工费、维修费、运营管理费和保险费等。在脱硫的各项成本中，财务费用、折旧费、人工费、维修费、运营管理费、保险费几乎不受脱硫工况调整的影响。而电费、脱硫剂费用、水费、蒸汽费与运行工况紧密相关；此外，脱硫装置的运行方式还会影响 SO_2 的排污费和石膏销售收入。将受脱硫运行方式影响的这些因素累加起来，称为相对生产成本。

实际应用中，电费、脱硫剂费用、减少的 SO_2 排污费权比较大，其他各项费用可根据实际情况增减。

脱硫相对生产成本就是脱硫运行的标尺。

运行优化的准则就是根据各自的运行标准，以脱硫相对生产成本最低为目标，针对负荷、燃料和脱硫剂的不同情况，选择最优的运行方式。

3.5.2 吸收系统的优化

按照上述运行优化的准则，可以对脱硫装置吸收系统进行运行优化，运行优化的内容如下：

(1) 浆液循环泵的运行优化（负荷、入口浓度发生变化）；

(2) pH 值的运行优化（负荷、入口浓度发生变化）；

(3) 石灰石粒径的运行优化（负荷、入口浓度发生变化）；

(4) 氧化风量的运行优化（负荷、入口浓度发生变化）。

示例：

某电厂一 300MW 机组配套的烟气脱硫装置，设置四台浆液循环泵，从低到高分别为 A、B、C、D。入口 SO_2 浓度的正常变化范围为 $1500\sim4500mg/m^3$，习惯运行方式为 B、C、D 浆液循环泵运行。对脱硫效率没有要求，只需满足 $400mg/m^3$ 出口排放浓度要求，排污费按实际排放量缴纳。脱硫剂为外购石灰石粉，石膏外卖有一定的收益，无蒸汽消耗。

3.5.2.1 循环泵的优化运行

1. 300MW 负荷时

（1）入口 SO_2 浓度为 4000mg/m³ 时循环泵组合运行。300MW 负荷下 SO_2 浓度为 4000mg/m³ 时浆液循环泵在不同组合运行情况下的脱硫效率如图 3-10 所示。

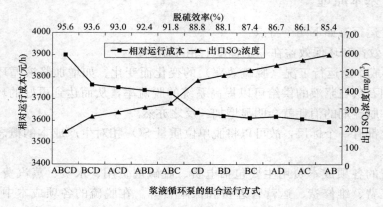

图 3-10 300MW 负荷下 SO_2 浓度为 4000mg/m³ 时浆液循环泵在不同组合运行情况下的脱硫效率

（2）入口 SO_2 浓度为 3000mg/m³ 时循环泵组合运行。300MW 负荷下 SO_2 浓度为 3000mg/m³ 时浆液循环泵在不同组合运行情况下的脱硫效率如图 3-11 所示。

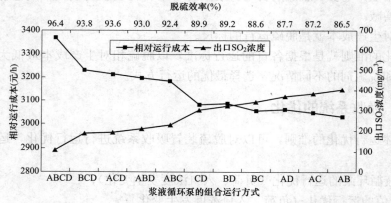

图 3-11 300MW 负荷下 SO_2 浓度为 3000mg/m³ 时浆液循环泵在不同组合运行情况下的脱硫效率

（3）入口 SO_2 浓度为 2000mg/m³ 时循环泵组合运行。300MW 负荷下 SO_2 浓度为 2000mg/m³ 时浆液循环泵在不同组合运行情况下的脱硫效率如图 3-12 所示。

2. 240MW 负荷时

（1）入口 SO_2 浓度为 4000mg/m³ 时循环泵组合运行。240MW 负荷下 SO_2 浓度为 4000mg/m³ 时浆液循环泵在不同组合运行情况下的脱硫效率如图 3-13 所示。

（2）入口 SO_2 浓度为 3000mg/m³ 时循环泵组合运行。240MW 负荷下 SO_2 浓度为 3000mg/m³ 时浆液循环泵在不同组合运行情况下的脱硫效率如图 3-14 所示。

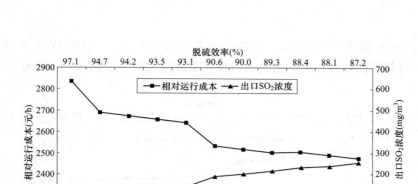

图 3-12　300MW 负荷下 SO_2 浓度为 2000mg/m³ 时浆液循环
泵在不同组合运行情况下的脱硫效率

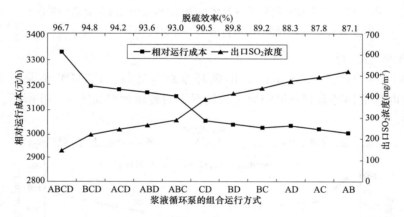

图 3-13　240MW 负荷下 SO_2 浓度为 4000mg/m³ 时浆液循环泵在
不同组合运行情况下的脱硫效率

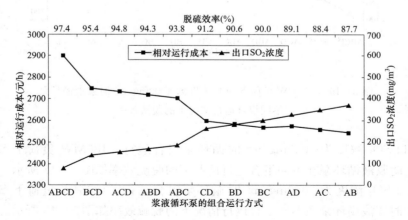

图 3-14　240MW 负荷下 SO_2 浓度为 3000mg/m³ 时浆液循环泵在
不同组合运行情况下的脱硫效率

（3）入口 SO_2 浓度为 2000mg/m³ 时循环泵组合运行。240MW 负荷下 SO_2 浓度为 2000mg/m³ 时浆液循环泵在不同组合运行情况下的脱硫效率如图 3-15 所示。

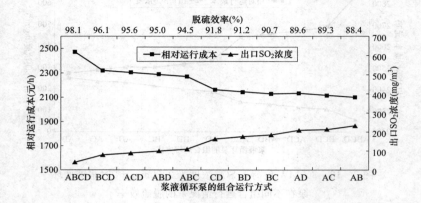

图 3-15　240MW 负荷下 SO_2 浓度为 2000mg/m³ 时浆液循环泵在不同组合运行情况下的脱硫效率

3. 180MW 负荷时

（1）入口 SO_2 浓度为 4000mg/m³ 时循环泵组合运行。180MW 负荷下 SO_2 浓度为 4000mg/m³ 时浆液循环泵在不同组合运行情况下的脱硫效率如图 3-16 所示。

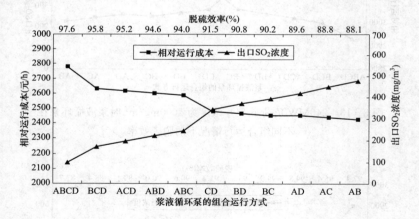

图 3-16　180MW 负荷下 SO_2 浓度为 4000mg/m³ 时浆液循环泵在不同组合运行情况下的脱硫效率

（2）入口 SO_2 浓度为 3000mg/m³ 时循环泵组合运行。180MW 负荷下 SO_2 浓度为 3000mg/m³ 时浆液循环泵在不同组合运行情况下的脱硫效率如图 3-17 所示。

（3）入口 SO_2 浓度为 2000mg/m³ 时循环泵组合运行。180MW 负荷下 SO_2 浓度为 2000mg/m³ 时浆液循环泵在不同组合运行情况下的脱硫效率如图 3-18 所示。

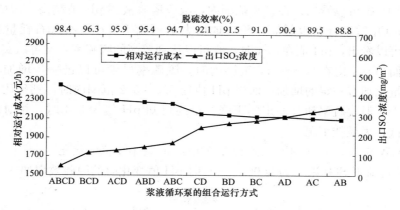

图 3-17　180MW 负荷下 SO$_2$ 浓度为 3000mg/m^3 时浆液循环泵在
不同组合运行情况下的脱硫效率

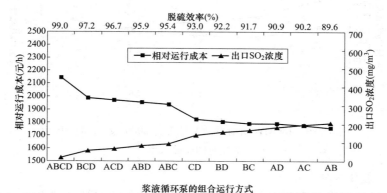

图 3-18　180MW 负荷下 SO$_2$ 浓度为 2000mg/m^3 时浆液循环泵
在不同组合运行情况下的脱硫效率

3.5.2.2　pH 值的优化运行

1. 300MW 负荷，入口 SO$_2$ 浓度为 4000mg/m^3 时 pH 值的优化

300MW 负荷下 SO$_2$ 浓度为 4000mg/m^3 时 pH 值变化时的脱硫效率如图 3-19 所示。

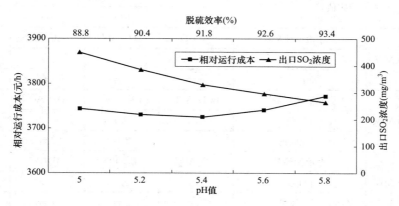

图 3-19　300MW 负荷下 SO$_2$ 浓度为 4000mg/m^3 时 pH 值变化时的脱硫效率

从图 3-19 中可以看出，在试验范围内，吸收塔浆液的 pH 值越高，脱硫率就越高，石膏中的 $CaCO_3$ 质量分数也越高，相应地增大了钙硫质量比，石灰石耗量自然也就增加。从试验可以看出，pH 值在 5.4 时，既可以达到较高的脱硫率，又可以实现较低的钙硫质量比。而当 pH 值在 $5.6 \sim 5.8$ 范围内时，脱硫率尽管可以进一步增加，但并不明显，钙硫质量比却有一定的增加；而当 pH 值在 $5.0 \sim 5.2$ 范围内时，钙硫质量比尽管可以进一步减少，但脱硫率却有一定的下降。最终可知 pH 值为 5.4 时，相对成本比其他几个工况均低，为最佳工况。

2. 180MW 负荷，入口 SO_2 浓度为 2000mg/m³ 时 pH 值的优化

180MW 负荷下 SO_2 浓度为 2000mg/m³ 时 pH 值变化时的脱硫效率如图 3-20 所示。

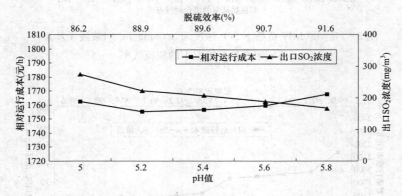

图 3-20　180MW 负荷下 SO_2 浓度为 2000mg/m³ 时 pH 值变化时的脱硫效率

3.5.2.3　最佳运行卡片

表 3-14 中根据机组负荷和烟气成分的情况，给出了具体的推荐循环泵运行方式。考虑到在实际运行过程中，检修、电动机启动频率的要求等各种因素的影响，每种情况均给出了 2 个推荐运行方式。

表 3-14　　　　　　　　　　　脱硫系统最佳运行卡片

运行设定值			入口 SO_2 浓度（mg/m³）			
			＞4500	4000	3000	2000
机组负荷	300MW	浆液循环泵	ABCD	ABC/ABD	AC/AD	AB/AC
		pH 值	5.4	5.4	5.4	5.2
		氧化风机	2 台	2 台	2 台	1 台
	240MW	浆液循环泵	BCD/ACD	CD/ABC	AB/AC	AB/AC
		pH 值	5.4	5.4	5.3	5.2
		氧化风机	2 台	2 台	2 台	1 台
	180MW	浆液循环泵	CD/ABC	BC/BD	AD/BC	AC/AD
		pH 值	5.4	5.3	5.2	5.2
		氧化风机	2 台	2 台	1 台	1 台

3.5.3 烟气系统的运行优化

1. 烟气系统运行的特点

(1) 运行成本与电耗直接相关, 与其他成本基本无关;

(2) 电耗占脱硫系统电耗比例大, 脱硫风机是最大的耗电设备;

(3) 优化运行核心就是降低烟气系统的阻力和提高增压风机的效率。

2. 烟气系统优化的内容

(1) 维持烟气系统的阻力在正常范围。尤其是降低和缓解烟气换热器 GGH 和除雾器结垢与堵塞引起的阻力增加;包括吹扫周期、高压水投入频率、水平衡等的优化。

(2) 提高增压风机工作效率。对脱硫电耗影响很大。设计阶段尽量选高效区宽的风机、根据实际情况合理选择风机的裕量;取消增压风机, 与引风机合二为一;运行后更多的是进行风机本体改造和加变频改造。

(3) 增压风机与引风机串联运行优化;

(4) 其他措施。如加强锅炉运行调整, 使排烟温度和氧量在设计范围内。

3. 维持烟气系统的阻力在正常范围

GGH 和除雾器结垢堵塞是普遍现象。

经过对 GGH 积灰成分分析, 可以判断黏附着的结垢由两部分组成:一部分是烟气携带的浆液滴黏附在换热元件上;另一部分是烟灰黏附在换热元件的低温部。

除雾器堵塞结垢原因很多, 但主要原因是水平衡被破坏。系统水平衡的调节是系统稳定运行的一个重要方面。脱硫装置水平衡示意图如图 3 - 21 所示。

要维持吸收塔液位稳定, 需要通过调节除雾器冲洗水来实现。除雾器冲洗水主要用来冲洗除雾器, 因此必须保证有足够的冲洗水量, 如系统水平衡被破

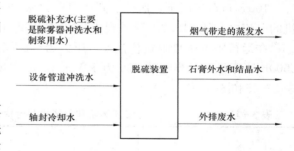

图 3 - 21 脱硫装置水平衡示意图

坏, 就会影响到除雾器的水冲洗, 长此以往将会造成除雾器结垢堵塞, 甚至引起坍塌。因此, 采取以下措施:

(1) 加强煤质管理, 控制高灰分和高硫分煤进入电厂, 必要时采取配煤措施, 从源头上控制燃烧产生的粉尘, 从而减少进入脱硫系统的粉尘浓度。

(2) 加强除尘器的运行管理, 保证除尘器的除尘效率, 确保进入脱硫系统的烟气粉尘浓度不超标。

(3) 加强 GGH 运行中的吹扫和定期在线高压水冲洗, 有条件时可利用停运检修的机会, 对 GGH 进行人工高压水清洗, 彻底清理换热片之间的积灰, 确保其在一个小修周期内, 能在较低的阻力下运行。

(4) 在 GGH 低温端加装高压清洗吹灰器, 据系统阻力情况增加。

(5) 空气吹扫改用蒸汽吹扫, 因为 GGH 积灰多为黏性灰, 用蒸汽吹灰射流刚度远、可加热灰层, 降低黏附力, 效果远远好于压缩空气吹灰。

（6）当传热元件污垢板结无法通过吹扫降低阻力时，只能停运，抽出换热元件，进行酸碱清洗。

（7）迫不得已时也可抽出部分换热元件，降低阻力。

（8）加强脱硫系统水平衡的管理，保证除雾器的正常冲洗，防止由于其他系统进入吸收塔的水量过大、除雾器冲洗水量减少引起其板片结垢和堵塞。

1）控制各类泵的轴封水水量（对开式系统）；

2）最大限度地利用石膏过滤水进行石灰石浆液制备；

3）防止和减少系统外来水，如雨水、清洁用水的流入等；

4）由于湿法脱硫系统的冲洗阀、补水阀数量多，易出现阀门关闭不严和内漏的故障。这不但给各箱罐的液位调整带来困难，也会增大水耗。因此，在运行中要对这些阀门状况加强监控。

4. 增压风机与引风机串联运行优化

增压风机与引风机为串联运行方式，两风机共同克服锅炉烟气系统和脱硫烟气的阻力。要避免出现一个风机在高效区运行，而另一个风机在低效区运行的情况，应通过试验，在机组和脱硫系统安全运行的前提下，找出两风机最节能的联合运行方式（增压风机和引风机电流之和为最小值）。

在55%～100%负荷工况下，脱硫系统入口负压的设定值从−0.25kPa逐步上调至0kPa。增压风机和两个引风机电流之和逐步减小。

100%负荷工况下，脱硫装置入口压力从−0.25kPa调至0kPa，增压风机与两台引风机的电流之和从518.2A降低到497A，节电共计21.2A。

在运行中可调整脱硫装置入口压力为−0.05～0kPa，以满负荷运行，年运行时间为5500h计算每年可节电约100万kW·h。增压风机和引风机联合优化运行能耗计算见表3−15和图3−22。

表 3-15 增压风机和引风机联合优化运行能耗计算

项目	原烟气挡板处压力	增压风机电流	增压风机动叶开度	A引风机电流	B引风机电流	A引风机变频器赫兹比	B引风机变频器赫兹比	增压风机与引风机电流之和
单位	kPa	A	%	A	A	%	%	A
参数	−0.25	279.2	82.7	122	117	91	91	518.2
	−0.20	272.4	80	124	116	92	92	512.4
	−0.15	269	79.7	122	116	93	93	507
	−0.10	262.5	77.6	123	117	93	93	502.5
	−0.05	258	78.1	125	116	94	94	499
	0.00	254	75.8	125	118	93	93	497

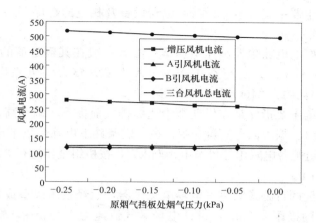

图 3-22 增压风机和引风机联合优化运行能耗计算

3.6 电除尘节电技术

电除尘器是采用高压静电除尘原理，将含尘气体中的粉尘收集起来，使洁净气体排出。其收尘主要过程为：含尘气体进入电除尘器内，在高压电场的作用下，粉尘荷电，并在电场力的作用下流向极板、极线（带正电荷粉尘流向极线，带负电荷粉尘流向极板），最后通过除尘器振打设备将粉尘从极板、极线上打下、落入灰斗中排出。由此可知，电除尘器的效率主要依其供电的有效作用，这里电能的消耗是必要且必需的。

以燃煤电厂 600MW 机组为例，一般配两台双室四电场（或更多电场）电除尘器。按四电场计算，其典型设计配备电器负荷如下：

（1）高压电源：16 台高压电源，输出为 72kV/2.0A，单台功率为 206kV·A，设备总功率 3296kV·A。

（2）低压电器：约 480kV·A。

（3）系统总负荷：3776kV·A。

由上可看出：电除尘器的电能消耗主要是高压电源。而低压设备电耗所占份额较小，另外，这些能耗也是保证设备正常运行所必需的，降耗空间很小。

电除尘器高压电源运行电耗和除尘效率的主要影响因素如下：

1. 锅炉负荷

电除尘器与其他设备显著不同点是锅炉负荷越低，除尘效率越高，能耗也越高。而在锅炉满负荷运行时，能耗反而会低一些。

2. 烟尘特性

烟尘特性主要指粉尘的理化性质和电性能，如燃煤的含硫量、灰分、飞灰可燃物；粉尘浓度、烟气流速、烟气温度；粉尘成分、粒度、比电阻等。对有些对粉尘虽然除尘器消耗的电能很大，但却未用到收尘上，不仅电耗很大，且除尘效率不高。

3. 控制方式

控制方式指用于电除尘器高、低压电源的多种供电控制方式，哪一种方式更为适合，需要经过对整个除尘器系统（本体设备、电器设备及相应的燃煤等烟气条件）进行调整和优化试验才能确定。

目前，运行较好的电除尘器高压电源运行参数一般在其额定值的 60%～70%，即：额定功率为 206kV·A 时，运行在 130kV·A 左右，整台炉电除尘器高压电耗约为 2000kW。总功率损耗约为 2400kW。

电除尘器节电的主要指标是在保证烟尘达标排放前提下，调整高、低压电源的供电控制方式来实现节电。据国内外资料介绍，在一定条件下电除尘器节电效果可达 50% 左右，则 600MW 机组配备电除尘器可节电 1000kW，按机组全年运行 300 天计算，全年可节电约 720 万 kW·h。

某电厂锅炉原配两台卧式双室三电场电除尘器，后经技术改造成双室五电场，有效断面积为 249m²，同极距 405mm，设计电场烟气流速为 1.02m/s，配 10 台 GGAJO2-1.8A/72kV-WF-HW 硅整流变压器和控制柜。电除尘器出口侧装有两台烟尘连续监测仪，并配有高、低压中央集中控制上位机系统。

1. 确定节电优化试验项目

分别在机组 350、280、184MW 等发电负荷下，选取不同的供电方式和相关参数。最终归类出既达标排放，又节电效果好的运行方式。在试验中，工况 1 为日常的火化跟踪控制方式；其他工况为不同间隙比的间隙供电控制方式、间隙供电控制方式与火化跟踪控制方式结合以及间隙供电控制方式与停电场结合等，具体的设定依各电厂的除尘器运行状况、燃煤状况及负荷状况等而定。

2. 节电调整试验结果

（1）350MW 发电负荷下，不同工况除尘效率、排放浓度和功耗对比见表 3-16 和图 3-23。

表 3-16　　　　　　　　　350MW 发电负荷优化试验结果

优化工况	除尘效率	出口排放浓度	功耗
	%	mg/m³	kW
工况 1	99.63	42.4	370.5
工况 2	99.58	48.4	37.4
工况 3	99.50	59.0	34.6

从表 3-16 和图 3-23 可得出三种优化工况结论如下：

1）除尘效率。相比工况 1，工况 2 降低 0.05%、工况 3 降低 0.13%。最高和最低效率相差 0.13%。

2）烟尘排放浓度。相比工况 1，工况 2 增加 14.15%、工况 3 增加 39.15%。

3）功耗。相比工况 1，工况 2 节电 89.9%、工况 3 节电 90.7%。

4）在保证出口烟尘排放浓度小于 50mg/m³ 前提下，建议在发电负荷为 350MW 时采用工况 2 的运行方式，该方式比常规火花跟踪控制方式节电 89.9%。

（2）280MW 发电负荷下，不同工况除尘效率、排放浓度和功耗对比见表 3-17 和图 3-24。

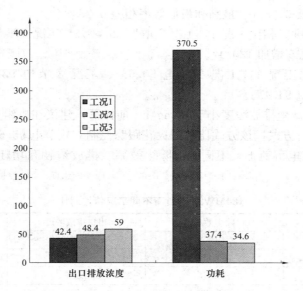

图 3-23 350MW 发电负荷不同工况特性对比图

表 3-17   280MW 发电负荷不同工况特性对比 2

优化工况	除尘效率	出口排放浓度	功耗
	%	mg/m³	kW
工况 1	99.72	33.7	409.0
工况 2	99.66	39.1	38.4
工况 3	99.60	43.3	26.2
工况 4	99.47	56.0	27.9
工况 5	99.34	74.0	22.7

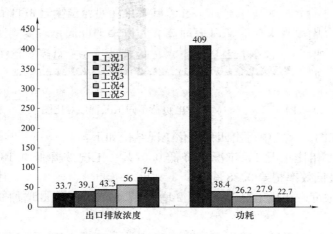

图 3-24 280MW 发电负荷不同工况特性对比图

从表 3-17 和图 3-24 中得出五种优化工况结论如下：

1）除尘效率。相比工况 1，工况 2 降低 0.06%、工况 3 降低 0.12%、工况 4 降低

0.25％、工况 5 降低 0.38％。最高和最低效率相差 0.38％。

2）烟尘排放浓度。相比工况 1，工况 2 增加 16.02％、工况 3 增加 28.49 ％、工况 4 增加 66.17％、工况 5 增加 120.47％。

3）功耗。相比工况 1，工况 2 节电 90.6％、工况 3 节电 93.6％、工况 4 节电 93.2％、工况 5 节电 94.4％。

4）在保证出口烟尘排放浓度小于 50mg/m³ 前提下，建议在机组发电负荷为 280MW 时采用工况 3 的运行方式。该方式比常规火花跟踪控制方式节电 93.6％。

（3）184MW 发电负荷下，不同工况除尘效率、排放浓度和功耗对比见表 3-18 和图 3-25。

表 3-18   **184MW 发电负荷不同工况特性对比**

优化工况	除尘效率	出口排放浓度	功耗
	％	mg/m³	kW
工况 1	99.85	18.3	424.9
工况 2	99.78	23.4	33.6
工况 3	99.67	35.3	27.7
工况 4	99.47	64.4	24.7

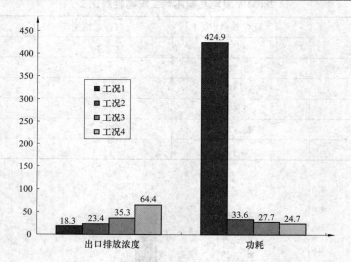

图 3-25   184MW 发电负荷不同工况特性对比图

从表 3-18 和图 3-25 中得出四种优化工况结论如下：

1）除尘效率。相比工况 1，工况 2 降低 0.07％、工况 3 降低 0.18％、工况 4 降低 0.38％。最高和最低效率相差 0.38％。

2）烟尘排放浓度。相比工况 1，工况 2 增加 27.87％、工况 3 增加 92.89 ％、工况 4 增加 251.9％。

3）功耗。相比工况 1，工况 2 节电 92.1％、工况 3 节电 93.5％、工况 4 节电 99.4％。

4）在保证出口烟尘排放浓度小于 50mg/m³ 前提下，建议在机组发电负荷为 184MW 时采用工况 3 的工况运行，该方式比常规火花跟踪控制方式节电 93.5％。

（4）电耗与机组负荷的关系。机组在不同负荷下，采用普通火花跟踪工况，电除尘器电耗如图 3-26 所示。这说明电除尘器越是在低负荷下运行电耗越大，因此，低负荷的节电问题显得十分重要。

（5）节电效果。按节电效果较低的高负荷条件下运行计算，每台电除尘器可节电 330kW，每台炉可节电 660kW，每年以运行 300 天计算，则全年可节电 475 万 kW·h。节电效果非常明显。

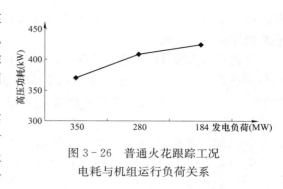

图 3-26　普通火花跟踪工况
电耗与机组运行负荷关系

3.7　汽轮机通流改造及汽封改造技术

3.7.1　汽轮机通流改造技术概况

汽轮机通流部分改造主要是指采用先进成熟的气动热力设计技术、结构强度设计技术及先进制造技术，对早期采用相对落后技术设计制造的在役汽轮机的通流部分进行改造，以提高汽轮机运行的经济性和可靠性、灵活性，并延长其服役寿命。

近年来，随着 600MW 亚临界、600MW 和 1000MW 功率等级超临界、超超临界机组的不断投运，300MW 及其以上功率等级机组已成为绝对主力机组。

目前，在役的多数国产 300MW 等级汽轮机多采用引进的 20 世纪七八十年代国外技术，限于当时的技术水平、设计手段和制造工艺，投产后经济性较差并存在诸多影响机组安全性的问题，尽管各制造商在 20 世纪 90 年代后期陆续推出改进或优化机型，但其经济性改善有限，多数机组缸效率及热耗率达不到设计值。

由于节能降耗约束性指标的压力、节能调度对高煤耗机组发电量的限制以及煤价上涨使高煤耗机组成本压力的进一步增加，特别针对国产汽轮机经济性差、通流部分效率低的状况，采用当代先进、成熟的技术对汽轮机进行改造，主要是对汽轮机通流部分进行改造，提高汽轮机通流效率，减少或消除汽轮机内漏以降低机组实际运行时的能耗，对提高机组的整体经济性能，实现节能减排的目标及企业的可持续发展不仅必要，而且极为迫切，同时，通流部分改造应使机组具有更好的调峰能力以适应电网的要求。

随着热力叶轮机械技术、计算机技术和计算流体动力学（CFD）技术的发展，三维黏性数值模拟技术在汽轮机机械设计中得到了广泛的应用，以全三维气动热力分析计算为核心的汽轮机通流部分设计方法已成熟。目前，国内外已普遍采用先进成熟的三维气动设计理论进行汽轮机通流部分的设计，动静叶片采用先进叶型、后加载叶型、复合弯扭叶片，改善参数沿叶高的分布，减少端部二次流损失，降低汽封漏汽损失等；提高末级根部反动度，利于变工况运行，提高了低负荷运行能力和安全性，改善了机组调峰性能。

3.7.2　汽轮机通流改造现状

国内对 200MW 现役汽轮机的改造工作在 2000 年已基本完成，对 300MW 现役汽轮机的改造工作已全面开展，有些电力企业已经开始进行 500、600、800MW 亚临界和超临界机组的通流改造。

汽轮机通流部分改造技术成熟可靠，应用广泛。东汽、哈汽、上汽、北重、全四维、阿尔斯通等厂家均有数台至数十台以上改造业绩。尤其东汽、哈汽和上汽在 100、125、200、500、600MW 机组均有汽轮机通流改造的实践和业绩。

1. 改造业绩

从大量改造案例来看，300MW 汽轮机机组进行三缸改造后，热耗率多低于 8000kJ/(kW·h)。由于改造时间不同，设计、制造水平的差异略有变化，改造后电厂的发、供电煤耗均大幅度下降，进入 300MW 机组的先进行列。随着以弯扭联合成型全三维叶片为代表的第三代通流设计技术的发展，有限元技术、动强度设计及先进的结构技术的应用，300MW 汽轮机通流改造技术日臻完善，提高了机组的经济性和安全性。

东汽、哈汽、上汽、全四维等厂家近几年来具有代表性的通流改造业绩见表 3-19，可知：

表 3-19　　　　　　　　　　　　近年汽轮机通流改造项目一览表

改造厂家	电厂机组	改造前容量（MW）	改造前设计热耗率［(kJ/(kW·h)］	改造范围	改造后容量（MW）	改造后设计热耗率［kJ/(kW·h)］	改造后试验热耗率［kJ/(kW·h)］	改造后投运时间
东汽	华能德州 4 号机	300	8030	高中低压通流	330	7955	8074	2008 年 6 月
	宣威电厂 5 号机	300	8030	高中低压通流	320	7950	7913	2009 年 8 月
	大唐张家口 2 机	300	8030	高中低压通流	320	7990	8060	2008 年 12 月
	粤电湛江 1 号机	300	8001.8	高中低压通流	330	7900	7948.3	2012 年 2 月
	粤电湛江 2 号机	300	8001.8	高中低压通流	330	7900	7942.1	2013 年 2 月
哈汽	阿塞拜疆 1 号机	SC320	7712	高中低压通流	320	7646	7652	2009 年
	铁岭发电厂 3 号	300	7954.9	高中低压通流	315	7886.8	8012	2008 年 11 月
	珠江电厂 4 号机	300	—	高中低压通流	330	7923.3	7960	2009 年
	鹤岗电厂 1 号机	300	7989.2	高中低压通流	315	7938.4	7949.7	—
	井冈山 1 号机	300	7926.9	高中低压通流	315	7920.7	7930.7	2011 年
	井冈山 2 号机	300	7926.9	高中低压通流	315	7920.7	7917.4	2012 年
上汽	吴泾 11 号机	300	8001	高中低压通流	305	7915	7911	2008 年 11 月
	丰城 1 号机	300	7918	高中低压通流	340	7965	7994	2008 年 12 月
	上外一 1 号机	300	8081	高中低压通流	320	7950	7894	2009 年 7 月
	黄埔 5 号机	300	8185	高中低压通流	330	7925	7994	2012 年 8 月
	黄埔 6 号机	300	8185	高中低压通流	330	7925	7958	
全四维	华能南京 2 号机	320	7886.3	高中低压通流	340	7871.2	7865.3	2008 年 12 月
	国电太原 11 号机	300	7983.8	高中低压通流	330	7779.1	7787.4	2008 年 12 月
	国电安顺 2 号机	300	7971	高中低压通流	330	—	7945.4	2010 年 10 月
	粤电湛江 1 号机	300	8001.8	高中低压通流	330	7900	7942.8	2012 年 9 月
	粤电湛江 2 号机	300	8001.8	高中低压通流	330	7900	7945.9	2011 年 4 月

（1）随着国家环保政策和节能减排的要求，多数电厂对 300MW 汽轮机进行了通流改造，改造后汽轮机的经济性取得了很大的提高。

（2）东汽、哈汽、上汽三大汽轮机厂和全四维对 300MW 汽轮机组均有相当数量的改造业绩，通流改造技术成熟，应用广泛，安全可靠。改造方案中采用的技术已在多台机组上有过成功运用，技术风险很小。

2. 改造效果

目前，很多电厂对机组进行了汽轮机通流改造，经济性和安全性明显提高，取得了良好的改造效果：

（1）经济效益。机组改造后，额定出力增加，机组的热耗率降低，发电煤耗、供电煤耗均大幅度下降，大大提高了机组的经济性，其经济效益明显。

（2）社会效益。改造后，机组额定出力增加，且增强了机组的调峰能力，提高了电网的安全性和可靠性。通过改造，机组的主要部件延长了使用寿命。由于改造设计采用了叶片动强度设计方法、大刚度宽叶片等措施，机组的安全性能大大提高。

（3）环保效益。由于机组效率的提高，在同一负荷下燃煤量减少，CO_2、SO_2 和烟尘的排放量相应地大大降低，可有效地减轻对环境的污染，其环保效益显著。

3.7.3　汽轮机通流改造技术的发展方向

近年来，随着西门子、三菱、日立、东芝等代表着国际先进水平的汽轮机制造商与国内三大动力的合作不断加强，上汽、哈汽、东汽的技术水平得到持续提高，各自形成了独具特色的技术路线。同时，各发电企业在节能减排的压力下，对汽轮机制造商的通流改造技术不断提出了新的要求。在市场的要求下，一大批新技术和新理念正逐步应用于 300MW 和 600MW 等级机组的通流改造中。

1. 通流形式的选择

按各级反动度大小，汽轮机分为冲动式汽轮机和反动式汽轮机。冲动级中，蒸汽主要在静叶栅中膨胀，在动叶栅中只有少量膨胀；反动级中，蒸汽在静叶栅和动叶栅中都有相当程度的膨胀。

目前，对于高效 600MW 和 1000MW 机组，国际上普遍采用反动式技术设计，包括阿尔斯通、西门子、三菱等。即便是冲动式技术流派鼻祖的通用电气，也在其最新设计开发的用于联合循环的 D650 汽轮机中采用了反动式设计技术。

相比冲动式汽轮机，反动式汽轮机具有以下技术优势：

（1）反动式的动、静叶型线基本相同，冲动式的则不同，导致冲动式动叶栅的气流转折角较大，以及叶栅反动度的差异，造成冲动式叶型损失比反动式叶栅大。

（2）反动式叶型进汽侧小圆直径大，攻角适应范围广，部分负荷的效率高。

（3）反动式隔板厚度小，可以多布置级数，重热系数大，且反动式级不存在平衡孔漏汽，泄漏损失小，可提高机组效率。冲动式采用隔板结构，由于承受的压差较大，隔板内径又小，因此隔板的厚度较厚。虽然级数反动式少，但通流长度却相差不多。

（4）反动级的静叶出汽侧至动叶进汽侧的轴向间隙较冲动级大，可减少对动叶的激振力，同时允许转子和静子间有较大的相对膨胀，对提高机组的负荷适应性有利。

（5）反动式机组在设计、加工制造方面，相对冲动式更简单，冲动式隔板需要焊接，反动式隔板可采用装配方案，无焊接及热处理导致的变形，精度好，效率高。

（6）反动式叶型的叶栅损失比冲动式的小，但隔板汽封直径大，平衡鼓汽封直径大，这两处的泄漏损失比冲动式大。但由于大机组功率大、流量大、汽封漏汽损失占的比重小，所以大机组宜采用反动式设计。

事实上，冲动式汽轮机和反动式汽轮机具有不同的技术优势，一般 300MW 以上容量汽轮机的通流宜采用反动式设计；而 300MW 以下容量汽轮机的通流宜采用冲动式设计，这一点从目前各大汽轮机制造厂的主要产品上也可以得到证明。以超超临界 1000MW 机组为例，反动式的上汽—西门子机型效率要优于冲动式的哈汽—东芝机型和东汽—日立机型。哈汽和东汽基于此调整了设计理念，其采用反动式设计的超超临界 1000MW 机组也即将投产。同时，三大制造商也将相关设计理念应用于 600MW 等级汽轮机的通流改造中。

2. 调节级气动优化技术

汽轮机运行中配汽阀组和调节级效率远低于高压缸通流效率，利用三维优化技术降低喷嘴室压损、提高调节级入口流场均匀度、优化调节级型线，可使调节级级段效率提升 5% 左右，如图 3-27 所示。

东汽在优化调节级喷嘴的基础上，进一步取消了独立喷嘴室，与内缸铸为一体，以提高进汽腔室气动效率如图 3-28 所示。

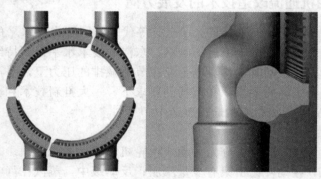

(a)原始喷嘴模型

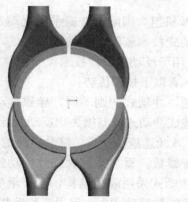

(b)优化喷嘴模型

图 3-27　东汽调节级进汽室优化模型

哈汽和东汽还在高压缸进汽中采用了切向蜗壳进汽方式，如图 3-29 所示，减小第一级导叶进口参数的切向不均匀性，允许提高蒸汽流速，具有较高的蒸汽动能转换效率。

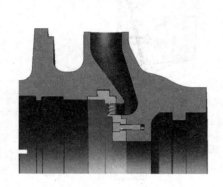

图 3-28 东汽调节级进汽室优化模型　　　　图 3-29 哈汽切向蜗壳进汽实体图

3. 高效叶型技术

随着计算流体动力学和先进制造技术的发展，采用全新的高效叶型替代早期一维、二维设计技术的动、静叶片是通流改造的重要内容。近年来，各大制造厂商先后提出了具有自主知识产权的高效叶型技术。

上汽开发了先进的整体通流叶片设计技术（AIBT），该技术包含了通流的整体布置、叶片选型、差胀间隙设计、叶顶围带和叶根设计等功能，已成功应用于亚临界 300MW 湿冷汽轮机通流改造及 300～600MW 等级新开发机组的设计中。

（1）AIBT 整体通流设计技术与传统的通流设计技术相比，具有非常显著的优点：

1）从气动力学角度，提出了变反动度的设计原则，即每一叶片级的反动度是不相等的，以最佳的气流特性决定各级的反动度，使各个全三维叶片级均处在最佳的气动状态，提高整个缸的通流效率。

2）通流汽封采用镶片式汽封，降低漏汽损失。

3）叶片采用 T 形叶根，无轴向漏汽损失。

（2）哈汽在通流改造中采用新一代后加载反动式扭叶片，该叶片具有以下特点：

1）叶片表面最大气动负荷在叶栅流道的后部，减少二次流损失。

2）吸力面、压力面均由高阶连续光滑样条曲线构成，减少叶型损失。

3）叶片前缘小圆半径较小且具有更好的流线形状，在来流方向（攻角）大范围变化时，仍保持叶栅低损失特性。

4）叶片尾缘小圆半径较小，减少尾缘损失。

5）叶型最大厚度较大增强了叶片刚性。

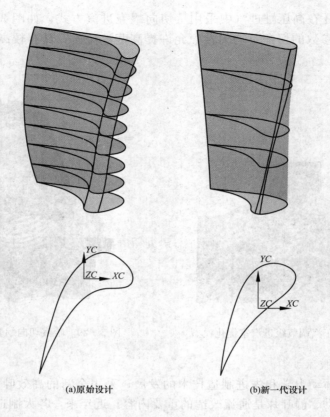

(a)原始设计   (b)新一代设计

图 3-30 哈汽先进叶型对比

4. 本体结构优化

"美—日技术体系"汽轮机的技术路线造成其内部结构复杂,尤其高、中压缸内短路蒸汽较多,且漏量大,蒸汽做功损失大。该体系的国产汽轮机高压缸效率普遍较设计值偏低 3 个百分点以上,而中压缸效率较设计值偏低 2 个百分点。

某 300MW 机组通流改造为解决高压内、外缸夹层冷却蒸汽在上、下缸流动不均匀导致的上、下缸膨胀不均产生热应力的状况,将夹层蒸汽通过管道连接至高压排汽管道,并安装阀门调整上、下缸温差,其接入高压排汽管道位置及高压排汽温度测点位置如图 3-31 所示。接入口在高压排汽温度测点下游或基本处在同一断面,由于高压排汽蒸汽流速快,此部分漏汽对高压排汽温度的影响无法迅速扩散,高压排汽温度测点无法反映其影响,故改后性能试验显示其高压缸效率高达 87.5%,远高于同类型机组的高压缸水平。根据该机组现场测点,可估算出漏汽量大小约为 3%,据此推算出其实际缸效率约为 85%。此种情况发生在多台同类型机组上。

该机组对这部分蒸汽的处理并未从根本上改善缸内部漏汽损失,但从上述案例可知,一直以来影响国产"美—日技术体系"汽轮机高压缸效率偏低的主要原因之一是缸内蒸汽泄漏,而不单单是汽封间隙大和叶型技术落后等。

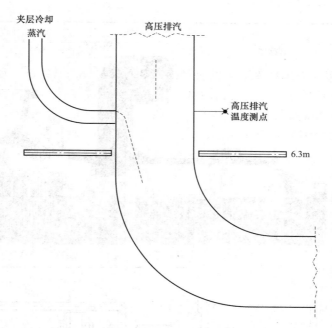

图 3-31 某汽轮机高排温度测量现状示意图

因此对于此类型汽轮机除了采用新型高效叶片，以及采用措施减少汽封漏汽以提高机组整体效率外，如何对机组整体结构进行优化，减少甚至杜绝缸内漏汽应是通流改造技术方案中重点考虑的问题。

表 3-20 列出了哈汽、上汽以及阿尔斯通对国产"美—日技术体系"汽轮机高、中压缸通流改造的典型方案，可以看到，针对高中压缸间漏汽损失大的问题，各制造商都对高、中压缸内缸进行了改进设计或全新设计。

表 3-20 　　　　　　　　　　　高、中压缸通流改造技术方案示意图

制造商	方案示意图
原高、中压内缸结构	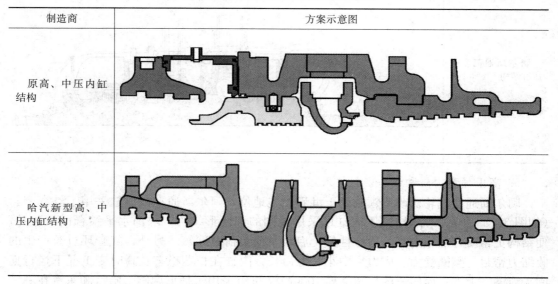
哈汽新型高、中压内缸结构	

制造商	方案示意图
东汽新型高、中压缸结构	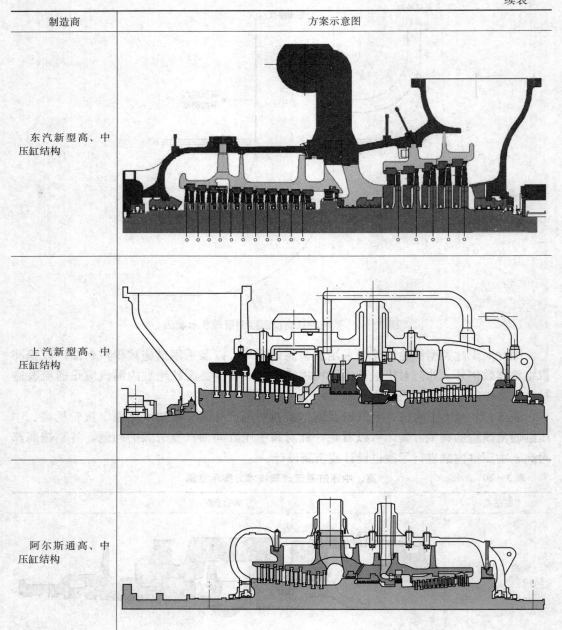
上汽新型高、中压缸结构	
阿尔斯通高、中压缸结构	

5. 高压桶型内缸和红套密封技术

阿尔斯通在汽轮机改造领域处于世界领先地位，阿尔斯通在高压缸采用了红套密封（如图 3-32 所示），这样高压内缸可采用规则的圆筒形结构，取消水平结合面的法兰，使结构更紧凑，热应力小，适应性好，启动及变负荷时间短。另外，红套环过盈产生的收缩力密封，整圈受力、应力集中小、寿命长，内缸在长期稳态及瞬时变工况下运行期间无泄漏。上汽—西门子的超超临界 1000MW 机组采用了桶形内缸，哈汽和东汽在其二次再热机组等新机组中也采用了类似技术，如图3-33所示。

东汽高压桶形套环密封设计如图3-34所示。

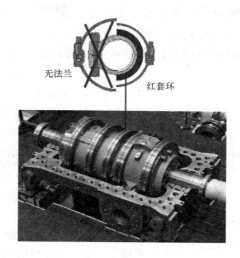

图 3-32 阿尔斯通高压桶形内缸红套环设计

图 3-33 哈汽高压桶形内缸红套环设计

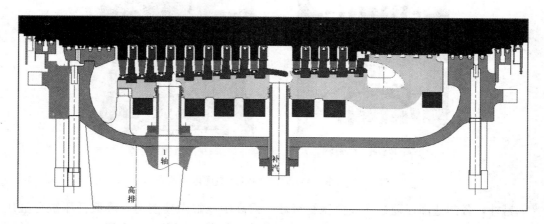

图 3-34 东汽高压桶形红套环密封设计

6. 新型汽封技术

减少汽封的漏汽损失是提高汽轮机通流部分效率的主要措施，为防止汽轮机漏汽，主要通过叶顶围带汽封、轴封等实现高温、高压蒸汽的密封。为保证机组安全启动，降低汽封片同围带或转子轴摩擦的风险，密封位置均存在 0.5～0.75mm 间隙。随着机组参数不断提高，通过汽封间隙损失的蒸汽质量流量增多，而且造成级间主流道气流扰动，影响机组效率。哈汽的"小间隙汽封"和东汽的"DAS 汽封"（如图 3-35 所示）都是采用专用材料加工的汽封片，用于进一步降低汽封间隙，减少漏汽。这种汽封片可以与转子轴、叶顶围带进行直接接触摩擦，不会对转子轴、围带造成损伤。

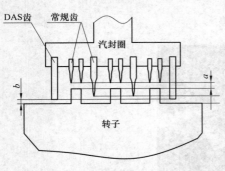

图 3-35　东汽 DAS 汽封

7. 低压缸整体优化技术

"美—日技术体系"汽轮机低压缸普遍存在低压缸刚度不足，中分面和级间漏汽现象严重，表现为五段、六段抽汽超温严重。各制造商针对上述问题都提出了各自的低压缸整体优化技术，主要包括低压缸结构优化、低压缸分缸压力优化、低压缸排汽优化。

（1）分散的中分面法兰替代整体法兰结构，减小热应力及变形，避免中分面蒸汽泄漏。

（2）密封板由悬臂结构改为简支结构，减小变形，保证正常运行时隔板动、静间隙。

（3）结构具有自密封性，在蒸汽压力下，其受力特点可使中分面被压的更紧，辅助中分面密封。

东汽新型低压内缸结构优化示意如图 3-36 所示。

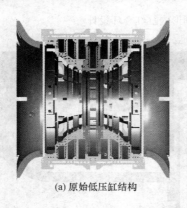

(a) 原始低压缸结构　　　　(b) 优化后低压缸结构

图 3-36　东汽新型低压内缸结构优化示意图

另外，各制造商还通过增加中压缸级数，提高中压缸做功能力，降低低压缸分缸压力，改善低压缸工作环境，缓解低压缸刚度不足的状况，如图 3-37 所示。同时，低压缸进汽方式改为蜗壳进汽和横置静叶结构，低压缸排汽流道优化等方式，提高低压缸通流效率。

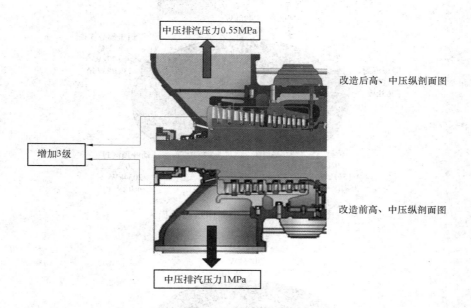

图 3 - 37　哈汽降低低压缸进汽压力方案示意

此外，各制造商还在配汽方式优化、热力系统优化、阀门结构和流速优化、中低压连通管优化等方面也开展了大量的研究和实践工作。

3.7.4　汽轮机汽封改造技术

3.7.4.1　汽封对汽轮机性能的影响现状

近年来，在计算流体力学的推动下汽轮机通流部分设计有了较大进步，技术日臻完善，相比之下漏汽损失逐渐成为制约汽轮机效率提高的主要因素。汽封性能的优劣，不仅影响机组的经济性，而且影响机组的可靠性。

汽轮机级间蒸汽泄漏使得机组内效率降低，有资料表明漏汽损失占级总损失的29%，动叶顶部漏汽损失则占总漏汽损失的80%，比静叶或动叶的型面损失或二次流损失还大，后者仅占级总损失15%。国外文献对影响高、中压缸功率和热耗率的主要因素进行了总结对比，如图 3 - 38～图 3 - 40所示，在各因素中，对高、中压缸功率和热耗率影响最大的是动叶顶汽封，占总损失的40%，其次是表面粗糙度，占31%，轴封和隔板汽封影响分别占16%和11%，通流部分损伤仅占2%。

轴封的蒸汽泄漏除了浪费大量高品质蒸汽外，外漏蒸汽进入轴承箱还会使油中带水，油质乳化，润滑油膜质量变差，破坏动态润滑效果，引起油膜振荡，造成机组振动甚至烧轴瓦停机。油中进水还可能造成调节部件锈蚀卡涩，危及机组安全。

为了减少漏汽损失，提高机组安全性和经济性，国内外各机构对传统汽封进行了各种现代化改造，已陆续出现了许多新型汽封。

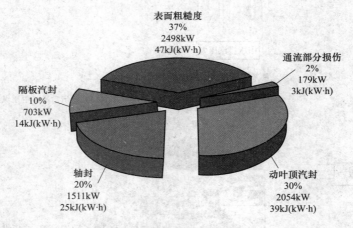

图 3-38　高压缸功率和热耗率损失

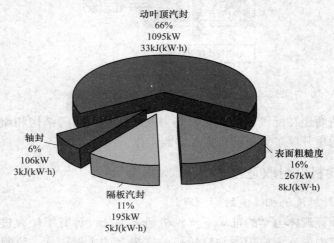

图 3-39　中压缸功率和热耗率损失

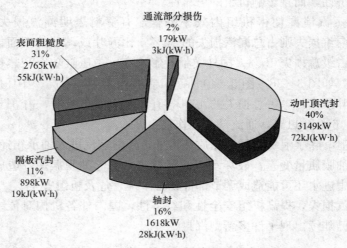

图 3-40　高、中压缸功率和热耗率损失

3.7.4.2 各种型式汽封的特点及应用效果

1. 传统曲径汽封（梳齿汽封）

传统曲径汽封一般采用高低齿曲径式结构、斜平齿结构或镶嵌齿片式结构，利用许多依次排列的汽封齿与轴之间较小的间隙，形成一个个的小汽室，使高压蒸汽在这些汽室中压力逐级降低，来达到减少蒸汽泄漏的目的。

曲径汽封一般每圈汽封环分成 6~8 块，每个汽封块的背部装有平板弹簧片，弹簧片将汽封块压向汽轮机转子，使得汽封齿与转子轴向间隙保持较小值，通常为 0.5~0.935mm，在运行中汽封间隙不可调整，如图 3-41 所示。

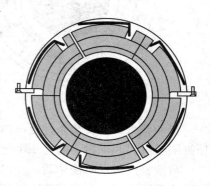

图 3-41 传统曲径汽封

在实际运行中，曲径汽封由于汽封块的弹簧片长期处于高温、高压的蒸汽中，工作环境恶劣，再加上弹簧片本身材质的原因，在汽轮机检修中常常发现因弹簧片弹性不良、汽封块被结垢卡死，造成汽封间隙发生变化。特别是汽轮机在启停过程中，由于汽缸内外受热不均匀而产生变形，或者过临界转速时转子振幅较大，导致转子与汽封齿发生局部摩擦，增大汽封间隙，使漏汽量增加、汽轮机效率下降。

曲径汽封的主要缺点如下：

1）汽轮机在启停机过程中过临界转速时，转子振幅较大，若汽封径向安装间隙较小，汽封齿很容易磨损；

2）由于轴封漏汽量较大（尤其在汽封齿被磨损后），蒸汽对轴的加热区段长度有所增加，并且温度也有所升高，使胀差变大，轴上凸台和汽封块的高、低齿发生相对位移而倒伏，造成漏汽量增加，密封效果得不到保证；

3）汽封齿与轴发生碰磨时，瞬间产生大量热量，造成轴局部过热，甚至可能导致大轴弯曲，因此，在机组检修时，电厂只能把汽封径向间隙调大，来确保机组的安全性；

4）曲径汽封环形腔室的不均匀性是产生汽流激振的重要原因，而汽轮机高压转子产生的汽流激振一旦发生就很难解决，危及机组的安全运行。

2. 自调整汽封

自调整汽封是 1987 年由美国 GE 公司雇员 Ron Brandon 提出并完成设计制造，并取得了 ABE 专利。

自调整汽封改进了曲径汽封块背部采用板弹簧的退让结构，将螺旋弹簧安装在两个相邻汽封块的垂直断面，并在汽封块上加工出蒸汽槽，以便在汽封块背部通入蒸汽（如图 3-42 所示），汽封齿仍采用传统的梳齿式。在自由状态和空负荷工况时，汽封块在螺旋弹簧的弹力作用下张开，使径向间隙达 1.75~2.00mm，大于传统汽封 0.75mm 的间隙值，避免或减轻了机组启停过程中过临界转速时，由于振动及变形而导致的汽封齿与轴碰磨。随着负荷增加，汽封块背部所承受的蒸汽压力逐渐增大并克服弹簧张力，使汽封块逐渐合拢，径向间隙逐步减小，一般设计在 20% 额定负荷时，各级汽封块完全合拢，达到设计最小径向间隙 0.25~0.50mm，小于传统曲径汽封的间隙值。

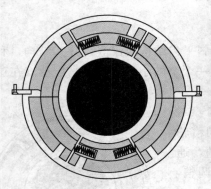

图 3-42 自调整汽封

自调整汽封的安装条件是汽封块背部须有足够大的压差，因此仅可以使用在高、中压缸隔板汽封和轴封，而低压部分不适用。

自调整汽封发明使用后，1994 年国内有关部门引进该项技术，从国内电厂汽封的实际改造情况来看，对自调整汽封应用效果的评价褒贬不一，自调整汽封应用中两个最主要的问题是弹簧质量和卡塞，对蒸汽品质要求较高。

A 电厂安装有 4 台国产引进型 300MW 汽轮机，高、中压缸通流部分汽封间隙普遍偏大，内漏严重。2002～2005 年，电厂对 4 台机组高、中压缸的轴封、平衡盘汽封、中压缸静叶顶汽封进行了改造，将汽封间隙由 0.8～1.0mm（设计值为 0.76mm）调整为 0.4～0.5mm。试验表明，经平衡盘漏至中压缸的蒸汽流量由改造前的 32～37t/h 下降为 16～18t/h，接近设计值 14.39t/h。高压缸效率平均提高 3.17%，中压缸效率平均提高 1.14%。2006 年 1 月，1 号机组大修时，检查发现汽封未磨损，汽封间隙仍保持当初调整值，弹簧无变形，汽封开闭正常。

使用自调整汽封应注意的问题如下：

（1）冷态启动胀差较大，在启动和初始负荷阶段，汽封在弹簧作用下，处于全开位置，此时间隙最大，汽封漏汽量大，转子加热快，若汽缸加热滞后，易出现较大的正胀差；

（2）运行中汽封块不能完全合拢，在所调查的机组中，有些机组由于自调整汽封加工尺寸、弹簧质量或安装工艺等方面存在问题，使得机组在运行中汽封块不能完全合拢，因此，需要选择质量可靠的产品，并保证实施时具有精湛的安装工艺；

（3）启停机时汽封块打不开，若汽水品质差，通流积垢严重，汽封块被卡死，停机过程不能打开。再次起机时，因汽封间隙较小而出现动静碰磨，损伤齿、轴，并可能产生振动。

3. 刷式汽封

刷式汽封在国外被广泛应用于燃气轮机和压气机动叶顶密封，国内有制造厂曾生产过叶顶刷式汽封，该汽封齿厚约 1mm，由直径为 0.05mm 的钢丝网组成，汽封安装间隙约为 0.1mm，但该汽封在使用中出现了刷子倒伏和卷曲的情况，应用效果不太理想。近年来美国 TurboCare 公司开发出一种性能较好的刷式汽封（如图 3-43、图 3-44 所示），其刷子纤维材料采用高温合金 Haynes 25，汽封侧板材料采用 300 或 400 系列不锈钢，刷子纤维沿轴转向成一定角度安装（见图 3-45），可柔性的适应转子的瞬态偏震。刷式汽封具有良好的柔性，一旦与转子发生碰磨，刷子不易磨损，并且对轴伤害轻微。

图 3-43　自调整刷式汽封

图 3-44　动叶顶刷式汽封

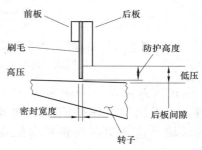

图 3-45　刷式汽封布置示意图

采用刷式汽封可将动叶叶顶汽封间隙由设计值 0.75mm 减小至 0.45mm，隔板汽封可由设计值 0.75mm 缩小至 0.051mm（近 0 间隙），汽封间隙的降低使得密封效果得到改善，汽轮机缸效率提高。

刷式汽封的一个重要问题就是应用于汽轮机高、中压部分时由于刷子前、后压差过大，导致刷子纤维倒伏，为此设计出一种带压力平衡腔的刷式汽封，如图 3-46 所示。

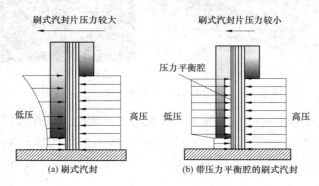

图 3-46　带压力平衡腔的刷式汽封

韩国某电厂 GE 公司 375MW 机组采用刷式汽封后，高压缸效率提高 2.6％，中压缸效率提高 2％，大修综合改进效果为：机组出力提高约 14MW，热耗率降低约 3％。菲律宾马来半岛某电厂 350MW 机组采用自调整刷式汽封前后热效率测量实验结果如图 3-47 所示，在满负荷工况时效率提高 1.45％。

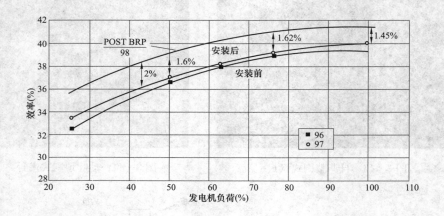

图 3-47　菲律宾马来半岛某电厂 350MW 机组采用自调整
刷式汽封前后热效率测量结果

目前，刷式汽封的使用寿命为 8～10 年，图 3-48 显示了一个使用 6～7 年后的刷式汽封，可看出汽封保持完好。图 3-49 给出的是刷式汽封与汽轮机轴接触而被磨光的区域，这表明在汽轮机揭缸前刷式汽封一直在与轴接触并发挥着密封作用。

图 3-48　使用 6～7 年后的刷式汽封保持完好

刷式汽封在世界范围内已在超过 100 台机组上成功应用，在韩国有超过 50 台的应用实例，机组容量包括 200、350、500MW 和 800MW，汽轮机厂家有 GE、日立、阿尔斯通等，对于大多数制造厂生产的汽轮机，不需要进行机组的设计修改就能安装刷式汽封。

4. 蜂窝式汽封

20 世纪 90 年代初，美国航天科学家在研究航天飞机液体燃料蜗轮泵的密封问题时，试验发现蜂窝状的汽封可产生很好的密封效果，于是蜂窝式汽封便开始在航天飞机、飞机发动机及燃气轮机上推广应用。

该型汽封根据蜂窝状阻汽原理设计，蜂窝式汽封组件包括汽封环、蜂窝带、调整块和调整垫片等部件。蜂窝带由厚度为 0.05～0.1mm 的海斯特镍基耐高温合金（Hastelloy-x）薄板加工成正六棱形孔状结构，工作温度可达 1000℃。汽封环材质为 15CrMoA，在 550℃ 以下工作时具有较高的热强性和足够的抗氧化性。

图 3-49　刷式汽封与汽轮机轴接触而被磨光

（1）蜂窝式汽封具有以下特点：

1）蜂窝带由合金制成，耐高温、质地较软，与转子碰磨时，对转子伤害较轻；

2）蜂窝带钎焊在曲径式汽封相邻高齿中间部位，尺寸较宽，轴上凸台始终对着蜂窝带，能保持良好的密封间隙；

3）蜂窝式汽封的安装间隙可取原标准间隙的下限，密封间隙较小，此外蜂窝结构相对于曲径汽封的环形腔室可大大降低泄漏蒸汽的流速，使涡流阻尼作用增强，进入蜂窝孔的蒸汽充满蜂窝孔后反流出，对迎面泄漏的蒸汽产生阻滞作用，因此，密封效果较好，试验表明，在相同汽封间隙和压差的条件下，蜂窝式汽封比曲径汽封平均减小泄漏损失 30%～50%；

4）每个蜂窝带都可收集水，并通过背部的环形槽将水疏出，提高湿蒸汽区叶片通道上的去湿能力，减少末几级动叶的水蚀，其缺点是易于结垢；

5）蒸汽充满蜂窝孔后反流出，在轴的汽封套表面形成一层汽垫，增强了轴的振动阻尼，削弱轴的振动，阻碍了汽流激振的形成。

西安交通大学叶轮机械研究所对蜂窝式汽封和曲径汽封流动性能进行了数值研究，结果表明在汽封前后压差相同、汽封间隙相同的情况下，蜂窝式汽封比曲径汽封具有较小的泄漏量。

（2）2003 年 10 月，哈汽在模拟试验机上就蜂窝式汽封与铁素体曲径汽封作对比性破坏试验，结果表明：

1）蜂窝式汽封的使用寿命（耐磨损性能）为铁素体曲径汽封的 2.5 倍；

2）蜂窝式汽封对轴颈表面的伤害程度（即在相同压力下的划痕深度）仅为铁素体曲径汽封的 1/6；

3）蜂窝式汽封对轴振动稳定性的贡献为铁素体曲径汽封的 2 倍。

从统计的情况来看，蜂窝式汽封在 200MW 等级机组中有较多的应用业绩，目前已有越来越多的 300MW 及以上机组开始采用蜂窝汽封进行改造。蜂窝式汽封主要应用于低压缸末几级叶片的叶顶汽封，也有电厂在高、中压动叶和隔板顶采用了蜂窝式汽封，并取得较好的效果。目前，制造厂在部分新机组上也配套使用了蜂窝式汽封。图 3-50 为采用蜂窝汽封改造后的隔板汽封和叶顶汽封，图 3-51 所示为采用蜂窝汽封改造后的低压轴封。

图 3-50　采用蜂窝汽封改造后的
隔板汽封和叶顶汽封

图 3-51　采用蜂窝汽封改
造后的低压轴封

5. 铁素体汽封和铜汽封

传统曲径汽封齿的汽封体材料为 15CrMo，其适用温度范围为 550℃以下。当超过 550℃时，材料组织的不稳定性加剧，高温氧化速度增加，持久强度显著下降。实际运行中若汽封经常发生超温，可能会使汽封体发生变形，造成汽封圈抱轴，甚至发生弯轴事故。某汽轮机厂在高、中压缸采用铁素体汽封代替合金钢汽封，低压缸采用铜合金汽封代替原设计的合金钢汽封。铁素体材料即使淬火，也不会被淬硬，因此用作汽封齿可采用较小的安装间隙。同样，铜汽封用在低压缸也可以采用较小的安装间隙。

6. 接触式汽封

接触式汽封的汽封齿为复合材料，耐磨性好，具有自润滑性。它是在原汽封圈中间加工出一个 T 形槽，将接触式汽封装入该槽内。接触式汽封环背部弹簧产生预压紧力，使汽封齿始终与轴接触。这种汽封实际上是用可磨性材料代替传统曲径汽封的低齿部分，而不改变原有的汽封环背部结构。

汽封性能的优劣，对机组的经济性和可靠性有重要影响，为降低漏汽损失，提高机组安全性和经济性，将原有的传统曲径汽封改为新型汽封是十分必要的。在进行汽封改造时，应根据机组特性及实际状况选择合适的汽封，从而保证汽封现代化改造取得良好效果。

3.8　汽轮机辅机优化技术

3.8.1　冷端系统性能诊断技术

汽轮机冷端系统比较庞大，主要包括凝汽器及抽真空系统、循环水系统和凝结水系统等。汽轮机冷端系统节能诊断和运行优化的最终目的是获取最佳的运行真空（凝汽器压力）。在保证机组安全运行的情况下，如何挖掘冷端系统各设备的最佳性能并且在消耗最小的前提下获取最有利的运行真空是火电机组运行中一个急迫的问题。

汽轮机冷端各设备与系统的功能既相辅相成又相互影响，其中凝汽器是冷端系统的核心。循环水泵送来的具有一定压力的冷却水流经凝汽器冷却管，把汽轮机排出的蒸汽冷凝成水并带走热量，凝结水汇集到凝汽器底部被凝结水泵抽走，抽气设备则把聚集在凝汽器壳侧的空气抽出以建立和维持凝汽器内的真空。循环水泵和循环水系统不正常运行、凝汽器传热性能下降、抽气设备工作不正常、凝结水泵和凝结水系统工作不正常都导致凝汽器压力升高，而凝汽器压力升高又引起抽气设备工作状态发生改变，最终导致汽轮机冷端系统性能恶化，增加了热力循环的冷源损失和汽轮机的热耗率。

从机组冷端系统着手，提高汽轮机组冷端性能，投入小、见效快，是电厂节能降耗、提高机组热经济性、实现效益最大化的最佳途径。通过定量分析影响冷端性能的主要因素，提出设备或系统的性能监测和诊断方法，结合冷端系统运行方式优化，改善设备运行水平、提高机组冷端性能、降低机组煤耗。

3.8.1.1 诊断内容

诊断试验是获取冷端系统设备性能状态、运行状况的必要手段，是进行冷端影响因素分析和运行方式优化的基础。冷端系统节能诊断的主要内容包括：

（1）凝汽器及真空系统性能诊断，包含真空严密性、凝汽器传热性能、凝汽器清洁度、凝汽器汽阻（水阻）、过冷度、真空泵运行状态等诊断。

（2）循环水系统性能诊断，包含循环水泵性能、循环水系统阻力特性等诊断。

（3）凝结水系统诊断，包含凝结水泵性能、凝结水系统阻力特性、凝结水杂用水分配等诊断。

3.8.1.2 冷端系统性能影响因素

1. 凝汽器性能影响因素

凝汽器是汽轮机冷端系统的核心设备，凝汽器压力（机组真空）是体现冷端系统性能最重要的参数。影响凝汽器热力性能的主要因素有凝汽器冷却水温度和流量、汽侧空气聚集量、冷却管清洁程度、凝汽器热负荷及冷却面积等。本节讨论的凝汽器仅限为表面式凝汽器。

（1）冷却水进口温度对凝汽器性能的影响。冷却水温度与电厂所处地域和季节环境温度变化有关，对于直流供水冷却的机组，应充分考虑冷却水取水口和回水口的位置等影响因素；对于循环供水冷却的机组，除了气候和环境影响因素外，冷却塔的散热性能是否正常起到至关重要的作用。且设计冷却水温度对凝汽器设计面积和冷却塔设计冷却面积均有一定影响。冷却水温度变化1℃，在不同循环水温度、不同泵运行方式下，对机组发电煤耗影响如图3-52所示。

降低冷却水进口温度一般采取的措施如下：

1）对于直流冷却系统，通过论证确实是取水口温度升高而又不能通过其他途径解决的，可以考虑改变取水口位置，避开热水回流造成取水口水温的升高。

2）对于循环冷却系统，可通过更换高效填料、高效喷嘴，优化冷却塔空气动力场和适当增加填料面积及喷嘴数量等措施，提高冷却塔性能。

（2）冷却水流量对凝汽器性能的影响。当凝汽器其他边界条件不变的情况下，冷却水流量增加能有效地降低凝汽器压力，随着冷却水流量进一步增大，凝汽器压力下降幅度变小。通常凝汽器冷却水温升设计值一般为 8~10℃，冷却水流量减少 10%，冷却水温升增加约 1℃。冷却水流量变化 10%，在不同循环水温度、不同泵运行方式下，对机组发电煤耗影响如图 3-53 所示。

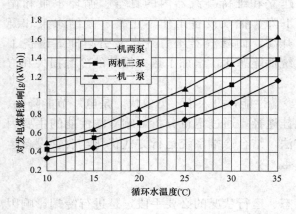

图 3-52　冷却水温度变化　　　　　图 3-53　冷却水流量变化 10%
1℃对发电煤耗影响　　　　　　　　对发电煤耗影响

建议电厂采取提高循环水泵效率，夏季开足循环水泵，全开凝汽器循环水出口蝶阀，清理凝汽器水室，减小水阻等措施，使凝汽器冷却水流量达到最大值，尽可能降低凝汽器压力。需要说明的是对于立式混流泵，循环水流量增加，其耗功反而减小。

（3）汽侧空气对凝汽器性能影响。从机组真空系统不严密处漏入的空气以及随新蒸汽带入的少量不凝结气体最终汇集在凝汽器汽侧，机组真空严密性表征漏入空气流量大小，切除抽气设备后的真空下降率是反映真空系统严密程度的指标。真空下降速率与凝汽器压力变化量如图 3-54 所示，供参考。由图 3-54 可知，真空下降率超过 200Pa/min 才开始对凝汽器压力产生影响，超过 600Pa/min，漏入空气不能被真空泵及时抽走，空气在凝汽器中明显聚集，开始明显影响凝汽器换热，凝汽器压力开始明显升高。通过对真空系统严密性进行治理，使真空下降率保证在 150Pa/min 以内，可降低空气热阻对凝汽器换热的不利影响。

对于双背压凝汽器串联和并联布置方式抽气系统，应进行如图 3-55 方式改造，改后可完全避免高、低压凝汽器相互干扰，减小空气热阻，实现双背压经济运行。

（4）冷却管清洁度对凝汽器性能影响。冷凝管脏污包括汽侧和水侧脏污两种，引起凝汽器性能下降的一般是水侧脏污。水侧脏污直接导致凝汽器清洁系数降低，增加了传

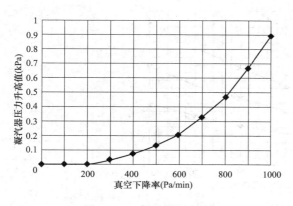

图 3-54　凝汽器压力变
化与真空下降率的关系

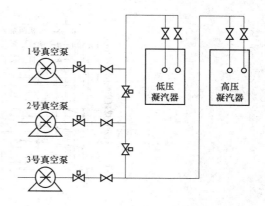

图 3-55　真空系统连接方式

热热阻。一般凝汽器冷却管清洁度在 0.85 左右，钛管和不锈钢管清洁度在 0.9 左右。一般采用加强胶球清洗装置投运率，加装一、二次滤网，冷凝管定期冲洗或清理等办法，达到提高冷却管清洁度的目的。冷却管清洁度下降 0.1，在不同循环水温度、不同泵运行方式下，对机组发电煤耗影响如图 3-56 所示。

（5）热负荷对凝汽器性能影响。一般凝汽器热负荷按 TMCR 工况设计，与 THA 工况相比，凝汽器热负荷偏大在 5% 左右，对于经济性处于平均水平的机组，额定工况下凝汽器实际热负荷通常小于设计热负荷。凝汽器设计热负荷见表 3-21。

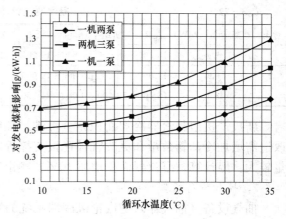

图 3-56　冷却管清洁度下降
0.1 对机组发电煤耗影响

采用提高汽轮机和给水泵汽轮机内效率，以及对各种排入凝汽器附加流体进行整治的方法，能有效地降低凝汽器的热负荷，进而降低凝汽器压力。凝汽器热负荷变化 5%，在不同循环水温度、不同泵运行方式下，对机组发电煤耗影响如图 3-57 所示。

表 3-21　　　　　　　　　　凝汽器设计热负荷　　　　　　　　　　（MJ/h）

序号	机组容量（MW）	凝汽器热负荷	序号	机组容量（MW）	凝汽器热负荷
1	300	1 350 000～1 400 000	4	亚临界 600	2 600 000～2 700 000
2	330	1 400 000～1 500 000	5	超临界 600	2 400 000～2 500 000
3	350	1 500 000～1 600 000	6	1000	3 500 000～3 800 000

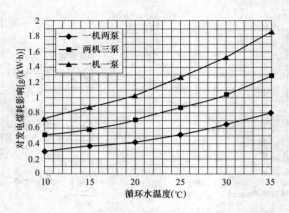

图3-57 凝汽器热负荷变化5%对发电煤耗影响

（6）冷却面积对凝汽器性能影响。通常直流冷却系统机组凝汽器面积略小，冷却水流量较大；对于循环冷却系统凝汽器面积略大，冷却水流量较小。凝汽器设计冷却面积见表3-22。

表3-22　　　　　　　　　　　凝汽器设计冷却面积　　　　　　　　　　　（m²）

序号	机组容量（MW）	直流冷却机组	循环冷却机组	序号	机组容量（MW）	直流冷却机组	循环冷却机组
1	300	16 000～18 000	17 500～19 000	4	亚临界600	33 000～35 000	35 000～39 000
2	330	17 000～18 000	18 000～19 000	5	超临界600	33 000～35 000	34 000～38 000
3	350	18 000～19 000	19 000～21 000	6	1000	52 000～55 000	54 000～60 000

新投产机组凝汽器冷却面积完全可满足性能要求；对于服役较久机组，凝汽器增容改造需增加冷却管数量和更改管板连接支撑等，必要时需更换凝汽器外壳，投资和工程量较大。经计算，凝汽器面积增加10%，额定工况下排汽压力降低0.2～0.3kPa。

2. 抽气设备性能影响因素

抽气设备（抽气器）是汽轮机冷端系统的重要组成部分，其任务是在汽轮机组启动时建立真空以及在运行中抽除从真空系统不严密处漏入和随新蒸汽进入的空气与不凝结气体，以维持凝汽器的真空度。

国产300MW及以上级机组一般配备水环式真空泵。水环式真空泵的性能包括启动性能和持续运行性能。启动性能是把凝汽器从大气状态下抽吸到需要的真空度所需要的时间；持续运行性能主要是在一定的工作温度、功率和凝汽器真空度下，连续抽吸气体以保持恒定的凝汽器真空度能力。表征真空泵性能的是吸入口压力与抽吸空气量、吸入口压力与功率的关系曲线。当凝汽器汽侧空气量增加、吸入口压力上升时，抽吸空气流量增加、真空泵耗功增加。影响真空泵性能（抽吸能力和耗功）的因素主要有工作水进口温度、进口气体压力和温度、真空泵实际转速等。

（1）水环真空泵性能影响因素。国产300MW及以上机组冷端系统配套的抽气设备最常见的是水环真空泵。影响水环真空泵运行性能的因素有工作水进口温度、工作水流量、吸入口压力、吸入口混合物温度及真空泵转速等。其中最主要的是真空泵工作水进口温度。

工作水进口温度升高、工作水流量减少、吸入口压力降低、吸入口混合物温度降低、真空泵转速下降等都将降低真空泵的抽吸能力，反之亦然。并且上述影响因素多数相互影响，工作水温度受其冷却条件的影响。

真空泵工作水进口温度变化是影响真空泵抽吸能力的最主要因素。当工作水流量、吸入口压力、吸入口温度、转速不变，而真空泵的工作水进口温度高于设计水温时，真空泵实际抽吸能力将相对于设计值下降。

以某典型300MW机组冷端系统的试验结果为例，分析工作水进口温度对真空泵性能的影响。具体数据和计算结果见表3-23。

表3-23　　　　典型300MW机组真空泵工作水温度对性能影响结果

项目名称	单位	内容			
		工况1	工况2	工况3	工况4
机组负荷	MW	300	300	300	300
真空泵运行方式	—	A	A	A	A
凝汽器压力	kPa	9.00	9.46	9.94	8.84
真空泵抽干空气质量流量	kg/h	26.01	26.01	51.91	51.42
真空泵工作水进口温度	℃	20.00	41.00	41.00	21.00
真空泵进口气汽混合物压力	kPa	8.55	9.45	9.91	8.54
真空泵进口气汽混合物温度	℃	41.94	35.95	35.46	40.26
假定蒸汽饱和时空气分压力	kPa	0.38	3.52	4.17	1.06
假定蒸汽饱和时蒸汽分压力	kPa	8.17	5.92	5.77	7.48
空气分压力占总压力百分比	%	4.44	37.25	42.08	12.41
真空泵入口压力温度下空气容积流量	m³/h	275.53	244.72	463.66	542.47
真空泵入口压力温度下蒸汽体积流量	m³/h	5895.44	411.23	641.05	3812.23
蒸汽质量流量	kg/h	346.82	26.56	43.43	223.99
真空泵入口压力温度下汽气混合物体积流量	m³/h	6170.97	655.95	1104.71	4354.71
抽吸能力下降百分比	%	—	89.37	74.63	—
真空泵转速	r/min	596	596	596	596

由表3-23中工况1和工况2的数据和结果进行对比得出，相同机组负荷下，真空泵抽吸相同空气流量（26.01kg/h）的情况下，当工作水进口温度为20℃时（工况1），真空泵抽吸的汽气混合物体积流量为6170.97m³/h；工作水进口温度升高到41℃时（工况2），真空泵抽吸的汽气混合物体积流量为655.95m³/h。工作水温度由20℃升高到41℃，真空泵抽吸流量下降了约89%。同样工况3和工况4对比，工作水温度由21℃升高到41℃，真空泵抽吸流量下降了约75%。

真空泵吸入口压力升高，真空泵抽吸流量增加；吸入口混合物温度升高，真空泵抽吸流量也增加。真空泵吸入口压力和吸入混合物温度对真空泵性能影响在实际汽轮机冷端系统中并不能独立区分出来，这是因为，在实际系统中真空泵入口压力和吸入混合物温度受凝汽器性能状态影响，在真空泵性能变化过程中这两个因素随时发生变化，并不能人为地进行干预，所以这两个影响因素只是被动量，不是引起真空泵性能变化的主动因素。

真空泵工作水流量直接影响真空泵是否正常运转，当流量非常小时，水环不能建立，真空泵不能正常工作；但流量的多少并不能影响工作水进口温度，工作水进口温度只受其本身的冷却系统的冷却效率和冷却介质（水）温度的影响。

（2）工作水进口温度对真空泵和凝汽器性能的影响。对于一个实际且完整的真空泵和凝汽器系统来说，在机组负荷、凝汽器冷却水条件、冷却管清洁程度、漏入凝汽器的空气流量不变的情况下，工作水进口温度改变影响真空泵抽吸能力的同时，真空泵吸入口压力、进口汽气混合物温度也相应改变。当工作水温度升高时，真空泵抽吸能力下降，漏入凝汽器的空气不能及时被抽出，空气在凝汽器内部聚集影响凝汽器换热并抬高凝汽器压力（此时原有的凝汽器压力与真空泵吸入口压力的平衡关系被破坏），真空泵吸入压力也相应升高，真空泵抽吸能力又被增强，当真空泵吸入压力和凝汽器压力重新平衡时，凝汽器压力和真空泵吸入压力不再升高，从而建立了一个新的凝汽器压力和真空泵吸入压力平衡关系。相对于原有平衡关系，新的平衡关系中凝汽器压力和真空泵吸入压力升高、真空泵抽吸的蒸汽流量减少、真空泵吸入口汽气混合物温度降低；在抽吸混合物流量明显减少的情况下，还要抽出原有的漏入流量的空气，说明抽出的汽气混合物中的空气含量增加，此时凝汽器空冷区聚集空气量增大，空冷区范围有所扩大。

表 3-23 中工况 1 和工况 2 数据显示，相同机组负荷和相同漏入空气流量（26.01kg/h）情况下，工作水温度从 20℃升高到 41℃，抽吸蒸汽空气混合物流量明显减少 85%，凝汽器压力和真空泵吸入压力分别从 9.0、8.55kPa 升高到 9.46、9.45kPa，真空泵吸入混合物温度从 41.94℃降低到 35.95℃。由于抽吸流量急剧减少，抽真空管道阻力也急剧减小。

表 3-23 中工况 3 和工况 4 数据显示，相同机组负荷和相同漏入空气流量（51.92kg/h）情况下，工作水温度从 21℃升高到 41℃，抽吸蒸汽空气混合物流量明显减少 75%，凝汽器压力和真空泵吸入压力分别从 8.84、8.54kPa 升高到 9.94、9.91kPa，真空泵吸入混合物温度从 40.26℃降低到 35.46℃。由于抽吸流量急剧减少，抽真空管道阻力也急剧减小。

在机组负荷和漏入空气流量不变的情况下，为了验证上述凝汽器压力和真空泵吸入压力的平衡关系以及平衡的再次重建过程，空气在凝汽器中聚集量如何变化可由从真空泵入口汽气混合物中空气分压力的变化反映出来。

假设真空泵吸入口及管道中空气蒸汽混合物中蒸汽是饱和蒸汽（实际过程基本符合假设），则相应混合物的温度就是蒸汽的饱和温度，通过饱和温度求出蒸汽的饱和压力，混合物总压力减去蒸汽的饱和压力就是混合物中空气的分压力。

根据道尔顿分压定律，混合气体中某种气体的分压力正比于该种气体在混合物中所占的体积。则真空泵入口混合物中空气分压力百分比等于空气体积含量的百分比，即空气在混合物中的相对体积含量。抽真空管道与凝汽器空冷区相连，真空泵入口混合物中空气体积百分比就能反映凝汽器空冷区末端空气体积百分比。

如忽略汽气混合物在真空管道中的凝结，可以认为凝汽器空冷区核心真空管道入口处的汽气混合物中空气百分比和真空泵入口一样；假如蒸汽在真空管道中有一些凝结，则真空泵入口的混合物中空气百分比要比空冷区高，但这并不影响以空气分压力百分比作为对凝汽器空冷区核心部位空气含量进行相对比较的指标。

由此看出，表 3-23 中工况 1 变化到工况 2，凝汽器空冷区末端空气相对含量由 4.44％变化到 37.25％；表 3-23 中工况 4 变化到工况 3，凝汽器空冷区核心空气相对含量由 12.41％变化到 42.08％。

图 3-58 所示是典型的 300MW 机组工作水进口温度对真空泵吸入口汽气混合物中空气含量的影响曲线。

从图 3-58 看出，在机组负荷、凝汽器冷却条件、冷却管清洁程度、漏入空气流量等不变的情况下，真空泵吸入口混合物中的空气分压力百分比随着工作水温度升高而增大，曲线先平缓后陡升，当工作水温度升高到约 35℃时，真空泵性能开始恶化，空气分压力百分比急剧增加，说明此时空气在凝汽器中聚集量急剧增大，严重影响了凝汽器中热交换并直接抬高了凝汽器压力。

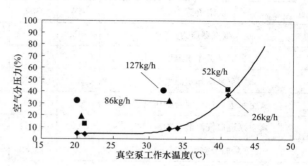

图 3-58　真空泵抽吸混合物中空气分
压力和工作水进口温度关系

上述分析进一步验证了在机组负荷、凝汽器冷却水条件、冷却管清洁程度、漏入凝汽器的空气流量不变的情况下，工作水进口温度升高引起真空泵抽吸能力下降，凝汽器压力和真空泵吸入压力平衡被打破并重新建立的过程中，空气在凝汽器空冷区聚集程度变大，相对含量升高，影响了凝汽器热交换。在极端情况下，当工作水温度很高时，真空泵甚至抽不出漏入的空气，空气在凝汽器中不断聚集，最终直接抬高凝汽器压力，影响机组安全运行。

300MW 及以上机组配备的水环真空泵的工作水进口温度设计值一般为 15℃，工作水冷却水一般采用冷却塔回水，夏季高温季节冷却塔回水温度达到 33～35℃（个别电厂甚至超过 35℃），在此情况下真空泵工作水温度将达到 35～45℃，这将严重影响真空泵的抽吸性能，以至于部分发电机组真空恶化，极大地影响机组运行的经济性和安全性。

有效地降低真空泵工作水温度是解决夏季机组真空偏高的主要技术措施。寻求低温的工作水替代原冷却水，提高真空泵水冷却器冷却效率与能力就能有效地降低工作水温度。

在夏季高温季节，可以考虑用地下水或集中空调工作水（水温较低）替代水塔回水来作为真空泵工作水的冷却水源，或直接加装制冷装置来冷却工作水。

（3）漏入凝汽器空气流量对真空泵性能的影响。一个固定的凝汽器和真空泵系统在任何稳定状态下，抽气设备抽出的空气流量必然等于漏入凝汽器真空系统的空气流量。当漏入空气流量增大时，原有的凝汽器压力和真空泵吸入压力平衡关系被打破，在两者重新建立平衡关系后，凝汽器空冷区空气聚集量发生改变，相应的凝汽器压力和真空泵入口压力发生改变，真空泵抽吸能力产生变化，真空泵抽出的空气流量还是精确等于增加后漏入凝汽器真空系统的空气流量。

以一组 300MW 机组冷端系统试验数据为例，在机组负荷、工作水进口温度、凝汽器冷却水条件、冷却管脏污不变的情况下，对于一固定的凝汽器和真空泵系统，若漏入空气流量增大，则真空泵相应性能情况发生变化。具体数据见表 3-24。

表 3-24　　　　　　　　　　　漏入空气流量对凝汽器和真空泵性能影响

项目名称	单位	内　容					
真空泵运行方式	—	B	B	B	B	B	B
机组负荷	MW	300	300	300	300	300	300
凝汽器压力	kPa	5.46	6.2	6.56	7.03	7.81	8.96
真空泵工作水温度	℃	22.07	23.5	24.44	24.82	23	23.2
真空泵冷却水温度	℃	19.38	20.76	21.22	21.46	19.77	19.57
真空泵进口气汽混合物压力	—	4.91	5.6	5.9	6.42	7.18	8.38
真空泵进口气汽混合物温度	℃	30.59	30.98	31.43	31.68	30.93	31.37
真空泵抽干空气质量流量	kg/h	48.52	81.91	93.7	110.69	163.88	219.88
空气分压力	kPa	0.52	1.11	1.29	1.75	2.7	3.79
蒸汽分压力	kPa	4.39	4.49	4.6	4.67	4.47	4.59
空气分压力百分比	%	10.59	19.82	21.86	27.26	37.60	45.23
真空泵入口压力温度下空气体积流量	m³/h	863.81	1280.12	1391.9	1512.2	1996.89	2298.79
真空泵入口压力温度下蒸汽质量流量	kg/h	254.97	204.26	204.98	181.04	164.8	160.52
真空泵入口压力温度下蒸汽体积流量	m³/h	7318.07	5178.44	4947.1	4034.73	3305.06	2783.05
真空泵入口压力温度下汽气混合物体积流量	m³/h	8181.89	6458.56	6339	5546.93	5301.95	5081.84
真空泵入口压力温度下汽气混合物质量流量	m³/h	303.49	286.17	298.68	291.73	328.68	380.4
真空泵转速	r/min	596	596	596	596	596	596

由表 3-24 中可看出，在机组负荷 300MW 不变、凝汽器冷却水条件不变、冷却管脏污不变、工作水温度不变（真空泵工作水进口温度基本在 22~24℃之间，可以认为工作水温度对试验结果的影响可以忽略）的情况下，随着漏入空气流量的增加，真空泵入口压力升高（见图 3-59），真空泵总抽吸能力和抽空气能力增强（见图 3-60）。随着漏入空气流量的增加，真空泵吸入口空气分压力百分比上升，并且上升的趋势越来越趋于平缓（见图 3-61）。随着漏入空气流量增加，真空泵抽吸混合物中蒸汽含量越来越少，并且混合物的体积流量逐步下降。

在漏入空气流量改变的情况下，空气首先影响凝汽器性能（凝汽器压力），凝汽器压力又影响真空泵抽吸压力，进而影响到真空泵的抽吸能力。所以，漏入空气流量变化影响冷端系统性能的次序是先改变凝汽器压力，凝汽器压力再改变真空泵抽吸性能，真空泵抽吸性能变化反过来又影响凝汽器压力，直到凝汽器压力和真空泵压力建立新的平衡关系，在此平衡关系下凝汽器空气聚集量增加，真空泵抽吸空气流量等于新的漏入空气流量。

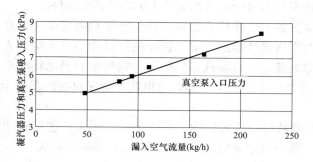

图 3-59　漏入空气流量对真空泵性能影响

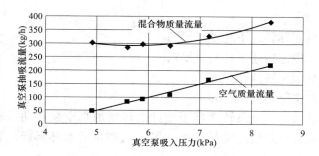

图 3-60　漏入凝汽器空气流量对真空泵抽吸能力影响

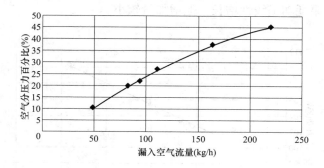

图 3-61　抽真空管道中空气分压力与凝汽器压力关系

减少或杜绝空气对凝汽器和真空泵系统性能影响的关键是保证机组真空严密性达到良好的水平，不能仅满足于机组在 80% 额定负荷以上时的真空严密性在合格范围内，更要追求机组在 40%～100% 额定负荷时的真空严密性在良好范围内，这是确保冷端系统性能不受空气影响的充足条件。

总之，只是一味地提高机组真空严密性并不能彻底解决减少空气对凝汽器性能的影响。即使机组真空严密性在机组负荷为 40%～100% 额定负荷时能达到良好水平（低于267Pa/min），如果真空泵工作特性严重恶化（工作水进口温度高于 35～40℃），则凝汽器中的空气还是不能被及时抽出，凝汽器性能依旧还要变差。因此机组在负荷为 40%～

100％额定负荷时真空严密性达到良好水平（低于 267Pa/min）和真空泵工作水进口温度尽可能的低才是保证空气不对凝汽器性能产生影响的必要条件。

因为真空泵和凝汽器的性能相互影响，其性能影响因素也是相互关联的，为了便于在运行中判断空气对凝汽器性能的影响，建议通过试验测量真空泵入口汽气混合物中的空气分压力百分比来判断空气对凝汽器性能的影响程度。当测得的空气分压力百分比约小于 15％时（综合图 3-58 和图 3-61），可以认为空气对凝汽器压力的影响很小，可以忽略。

（4）真空泵运行参数对耗功的影响。真空泵入口压力、实际转速的变化对真空泵耗功产生一定的影响，其中真空泵转速对真空泵耗功的影响关系为

$$P_t = \frac{P_{cor}}{\left(\dfrac{n_g}{n_t}\right)^2} \tag{3-6}$$

式中　　P_t——真空泵实际转速下耗功，kW；

P_{cor}——真空泵额定转速下耗功，kW；

n_g——真空泵额定转速，r/min；

n_t——真空泵实际转速，r/min。

由式（3-6）看出，真空泵转速高于设计值将增加真空泵耗功，转速低于设计值将减小真空泵耗功，如真空泵转速降低太多会影响真空泵的水环形成，影响真空泵的抽吸性能。

图 3-62 给出了真空泵电动机功率与吸入压力的关系。从该图看出，随着真空泵入口压力升高，真空泵耗功呈线性增长，但增加量较小。

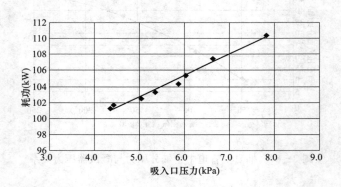

图 3-62　真空泵吸入口压力与耗功关系曲线

（5）其他抽气设备。除了水环真空泵以外，凝汽器抽气设备还有机械离心真空泵、射水抽气器、射汽抽气器等。无论何种形式的抽气设备，当其工作特性下降时对凝汽器性能影响的机理和定性关系都和水环真空泵对凝汽器性能影响相同或相似，本文不再一一赘述。对于抽气设备性能外部影响因素，不同形式抽气设备稍有不同。

机械离心式真空泵工作原理有别于水环真空泵，但对其性能产生影响的主要外部因

素和水环泵一样，都是工作水进口温度。降低工作水温度也是提高机械离心真空泵抽吸能力的主要举措。

射水抽汽器性能影响外部因素有工作水压力和温度，提高射水泵射水压力和降低射水温度是提高射水抽汽器抽吸性能的关键所在。

射汽抽气器的冷却水温度、进汽压力是影响其性能的外部因素，降低冷却水温度和提高射汽压力能有效地提高射汽抽气器的抽吸能力。

（6）结论影响抽气设备性能的主要因素有抽气设备入口气体（汽体）压力、温度，工作水温度、转速等，对于凝汽器抽气设备系统而言，工作水进口温度是主要的外部因素，它不受抽气设备工作状态的影响，只取决于其冷却系统的工作性能。

抽气设备吸入口压力、温度等因素受凝汽器和真空泵工作状态的影响，其变化不是独立进行，而是相互关联相互影响。

3. 循环水系统性能影响因素

循环水系统包括循环水泵和循环水管路及阀门等。循环水系统对汽轮机冷端提供凝汽器冷却水和其他辅助设备的冷却水，其中凝汽器冷却水量占循环水泵总流量的 90% 以上。

影响循环水系统性能的主要因素有循环水泵的性能、循环水系统阻力、循环水泵吸水井（循环供水冷却方式电厂）或取水口（直流供水冷却方式电厂）的水位等。

尽量减小系统阻力对循环水流量影响的一般措施如下：

（1）定期抽出凝汽器水侧顶部聚集的空气（没有安装空气抽出装置的机组最好及时安装）；

（2）及时更换有缺陷的冷却管，减少凝汽器堵管数量；

（3）使旋转滤网正常运转，减少冷却管阻塞；

（4）在保证不破坏凝汽器虹吸的情况下，尽量开大凝汽器冷却水进出口阀门（一般进口门全开，出口门尽量开大）。

4. 凝结水系统性能影响因素

凝结水系统包括凝结水泵和相应的凝结水系统管道、阀门等，凝结水泵把机组排汽在凝汽器内凝结成的水及时抽走，任何凝结水系统的附件工作是否正常都影响凝结水系统的正常功能。

凝结水泵及其附件的工作失常的现象主要是指凝结水泵不能把凝结水及时抽走，使凝汽器热井水位升高，导致凝结水过冷度增大、凝结水含氧量增加。另外，凝结水系统是否节能还和凝结水杂项用水相关，凝结水杂项用水的诊断和治理是在变频节能基础上的进一步节能。通过诊断凝结水杂用水系统的运行方式存在的问题，进行凝结水杂用量的科学控制和流量分配，治理后凝结水泵的节能率能达到 10% 左右。

3.8.1.3　凝汽器性能监测和诊断

1. 运行参数监测

通过对汽轮机冷端系统各性能参数进行监测，对监测到的参数进行计算分析并和正常工况参数（设备正常状态下试验数据或设计参数）进行比较，可以判断冷端系统的工作状态，便于采取措施减少或消除偏差，使冷端系统性能保持在良好的状态。通过绘制凝汽器汽、水温度变化曲线能有效地监测凝汽器运行特性（如图3-63所示）。

如图3-63中运行趋势线所示，AB直线斜率较设计趋势线增大，表示冷却水流量减少，冷却水温升增加；运行趋势线BC直线斜率变大，表示传热端差上升、传热性能恶化、冷却管脏污、真空系统严密性下降或抽气器工作不正常；运行趋势线CD直线斜率变大，表示凝结水过冷度增加，说明系统严密性下降，热井水位过高或抽气器工作不正常。如果各线段斜率变化不大，只是平移的上升或下降，则表示由于冷却水温度的变化引起凝汽器运行真空的变化，而并非凝汽器本体工作性能缺陷引起。

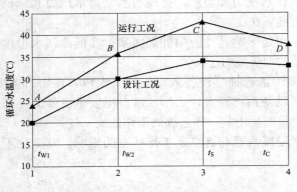

图3-63 凝汽器运行特性监督曲线

2. 空气对凝汽器性能影响监测

漏入真空系统的空气聚集在凝汽器内对凝汽器和抽气设备的运行性能均产生影响。而造成凝汽器内聚集空气量增大有两方面的因素：一是漏入凝汽器（真空系统）的空气流量增大；二是真空泵抽吸能力下降。单纯利用真空严密性试验很难判断出空气对凝汽器性能的影响程度。为了准确判断凝汽器性能变差是否由凝汽器内聚集空气引起，必须对凝汽器末端空气分压力进行监测。以某电厂300MW机组凝汽器空气分压力监测为例（如图3-64所示），对空气分压力的变化引起凝汽器性能变化的关系进行分析。

从图3-64看出，某300MW机组在300MW负荷下，空气分压力百分比超过约30%时，凝汽器内聚集的空气开始明显影响凝汽器端差和压力，此时如空气分压力进一步增大，凝汽器端差和凝汽器压力将快速增长。

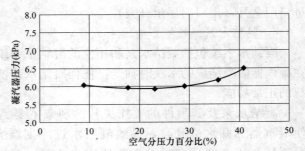

如果机组真空严密性合格，抽气设备工作特性恶化，同样可通过抽空气管中的空气分压力百分比监测得

图3-64 某电厂300MW机组空气分压力与凝汽器压力的关系曲线

到。图3-65所示为某电厂300MW机组带300MW负荷时空气分压力和工作水进口温度关系，真空严密性260Pa/min情况下，真空泵工作水温度升高导致真空泵工作特性恶化，使得凝汽器压力升高，此时凝汽器抽空气管中空气分压力百分比随着工作水温度变化的情况。

从图3-65看出，真空泵工作水进口温度超过约38℃时，空气分压力百分比达到30%以上；工作水温度为41℃时，空气分压力百分比达到35%以上，此时凝汽器压力上升约 0.5kPa。

上述空气监测方法能准确地判断出空气对凝汽器性能的影响程度，由此分辨出是漏入空气流量增加还是真空泵工作性能恶化而导致凝汽器性能变化，从而做到针对不同的原因采取相应的完善措施，解决问题。

3. 凝汽器清洁度监测

衡量火电机组凝汽器运行清洁度的重要指标是运行清洁系数，对运行中的凝汽器进行运行清洁系数监测和

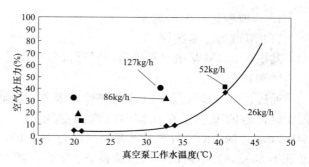

图 3-65　某 300MW 机组带 300MW 负荷时空气分压力和工作水进口温度关系

计算，可以发现凝汽器冷却管脏污情况，并指导电厂是否进行冷却管清洗。凝汽器运行清洁系数的变化包含凝汽器冷却管本身脏污变化和空气对冷却管传热的影响，所以要反映单纯冷却管脏污变化情况必须排除空气对冷却管换热影响。凝汽器清洁度监测和诊断流程如图 3-66 所示。

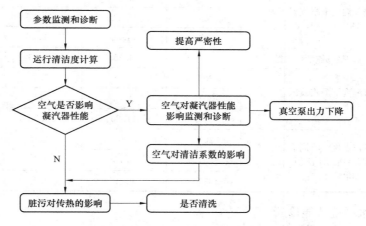

图 3-66　凝汽器清洁度监测和诊断流程

在机组额定负荷下，真空严密性性能良好，且真空泵工作正常的情况下，可以忽略空气对冷却管传热影响。当凝汽器刚清洗（停机清洗）完毕，以在上述条件下计算得到的运行清洁系数为基准值，在机组运行任何阶段且机组负荷在额定值以上、真空严密性合格的条件下测得的数据计算得到的清洁系数和基准值进行比较，实测运行清洁系数小于基准值，表明冷却管脏污或真空泵工作不正常，通过空气分压力百分比监测来排除空气是否对运行清洁系数产生影响，如空气分压力百分比变化不大，就说明此时的运行清洁系数能反映冷却管真实的脏污情况。需要强调的是，进行不同时期凝汽器运行清洁度比较时，应保证机组负荷、凝汽器冷却水流量相同或接近。

综上所述，将以上三种监测方法和手段综合使用，最终就可判断出凝汽器性能下降的主要原因。

4. 诊断和运行优化实例

(1) 凝汽器诊断案例。

某电厂 300MW 机组夏季运行时凝汽器压力达到 12kPa 以上，严重影响了机组运行经济性和安全性。

通过诊断试验发现凝汽器传热性能极差，凝汽器清洁度仅为 0.34（设计为 0.85），说明该机组的凝汽器存在脏污或汽侧空气可能大量聚集。该机组真空严密性指标为 24Pa/min，漏入的空气流量非常小（约为 3kg/h）；观察真空泵的运行状况：其工作水温度低于 30℃，真空泵的抽吸性能良好。综合上述两个因素得出，该机组凝汽器汽侧空气聚集量较小，不足以影响凝汽器的传热性能。排除了空气聚集的可能，只可能是冷却管脏污导致传热性能下降。根据该诊断结果，电厂提前安排了清洗计划，在机组小修期间对凝汽器进行了清洗，小修后凝汽器清洁度对真空的影响见表 3-25。

表 3-25　　　　　　　　某电厂 300MW 机组凝汽器清洁度对真空的影响

机组负荷（MW）		300	240	180
凝汽器清洁系数		0.34	0.32	0.28
不同冷却水进口温度下凝汽器压力（kPa）	20℃	8.00	6.82	5.81
	30℃	12.52	10.86	9.42
	33℃	14.36	12.50	10.88
凝汽器清洁系数		0.55	0.55	0.53
冷却水进口温度下凝汽器压力（kPa）	20℃	5.96	5.07	4.27
	30℃	9.73	8.42	7.24
	33℃	11.26	9.78	8.45
不同冷却水进口温度、不同清洁系数下凝汽器压力下降值（kPa）	20℃	2.04	1.75	1.54
	30℃	2.79	2.43	2.17
	33℃	3.10	2.71	2.43

(2) 凝结水系统节能诊断。

机组的凝结水系统存在的主要问题是凝结水泵的经济出力点和凝结水系统的阻力不匹配，具体表现为凝结水泵的流量和扬程偏大。机组运行时，凝结水泵在小流量高扬程点工作，凝结水调节门开度很小，凝结水系统阻力增大，造成电能浪费和凝结水精处理设备工作压力升高，既不节能也不安全。

凝结水系统运行方式优化的思路是：改变凝结水泵定速运行为变速运行，凝结水调节门全开，只改变水泵转速而不改变管路阻力，当水泵转速降低时，其扬程与流量曲线下移，即水泵流量减少，扬程降低，水泵的效率基本不变，始终工作在最高效率点附近。节能改造的方案一般有两种，一种是减少叶轮级数（针对多级泵），降低凝结水泵的扬程，从而达到与系统阻力更好匹配；另一种是采用变频调速，由泵的相似理论可知，泵的流量与转速成正比，扬程与转速的平方成正比，而功率与转速的立方成正比，因此采用改变转速来改变水泵运行工况点，无疑是节约电能的最佳方法。某电厂 330MW 机组凝结水泵如果流量由 100% 降到 70%，则相应转速降到 70%，扬程降到 49%，耗功降到 34.4%，节约电能约 65.7%。表 3-26 为某电厂 330MW 机组凝结水泵在不同节能改造方案下的节能效果。从表3-26看出，凝结水泵变转速运行的节能效果要好于取消一级叶轮后的节能效果。

表 3-26　　　　某电厂 330MW 机组凝结水泵在不同节能改造方案下的节能效果

负荷	MW	345	330	300	260	230	200
耗功	kW	818.3	796.1	781.9	773.8	764.4	775.0
单耗	kW·h/t	1.1136	1.1373	1.2213	1.3810	1.5300	1.7537
流量	t/h	734.9	700.0	640.2	560.3	499.6	441.9
方案（一）取消一级叶轮							
效率	%	76.8	76.3	74.0	67.9	62.8	55.9
耗功	kW	652.7	635.1	623.6	617.3	609.7	614.9
单耗	kW·h/t	0.8881	0.9073	0.9741	1.1017	1.2204	1.3915
转速	r/min	1480	1480	1480	1480	1480	1480
耗功下降值	kW	165.6	161.0	158.3	156.5	154.7	160.1
方案（二）变频调速							
效率	%	76.5	75.9	73.3	67.0	61.8	54.5
耗功	kW	660.7	613.5	518.8	474.9	459.2	407.1
单耗	kW·h/t	0.8990	0.8764	0.8104	0.8476	0.9191	0.9212
转速	r/min	1334	1296	1200	1152	1138	1062
耗功下降值	kW	157.6	182.6	263.1	298.9	305.2	367.9

（3）循环水泵优化运行。

以某电厂 2×300MW 机组为例，每台机组配套两台同型号循环水泵（叶片不可调），两台机组的循环水系统通过联络管连接。循环水泵可能的运行组合方式有两机两泵、两机三泵和两机四泵（相当于一机两泵），通过现场试验和计算得到不同循环水进口温度和不同机组负荷下的循环水泵最佳运行方式见表3-27，相对于设计配套的一机两泵运行方式，机组供电电功率增加值见表3-28。通过表3-28看出，在循环水温度较低和机组部分负荷下改变循环水泵的运行方式能使机组供电量增加。必须提醒的是，为了保证机组安全运行，两机两泵和两机三泵运行方式下，两台机组循环水联络门必须打开，当其中某一台泵故障时，保证凝汽器不断水。

表 3-27　　　　　　　某 2×300MW 电厂循环水泵运行方式优化结果

水温（℃） 负荷（MW）	10	15	20	25	30	33
150	一机一泵	两机三泵	两机三泵	两机三泵	两机三泵	两机三泵
180	两机三泵	两机三泵	两机三泵	两机三泵	两机三泵	两机三泵
210	两机三泵	两机三泵	两机三泵	两机三泵	两机三泵	一机两泵
240	两机三泵	两机三泵	两机三泵	两机三泵	一机两泵	一机两泵
270	两机三泵	两机三泵	两机三泵	一机两泵	一机两泵	一机两泵
300	两机三泵	两机三泵	两机三泵	一机两泵	一机两泵	一机两泵

表 3 - 28　　　　　　　　循环水泵运行方式优化后机组电功率净增加值　　　　　　（kW）

负荷（MW） \ 水温（℃）	10	15	20	25	30	33
150	695	567	461	348	246	198
180	649	555	449	338	238	195
210	609	498	364	213	54	0
240	521	389	230	48	0	0
270	496	350	163	0	0	0
300	491	320	84	0	0	0

（4）抽气设备运行方式优化。

抽气设备的任务是在汽轮机启动时建立真空以及在运行中把漏入凝汽器的空气和其他不凝结气体抽出，并维持一定的真空度。抽气设备的工作状态对保证和维持凝汽器真空度具有重要的作用。影响抽气设备工作特性的主要影响因素有抽气设备工作液温度、吸入口压力和温度、真空泵转速等，其中最主要的是抽气设备工作液温度。

对于水环真空泵来说，工作水温度对真空泵的抽吸能力起决定性作用。工作水温度升高，真空泵的抽吸能力下降。在炎热的夏季，真空泵工作水温度可能达到35℃以上，此时真空泵的抽吸能力急剧下降，对真空严密性稍差的机组而言，将较大地影响机组的运行真空。

真空泵的运行方式优化调整的思路是：在炎热的夏季真空泵工作水温度较高时，采用低温的水（地下水）对工作液进行冷却（冷却器工作正常的情况下），降低工作水温度，提高真空泵的出力。如某电厂300MW机组的真空泵工作水的冷却水采用循环水，夏季工况下循环水温度达到31℃，此时的真空泵工作水温度达到45℃，通过冷却水系统改造，接入工业水（地下水温度18.5℃）对工作水进行冷却，真空泵工作水温度下降为35.3℃，机组真空提高约1.7kPa。具体数值和结果见表3 - 29。

表 3 - 29　　　　　　某电厂 300MW 机组真空泵运行方式优化后的效果

机组负荷	MW	300	300
真空泵工作液出口温度	℃	45.1	35.3
真空泵耗功	kW	134.395	128.137
工业冷却水温度	℃	—	18.5
循环冷却水量	m³/h	40 690	40 690
循环冷却水进口温度	℃	30.9	30.9
循环冷却水出口温度	℃	38.4	39.5
凝汽器压力	kPa	11.2	9.5

从表3 - 29看出，用地下水直接冷却真空泵工作水，在夏季能较大地提高真空泵抽吸能力，同时降低真空泵的耗功，改善了凝汽器换热，提高了凝汽器真空度。用地下水直接冷却真空泵工作水，用完后排入循环水系统，相当于给冷却塔进行补水，并不会造成水资源浪费，但同时应适当减少冷却塔的正常补水量。

上述优化方法对射（汽）水抽气器具有相似的效果，以低温的工业水（地下水）作为射水抽气器的工作水水源，改变原有的工作水循环使其为直流系统，能有效地提高抽气器的效率和出力；设法降低射汽抽气器的冷却水也能起到相同的效果。

3.8.2 主要泵组性能诊断技术

给水泵、凝结水泵、循环水泵是电厂最重要的辅机之一，其运行安全性、经济性直接影响到整个机组的安全性、经济性。

泵组的性能诊断就是从泵、传动机构、驱动机械本身及相关系统的性能变化着手，通过性能诊断试验，在保证设备安全的情况下，分析设备和系统性能下降的原因，进而提出相应的改进或改造建议，达到给水泵组高效安全运行的目的。

3.8.2.1 性能分析和诊断内容

1. 给水泵组及给水系统

（1）给水泵出力、效率。

（2）给水泵汽轮机效率、汽耗等。

（3）液力联轴器效率。

（4）给水泵性能与系统阻力特性的匹配性。

2. 凝结水泵及凝结水系统

（1）凝结水泵的出力、效率。

（2）杂用水系统流量分配诊断。

（3）凝结水泵性能与系统阻力特性的匹配性。

3. 循环水泵及循环水系统

（1）循环水泵出力、效率。

（2）循环水泵性能与系统阻力特性的匹配性。

3.8.2.2 性能诊断方法

泵及相应的系统一般存在的问题主要有三类：①泵及相关设备的性能下降；②泵的性能与相应系统的阻力特性不匹配；③机组调峰运行导致泵运行点效率下降、扬程升高等。第三种情况其实就是第二种情况的特例。

1. 泵及相关设备的性能下降

泵及相关设备的性能下降（主要是效率下降），导致相同有效功率的情况下，消耗的驱动功率增加，对应的辅机厂用电上升或汽轮机抽汽流量的增加。

泵的性能相对于其设计性能下降的判断可根据 GB/T 3216—2005《回转动力泵 水力性能验收试验 1级和2级》的规定进行（如图3-67、图3-68所示）。在相同流量条件下，泵的性能变化可与考核试验结果、曾经的性能试验结果进行比较，判断下降的幅度。

给水泵汽轮机的性能（效率、汽耗）变化可以与设计值进行对照，效率的对照条件是：相同进汽流量、压力、温度和排汽压力；汽耗的对照条件是相同的给水泵汽轮机轴功率前提下，消耗的抽汽流量或折算成汽轮机的新蒸汽消耗量。

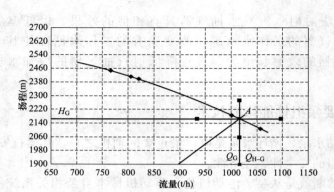

图 3-67　给水泵保证流量、扬程的判断

注：H_G——泵扬程，m；Q_G——泵出口流量，m^3/s。

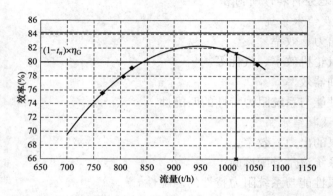

图 3-68　给水泵保证效率的判断

注：η_G——泵效率，%。

2. 泵的性能与相应系统的阻力特性不匹配

泵的性能与相应系统的阻力特性不匹配分两种情况：①系统阻力大于泵的设计扬程，造成泵实际运行扬程高于设计值、实际流量低于设计值，表现为水流量不足；②系统阻力小于泵的设计扬程，造成泵实际运行扬程低于设计值、实际流量高于设计值，表现为水流量偏大。

对于变转速的给水泵而言，系统阻力和泵的性能不匹配可以通过转速的变化（自动调节）来解决，因此给水泵及给水系统一般不存在此类问题。只有在极端情况（如给水泵选型偏小太多）下才表现出来。

定速运行的凝结水泵的性能与系统阻力特性不匹配的问题最突出，主要表现为凝结水泵设计流量点的扬程相对于凝结水系统阻力偏大。机组运行时，凝结水调节门（除氧器水位调节门）开度很小，凝结水系统阻力增大，凝结水泵在小流量高扬程点工作，造成电能浪费和凝结水精处理设备工作压力升高，既不节能也不安全。

循环水泵及循环水系统的问题主要：①系统阻力大于循环水泵的设计扬程，造成循环水泵实际运行扬程高于设计值、实际流量低于设计值，表现为冷却水流量不足，夏季机组真空偏低；②系统阻力小于循环水泵的设计扬程，造成循环水泵实际运行扬程低于设计值、实际流量高于设计值，表现为冷却水流量偏大，循环泵耗功增加，机组冬季真空过好。

3. 调峰运行的适应性

机组调峰运行（变负荷），负荷降低，相应的凝结水泵等的出力下降，如何保证泵在出力下降时的高效运行是辅机节能的重要问题。

定速凝结水泵在机组低负荷时其性能与系统阻力矛盾更加突出，此时泵处于高扬程、低流量、低效率区运行，阀门节流损失、泵的低效率白白消耗了大量的厂用电，同时造成相关系统（如凝结水精处理系统）的安全隐患（压力过高）。

在机组低负荷时，循环水泵出力不变，提供过多的冷却水，导致厂用电消耗和机组真空过高等。

3.8.2.3 改进（改造）措施

针对上述的三个方面问题，一般采取的节能措施如下：

（1）凝结水泵电动机加装变频器的节能改造（或取消首级叶轮）。

（2）循环水泵电动机定速改双速（也有电动机加装变频器）改造。

（3）杂用水系统水量优化和完善措施。

（4）泵增容增效改造（主要是给水泵、循环水泵）。

（5）给水泵汽轮机性能完善（汽封、真空方面）等。

3.9 热力系统优化技术

3.9.1 技术路线及改进原则

目前，机组所存在的问题既有机组设计、制造、结构方面的原因，又有系统设计、设备选型、安装及工艺、运行和维护方面的因素。对每台具体机组而言，解决这些问题的方法是在对机组结构及加工工艺和热力系统及配套设备、安装工艺和各种运行方式比较熟悉了解的基础上，首先对机组进行诊断性试验，该试验不同于热力试验之处是，它并不仅满足于一个最终的机组热耗率数值，而是针对机组运行中表现出的问题，制订试验方法和措施，试验的范围可能是局部性的也可能是整体性的。取得试验数据后，定性、定量综合分析各种数据之间的相互影响关系，判断问题的成因，抓住主要矛盾，制订出解决对策及可实施的方案。然后，在设备解体的过程中，仔细检查并测量设备所存在的异常，对试验结果及原因分析进行验证，最后确定实施方案。

1. 设备及系统完善改进的基本原则

（1）根据机组实际运行及操作方式，结合不同电厂机组存在的问题，对影响机组运行安全、经济性的设备及系统进行改进；

（2）根据机组设计、安装、现场布置和运行性能，针对本机组的特殊问题，吸收不同电力设计院设计特点，以及国外同类型机组的先进技术和已使用过且运行成功的技术和经验；

（3）重点解决机组运行中已发现或隐藏的安全性问题，在机组安全基础上，通过采取相应技术措施来提高机组的运行经济性；

（4）经过完善改进后的设备和系统，通过对运行操作规程的补充完善，机组在任何工况下运行时，各项控制指标应在规程要求的范围之内，并满足机组在任何工况下的运行要求；

（5）对机组投运以来从未使用过或稍经改变运行及操作方式可完全可以满足机组安全运行需求而不需投运的系统及设备应予以彻底割除。

2. 疏水系统设计原则及要求

疏水系统设计原则及要求参照 DL/T 834—2003《火力发电厂汽轮机防进水和冷蒸汽导则》。

（1）机组在各种不同的工况下运行，疏水系统应能防止可能的汽轮机进水和汽轮机本体的不正常积水，并满足系统暖管和热备用要求。

（2）设备和系统的疏水分为汽轮机本体疏水和系统疏水两大类。汽轮机本体疏水包括汽缸疏水及直接与汽缸相连的各管道疏水，包括高、中压主汽门后，与汽缸直接连通的各级抽汽管道门前，高压缸排汽止回阀前，轴封系统等。上述疏水之外归都类为系统疏水。

（3）为防止疏水阀门泄漏，造成阀芯吹损，各疏水气动或电动阀门后应加装一手动截止阀。为不降低机组运行操作的自动化程度，正常工况下手动截止阀应处于全开状态。当气动或电动疏水阀出现内漏，而无条件处理时，可作为临时措施，关闭手动截止阀。机组启、停过程中，手动截止阀操作方式按照改进后修订的运行操作规程进行。

（4）对于运行中处于热备用的管道或设备，在用汽设备的入口门前应用暖管，暖管采用组合型自动疏水器方式，而不采用节流疏水孔板连续疏水方式。

（5）接至管道扩容器的疏水管上不得设置疏水止回阀。

（6）疏水系统改造施工过程中，对取消的阀门、管道、三通、弯头等材料应充分利用。对于新增加或需更换的疏水阀门，采用焊接门，阀门安装前应进行严格的解体检查，检查合格的阀门才允许使用。

（7）由于改进是在原已安装完成后的系统基础上进行，且原疏水门前、后管径以设计为依据，可能与现场实际安装情况不完全一致。当施工过程中发现的疏水点确切位置、连接方式、布置及管径不合理时，可视现场实际情况做适当调整。

（8）由于疏水管径较小，施工过程中，疏水管道和阀门布置应根据现场实际情况做到排列整齐、疏水弯头最少、管线最短，阀门安装位置应便于检修和运行操作。

3.9.2　技术改进措施

对于机组所存在的问题，解决的程度基本分为以下三种情况：

（1）如果是由于设计、结构方面的原因，需制造厂配合解决，但短期内不能完成。

（2）虽是设计、结构方面的原因，但在大修中能够得到彻底解决或者基本解决，使问题得到较大改善。

（3）配合安装单位或电厂在大、中、小修中能够得到圆满解决。

根据目前已实施电厂的经验，解决的重点是（2）、（3），在机组大、中、小修中，投入不多的人工及材料，可以采取的主要技术措施如下：

1）可对汽轮机本体进行多方面的完善改进，合理的改进和完善通流部分径向间隙和安装，根据计算和测量汽缸与转子的静变形结果，完善检修工艺，调整通流径向间隙使其在设计值范围内。重新调整高、中压缸夹层汽量。

2）根据机组的结构特点及运行方式，优化和改进热力及疏水系统，合理利用工质有效能，完善机组运行方式。根据不同电力设计院的设计和管道布置情况，已实施结果表明可取消排 1/3～1/2 至本体疏水扩容器的疏水管。由于取消的疏水管道大部分在运行中与凝汽器压差在 1.0MPa 以上，正常疏水凝汽器热负荷将减少 60% 左右。并对于运行中需要处于热备用的系统及设备，将原连续疏水方式改为采用自动疏水器疏水。消除外漏，尽可能减少内漏。

3）完善配套辅机性能和合理调整配套辅机的运行方式。

4）完善和优化冷端系统。

5）根据不同的负荷选择最佳的运行控制方式和参数。

6）根据设备和系统改进完善后的实际情况，制订相应完善和改进机组在不同工况下的运行操作措施等。

3.9.3 某超临界 600MW 机组疏水系统改进案例

1. 主汽管道疏水改进

建议将主蒸汽管道疏水合并，改为自暖管形式，即方案一。若三通处无凸台，母管疏水也可取消，即方案二。主蒸汽管道疏水改进如图 3-69 所示。

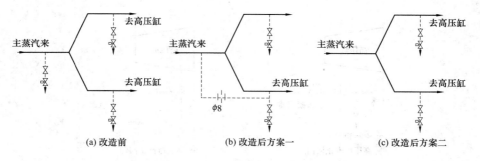

(a) 改造前 　　　(b) 改造后方案一 　　　(c) 改造后方案二

图 3-69　主蒸汽管道疏水改进

2. 高压旁路疏水改进

建议将高压旁路前疏水和主蒸汽另一支路疏水合并，改为自暖管形式，这里的主蒸汽另一支路是区别于主蒸汽管道疏水改进中已经合并的那侧主蒸汽支路。高压旁路疏水改进如图 3-70 所示。

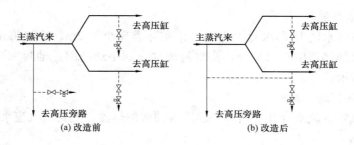

(a) 改造前 　　　(b) 改造后

图 3-70　高压旁路疏水改进

3. 再热蒸汽管道疏水改进

建议对中压主汽门前管道疏水进行改进，将母管疏水与一支路的疏水合并，改为自暖管形式。再热蒸汽管道疏水改进如图 3-71 所示。

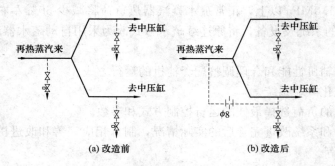

图 3-71 再热蒸汽管道疏水改进

4. 高压排汽管道疏水改进

建议将高压外缸疏水、高压排汽通风阀前疏水与高压排汽止回门前疏水合并，改为自暖管形式，将高压排汽止回门后两路疏水进行合并。高压排汽管道疏水改进如图 3-72 所示。

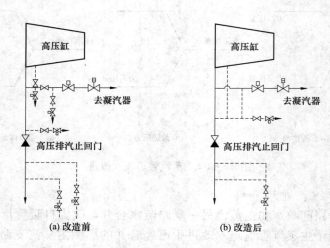

图 3-72 高压排汽管道疏水改进

5. 轴加疏水改进

轴封加热器疏水的 U 形水封为 12m，比实际需要小了 2m，建议将水封和凝汽器的接口抬高至轴封加热器中心水平处，将水封放水移到手动门前。轴封加热器疏水水封改进如图 3-73 所示。

6. 轴封回汽管疏水改进

将轴封回汽管各疏水合并，然后一起进入轴封加热器。轴封回汽疏水改进如图 3-74 所示。

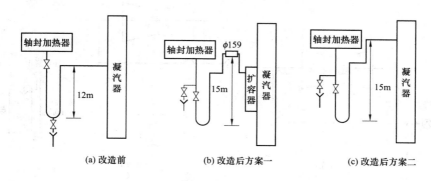

图 3 - 73　轴封加热器疏水水封改进

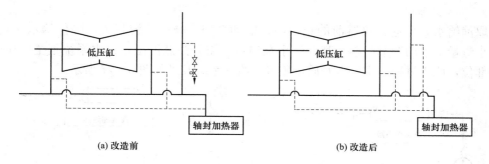

图 3 - 74　轴封回汽疏水改进

7. 轴封溢流改进

目前，轴封溢流只能去凝汽器，建议增设一路去 8 号低压加热器回收热量，接入 8 号低压加热器靠近锅炉一侧现成的疏水接入口即可，并取消去扩容器的疏水。轴封溢流改进如图 3 - 75 所示。

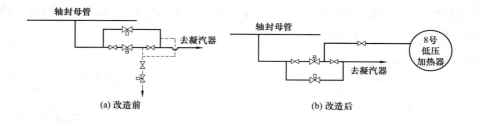

图 3 - 75　轴封溢流改进

8. 低压轴封供汽管道疏水改进

低压轴封供汽管道疏水很多，建议合并后通过水封外排。改造后若停机时间长，水封内水蒸发减少，启机前应给水封注水。低压轴封供汽管道疏水改进如图 3 - 76 所示。

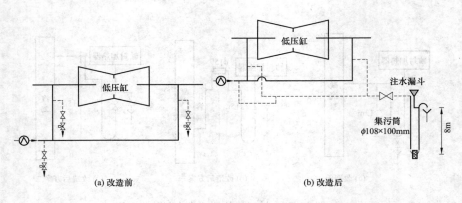

图 3-76　低压轴封供汽管道疏水改进

9. 给水系统改进

取消给水系统进省煤器前的止回门、电动总门，减少节流损失，降低给水泵耗功，锅炉小流量上水的调节门移至某台给水泵出口。需要注意的是，给水系统是全厂压力最高的部位，施工过程一定要做好质量监督。给水系统改进如图 3-77 所示。

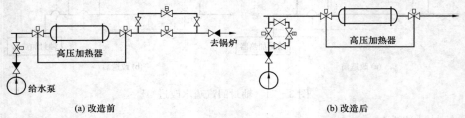

图 3-77　给水系统改进

10. 给水泵密封水回水改进

给水泵密封水回水的水封高度不够，有可能会影响真空，建议增加水封高度，具体方法是水封底部延伸至变压器侧的循环水管底部再上来，水封顶部向上延伸到 13m 平台，接入防虹吸筒，再进凝汽器。并增设集污筒，将手动门和放水门位置前移。给水泵密封水回水改进如图 3-78 所示。

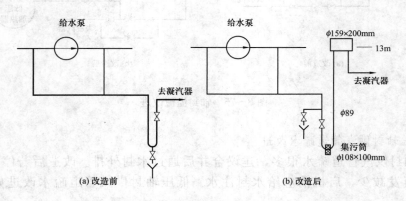

图 3-78　给水泵密封水回水改进

11. 8号低压加热器疏水改进

8号低压加热器正常疏水和危急疏水都是进扩容器,一旦有高品质的蒸汽内漏至扩容器,则有可能导致8号低压加热器疏水不畅。此外,8号低压加热器疏水进扩容器汽化后,再到凝汽器被冷却,多耗用了循环水。建议将正常疏水接入热井,既能减少对循环水的消耗,又能改善凝结水过冷度。8号低压加热器疏水改进如图3-79所示。

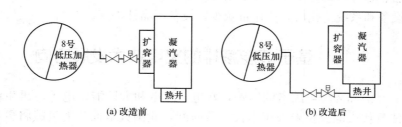

图3-79 8号低压加热器疏水改进

12. 7号低压加热器疏水改进

低负荷时,7号低压加热器疏水不畅。建议:增设一 ϕ76 的旁路管,要求旁路管进8号低压加热器的接口与8号低压加热器越近越好,即方案一;或者将疏水调节门移近8号低压加热器,并去掉调节门旁路上的阀门,即方案二。建议先进行方案一,若还不能彻底解决问题,可在方案一的基础上进行方案二。7号低压加热器疏水改进如图3-80所示。

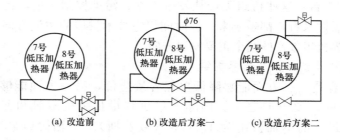

图3-80 7号低压加热器疏水改进

3.9.4 实施改进后的效果

根据机组的实际运行状况,综合考虑上述因素相互之间的影响关系,经技术经济性比较,提出切实可行的完善改进方案,使存在问题得到彻底解决或者明显改善,机组性能可得到较大幅度提高。完善、改进后的热力系统,能完全满足机组在任何工况下运行或启、停的操作要求,各项控制指标在规程规定的范围之内。疏水系统能完全满足机组在任何工况下运行或启、停时疏水和暖管要求,能满足热备用系统在任何工况下的使用要求,并能防止汽轮机进水和迅速排除设备及系统管道的不正常积水。

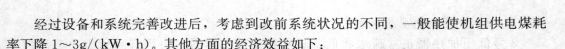

经过设备和系统完善改进后，考虑到改前系统状况的不同，一般能使机组供电煤耗率下降 $1\sim3g/(kW\cdot h)$。其他方面的经济效益如下：

（1）锅炉蒸发量下降，炉本体和辅机磨损降低，故障率下降，设备寿命增长；

（2）煤耗率下降后，锅炉 SO_2 等有害气体和粉尘排放量下降；

（3）炉排灰量减少，处理及维护费用下降，灰场利用年限增长；

（4）厂用电率下降，补水率减小；

（5）备品、备件和维修工作量及费用大幅降低；

（6）经设备和系统优化后，操作量减少，设备可靠性提高。

3.10 基于节能减排的火电技术发展方向

受技术、经济和环境等因素的影响，水电、风电和太阳能发电等可再生能源和其他新能源尚无法替代火电。在未来相当长一段时间，我国火电面临的挑战将更加严峻，探索和推广高效清洁的火电技术，是解决未来火电发展的最主要道路。

当前，适用于我国发展的高效清洁火电技术发展的方向主要包括大容量高参数燃煤机组、燃气蒸汽联合循环、煤气化技术、大型 CFB 锅炉、烟气净化技术、CO_2 捕集—利用—封存技术等。

3.10.1 大容量高参数燃煤机组

从"十五"开始，我国开始大规模建设大型高参数机组，"十一五"期间，国产超（超）临界技术成为新建电厂的主力。截至 2013 年年底，我国在运行的百万千瓦级超超临界火电机组达 63 台。这些机组无论从发电效率、污染控制水平，还是从技术推广难度、经济性和可靠性来看，都是未来一段时间煤电技术发展的主流方向。高参数和大容量是提高超超临界机组效率的两个重要发展方向。

1. 百万千瓦以上级的超超临界机组

提高单机的容量，一方面能够降低单位容量造价，另一方面能够提高发电效率，是煤电机组发展的主要方向之一。国际上单机容量最大的双轴机组为 1.3GW（美国），单机容量最大的单轴机组为 1.2GW（俄罗斯）。单轴机组最大容量为 1.2～1.3GW，大于这个容量，就需要选择双轴机组。我国的三大制造厂，能够在现有技术条件下设计、制造 1.2GW 及 1.3GW 超（超）临界单轴机组，采用一次再热，参数为 $25MPa/600℃/620℃$。更大容量的机组则倾向于采用二次再热，蒸汽参数 $30MPa/600℃/620℃/620℃$，这样可进一步将效率提高 1.4%～1.6%，并降低汽轮机末级的湿度。

2. 700℃超超临界机组

高效率是燃煤发电技术追求的目标，世界主要国家都组织团队或联盟，制订规划，开发更高效的 USC 技术。该技术项目在欧洲称为 AD700，美国和日本称为 A–USC，我国则简称 700 度计划。该技术可使机组发电效率提高 5 个百分点以上，净效率有可能超过 50%。

耐高温合金材料是该技术发展的关键。按照温度和压力要求，现有 USC 奥氏体材料将不能满足 A-USC 的要求，新型镍基材料是研究开发的重点。机组布置及系统设计优化是进一步提高 700℃ 机组技术性能、降低投资的重要方向。缩短高温蒸汽管道，能够大量减少昂贵金属的使用，大幅度降低投资，M 型锅炉和燃烧室倒置布置是值得重点关注的研发方向。

"十二五"期间，国家能源局组织华能清洁能源研究院、西安热工院等单位建立我国第一个 700℃ 试验验证平台，容量为 10～20t/h，可验证水冷壁、过热器、联箱、阀门、焊接工艺，并具有部分测试手段。

3.10.2　燃气轮机发电机组

1. GTCC（燃气轮机联合循环发电）

燃气轮机联合循环发电机组是燃气轮机、发电机与余热锅炉、蒸汽轮机（凝汽式）或供热式蒸汽轮机（抽汽式或背压式）共同组成的循环系统，它是将燃气轮机做功后排出的高温乏烟气通过余热锅炉回收转换为蒸汽，送入蒸汽轮机发电；或者将部分发电做功后的乏汽用于供热。

燃气轮机联合循环机组具有以下独特的优点：

（1）发电效率高；

（2）环境保护好；

（3）运行方式灵活；

（4）消耗水量少；

（5）占地面积少；

（6）建设周期短等。几类电厂的投资比较见表 3-30，500MW 电厂的污染物排放比较见表 3-31，几类电厂的启动性能比较见表 3-32。

表 3-30　　　　　　　　　　几类电厂的投资比较

电厂类型		电厂效率（%）	平均相对投资（%）
水电		80	1.49
核电		30～40	1.89
蒸汽电厂	带 FGD（湿法脱硫）	37	1
	不带 FGD	40	0.81
燃气轮机（简单循环）		28～32	0.32
联合循环		45～52	0.5

表 3-31　　　　　　　　　　500MW 电厂的污染物排放比较　　　　　　　　　　t/年

发电类型	SO_2	NO_x	CO_2	灰	渣	微粒
常规燃煤发电	8043	5060	2 942 375	125 000	35 000	428
天然气发电	7	971	1 241 292	0	0	21
比例	≈0	19%	42%	0	0	5%

表 3 - 32　　　　　　　　　　几类电厂的启动性能比较　　　　　　　　　（min）

启动方式	燃气轮机电厂	启动方式	联合循环电厂	蒸汽电厂
正常	14～16	冷态	120	300
		温态	90	180
紧急	9～10	热态	60	90

"十二五"电力工业发展的基本方针包括"适度发展天然气集中发电"，未来一个时期，天然气发电将在火力发电增量中扮演重要角色。

2. IGCC（整体煤气化联合循环发电）

IGCC 是将煤气化与联合循环相结合的一种高效、清洁发电技术。20 世纪八九十年代，欧美建成了 4 套大型的 IGCC 发电示范电厂。因为可靠性不高、造价昂贵等原因，在发电领域未有进一步的发展，几个电厂也将主要燃料由煤改用石油焦等，以降低发电成本。近年来，在减缓气候变化的大背景下，IGCC 机组在美国再次得到重视。

我国从 20 世纪 70 年代末就开始进行 IGCC 发电技术的前期研究，鉴于价格昂贵，一直未得到示范。

2004 年华能集团提出了"绿色煤电计划"，2005 年组织了国内七家大型发电、煤炭和投资企业，启动实施。在天津建设 250 MW 的 IGCC 发电示范机组，该项目得到了国家科技部"十一五""863"重大项目支持，2009 年获得国家能源局核准开工建设，是我国现在唯一批准建设的大型 IGCC 发电项目，近期已建成投产。天津 IGCC 项目除大型燃气轮机选用西门子技术外，包括气化炉在内的其他关键技术都来自国内。项目的成功，不仅将对我国 IGCC 的发展具有重要意义，也将为我国煤电的高效洁净发展探索出另一条道路。

一方面，IGCC 发电技术比起煤粉炉发电技术具有更高的效率，发展的初期小容量的效率就能与现有的超超临界机组媲美，且对 SO_2、NO_x 和粉尘的排放控制水平与燃汽轮机发电相当。随着技术的进一步发展，该技术的效率将进一步提升，加上其在进行 CCS（二氧化碳捕获和封存）和多联产方面具有的优势，其竞争力将逐步得到体现。另一方面，系统较复杂，提高可靠性的技术难度较大且造价高，目前是超超临界机组的 3 倍。天津 IGCC 主要设计指标见表 3 - 33。

表 3 - 33　　　　　　　　　　天津 IGCC 主要设计指标

指标	设计值
供电功率（MW）	226.9
发电效率（%）	48.4
供电效率（%）	41.08
SO_2 排放（mg/m³）	1.4（标准状态）
NO_x 排放（mg/m³）	52（标准状态）
粉尘排放量（mg/m³）	1.0（标准状态）

3.10.3 循环流化床锅炉

循环流化床（CFB）最初是应用于化工领域中的一种反应器，引入电力系统后，逐渐由鼓泡流化床（BFB）锅炉发展到 CFB 锅炉。CFB 锅炉特别适用于燃烧劣质煤、难燃煤及固体废弃物，适应了我国发电行业复杂的燃料来源特点，近年来在我国得到了快速发展。未来若干年 CFB 锅炉的技术发展的方向有两点：一是继续提高其设计建设和运行的经济性、环保性与安全性，二是利用 CFB 锅炉燃用难燃和特殊煤种。在我国，CFB 锅炉将长期作为常规煤粉锅炉燃煤发电的重要补充，在某些领域继续得到快速发展。

由于 CFB 锅炉良好的气固混合特性，燃料在炉内停留的时间较长，在燃烧劣质燃料时，其燃烧效率仍可达到 97%～99.5% 以上。因此，未来提高 CFB 锅炉燃烧效率，在技术上主要着眼于优化运行工况，并提高 CFB 锅炉针对不同燃料的设计水平。进一步优化系统设计及采用风机变频等技术降低通风电耗，将使 CFB 锅炉的厂用电率更加接近常规煤粉锅炉水平。

由于 CFB 锅炉采用炉内脱硫，烟气中 SO_2 和 SO_3 含量低，烟气的酸露点较煤粉锅炉低，可以采用更低的排烟温度设计而不易产生受热面的低温腐蚀。因此，控制和降低排烟温度、优化烟气余热利用是下一步提高 CFB 锅炉技术经济性的重要发展方向之一。

CFB 锅炉可以采用炉内简单地添加石灰石粉脱硫，实现 90% 以上的脱硫效率；其低温燃烧和采用空气分级燃烧，使其 NO_x 排放仅为煤粉锅炉的 1/3 左右。随着环保要求的进一步提高，提高 CFB 锅炉的环保性能，将使该技术具有持久的生命力和更为广泛的用途。

在现有技术的基础上，控制入炉煤粒度与炉内颗粒级配分布、合理设计密相区结构和一、二次风比例及喷口布置，构建更佳颗粒循环体系等，是进一步降低 CFB 锅炉 NO_x 排放和尾部烟气中初始颗粒物浓度的技术措施。CFB 锅炉采用 SNCR（选择性非催化还原）技术，可望将 NO_x 排放控制在 $100mg/m^3$ 以下，满足国家对燃煤电厂 NO_x 排放最新标准要求。

提高 CFB 锅炉炉膛温度是提高锅炉燃烧效率的最有效技术措施，尤其是燃用难燃煤种时。我国无烟煤储量丰富，目前多采用 W 火焰煤粉锅炉燃用，但其存在燃烧效率低、NO_x 排放高、制粉及燃烧系统复杂等问题。从提高 CFB 锅炉燃烧效率和解决无烟煤燃用的角度出发，开发大容量高温型 CFB 锅炉是一项重要技术选择或替代。高温 CFB 锅炉炉膛燃烧温度可设计控制在 950℃ 以上，保证即便在燃用无烟煤时，也具有很高的燃烧效率。同时，通过合理布置受热面、设置外置式换热器并优化其运行控制及实现循环灰量可控等技术措施，使锅炉在各种负荷下（尤其低负荷下）均能保持较高的床温，在保证较高的燃烧效率时，可有效控制低负荷下 N_2O 污染物的排放。

高温 CFB 锅炉不以实现炉内脱硫为出发点，可以部分采用或不采用炉内添加石灰石脱硫，根据煤种情况和环保要求，可通过尾部烟道脱硫设备实现 SO_2 的达标排放。

在引进 300MW CFB 锅炉的同时，通过自主技术创新，我国已开发并建成了具有自主知识产权的 200MW 和 300MW CFB 锅炉示范工程，该容量等级 CFB 锅炉机组已有数十台投运。"十一五"期间，我国已启动 600MW 超临界 CFB 锅炉的技术开发和示范工程建设工作，并得到国家科技支撑计划重点项目的支持，首台示范机组已于 2013 年投运。

随着环保要求的提高，预期 CFB 锅炉在电力行业中，将在中低硫分、高灰分、低热值劣质燃料燃用、调峰机组中得到应用和发展，而适用于低热值煤矸石、褐煤、无烟煤等劣质燃料燃用的 CFB 锅炉大型化工作，将继续得到快速推进。

3.10.4 燃煤发电机组的烟气净化技术

1. 烟气污染物

粉尘、SO_2 和 NO_x 是燃煤发电烟气污染物控制中的 3 个最重要的项目。2012年，新的排放标准的实施，不仅将 NO_x 列为了普遍的控制项目，粉尘、SO_2 的排放标准也大幅度趋严，另外，还增加了"汞及其化合物"的限制，这带来了新的技术需求。

2. 粉尘控制技术

通过"十五"和"十一五"的建设和改造，现役机组大部分采用多电场静电除尘器（约占 94%），一部分采用布袋除尘器（6%），少部分使用电袋混合除尘器，满足了原有的粉尘排放标准。新标准中，粉尘的排放标准从 $50mg/m^3$ 降低到 $30mg/m^3$（重点地区降到 $20mg/m^3$），据估算，我国约有 94% 的除尘器需要进行改造。我国燃煤灰分较高，煤质和机组负荷变化较大，要稳定达到排放限值，在现有技术条件下，需采用 6 电场以上的电除尘器。但很多电厂受到空间限制，很难满足增加电场的要求。因此需要研制更加高效的静电除尘器，或是在现有的除尘器框架内进行布袋除尘改造、电袋混合除尘改造。

另外，近年在发达地区，对 PM2.5 的关注将使得作为排放源之一的燃煤电厂需在该领域做好技术准备，对控制 PM2.5 具有优势的电袋除尘技术、先进的静电除尘技术需做进一步研究和示范。

3. 脱硫技术

从 20 世纪 90 年代华能珞璜电厂第 1 台燃煤电厂脱硫机组开始，我国现役的燃煤电厂绝大部分都已安装了脱硫系统，以湿法石灰石—石膏法为主流的脱硫技术在我国已经较为成熟，投资成本得到大幅度下降。由于一些脱硫机组设计存在缺陷，或者运行煤种较设计煤种的含硫量高出很多，导致部分现役机组出力不足；新的排放标准将现役机组和新建机组的标准降至 $200mg/m^3$ 和 $100mg/m^3$（重点地区降到 $50mg/m^3$），据估算，约有 80% 的现役机组需进行增容改造工作。

另外，随着大量脱硫产物的积累，脱硫产物的资源化利用以及产物能够资源化的脱硫技术是未来受到关注的技术方向，而已进行多年研究的脱硫脱硝一体化技术也可能成为未来技术发展的重要方向。

4. NO_x 控制技术

"十二五"前，我国执行 GB 13223—2003《火电厂大气污染物排放标准》的要求，很多电厂采用低 NO_x 燃烧技术即可满足排放要求。"十一五"期间，部分发达地区因为较高的排放要求，有约 10% 的电厂利用 SCR 等技术进行脱硝。新的排放标准中，折算

NO_2 的 NO_x 排放降低到 $100mg/m^3$。据估算执行新标准后，现役机组中将有约 90% 需要进行脱硝改造。按照燃用贫煤、无烟煤锅炉的出口 NO_x 排放浓度为 $1200\sim1500mg/m^3$ 估算，脱硝效率必须达到 92% 以上，而现有的 SCR 技术较难确保该指标。因此对于新的机组，需开发更高效的 SCR 技术，尤其是催化剂的开发；对于现役机组，需根据电厂的不同情况，提供用户解决方案：以 SCR 为主，利用多种技术的结合，提高脱硝效率，包括对燃烧器（系统）进行改造、改烧煤种（需锅炉制粉及供粉系统改造）、采用 SNCR 技术等。

5. 汞的排放控制技术

新标准首次提出汞的排放限制，2015 年开始实施。国家环保部已于 2010 年启动，推动几大发电公司开始进行汞排放检测和脱汞的试点工作。

3.10.5　CO_2 捕集、利用及封存技术（CCUS）

1. CCUS 技术

2011 年，我国燃煤电厂排放的 CO_2 超过 3×10^9 t，占我国 CO_2 排放量的 40% 左右，是我国 CO_2 最大的排放源。在应对气候变化的大背景下，CO_2 排放已成为影响我国燃煤电厂可持续发展甚至能源安全的重要问题。在众多的碳减排技术中，燃煤电厂 CCUS 技术是进行大规模减排最重要的选择，而 CCUS 的高能耗和大规模长期封存的安全性是该技术必须解决的两个重要问题。

2. CO_2 捕集技术

燃煤电厂 CO_2 捕集技术按照捕集方式主要分为燃烧后捕集、燃烧前捕集和富氧燃烧富集。燃烧后捕集是在烟气中进行捕集的技术，一般采用化学吸收的办法，是技术最成熟、适用性最广的技术。但由于烟气压力和 CO_2 浓度都很低，因此这种技术的捕集和压缩能耗较大。通过开发低能耗的吸收剂、与电厂热力系统集成等方式，具有较大的能耗降低空间。

燃烧前捕集技术主要针对 IGCC 发电技术，在气化炉后进行水煤气变换，分离成 H_2 和 CO_2，在燃烧前进行分离和捕集，是能耗较小的技术。但该技术在电厂中仅能与 IGCC 配套，而且大规模富氢发电等关键技术还不成熟。水煤气变换在化工行业虽已成熟，但仍是燃烧前捕集流程中能耗占比最大的部分，因此低能耗的催化剂和工艺是该技术发展的关键。

富氧燃烧富集 CO_2 技术是对现有的燃烧技术进行调整，利用高浓度的氧气替换原有的空气作为氧化剂，从而产生高浓度的 CO_2，然后通过深冷等方式将 CO_2 进行进一步纯化。这种技术能耗主要来自制氧，且需要对现有的锅炉技术进行改造。因此开发低能耗大规模制氧技术是该技术发展的关键。

3. CO_2 利用技术

CO_2 的利用是指通过有关技术将捕集的 CO_2 作为原料或产品，创造环境或经济效益的过程。CO_2 的资源化涉及多个工程领域，包括原油开采，煤层气开采、化工和生物利用等。CO_2 化工和生物利用技术是国内外 CO_2 利用的研究热点，但是对于燃煤电厂规模匹配度不够。CO_2 增产石油技术在美国已经成熟，我国也开展了研究和小规模的中试试验，一个油田可达到千万吨级的使用量，是燃煤电厂 CO_2 利用的最可能的方式。

4. CO_2 封存技术

CO_2 地质封存是指通过工程技术手段将捕集的 CO_2 储存于地质构造中，实现与大气长期隔绝的过程。按照不同的封存地质体划分，主要分为陆上咸水层封存、海底咸水层封存、枯竭油气田封存等技术，具有巨大的封存潜力，是大规模 CO_2 减排的主要选择，而如何保证大规模封存的长期安全性是该技术的关键问题。

燃煤发电机组运行性能监测及效率核实方法

2007 年国家发改委发布了《节能发电调度办法（试行）》，《办法》以确保电力系统安全稳定运行和连续供电为前提，以节能环保为目标，通过对各类发电机组按能耗和污染物排放水平排序，以分省排序、区域内优化、区域间协调的方式，实施优化调度，并与电力市场建设工作相结合，充分发挥电力市场的作用，努力做到单位电能生产中能耗和污染物排放最少。这项改革取消了按行政计划平均分配发电量指标的做法，转以节能、环保、经济为原则，优先调度高效、清洁能源发电，因此对电力行业节能减排具有重要作用。同时也为电力行业提高能源使用效率，减少环境污染，促进能源和电力结构调整，确保电力系统安全高效运行，实现可持续发展，提供了政策保证。

《办法》规定，机组发电排序的序位表（简称排序表）是节能发电调度的主要依据。根据《办法》第二款第 6 条的规定：同类型火力发电机组按照能耗水平由低到高排序，节能优先。可见该办法实施的基础是必须掌握发电机组的真实效率及能耗指标，否则其实施的公平性和公正性将无法得到保证，使部分发电企业利益受损，降低发电企业参与的积极性。

另外，面临日益高企的煤炭价格及环保要求，发电企业经营压力及所承担的社会责任也日益增大，其主要任务不再是简单的完成年度发电量指标，而是要致力于提供优质低耗的电能，满足社会需求。机组效率核实程序和方法能够帮助企业了解机组能耗状况，以及机组能耗的损失分布及主要原因，明确机组节能降耗工作的方向和重点，有助于发电企业不断加强企业节能管理，努力实施降低成本的运营策略，提高企业经济效益。

由此可见，研究火电机组效率核实方法，掌握我国火电机组能耗真实水平，同时摸清机组能耗水平偏高的确切原因，对国家相关能源政策的制定及实施，加强发电企业能源管理水平，提高发电企业自身竞争力均具有重要意义。

4.1 机组运行性能监测和效率核实现状

机组发电排序的序位表是节能发电调度的主要依据。根据《节能发电调度办法（试行）》第二款第 6 条的规定：同类型火力发电机组按照能耗水平由低到高排序，节能优先；能耗水平相同时，按照污染物排放水平由低到高排序。机组运行能耗水平近期暂依照设备制造厂商提供的机组能耗参数排序，逐步过渡到按照实测数值排序，对因环保和节水设施运行引起的煤耗实测数值增加要做适当调整。

节能调度试点省份中，贵州电网已于 2010 年 5 月全面建成并投运了机组煤耗在线监测系统，该系统对全省所有机组进行实测煤耗值自动排序，调度人员据此分配发电负荷。广东电网之前按照发电企业上报煤耗数据排序，从 2011 年 8 月开始，广东也将按照实时在线监测系统显示的煤耗排序进行负荷调度。江苏采用煤耗序位表和替代发电相结合的方式，序位表为基础，替代发电作为补充，序位表源于制造厂原始数据和电厂上报数据。河南是以差别发电量为主（600MW 机组——4300h、300MW 机组——4100h、200MW 及以下机组——4000h），以补偿交易、发电权交易为辅。四川仍以上报数据结合制造厂原始资料形成的序位表为基础，在保证水电的前提下进行节能调度。

4.1.1　国内现状

目前，国内外主要采用离线或在线两种方式实测机组效率。这两种方式均是通过性能试验的方法分别测试汽轮机热耗率、锅炉效率及厂用电率，采用反平衡的方法得到机组的供电煤耗。其中离线方式是传统的机组效率测试方式，而在线方式则是利用先进的计算机技术对实时数据进行采集、分析、计算的在线连续获得机组效率的测试方式。这两种机组效率测试方式都仅注重了对机组某一特定工况点、某一时间点或某一特定边界条件下的性能状态进行评价（核实），对于机组在一段时间内效率指标的综合评价尚存不足。

在机组性能测试的所有项目中，厂用电率的测试较为简单，测试或统计结果精度高，且不存在过多的难度；锅炉效率的测试，测试难度虽然稍大，但只要测试方案合理，测量精度较易控制在可接受的范围之内；然而汽轮机热耗率的测试，由于汽轮机及其系统庞大，结构复杂，且受系统状况、测量条件、人员素质各方面的影响较多，因此测试难度较大，存在的问题也较多，是准确确定供电煤耗的主要限制因素。下面重点论述汽轮机热耗率的测试方法。

1. 性能考核试验

新机组投产或重大技术改造后，为了对设备制造厂或改造方承诺的设备性能进行考核，一般均要求进行机组的性能考核试验。由于涉及商业罚款，因此试验精度和可信度均较高。例如，对于汽轮机性能测试而言，一般均能够按照国际上最为严格的标准 ASME PTC6（Performance Test Code On Steam Turbine）要求的全面性性能试验执行。但由于受技术条件限制，为了降低基准流量测量装置在制造、安装及校验方面存在的难度，我国通常习惯采用以除氧器入口凝结水流量作为基准流量（需在试验时更换为专用的试验流量装置）的全面性试验对机组性能进行考核，结果造成试验难度大、费用高，同时，全面性试验要考虑高压加热器的泄漏，除氧器水位波动等因素，对试验人员的素质要求较高，否则试验精度难以保证。基于上述原因，一般如无特殊要求，几乎所有机组在整个寿命期内仅进行过一次或两次严格的、全面性的性能考核试验，部分机组甚至从未进行过。

然而机组的实际能耗及性能水平受运行维护、环境因素、燃料供给等诸多条件的影响，是一个动态变化的过程，因此，仅依靠次数有限的性能考核试验的测试结果无法反映机组在整个服役期间不同时期的实际能耗水平。但是显而易见，采用我国现行的性能考核试验方法（即采用凝结水流量为基准流量的全面性试验）在人力、物力上用于经常性的机组能耗测试是不可行的。

2. 大修前后试验

我国发电企业一般在机组大修前后均进行性能试验，修前试验目的是为确定机组拟大修项目以及制订技改方案提供依据，修后试验验证大修效果、总结大修经验。为节省费用，此类试验多借用现场原有运行测点而不是高精度的试验专用测点。受测量条件限制，加上机组在性能测试过程中存在的诸多不规范现象，多数机组大修前后试验的测试结果精度和可信度均较低，致使此类性能试验在许多发电企业已流于形式，未能发挥其应有的作用。另外，由于此类性能试验习惯安排在大修前后，因此，试验间隔一般为3～4年，甚至更长。由此可见，我国机组的大修前后性能试验无论是在试验结果的精度和可信度上，还是试验周期上都难以满足节能发电调度的要求。

3. 性能在线监测

随着计算机技术的发展，我国自20世纪80年代开始，部分高校和科研院所已经研制出了机组性能在线诊断装置并在部分机组上安装，测试、计算确定机组性能及经济性指标是其主要内容之一。但由于装置可靠性较低、成本较高，该项成果并未能够在国内广泛推广，多数机组在安装该装置之后不久就将其拆除。进入21本世纪以来，各电力企业对电力信息化建设异常重视，借助互联网技术及实时数据库技术的快速发展，很多发电企业都规划和建立了"火电厂厂级信息监控系统（Supervisory Information System）或管理信息系统（Management Information System，MIS）"，系统的核心是一套实时数据库。该数据库属于海量数据库，其对过程数据保存的长期性为机组的性能监测与诊断提供了良好的数据平台，因此，对机组性能的监测与诊断也就成了"火电厂厂级信息监控系统"中的主要内容之一。

由于所有数据均来自于测量精度低现场运行测点，以及系统开发人员缺乏机组性能评价的专业背景及经验，不确定因素出现的几率更大，因此，虽然机组性能在线监测及诊断系统在缩短能耗测试的周期方面提供了便利条件，但检测结果的精度和可信度依然很差，难以满足机组节能发电调度的需求。

除了我国在"火电厂厂级信息监控系统"基础上开发的机组性能在线监测及诊断系统外，神华国华电力公司和华能北方联合电力公司也分别为其下属电厂引进了SIEMENS公司开发的OPTIpro系统和ABB公司开发的发电信息管理系统等类似系统。然而，由于相同的原因，由国外引进的类似系统在国内的使用效果同样难以令人满意。

4. 制造商提供的设计性能参数

在我国国产300MW及以上容量发电机组多为引进技术制造，但由于存在技术消化不彻底、加工制造工艺赶不上国外先进水平以及国内针对机组性能保证值的商业罚款条例执行不到位等因素的影响，设备制造厂商提供的机组能耗保证值与机组真实水平多有不符。另外，机组安装调试阶段质量控制存在差异，设备运行可靠性不同，且各发电企业运行管理水平相差较大，造成即使对于同一制造厂制造的同类型机组其实际运行能耗水平也有较大差别，因此，在我国采用制造厂提供的机组能耗参数排序难以达到节能发电调度的目的。

相较而言以美国、欧洲、日本为代表的发达国家，由于设备设计制造水平较高，机组实际性能基本与设计保证值相当（这在我国早期完全成套引进国外设备的机组中得到了充分反映）。加之设备运行可靠性高，机组日常维护工作到位，机组在寿命期内性能下

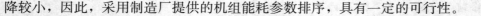

降较小，因此，采用制造厂提供的机组能耗参数排序，具有一定的可行性。

5. 发电企业统计数据

发电企业也采取正平衡的方法来掌握机组的供电煤耗，即通过当月（年）消耗的煤量以及发（供）电量直接计算发（供）电煤耗。该方法虽然简单，但由于我国目前发电企业燃煤来源不稳定，煤质特性波动大，同时煤量和热值的准确计量存在难度，因此，采用正平衡方法计算的供电煤耗误差往往较大。此外，从本企业利益角度出发，各发电企业都有将正平衡煤耗报低的愿望。

4.1.2 国外状况

在机组的性能测试中，汽轮机及其系统的性能测试难度较大，同时在测试过程中出现问题的几率也较大。为了保证汽轮机性能考核试验获得满意的结果，美国机械工程师协会颁布了"ASME PTC6 汽轮机性能试验规程"（最新版本为 2004 版），并作为美国国家标准。该规程是国际上公认的最为严格、同时也是可操作性最强、规定最为详细的标准。实际上我国目前所进行的绝大多数汽轮机性能考核试验均以此标准为依据。

以除氧器入口凝结水流量作为基准流量（需在试验时更换为专用的试验流量装置）的全面性试验是 ASME PTC6 最早提出的方案（我国普遍采用该方案），但这种全面性的试验过于复杂且费用昂贵，事实上在美国没有一家电力公司采用全面性的试验对机组性能进行考核，转而采用以给水流量为基准流量的简化试验。以给水流量为基准的简化试验在试验不确定度增加很小的情况下大幅简化了试验难度及费用，并可获得与全面性试验精度近似的试验结果。

另外，考虑到机组日常性的定期性能试验对生产管理的重要性，并且为了能够反映汽轮机性能随时间变化的趋势，ASME PTC6 委员会特别编制了一部"汽轮机日常性能试验方法"，即 ASME PTC6S Report，同样作为美国国家标准。该方法在进一步强调减少测试费用和难度的同时，更强调测试的针对性，有利于查找引起机组性能变化的原因。同时该方法也考虑到了利用计算机在线技术满足机组性能测试的需求。

为保障上述标准及方法能够有效实施，国外在机组初始设计阶段就考虑到为机组投产时的性能考核试验及商业运行期间的日常性能试验设置专用测点，并且统一规划。另外，对于机组的日常性能试验，ASME PTC6S Report 按对试验结果的影响程度将试验涉及的测点划分为主要测点和辅助测点，仅要求对试验结果影响较大的主要测点所涉及的一、二次仪表及其测量系统按考核试验的要求（ASME PTC6 要求）进行规范，而对试验结果影响较小的辅助测点认为采用现场运行仪表即可。

同时，国外机组在建设安装阶段也均能按照设计规划及要求单独设置性能试验专用测点，因此为机组投产后的各项试验提供了极大方便，不但提高了测试的可信度，而且极大地节省了费用。可见，以美国为代表的西方发达国家在机组的性能测试方面并不存在过多的问题，无论是对于性能考核试验还是日常的性能试验均能获得满意的结果，这一点正是值得我国借鉴的地方。

我国华能南通电厂一、二期工程全套设备由国外引进，并由国外设计公司设计，同样采取了该种形式。尤其是其按照简化试验的要求，在给水流量管道上永久安装了 ASME PTC6 推荐的高精度低 β 值喉部取压流量喷嘴（安装前进行了校验），并以此为基准完成了机组投产后的性能考核试验，试验结果得到多方认可。

4.1.3 解决方法

由上述比较可知，以美国为代表的西方发达国家，其机组由于在测点方面具备的良好条件，机组性能测试结果可信度高，为企业的生产及管理带来了极大便利。同时也由于这一条件，企业在机组后续性能测试方面所投入的费用和精力并不多，因此，机组的性能测试一般均作为一项经常性的日常工作，这无疑对机组的安全经济运行十分有利。西安热工研究院在与日本同行的交流中了解到，日本发电企业一般每季度均会进行一次性能试验，及时了解机组各方面的状况，这远短于我国 3～4 年的测试周期。

尽管我国在机组性能测试方面存在较多问题，很难满足当前节能发电调度的要求，但通过国外的做法可知，这一难题并非无法解决。即首先应对与机组性能测试相关的少数关键测点进行规范，提高测量等级，使其满足性能测试的精度及简便性方面的要求；其次对性能测试的方法进行进一步规范，制定出如 ASME PTC6S 等满足日常机组性能测试的标准，那么采用实测机组能耗水平进行节能发电调度一定能够在我国得以实现。

4.2 机组运行性能监测和效率核实方法

4.2.1 机组运行能耗组成及分类

机组大修前后性能试验及在线性能监测系统仅反映了机组在某一特定工况点、某一特定时间点或某一实际边界条件下的性能状态，无法全面反映机组实际运行能耗水平及某一时间段内的平均综合水平。尤其对于大修前后汽轮机性能试验，试验时为了减小无法测量的流量对计算结果带来的影响，试验期间要求停止锅炉排污、吹灰、向辅助蒸汽系统供汽等操作，因此，试验状态与机组实际运行状态有较大区别，即试验状态下的能耗并不等于机组实际运行状态下的能耗。同时，为了便于对试验结果进行比较，往往还将试验结果进行了修正，因此机组大修前后性能试验的最终结果仅反映了汽轮机本体及系统在某一规定状态❶下的水平。虽然发电企业通过正平衡方法统计的发（供）电煤耗从理论上讲能够反映日常机组运行的真实能耗水平，但由于入炉煤计量及煤质取样方面的原因，往往误差较大，因此，目前对机组能耗水平的评价均有不完善之处。

为了克服上述在评价机组实际运行能耗方面存在的不足，本方法中拟将机组的实际能耗划分为"基础能耗"和"附加能耗"两部分，如图 4-1 所示，其关系式为

$$E_c = E_{cb} + \Delta E_{ca} \qquad (4-1)$$

式中 E_{cb}——基础能耗；

     ΔE_{ca}——附加能耗。

---

❶ 不同运行状态下机组的性能是不同的，规定状态是为了提供一个比较基准，一般习惯将机组额定负荷下的设计条件作为规定状态。

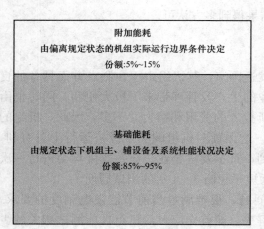

图 4-1 机组实际运行能耗组成示意图

其中"基础能耗"由规定状态下机组主、辅设备及系统性能状况决定,"附加能耗"则由偏离规定状态的机组实际运行边界条件决定。

本处对规定状态的定义为:

(1) 负荷为额定负荷;

(2) 主蒸汽压力、主蒸汽温度、再热蒸汽温度、低压缸排汽压力均为设计参数;

(3) 机组及其系统与外界保持隔离状态,无工质进出系统,即系统应停止排污、停止吹灰、停止对外供汽、停止补水等;

(4) 无过热及再热减温水。

满足上述条件下的机组运行能耗即为"基础能耗"。当偏离上述条件时,机组增加或减少的运行能耗则为"附加能耗"。

分析表明,"基础能耗"部分约占整个机组实际运行能耗的 85%～95%,而"附加能耗"仅占约 5%～15% 的水平,因此,准确把握机组及系统内主、辅设备的性能状况确定基础能耗是进行机组效率核实的关键环节,同时,实践也表明,该环节也是机组效率核实中难度最大的环节。

4.2.2 机组效率核实基本思路

由于机组实际运行能耗可分为"基础能耗"和"附加能耗"两部分,因此,可分别确定"基础能耗"和"附加能耗",其和即为机组实际运行能耗,如图 4-2 所示。

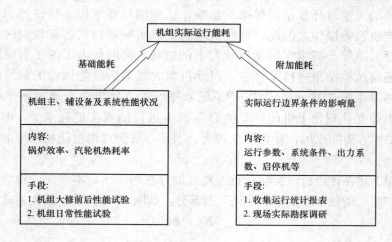

图 4-2 机组效率核实方法框图

由于机组的"基础能耗"由机组主、辅设备及系统的性能状况决定,且所占比例较大,则"基础能耗"应通过能够保证测试精度的适当性能试验方法确定。而"附加能耗"所占比例较小,且影响的因素较多,故单个因素对机组能耗的影响量相对更小,因此,对运行边界条件的确定无需过高的精度，单项边界条件变化对机组能耗的影响量可通过定量分析的方法得到。

对于火电机组，供电煤耗是衡量机组能量转换过程中技术完善程度的最终指标，是汽轮机及其系统、锅炉、管道、辅助设备性能水平的综合反映，因此本方法以对供电煤耗的核实为目标。供电煤耗与发电煤耗及厂用电率的关系为

$$b_g = \frac{b_f}{1-\delta} \tag{4-2}$$

式中　b_g——供电煤耗，$g/(kW \cdot h)$；

　　　b_f——发电煤耗，$g/(kW \cdot h)$；

　　　δ——厂用电率，%。

由式（4-2）可知，发电煤耗与供电煤耗仅在厂用电率上有所相差。目前，电量的计量技术成熟，尤其在发电厂中辅助设备耗用的电量计量一般精度均较高，不存在进一步核实的问题，故在本方法中虽然最终是对供电煤耗的核实，实际上核实的重点是对发电煤耗的核实。因此，可将"基础能耗"和"附加能耗"具体到"基础发电煤耗"和"附加发电煤耗"上，根据式（4-1），则

$$b_f = b_{fb} + \Delta b_{fa} \tag{4-3}$$

式中　b_{fb}——基础发电煤耗，$g/(kW \cdot h)$；

　　　b_{fa}——附加发电煤耗，$g/(kW \cdot h)$。

鉴于电量的计量技术成熟，计量结果可信度高，因此，建议利用本方法在计算供电煤耗时可直接取用发电企业统计的厂用电率，该值一般出现在机组的月报及年报中。

4.2.2.1　基础发电煤耗

机组的发电煤耗可通过锅炉效率和汽轮机热耗率得到，即

$$b_f = \frac{HR}{29.308\eta_b\eta_p} \tag{4-4}$$

式中　HR——汽轮机热耗率，$kJ/(kW \cdot h)$；

　　　η_b——锅炉效率，%；

　　　η_p——管道效率，%。

其中，管道效率 η_p 一般为定值，本报告建议，$\eta_p = 98.5\%$。

由式（4-4）可知，机组的"基础发电煤耗"可分别通过测量锅炉效率和汽轮机热耗率确定。

1. 锅炉效率

锅炉效率的确定应采用反平衡法。当采用反平衡法计算锅炉效率时，对于电厂燃煤锅炉则主要考虑排烟热损失 q_2，固体未完全燃烧热损失 q_4，散热损失 q_5，灰渣物理热损失 q_6 等几项。

其中，散热损失 q_5 一般不需要测量，根据锅炉容量通过查找相关标准中的曲线获得。排烟热损失 q_2 固体未完全燃烧热损失 q_4 灰渣物理热损失 q_6 等只要方法得当，其测量精度和可信度较易控制，因此，为了减少工作量，本方法中建议在确定锅炉效率时直接采用电厂统计的煤质特性、排烟温度、烟气含氧量、飞灰及炉渣含碳量即可，以上数据一般也均出现在机组的月报及年报中。对于排烟温度测量及燃料、烟气、飞

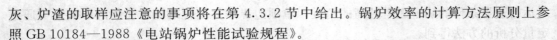

灰、炉渣的取样应注意的事项将在第 4.3.2 节中给出。锅炉效率的计算方法原则上参照 GB 10184—1988《电站锅炉性能试验规程》。

为保证排烟温度测量及飞灰、炉渣、烟气取样的准确，可在大修前后试验期间由专业试验单位对其进行校核和修正。

2. 汽轮机热耗率

国内测试汽轮机热耗率存在较多的问题，一般的大修前后试验及在线性能监测系统，其测试结果可信度及精度均较差，因此本报告将结合西安热工研究院数 10 年来在机组性能试验中所积累的经验教训，并考虑到当代仪器仪表技术的最新发展，制订出一套低难度、低费用、高可信度和良好重复性的机组性能状况确定方案，以满足当前节能发电调度、机组关停能耗指标评定以及发电企业自身节能降耗的需求。该方案包括了对测量系统、测试方法等方面的考虑。图 4-3 给出了该方案的基本思路。

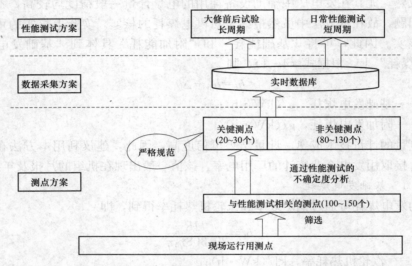

图 4-3 低难度、低费用、高可信度和良好重复性汽轮机热耗率测试方案

（1）测点方案。其是整个热耗率测试方案的基础环节。随着技术的快速发展，仪表的精度、可靠性、稳定性已大幅提高，同时价格下降幅度也较大，允许在现场大规模应用（例如现场目前所使用的压力及差压变送器的精度等级已与试验专用仪表相一致）。基于此对在役机组可以考虑以现场运行测点为基础，利用现场已有测点作为机组性能试验专用测点，以减少性能测试在仪器仪表方面的费用。具体步骤如下：

1）从现场大量运行测点中筛选出与性能试验相关的测点。与性能测试相关的测点为 100～150 个，对于某些测点来说，现场满足性能测试的测点较多，但应优选出条件最好、安装最为规范的几个测点。

2）确定关键测点。通过对性能测试的不确定度分析，将与性能测试的相关测点划分为关键测点和非关键测点。关键测点是对机组性能测试结果影响较大的测点（尤其是对机组经济性影响较大的测点），非关键测点为其变化对机组经济性影响较小的测点。

关键测点在 20～30 个之间，所占比例较小，这类测点应严格按照相关试验规程要求进行规范，克服目前国内机组性能测试在测量方面存在的问题。非关键测点在 80～130 个之间，对于非关键测点采用现场筛选出来的运行测点即可满足要求。

由于将与性能测试相关的测点按关键测点和非关键测点进行了区分，避免了不顾主次，一味要求所有测点均按关键测点对待，因此可充分利用现场已有条件，有效降低测试费用。

为了避免由于测点选取的差异造成性能测试结果重复性差，丧失比较的基础，因此关键测点以及与机组性能测试相关的测点一经确定，则机组所有性能试验以及在线性能监测系统均应以此测点为基础进行测试。同时对于压力的测量，传压管内水柱高度也应以正式文件的形式记录在案，所有试验均应以此进行修正。对此应尽早统一规划并制订测点方案。

对于新建机组，在设计时应统筹考虑机组性能考核试验、大修前后性能试验、机组在线性能监测系统等需求的基础上，制订一个测点及仪表计划，计划应包括仪表的具体安装位置、安装要求、安装数量等，该计划应保证在机组整个寿命期间的性能测试结果均具有良好的重复性，并避免重复投资，以实现费用的最小化。

对于已投运在役机组，应对机组现有测点情况进行考察，尽量减少工作量和测点改造费用。充分利用现有测点，对现场没有的测点或测点位置不符合要求、温度套管内部锈蚀严重，导致对测量精度产生严重影响的应增加或更换，在此基础上对测量系统进行规范。

（2）数据采集方案。近年来，新投产的机组一般均按照 DL 5000—2000《火力发电厂设计技术规程》的要求设置了"厂级实时监控系统"，同时为了适应信息化管理的需要，多数已投产多年的老机组也增设了这一系统。

目前，国内机组大修前后性能测试，一般在试验前建立试验专用数据采集系统，试验后拆除，造成极大的人力、物力的浪费。因此，建议充分利用目前"厂级实时监控系统"带来的便利条件进行测量数据的采集和存储，降低性能测试的费用。

（3）性能测试方案。正确的性能测试方案同样是保证机组性能测试结果具有高可信度和良好重复性的重要条件之一。性能测试方案应包括试验期间运行参数及其波动范围、试验持续时间、对系统的要求及试验基准等。

在以往的在线性能监测系统中，往往采用各测量参数的单次测量结果或短时间的平均值计算性能指标，但是任何单次测量值或短时间的平均值具有较大的随机性，这种随机性往往需要足够的测量次数或者足够的数据量才能加以消除（为了消除随机性影响，在机组性能试验中，对试验持续时间、读数频率、参数波动幅度等具有严格的要求），这对于火电机组这样一个复杂动态的生产过程更是如此。故过高的实时性必然导致每次性能评价或性能计算缺少足够的数据来消除随机性的影响，对机组性能分析毫无帮助。另外，机组性能变化是一个缓慢的过程，并不是突发的，因此，要求机组在线性能监测系统具有较高的实时性没有必要（对一些突发性的破坏性事故的预防和监测不应包含在机组性能在线监测系统中，而应包含在机组的保护系统中）。

由于上述原因，建议在对测点规范的基础上以"厂级实时监控系统"为数据采集平台，以周、月为周期的机组日常性能测试替代目前机组的实时在线性能监测功能。这样的试验周期将使系统有足够的时间获得稳定的工况并获取足够的数据来消除随机性，同时也弥补了大修前后性能试验周期过长的缺陷。

试验基准对于汽轮机的性能评价十分重要。一般主蒸汽参数均选择在高压调节汽门前测量，当高压调节汽门开度不同时，会产生不同的节流损失，同时对于采用喷嘴配汽的汽轮机还会影响到调节级的效率，因此，如果各次性能试验高压调节汽门处于不同位置，则所测量的高压缸效率和热耗率将有较大的差别，使试验结果失去比较的基础，导致无法判断机组性能的变化是由于机组本身性能变化所致还是由于调节汽门的节流损失所致。故为了准确掌握机组的真实性能，在性能测试方案中应对性能测试基准做出明确统一的规定。

（4）大修前后性能试验与机组日常性能测试的关系。当以上述测点方案为基准，并满足第4.3节所规定的各项具体要求时，大修前后性能试验与机组日常性能测试均会具有良好的重复性，其结果都可用于基础发电煤耗的确定。

机组日常性能测试将以周或月为周期，由相关技术支持单位根据机组的实际状况，按照简单、实用但能够保证试验结果具有高可信度和良好重复性的原则制订相应的试验规程，并提供相关计算和分析软件，由发电企业自主完成。短周期的机组日常性能测试可以弥补大修前后试验周期过长的缺陷，能够及时反映机组性能的异常变化。该项工作不会显著增加发电企业的工作量，因此可纳入日常工作范围。

在大修前后试验中，通过专业试验人员的介入，一方面，可对整个测量系统进行一次全面的检查校核；另一方面，可帮助发电企业对日常性能测试结果作一次全面回顾，及时发现问题并对计算和分析软件进行必要的修正。

4.2.2.2 附加发电煤耗

由运行边界条件决定的附加能耗仅占机组整个能耗的5％～15％，比例较小，同时决定运行边界条件的影响因素种类繁多，故单项边界条件变化对能耗造成的影响量相对更小，因此，在确定各边界条件变化对能耗的影响量时，在对具体的边界条件量化时，对其精度可不作过高的要求，采用运行统计值或个别工况典型值即可。其主要难点在于能够全面识别出决定附加能耗的所有边界条件，减少遗漏。

应考虑的主要典型边界条件如下：

（1）运行参数（主蒸汽压力、温度，再热蒸汽温度、再热蒸汽压损、排汽压力等）；

（2）机组蒸汽消耗（厂用蒸汽、锅炉吹灰、暖风器等）；

（3）减温水量；

（4）出力系数（负荷率）；

（5）机组启停。

对上述边界条件，部分可通过运行统计报表、典型运行数据进行了解，但有些如汽水系统严密性、机组蒸汽消耗等还需通过对现场实地勘探及对机组检修记录、运行事故记录的综合分析评价得出。

4.2.3 机组效率核实结果表述

当分别确定出机组主辅设备及系统状况所决定的"基础发电煤耗"和由于各单项边界条件变化产生的"附加发电煤耗"后，可根据表4-1计算出机组以周、月、年为计量期的实际运行发电煤耗。

表 4 - 1　　　　　　　　　　**机组实际运行发电煤耗核实结果汇总表**

序号	项目名称	发电煤耗及影响量 g/(kW·h)	备注
1	基础发电煤耗		由性能测试结果确定
2	附加发电煤耗		2.1＋2.2＋2.3＋2.4
2.1	运行参数		2.1.1＋2.1.2＋2.1.3
2.1.1	主蒸汽温度		
2.1.2	再热蒸汽温度		
2.1.3	低压缸排汽压力		
2.2	热力系统		2.2.1＋2.2.2＋2.2.3＋2.2.4
2.2.1	热力系统严密性①		
2.2.2	机组蒸汽消耗		
2.2.3	减温水投入量		
2.2.4	回热系统①		
2.3	出力系数		
2.4	启停机		
3	实际运行发电煤耗		1＋2

①　根据试验情况及试验结果的修正项目，决定附加发电煤耗中是否包括该项，具体将在第 4.4 节讨论。

根据实际得到的机组运行发电煤耗及厂用电率，通过式（4-2）计算得到机组全月或全年的实际供电煤耗，也即机组的效率。

4.3　机组性能测试及基础能耗确定

根据第 4.2 节中机组运行性能监测和效率核实方法中的总体思路，掌握机组主、辅设备的性能状况确定基础能耗是机组效率核实的核心内容之一。本节依据第 4.1 节分析所得出的目前国内在机组性能测试中所存在的主要问题及难点，结合国外经验，并以测试方法简单有效、不过多增加发电企业工作量及测试内容有针对性为前提，提出保证机组性能测试精度及可信度的措施及方案。

基于此应首先解决与性能测试相关的测点问题，为大修前后性能试验及短周期的日常性能试验提供一个良好的测量平台，一方面，确保提高机组效率核实的精度和可信度；另一方面，降低测试的费用和难度，为短周期、经常性的测试创造条件。另外，在测点问题解决的基础上，规范试验内容及试验基准，使试验结果具有良好的重复性和可比性。良好的重复性一方面能够通过试验结果之间的对比有效地判断机组性能的变化趋势，同时也有利于发现试验存在的问题，及时予以纠正。该平台不但应包括对仪器、仪表的规范及要求，同时也应包括数据采集及存储方面的方法及要求。

本章还通过对性能测试的不确定度分析，将与性能测试的相关测点划分为关键测点和非关键测点。关键测点是对机组性能测试结果影响较大的测点（尤其是对机组经济性影响较大的测点），对于这类测点应严格按照相关试验标准要求进行规范。非关键测点为其变化对机组经济性影响较小的测点，此类测点采用现场运行测点即可。由于将与性能测试相关的测点进行了区分，避免了不顾主次，一味要求所有测点均按关键测点对待，可充分利用现场已有条件，有效降低测试费用。

4.3.1 汽轮机热耗率测试

4.3.1.1 测点布置方案及测量问题规范

对汽轮机性能的准确评价是目前机组效率核实过程中的主要问题。在对汽轮机性能的测试中，良好的重复性和高精度除了通过可靠的仪表和仪表的正确使用方法来保证之外，更重要的是需要一个合理的测点布置方案。合理的测点布置方案能够保证在降低测试费用的同时大幅降低测试难度。测试难度的下降能有效地减少不确定因素的影响以及对专业人员经验的依赖，从而最大限度地降低由于人为因素而引入的测量不确定度，实践表明这种不确定度占了整个不确定组成的很大一部分。

通过对国内各种容量汽轮发电机组性能计算过程的不确定分析，并参照 ASME PTC6 简化试验方法的建议，采用省煤器入口给水流量作为基准流量的测点布置方案，将极大地简化测试难度，减少高精度仪表的使用数量，并保证结果的精度。当以给水流量作为基准流量时，只需对表 4 - 2 中所列关键测点进行规范即可满足对汽轮机热耗率及高、中压缸效率测试的要求。

表 4 - 2　　　　　　　　　　汽轮机及其系统性能监测中关键测点列表

测点名称	单位	说明
发电机功率	kW	发电机出口最近处测量
最终给水流量	t/h	建议永久性安装经校验过的 ASME 低 β 值喉部取压喷嘴
主蒸汽压力	MPa	主汽门前
主蒸汽温度	℃	主汽门前，采用双重测点
高压缸排汽压力	MPa	高压排汽止回门前
高压缸排汽温度	℃	高压排汽止回门前，采用双重测点，根据现场情况可能需要加装
再热蒸汽压力	MPa	中压主汽门前
再热蒸汽温度	℃	中压主汽门前，采用双重测点
中压缸进汽压力	MPa	应位于中低压连通管上 2/3 处，根据现场情况可能需要加装
中压缸排汽温度	℃	应位于中低压连通管上 2/3 处，采用双重测点，根据现场情况可能需要加装
低压缸排汽压力	kPa	在低压缸排汽口喉部安装网络探头，同时应注意引压管的走向
最终给水温度	℃	省煤器入口，采用双重测点
1 号高压加热器进水温度	℃	1 号高压加热器进口给水管道上
2 号高压加热器进水温度	℃	2 号高压加热器进口给水管道上

图 4 - 4 给出了以省煤器入口给水流量作为基准流量的典型汽轮机性能测试测点布置图，图中列出了对汽轮机及其系统中主、辅设备性能进行评价所需的所有测点。图中对关键测点、一般性测点以及只需对其值按设计值或经验进行估计即可满足要求的测点进行了区分。

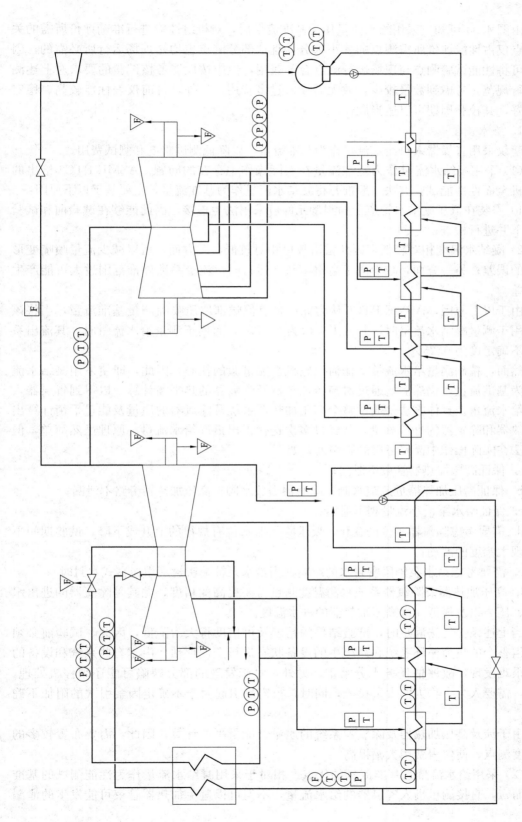

图 4 - 4　典型的汽轮机性能测试测点布置图

由图 4-4 可知，采用给水流量作为基准流量后，对机组性能进行准确评价所需的关键测点仅占性能评价所需测点的一小部分，且这部分测点也均是现场运行所必需的，因此，可将性能试验测点与现场运行测点合并兼用，但应按性能考核试验的要求对上述测点进行规范。考虑到数量较少，故无需投入过多费用。另外，目前仪表性能较高、稳定性较好，其校验周期可以适当放长。

1. 给水流量

建议采用省煤器入口给水流量作为基准流量，以降低测试难度和测试费用。

（1）采用凝结水流量作为基准流量在实际操作中存在的问题。ASME PTC6 给出的汽轮机全面性能试验方法一般推荐将凝结水流量作为基准流量，主要基于以下原因：

1）安装在低压凝结水管道上的测量元件可采用法兰连接，因此能够在试验前和试验后取下并进行检查；

2）凝结水温度相对较低，因此雷诺数也相对较低，一方面，可以减少流量喷嘴变形引起的误差；另一方面，减少由于高雷诺数下运行时，流量系数外推范围过大可能产生的误差。

由于以上原因，ASME PTC6 认为如以低 β 值喉部取压喷嘴测量基准流量，当将该喷嘴用于测量凝结水流量时，其流出系数为 0.15%，而用于测量给水流量时，其流出系数的不确定度为 0.25%。

然而，精确测量给水流量是任何汽轮机性能试验的核心，因此，即使采用凝结水流量作为基准流量，仍然需要通过对高压加热器及除氧器的热平衡计算，以得到省煤器入口的给水流量。具体方法是通过整个高压加热器系统及除氧器的质量及能量平衡计算出各加热器和除氧器的进汽流量，并经过多次迭代得出最终给水流量。原理虽然简单，但该方法在实际操作中需要考虑的影响因素如下：

a. 保证高压加热器管束不泄漏；

b. 保证高压加热器危急疏水阀、除氧器溢放水阀、高压加热器旁路不泄漏；

c. 保证给水泵最小流量阀不泄漏；

d. 需要考虑除氧器水位的变化，要求除氧器水位有规律的上升或下降，试验期间不能出现大幅度的波动；

e. 需要考虑给水泵轴段密封水的影响（当给水泵轴端密封采用迷宫式水封时）；

f. 高压加热器及除氧器系统水侧温度测量需要更高的精度，尤其是除氧器的进出水温度、压力以及最低一级高压加热器的进水温度。

当上述条件无法满足时，试验结果的精度及可信度将大为降低，因此，试验前必须对机组整个的热力循环系统和系统中的设备状态进行全面评估。由于有些系统和设备的缺陷很难发现，故评估任务十分繁重。另外，对于发现的部分缺陷可能还须停机处理，因此，需要人力、物力的大量投入，同时，很容易引起由于不确定因素引入的附加不确定度。

由于涉及高压加热器及除氧器系统的质量及能量平衡计算，因此，需要布置较多的高精度测点，使仪表费用大幅提高。

（2）采用给水流量为基准流量的优点。相对于采用凝结水流量作为性能测试的基准流量而言，直接测量进入省煤器的给水流量，不但可以避免加热器管束可能发生的泄漏以及给水泵密封水、除氧器水位变化等因素对最终给水流量的确定带来的影响，同时也能大量减少高精度仪表的使用。因此，实际上在美国几乎没有一家电力公司采用以凝结水流量为基准流量的全面性试验规程进行机组的性能试验（包括验收试验），而以一种以直接测量给水流量的简化试验方法作为替代，该方法提出后即被广泛应用且收到了很好的效果，不但被应用于新机组的验收试验，而且推荐用于机组投产后的常规性能监测。

ASME PTC6 认为凝结水流量作为基准流量的全面性试验的不确定度约为 0.25%，以给水流量作为基准流量的简化试验的不确定度约为 0.34%，但该结论的前提是温度测量不确定度为 ±0.5℃。由 ASME PTC6 可知，达到 ±0.5℃ 的测量不确定度对测量系统的要求十分苛刻 [要求采用精度为 ±0.03% 的电位计或毫伏表进行测量，热电偶至毫伏表的连接线必须与热电偶材质相同，且试验前后均应校验，校验系统的不确定度不大于0.1℃，即必须与具有适宜熔点的金属试样（如锡、铅和锌）或合格物质试样（如水、硫）的凝固点校验槽进行比较]，这一要求几乎无法达到。故即使是性能考核试验，所采用的温度测量系统其不确定度实际上是大于 ±0.5℃ 的。

另外，ASME PTC6 认为以凝结水流量作为基准流量的全面性试验的不确定度为0.25%，该值没有考虑给水泵轴端采用迷宫密封的形式（如图 4-5 所示）以及除氧器水位变化（波动）的情况。如果按辅助流量的测量不确定度为 2% 考虑，则全面性试验的不确定度将上升至 0.36% 以上（温度测量不确定度仍按 ±0.5℃ 考虑）。然而由于给水泵密封水回水的测量一直很困难（有时甚至无法测量），以及除氧器水位的变化引起的当量流量的计算受水位波动的影响很大，实际上上述不确定度数值依然是保守的。

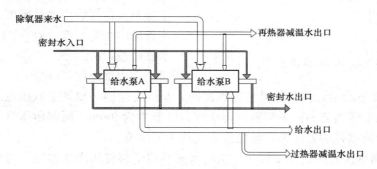

图 4-5　给水泵轴端密封水示意图

（3）建议在省煤器入口永久安装 ASME 推荐的低 β 值喉部取压喷嘴。鉴于上述因素，以及基准流量在汽轮机性能测试中的重要性，建议借鉴美国发电企业的做法，在省煤器（蒸汽发生器）入口永久安装 ASME 推荐的低 β 值喉部取压喷嘴。当喷嘴的设计、制造、校验、安装满足 ASME PTC6 的要求，在用于给水流量测量时，其流出系数 C 的不确定度仅有 0.25%，远低于常用标准节流装置流出系数的不确定度。

由于该喷嘴安于省煤器入口的给水管道上，所承受的压力较高，因此必须采用焊接结构，如图 4-6 所示。该装置包含了前 20D、后 10D 的直管段及上游的板式整流器，并在工厂内完成组装，故可避免现场安装不规范时引入的不确定度。

（4）基准流量测量装置的安装要求。

1）基准流量测量管段安装。建议基准流量测量管段水平安装，如果不能水平安装，

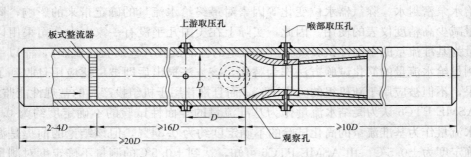

图 4 - 6　焊接式给水流量喷嘴结构示意图

则应尽量垂直安装，此时上、下取压孔将不在同一水平面上，因此，应对给水管道内和传压管内由于水的密度差所造成的附加测量误差进行修正，如图 4 - 7 所示。

具体修正方法分别见式（4 - 5）和式（4 - 6）。

向上流动时，则

$$\Delta p_T = \Delta p_M + (\rho_{out} - \rho_{in})gh \qquad (4 - 5)$$

向下流动时，则

$$\Delta p_T = \Delta p_M - (\rho_{out} - \rho_{in})gh \qquad (4 - 6)$$

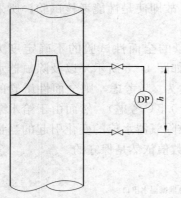

图 4 - 7　流量测量中的水柱修正

式中　Δp_T——真实差压，Pa；

Δp_M——差压实际测量值，Pa；

ρ_{out}——主管道外传压管内水柱密度，kg/m^3；

ρ_{in}——主管道内水的密度，kg/m^3；

h——水柱高差，m。

g——当地重力加速度，m/s^2；

2）基准流量测量元件与测量装置的连接。差压变送器必须处于取压点之下，且传压管应朝着差压变送器方向向下倾斜，传压管内径至少为 9mm。两侧传压管应尽可能互相靠近以减少管内水柱的温度差，且两侧管线均无需保温。

3）差压测量仪表的选择及校验。主给水流量测量装置所产生差压信号应选用能够产生标准电流信号（4~20mA）的差压变送器测量，差压变送器的测量不确定度应小于或等于 0.1%。如条件允许建议选用测量不确定度小于或等于 0.05% 的差压变送器，且应对变送器按上述要求的不确定度进行校验。考虑到当前技术水平，仪表的可靠性及稳定性已大幅提高，校验周期可放宽至两年或一个大修期。

2. 关键温度

根据表 4 - 2 所列，主蒸汽温度、高压缸排汽温度、再热蒸汽温度、中压缸排汽温度、最终给水温度、1、2 号高压加热器进出水温度测点应作为关键测点并采用高标准进行测量应采用双重布置。

（1）关键温度的布置及安装原则。为了保证测量精度，提高性能测试的可信度，上述测点的布置和安装均应遵循以下原则：

1）对于汽缸排汽，温度测点应位于弯头或三通的下游，以使处于分层状态的蒸汽离开汽轮机通流部分时得到混合；

2）对于高压缸排汽温度，应安装在高压缸排汽口后的垂直管道上或水平管道上（但应处于高压排汽逆止门前）；

3）对于中压缸排汽，则应安装在中、低压连通管的 2/3 处。

（2）对双重温度测点布置的说明。对性能指标测量结果有重大影响的关键温度，应采用双重测点进行测量，两个测点应当在大致相同的位置，但不能在同一温度套管里，且不允许使用双热偶元件。两点的平均值作为工质的温度，两点的读数差不应大于 0.5℃。采用双重测点不但可以保证仪表的正确使用及作为检查存在问题的手段，而且与采用单个仪表相比，取两个仪表的平均值可使不确定度大幅下降。

（3）关键温度测量系统的选择及校验。目前，国内机组现场运行温度测点一般采用如图 4-8 所示的测量系统，温度测量元件为普通热电偶，采用普通补偿导线连接至 DCS 数据采集卡，这种配置方式一方面本身测量不确定度较大（约为 3.5℃），另外，受现场条件限制可能还会引入额外的不确定度。例如，补偿导线质量较差或热电偶与补偿导线的连接不规范，使测量回路内产生附加热电势及冷端补偿不正确等，均会引入额外的测量不确定度。

图 4-8　目前国内机组运行用温度测点测量仪表及系统

鉴于上述原因，对于关键温度测点建议采用如图 4-9 所示的温度测量系统。即温度测量元件采用试验等级的热电偶，热电偶向外引出的引线采用与热电偶相同的材质，并连续引至高精度温度变送器，温度补偿由温度变送器自动完成，温度变送器对外输出采用 4～20mA 的标准信号，使用普通电缆直接连接至 DCS 数据采集卡。这一方式将有效减少温度测量系统连接不规范带来的影响，同时，也将温度的测量不确定度大幅降低。

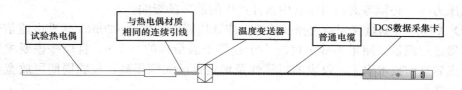

图 4-9　关键温度测点建议采用的仪表及测量系统

由于关键温度测点数量有限，且采用普通电缆后节省了大量的温度补偿导线，因此，采用这一测量系统后费用不会显著升高，甚至会有所下降。

对于采用如图 4-9 所示测量系统的关键温度测点，要求试验热电偶及温度变送器组合测量不确定度小于或等于 0.5℃。校验时不应对热电偶或温度变送器单独校验，而应对整套系统进行校验。考虑到当前技术水平，仪表的可靠性及稳定性已大幅提高，校验周期可放宽至两年或一个大修期。

3. 关键压力

根据表 4-2 所列，以下压力测点应作为关键测点采用高标准进行测量：主蒸汽压力、高压缸排汽压力、再热蒸汽压力、中压缸排汽压力、低压缸排汽压力。

（1）关键压力测点的布置及安装原则。上述关键压力测点的布置和安装均应遵循以下原则：

1）最好安装在相应的温度测点上游的 1 倍管径处；

2）中压缸排汽压力应安装在中、低压连通管的 2/3 处（即相应的温度测点处，温度测点前 1 倍管径处）；

3）鉴于低压缸排汽压力测量的重要性及测量中存在的问题，推荐采用 ASME PTC 系列规程中给出的建议，使用如图 4-10 所示的网笼探头，且安装时与流向呈 45°角并位于汽轮机轴的中心线位置及排汽环面下游的排汽连接面上，其与仪表的连接管应倾斜连续向上并引至汽轮机平台，测量仪表最好选用绝对压力变送器；

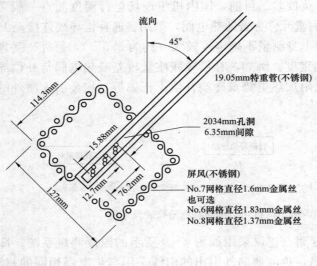

图 4-10 网笼探头

4）网笼探头应安装在凝汽器喉部，每个排汽口同一水平面上安装 2 个，并对称布置（等面积上同心布置），使汽轮机末级排汽能冲刷在网笼探头上，以使其所测压力能够反映凝汽器中该平面的平均排汽压力；

5）对一些压力较低的正压测点，如常规火电机组汽轮机中压缸的排汽压力，五、六段抽汽压力等，必须考虑到引压管中水柱产生的静压的影响。

（2）关键压力测量仪表的选择及校验。应选用能够产生 4~20mA 标准电流信号的压力变送器进行测量，测量不确定度应小于或等于满量程的 0.1%，且应按该要求进行校验。考虑到当前技术水平，仪表的可靠性及稳定性已大幅提高，校验周期可放宽至两年或一个大修期。

对于高压允许采用相对压力变送器进行测量，但应考虑当地大气压力及测量高差的修正。对于负压（尤其是低压缸排汽压力）建议采用绝压变送器测量。

（3）绝对压力值的确定。对于采用相对压力变送器测量的压力应作以下修正：

1）仪表修正；

2）实测的当地大气压力修正；

3）水柱修正。

对于采用绝对压力变送器测量的压力仅需进行仪表修正。

4.3.1.2 热耗率试验

对于汽轮机及其系统，应至少对以下性能指标进行测试：

（1）热耗率；

（2）高压缸效率；

（3）中压缸效率。

对于热耗率，四个高压调节门机组高、中压缸效率等性能指标的测试必须在 4VWO（Valve Wide Open，阀全开）、3VWO、2VWO 工况下进行；六个高压调节门缸效率测试须在 6VWO、5VWO、4VWO 工况下进行机组发电煤耗的确定对于汽轮机侧来说，仅需知道热耗率即可，本处仍列出对高、中压缸的测试，原因是高、中、低压缸效率是对汽轮机本体性能的直接描述，其高低与热耗率有直接的对应关系，因此，通过对高、中、低压缸效率及热耗率测试结果的一致性判断，可从侧面反映热耗率测试的可信度。本处没有列出低压缸效率测试，是由于高、中压缸效率的测试较为简单，容易控制其测试精度，而低压缸处于湿蒸汽区，其排汽焓值难以确定，测试难度大且测试精度一般很难控制。

1. 热耗率

热耗率是指整个装置或系统向外每输出 1kW·h 的功量时汽轮所消耗的热量，即每小时单位出力的热耗量。对于汽轮发电机组来说，热耗率可按式（4-7）进行定义，即

$$热耗率 = \frac{循环净吸热量}{出力} \tag{4-7}$$

目前，对于国内多数大容量机组（一次中间再热机组），均可采用式（4-8）进行计算，即

$$HR = \frac{F_{fw} \times (H_{ms} - H_{fw}) + F_{crh} \times (H_{hrh} - H_{crh}) + F_{ssp} \times (H_{ms} - H_{ssp}) + F_{rhsp} \times (H_{hrh} - H_{rhsp})}{P} \tag{4-8}$$

式中 HR——汽轮机热耗率，kJ/(kW·h)；

  F_{fw}——给水流量，kg/h；

  H_{ms}——主蒸汽焓值，kJ/kg；

  H_{fw}——主给水焓值，kJ/kg；

  F_{crh}——冷端再热流量，kg/h；

  H_{hrh}——热端再热焓值，kJ/kg；

  H_{crh}——冷端再热焓值，kJ/kg；

  F_{rhsp}——再热减温水流量，kg/h；

  H_{rhsp}——再热减温水焓值，kJ/kg；

  F_{ssp}——过热减温水流量，kg/h；

  H_{ssp}——过热减温水焓值，kJ/kg；

  P——发电机终端输出功率，kW。

在热耗率的测试中,给水流量应作为基准流量进行确定,再热蒸汽流量应通过式(4-9)进行确定,则

$$F_{crh} = F_{fw} + F_{ssp} - F_{e1} - F_{e2} - \sum F_{sf} - \sum F_{vf} \qquad (4-9)$$

式中　F_{e1}——一段抽汽流量,kg/h;

　　　F_{e2}——二段抽汽流量,kg/h;

　　$\sum F_{sf}$——相关轴封漏汽量之和,kg/h;

　　$\sum F_{vf}$——相关门杆漏汽量之和,kg/h。

其中,一、二段抽汽流量可以给水流量为基准通过1、2号高压加热器的热平衡计算得到,即

$$F_{fw}(H_{wo1} - H_{wo2}) = F_{e1}(H_{e1} - H_{d1}) \qquad (4-10)$$

$$F_{fw}(H_{wo2} - H_{wo3}) = F_{e2}(H_{e2} - H_{d2}) + F_{e1}(H_{d1} - H_{d2}) \qquad (4-11)$$

式中　H_{wo1}——1号高压加热器出水焓值,kJ/kg;

　　　H_{wo2}——2号高压加热器出水焓值,kJ/kg;

　　　H_{wo3}——3号高压加热器出水焓值,kJ/kg;

　　　H_{e1}——1号高压加热器进汽焓值,kJ/kg;

　　　H_{e2}——2号高压加热器进汽焓值,kJ/kg;

　　　H_{d1}——1号高压加热器疏水焓值,kJ/kg;

　　　H_{d2}——2号高压加热器疏水焓值,kJ/kg。

过热减温水流量及再热减温水流量通过现场运行测点测量即可满足精度要求。轴封漏汽流量及门杆漏汽流量取设计值即可。

计算所用到的焓值可通过对相应的压力、温度测点来确定。

根据式(4-7),与热耗率测试相关的测点见表4-3,该表中内容与表4-2中的相关内容相一致。

表4-3　　　　　　　　　　　　　　　热耗率测试所需测点

序号	符号	测点名称	用途	测点位置	测点类型
1	N_c	发电机功率		发电机出线端子	关键测点
2	F_{fw}	给水流量		省煤器入口	关键测点
3	F_{ssp}	过热减温水流量			运行测点
4	F_{rhsp}	再热减温水流量			运行测点
5	p_{ms}	主蒸汽压力	用于确定主蒸汽焓值	自动主汽门前	关键测点
6	T_{ms}	主蒸汽温度		自动主汽门前	关键测点
7	p_{crh}	高压缸排汽压力	用于确定高压缸排汽焓值	高压排汽止回门前	关键测点
8	T_{crh}	高压缸排汽温度		高压排汽止回门前	关键测点
9	p_{rrh}	热再热蒸汽压力	用于确定再热蒸汽焓值	中压主汽门前	关键测点
10	T_{rrh}	热再热蒸汽温度		中压主汽门前	关键测点

续表

序号	符号	测点名称	用途	测点位置	测点类型
11	p_{fw}	给水压力	用于确定回热系统高压加热器水侧焓值		运行测点
12	T_{fw}	最终给水温度	用于确定最终给水焓值	省煤器入口	关键测点
13	p_{1i}	1号高压加热器进汽压力	用于确定1号高压加热器进汽焓值	抽汽止回门后	运行测点
14	T_{1i}	1号高压加热器进汽温度		抽汽止回门后	运行测点
15	T_{1d}	1号高压加热器疏水温度	用于确定1号低压加热器疏水温度	疏水调节门前	运行测点
16	p_{2i}	2号高压加热器进汽压力	用于确定2号高压加热器进汽焓值	抽汽止回门后	运行测点
17	T_{2i}	2号高压加热器进汽温度		抽汽止回门后	运行测点
18	T_{2d}	2号高压加热器疏水温度	用于确定2号低加热器疏水温度	疏水调节门前	运行测点
19	T_{wo1}	1号高压加热器出水温度	用于确定1号高压加热器出水焓值		关键测点
20	T_{wo2}	2号高压加热器出水温度	用于确定2号高压加热器出水焓值		关键测点
21	T_{wo3}	3号高压加热器出水温度	用于确定3号高压加热器出水焓值		关键测点
22	p_{rhsp}	再热减温水压力	用于确定再热减温水焓值		运行测点
23	T_{rhsp}	再热减温水温度			运行测点

表4-3中所注关键测点应按本节4.3.1.1测点布置方案及测量问题规范的要求严格规范,对于所注的运行测点选用现场运行测点即可,不做过多要求,但应到现场检查测点位置是否符合要求。同时,还应注意对压力测量值进行大气压力和水柱的修正,且表中所列关键温度测点均应按双重测点设置。

2. 缸效率

蒸汽在汽缸中的膨胀过程线如图4-11所示,汽轮机各缸缸效率的定义见式(4-12),即

$$\eta_{case} = \frac{\Delta H_i}{\Delta H_t} \times 100 = \frac{H_0 - H_2}{H_0 - H_1} \times 100$$

(4-12)

式中　η_{case}——缸效率,%;

$\quad\quad\Delta H_i$——有效焓降,kJ/kg;

$\quad\quad\Delta H_t$——调节门前的等熵焓降,kJ/kg;

$\quad\quad\Delta H_t'$——调节门后的等熵焓降,kJ/kg;

$\quad\quad\delta H_t$——调节门前、后等熵焓降差,kJ/kg;

$\quad\quad H_0$——进口焓值,kJ/kg;

$\quad\quad H_2$——出口焓值,kJ/kg;

$\quad\quad H_1$——出口等熵焓值,kJ/kg。

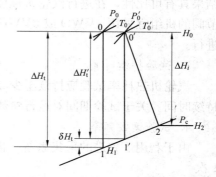

图4-11　汽轮机缸效率计算示意图

在常规火电机组中,高、中压缸均运行于过热蒸汽区域,因此,仅通过测量汽缸进出口压力、温度即可方便确定相应焓值。与高、中压缸效率测试相关的测点分别见表4-4、表4-5(该表内容与表4-3内容一致)。与高、中压缸效率测试相关的测点均应按关键测点处理。

表 4 - 4   高压缸效率测试所需测点

序号	符号	测点名称	用途	测点位置	测点类型
1	P_{ms}	主蒸汽压力	用于确定高压缸进汽焓值及熵值	自动主汽门前	关键测点
2	T_{ms}	主蒸汽温度		自动主汽门前	关键测点
3	P_{crh}	高压缸排汽压力	用于确定高压缸排汽有效焓值及等熵焓值	高压排汽止回门前	关键测点
4	T_{crh}	高压缸排汽温度		高压排汽止回门前	关键测点

表 4 - 5   中压缸效率测试所需测点

序号	符号	测点名称	用途	测点位置	测点类型
1	P_{hrh}	再热蒸汽压力	用于确定中压缸进汽焓值及熵值	中压主汽门前	关键测点
2	T_{hrh}	再热蒸汽温度		中压主汽门前	关键测点
3	P_{lpi}	中压缸排汽压力	用于确定中压缸排汽有效焓值及等熵焓值	中低压联通管上	关键测点
4	T_{lpi}	中压缸排汽温度		中低压联通管上	关键测点

由式（4-12）及图 4-11 可知，在缸效率的定义中包含了进汽调节门造成的节流损失的影响。

根据汽轮机原理相关知识，汽轮机在变工况下中间各级的级效率基本保持不变，故对于高压缸，虽然除调节级后的各级级效率保持不变，但在部分负荷下，由于不同的运行方式会对应不同的高压调节汽门开度，因此，节流损失相差较大，同时还会对调节级效率产生影响，故高压缸效率变化较大，同时也造成热耗率发生改变。而对于中压缸，由于中压调节汽门始终处于全开状态，调节汽门产生的节流损失几乎不变，因此，中压缸效率一般基本不随负荷及运行方式发生变化。

鉴于高压缸效率受调节汽门节流损失的影响，故为了使高压缸效率及热耗率的测试结果具有可比性，在进行汽轮机性能的相关测试时时，必须在阀全开工况（四个高压调节阀的机组宜采用 4VWO 或 3VWO；六个高压调节阀的机组宜采用 6VWO 或 5VWO）进行。

3. 试验持续时间

汽轮机热耗率试验应持续至少 2h，如果试验期间运行波动较大，则应相应延长试验持续时间。关于试验期间对运行参数波动范围的具体要求可见 ASME PTC6 中相关条款。

4. 试验读数频率

由于利用了先进的采集系统，因此，可将数据的采集频率统一为不少于 1min 读数 1 次。

5. 系统隔离

由于采用省煤器入口给水流量为基准流量，因此，对于以机组效率核实为目的的热耗率试验不需要按照考核试验的要求对系统进行全面的隔离，试验时为了减小无法测量的流量对计算结果带来的影响，试验期间仅需对进出系统的流量进行隔离，即停止锅炉排污、吹灰，辅助蒸汽供汽等操作。对于再热机组最多仅需保证压力最高的两级加热器不发生泄漏即可，系统内其他的漏量造成的热耗率上升均会准确的反映到实测的热耗率上。

6. 试验基准

对于热耗率的测试必须在阀全开工况下进行，其他工况下的热耗率测试可视具体情况选择进行。

7. 试验结果的修正

应将试验结果修正至规定条件（一般习惯指设计条件）下，由于本试验的目的是为了得到反映汽轮机本体及回热系统综合性能的热耗率，因此，修正内容仅包括以下内容即可：

（1）运行参数：主蒸汽压力、主蒸汽温度、再热蒸汽温度、排汽压力。

（2）系统条件：过热和再热减温水量。

4.3.1.3　数据的采集及存储

近年来新投产的机组一般均按照 DL 5000—2000 的要求设置了"厂级实时监控系统"，同时为了适应信息化管理的需要，多数已投产多年的老机组也增设这一系统。因此，建议对于机组日常性能测试可充分利用这一便利条件，降低性能测试的费用。为了保证数据采集及存储过程中数据精度的损失，对与性能测试相关测点数据的采集及存储特提出以下要求：

1. 数据采集通道的校验

数据采集系统的不确定度应小于 0.02%，该不确定度应包含模—数转换的误差。多数情况下数据采集系统的不确定度均能达到要求，但在具备条件的情况下，仍应对关键测点的数据采集通道进行校验。

2. 数据的传输及存储

为了避免网络中数据传输负荷过高、堵塞网络，以及占用过多的存储空间，无论是由 DCS（或 DEH）等系统向厂级实时监控系统传输数据时，还是由厂级实时监控系统向实时数据库系统存储数据时均进行了压缩，这些压缩是以牺牲数据传输和存储的精度为代价的。

由于与机组性能测试相关的测点数量有限（对于一台机组来说一般不会超过 200 个），相对于整个系统需要传输或存储的数据来说份额很小，因此，对于这些测点产生的数据即使不压缩也不会占用系统过多的资源。为了保证数据精度不受损失，建议对与机组性能测试有关的测量数据不进行任何形式的压缩。

4.3.2　锅炉效率确定

4.3.2.1　测量及取样要求

1. 燃料采样与分析

煤的检验误差由采样、制样和化验三部分组成，其中采样误差最大，约占总误差的 80%，因此，正确的采样是电厂燃料分析中的一个重要环节，也是获得可靠分析结果的必要前提。

（1）取样位置。位于输煤皮带上。通常主要包括皮带端部下落煤流采样、皮带中部移动煤流取样。

（2）取样方法。

1）人工取样：可在碎煤机皮带上或皮带落煤处采集子样。在皮带上采样时，可根据煤的流量，分一次或两到三次采样。按照左、右或左、中、右的顺序进行，采样部位不得交错重复，采样量一般应为入炉煤量的0.01%。采样周期为2～10min。

2）机械取样：利用煤炭采制样机，在皮带端部或中部采取子样，通过破碎、缩分，形成子样；采样周期为2～10min，可调。

（3）取样频率。每班至少一次。

（4）注意事项。

1）在输煤皮带带速超过1.5m/s、流量超过200t/h、煤层厚度超过0.3m时，不宜采用人工采样，应实施机械化采样。

2）对机械采样而言，采样装置应满足下述技术要求：

a. 采样装置的开口宽度为煤的最大粒度的2.5～3倍；

b. 采样时不发生"犁煤"、溅煤和留底煤；

c. 采用皮带端部下落煤流采样，采样器的切割速度应始终保持恒定，一般不超过0.46m/s；采样器容积大小应满足当带式输送机在额定出力下，采取全横断面煤流样时，不发生溢流或梗阻现象；

d. 采样皮带中部移动煤流采样，横过煤流的切割速度要大于皮带运行速度，一般为4～10m/s；刮板式采样器的两旁封闭板要稍离皮带（尽可能小），而后封闭板与皮带软接触；采样器移动的弧度要与采样段皮带的弧度相一致，每动作一次能切割一完整煤流横断面。

（5）煤的分析内容。对入炉煤进行工业分析即可，但应包括表4-6中所列项目。

表4-6　　　　　　　　　　　　入炉煤的工业分析项目

项目	符号	单位	标准
低位发热量（收到基）	$Q_{net.ar}$	kJ/kg	GB/T 213—2008《煤的发热量测定方法》
全水分（收到基）	$M_t(M_{ar})$	%	GB/T 211—2007《煤中全水分的测定方法》
灰分（收到基）	A_{ar}	%	GB/T 212—2008
挥发分（收到基）	V_{ar}	%	GB/T 212—2008
固定碳（收到基）	FC_{ar}	%	GB/T 212—2008《煤的工业分析方法》
全硫分（收到基）	S_t	%	GB/T 214—2007《煤中全硫的测定方法》

2. 灰渣取样与分析

（1）取样位置和方法。目前，电厂普遍采用的飞灰取样器安装在省煤器烟道，采用撞击式取灰。由于在灰粒粒度范围内，灰中含碳量的分布是不均匀的，导致飞灰可燃物变化较大。因此，建议在电除尘第一电场下方的放灰口取灰，每次取灰量建议不小于1kg，提高飞灰可燃物的准确性。

锅炉大渣的主要成分是由水冷壁结焦后脱落的焦块、喷燃器分离出来的未燃尽的煤粉颗粒和燃烧后的较大的灰粒由于重力作用落入冷灰斗的颗粒等组成。由于炉膛渣池很大且灰渣分布极不均匀。为了获得有代表性的样品，需要大量样品，每次取样量一般不应少于2kg，并且要求对每一样品进行多次分析。

（2）分析内容。

灰渣可燃物含量。

（3）取样频率。

每班至少一次。

3. 氧量测量

在锅炉排烟损失计算中，需要用到末级受热面（即空气预热器）出口的空气过量系数 α_{py}，空气过量系数可采用氧量确定。

（1）取样位置。目前，多数机组仅在空气预热器入口安装有氧量测点，而空气预热器出口均未安装。在该情况下一般可根据入口氧量及近期测量的空气预热器漏风率换算出空气预热器出口氧量。但本方法仍然建议在空气预热器出口加装氧量测点。

（2）注意事项。目前，虽然多数机组在空气预热器入口装有氧量测点，但存在安装数量过少，安装不规范造成的测量结果不具有代表性等问题。因此，建议在空气预热器入口前的水平烟道内，结合锅炉试验氧量场的标定结果，根据烟气氧量场分布特点，增加氧量测点，每侧建议至少安装 4 个测点。并与炉膛水平烟道出口处的氧量计相互校验。

对于空气预热器出口氧量测点，建议氧量测点安装在距离空气预热器出口较远的烟道内（电除尘器之前），避免由于空气预热器漏风和烟气分层等因素影响氧量测量结果。同时应结合锅炉试验氧量场的试验结果，根据烟气氧量场分布特点，合理布置探头分布。建议每侧烟道仍然至少安装 4 个测点。

（3）氧量计的标定。应定期采用标准气体对氧量计进行标定。

4. 排烟温度

建议结合锅炉排烟温度场的试验结果，根据烟气流场分布特点，并结合烟道内、外部实际情况，在空气预热器出口多增加温度测点，建议每侧安装 8 个测点，选择有代表性的测点作为排烟温度的实际值。另外，可以适当地将排烟温度测点位置后移到垂直烟道或者电除尘入口。同时，可以参考引风机出口温度测点，对排烟温度进行校对。引风机出口烟气混合较好，温度场一致性较好，烟气温度测量较为准确。

5. 数据的采集及存储

对于入炉煤煤质及灰渣可燃物含量的分析化验结果应以统计报表的形式予以保留。对于烟气氧量及排烟温度建议直接引入 DCS 或"厂级信息监控系统"进行采集和存储。

4.3.2.2 锅炉效率计算

本方法建议依据 GB 10184—1988《电站锅炉性能试验规程》给定的反平衡方法测量锅炉效率，其计算为

$$\eta_{gl} = 100 - (q_2 + q_3 + q_4 + q_5 + q_6) \tag{4-13}$$

式中　q_2——排烟热损失，%；

$\quad\quad q_3$——可燃气体未完全燃烧热损失，%；

$\quad\quad q_4$——固体未完全燃烧热损失，%；

$\quad\quad q_5$——散热损失，%；

$\quad\quad q_6$——灰渣物理热损失，%。

对于大容量燃煤机组锅炉，气体未完全燃烧热损失 q_3 基本可忽略，因此，一般仅需考虑排烟热损失 q_2、固体未完全燃烧热损失 q_4、散热损失 q_5、灰渣热物理损失 q_6 四项，其中，影响较大的是排烟损失 q_2 和固体未完全燃烧热损失 q_4。

1. 排烟热损失计算

排烟热损失是锅炉各项热损失中最主要的一项，对于大型锅炉，为 4%～8%。排烟热损失为末级热交换器后排出烟气带走的物理显热占输入热量的百分率，按式（4-14）计算，即

$$q_2 = \frac{Q_2}{Q_r} \times 100 \tag{4-14}$$

$$Q_2 = Q_2{}^{gy} + Q_2{}^{H_2O} \tag{4-15}$$

$$Q_2{}^{gy} = V_{gy}C_{p \cdot gy}(\theta_{py} - t_0) \tag{4-16}$$

$$Q_2{}^{H_2O} = V_{H_2O}C_{p \cdot H_2O}(\theta_{py} - t_0) \tag{4-17}$$

$$V_{gy} = (V_{gy}^0)^c + (\alpha_{py} - 1)(V_{gk}^0)^c \tag{4-18}$$

$$\alpha_{py} = \frac{21}{21 - O_2} \tag{4-19}$$

式中　Q_r——输入热量，为入炉煤的收到基低位发热量 $Q_{net,ar}$，kJ/kg；

Q_2——排烟带走的热量，kJ/kg；

$Q_2{}^{gy}$——干烟气带走的热量，kJ/kg；

$Q_2{}^{H_2O}$——烟气所含水蒸气的显热，kJ/kg；

V_{gy}——每千克燃料燃烧生成的干烟气体积，m^3/kg；

V_{H_2O}——烟气中所含水蒸气容积，m^3/kg；

θ_{py}——排烟温度，℃；

t_0——环境温度，℃；

$C_{p \cdot gy}$——干烟气从 t_0 至 θ_{py} 的平均定压比热，kJ/(m^3·K)；

$C_{p \cdot H_2O}$——水蒸气从 t_0 到 θ_{py} 温度间的平均定压比热，kJ/(m^3·K)；

$(V_{gy}^0)^c$——按收到基燃料成分，由实际烧掉的碳计算的理论燃烧干烟气量，m^3/kg；

$(V_{gk}^0)^c$——按收到基燃料成分，由实际烧掉的碳计算的理论燃烧所需干空气量，m^3/kg；

α_{py}——实测排烟过剩空气系数；

O_2——排烟干烟气中氧的容积含氧百分率（氧量），%。

由于多数现场不具备燃料元素分析的能力，故本方法建议采用 DL/T 904—2004《火力发电厂技术经济指标计算方法》给出的简化计算方法，按照燃料工业分析结果计算理论燃烧干烟气量 $(V_{gy}^0)^c$ 及理论燃烧所需干空气量 $(V_{gk}^0)^c$。

理论燃烧干烟气量及理论燃烧所需干空气量的具体计算公式为

$$(V_{gk}^0)^c = \frac{1}{1000}(K_2 Q_{net,ar}) \tag{4-20}$$

$$(V_{gy}^0)^c = K_1(V_{gk}^0)^c \tag{4-21}$$

K_1、K_2 可根据燃料的种类及燃料无灰干燥基挥发份的数值在表 4-7 中选取。

表 4-7 排烟损失计算系数表

燃料种类	无烟煤	贫煤	烟煤	烟煤	长焰煤	褐煤
燃料无灰干燥基挥发分（%）	5~10	10~20	20~30	30~40	>37	>37
K_1	0.98	0.98	0.98	0.98	0.98	0.98
K_2	0.2659	0.2608	0.2620	0.2570	0.2595	0.2620
H_{ar}（%）	1~3	2.5~3.5	2.5~3.5	3~5	3~4	3~4

烟气中所含水蒸气容积 V_{H_2O} 可由式（4-22）计算，即

$$V_{H_2O} = 1.24 \left[\frac{9H_{ar} + M_{ar}}{100} + 1.293\alpha_{py}(V_{gk}^0)^c d_k \right] \tag{4-22}$$

式中 H_{ar}——燃料收到基氢含量，%；

$\qquad M_{ar}$——燃料收到基水分含量，%；

$\qquad d_k$——空气的绝对湿度，kg/kg。

燃料收到基氢含量可以在表 4-7 中选取。

根据 GB 10184—1998 简化热效率计算原则，一般情况下，干烟气的平均定压比热容可以取 1.38kJ/(m³·K)，水蒸气的平均定压比热容可取 1.51kJ/(m³·K)，空气绝对湿度可按取 0.01kg/kg。

2. 机械未完全燃烧损失计算

机械未完全燃烧损失 q_4 是指部分固体燃料颗粒在炉内未能燃尽就被排出炉外而造成的热损失。根据 GB 10184—1988，用热损失法计算锅炉效率时，机械不完全燃烧损失是指灰渣可燃物造成的热损失和中速磨煤机排出石子煤的热量损失，即

$$q_4 = \frac{337.27 A_{ar}\overline{C}}{Q_r} + \frac{B_{sz}Q_{DW}^{sz}}{BQ_r} \tag{4-23}$$

$$\overline{C} = \frac{\alpha_{lz}C_{lz}^c}{100 - C_{lz}^c} + \frac{\alpha_{fh}C_{fh}^c}{100 - C_{fh}^c} \tag{4-24}$$

式中 $\overline{C}$——灰渣中平均碳量与燃煤灰量的比率，%

$\qquad A_{ar}$——入炉煤收到基灰分，%；

$\qquad Q_r$——入炉煤收到基低位发热量，MJ/kg；

$\qquad B_{sz}$——中速磨煤机废弃的石子煤量，kg/h；

$\qquad Q_{DW}^{sz}$——石子煤的实测低位发热量，%；

C_{lz}^c、C_{fh}^c——分别为炉渣、飞灰中含碳量，%；

α_{lz}、α_{fh}——分别为炉渣、飞灰中灰量占燃煤总灰量的质量含量百分率，%。对于固态排渣煤粉锅炉，α_{lz}、α_{fh} 分别按 10 和 90 取值。

3. 散热损失计算

锅炉散热损失 q_5，是指锅炉炉墙、金属结构及锅炉范围内管道（烟风道及汽、水管道联箱等）向四周环境散失的热量占总输入热量的百分比。热损失值的大小与锅炉机组的热负荷有关，可按式（4-25）计算，即

$$q_5 = q_5^e \frac{D_e}{D} \tag{4-25}$$

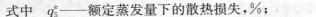

式中　q_5^e——额定蒸发量下的散热损失，%；

　　　D_e——锅炉的额定蒸发量，t/h；

　　　D——锅炉实际蒸发量，t/h。

$$q_5^e = 5.82(D^e)^{-0.38} \tag{4-26}$$

4. 灰渣物理热损失

灰渣物理热损失是指炉渣、飞灰排出锅炉设备时所带走的显热占输入热量的百分率。当燃煤的折算灰分小于 $10\%\left(即\dfrac{4187A_{ar}}{Q_{net.ar}}<10\%\right)$ 时，固态排渣煤粉炉可忽略炉渣的物理热损失。灰渣物理热损失可按式（4-22）计算即

$$q_6 = \frac{A_{ar}}{100Q_r}\left[\frac{\alpha_{lz}(t_{lz}-t_0)c_{lz}}{100-C_{lz}}+\frac{\alpha_{fh}(\theta_{py}-t_0)c_{fh}}{100-C_{fh}}\right] \tag{4-27}$$

式中　t_{lz}——排出的炉渣温度，℃；

　　　c_{lz}——炉渣的比热容，kJ/（kg·K）；

　　　c_{fh}——飞灰的比热容，kJ/（kg·K）。

对于固态排渣煤粉炉，炉渣温度可取 800℃，炉渣的比热容可取 0.96kJ/(kg·K)，鉴于排烟温度一般介于 100～200℃ 之间，飞灰的比热容可取 0.82kJ/(kg·K)。

4.4　运行边界条件及附加能耗的确定

4.4.1　实际运行边界条件的分类及确定

由运行边界条件决定的附加能耗仅占机组整个能耗的 5%～15%，比例较小，同时决定运行边界条件的影响因素种类繁多，故单项边界条件变化对能耗造成的影响量相对更小。因此，在确定各边界条件对能耗的影响量时，在对具体的边界条件量化时对其精度可不作过高要求（低压缸排汽压力除外），通常采用运行统计值或通过其他渠道收集部分运行典型值即可。其主要难点在于能够全面识别出决定附加能耗的所有边界条件，减少遗漏。

应考虑的主要典型边界条件如下：

（1）运行参数（主蒸汽压力、温度，再热蒸汽温度、再热蒸汽压损、排汽压力等）；

（2）系统严密性；

（3）机组蒸汽消耗（厂用蒸汽、锅炉吹灰、暖风器等）；

（4）回热系统状况；

（5）减温水量；

（6）出力系数（负荷率）；

（7）机组启停。

构成机组实际运行边界条件的因素十分繁多，且随着机组系统配置方式不同还存在着一定差别，因此，在对机组实际运行边界条件进行确定时，存在着一定难度，需根据机组的具体情况进行。例如，部分可通过运行统计报表、典型运行数据进行了解，但有些如汽水系统严密性、机组蒸汽消耗等情况则需通过对现场实地勘查及对机组检修记录、

运行事故记录的综合分析评价得出结论。

虽然在确定边界条件时，允许采用运行统计等数据，但建议发电企业在制作统计报表时，应尽量选用可信度高的测点作为统计报表数据源。

根据所列边界条件的特点，可将其分为三类：运行参数、热力系统及其他。

4.4.1.1　运行参数

运行参数类边界条件包括以下三种：

(1) 主蒸汽温度；

(2) 再热蒸汽温度；

(3) 低压缸排汽压力。

虽然主蒸汽压力同样也为机组一项重要的运行参数，但由于其对机组运行能耗的影响随负荷以及运行方式的不同而不同，为了处理简便，本方法将其放在负荷率或出力系数中一并考虑，因此，在运行参数中不再考虑。

运行参数变化对机组经济性的影响主要表现在汽轮机热耗率的变化上。故其单位变化量对热耗率影响大小的确定一般可通过两种方法：一是根据汽轮机制造厂提供的运行参数对热耗率的修正曲线得到；二是通过热平衡法建立的数学模型进行计算。

表 4-8 以哈汽制造的 600MW 超临界机组为例，给出了主蒸汽温度、再热蒸汽温度每降低 1℃，以及低压缸排汽压力每升高 1kPa 时所引起的汽轮机热耗率的变化量。

表 4-8　　　　哈汽 600MW 超临界机组运行参数变化对机组经济性影响量

项目	热耗率 [kJ/(kW·h)]	发电煤耗 [g/(kW·h)]
主蒸汽温度降低 1℃	2.4	0.1
再热蒸汽温度降低 1℃	1.0	0.04
低压缸排汽压力升高 1kPa	61.3	2.3

在计算单项边界条件变化对热耗率的影响量时，可根据偏离的程度乘以单位变化量对热耗率的影响量进行估算。

以上三项运行参数（主蒸汽温度、再热蒸汽温度、低压缸排汽压力）根据机组统计月报（或年报）提供的数据即可。

在对主蒸汽温度、再热蒸汽温度进行统计时，应以汽轮机侧温度测点为准。

由于低压缸排汽压力对热耗率的影响十分显著，因此，建议各发电企业在制作统计报表时，应对低压缸排汽压力测量规范后的测点作为数据源。对于主蒸汽温度、再热蒸汽温度的统计也尽量照此进行。

4.4.1.2　热力系统

与热力系统相关的边界条件有：

(1) 机组蒸汽消耗；

(2) 减温水投入量；

(3) 热力系统严密性；

（4）回热系统。

由于热力系统的复杂性，且受现场测量条件的限制，部分内容难以采用量化的概念进行说明，因此，热力系统状态变化所带来的机组能耗变化量，往往需要对现场状况进行实地勘查，并通过其他方面的统计数据，根据专业人员的经验进行判断。

热力系统严密性及回热系统是否列入实际边界条件应根据用于确定基础发电煤耗的性能试验的种类及试验实施的具体情况而定。

当机组的基础发电煤耗按照 4.3 节给定的方法确定时（即采用省煤器入口给水流量作为基准流量计算汽轮机热耗率），由于试验时仅将机组及其系统与外界隔离，另外在对试验结果修正时不考虑对回热系统进行修正，因此，实测的热耗率数值已体现了热力系统严密性及回热系统状况对机组热经济性的影响，故不应考虑热力系统严密性及回热系统偏离所产生的附加发电煤耗。

目前，我国在进行汽轮机性能考核试验时，均以凝结水流量作为试验的基准流量，故必须对系统进行严格的隔离方能，保证试验结果的准确性，另外，考核试验的目的仅是对汽轮机本体性能状况进行考核，因此，试验结果考虑了对回热系统的修正（即将回热系统状况修正至规定条件下），可见汽轮机性能考核试验结果未体现机组正常运行状态下机组系统严密性和回热系统的实际状况，当采用汽轮机性能考核试验结果确定机组基础发电煤耗时，应考虑热力系统严密性及回热系统偏离所产生的附加发电煤耗。

1. 机组蒸汽消耗

机组蒸汽消耗主要指机组厂用蒸汽、吹灰用汽、锅炉排污、化学取样、冬季暖风器用汽等。目前，在国内机组中上述用汽量多数未安装计量装置，因此，具体消耗量难以直接估算，一般仅可通过机组补水率反映机组蒸汽消耗的总体情况（如果暖风器疏水回收，则不包括在内）。

（1）吹灰用汽。通常情况下，吹灰用汽量折算至全月或全年时，吹灰用汽约为主蒸汽流量的 0.2% 左右，但由于吹灰汽源一般为主蒸汽，蒸汽品质较高，因此，对汽轮机的热耗率及机组的发电煤耗影响较大，平均水平分别为 14kJ/（kW·h）和 0.5g/（kW·h）左右。

（2）锅炉排污、疏放水、化学取样。锅炉排污、疏放水、化学取样等漏出系统的工质均为水，能量品质相对较低，可按每 0.1% 的主蒸汽流量份额使热耗率及发电煤耗分别上升约 2.5kJ/（kW·h）和 0.1g/（kW·h）进行估算。

（3）厂用蒸汽。对于现代化大容量机组而言，厂用蒸汽一般仅用于燃油伴热、低负荷下的轴封密封等有限的几处用户，一方面使用的几率较小，另一方面用量也较少，因此，一般情况下其对热耗率及发电煤耗的影响可忽略不计。

对于部分处于北方的机组，冬季厂区的供暖、燃料的解冻需要部分厂用蒸汽，且用量较大，此时厂用蒸汽对机组能耗的影响需要考虑。厂用蒸汽汽源一般取自汽轮机的高压缸排汽或四段抽汽。

（4）暖风器。其是利用汽轮机抽汽加热进入锅炉空气预热器的冷空气，以提高空气预热器壁温，防止出现低温腐蚀。暖风器汽源一般为四段抽汽，暖风器疏水通常情况下仍回到系统，故这部分用汽量不体现在补水率中。

暖风器用汽量对经济性的影响可进行估算。一般而言在冬季暖风器投入的情况下，使热耗率和发电煤耗分别上升约 40kJ/(kW·h) 和 1.5g/(kW·h)，平均至全年约使热耗率和发电煤耗分别上升 16kJ/(kW·h) 和 0.6g/(kW·h)。

当机组的蒸汽消耗仅有吹灰用汽、锅炉排污、疏放水系统泄漏以及化学水取样，且厂用蒸汽用汽量可以忽略时，如果机组的补水率为 1% 以下时，则可初步认为机组正常的蒸汽消耗使热耗率及发电煤耗分别上升约 28kJ/(kW·h) 和 1g/(kW·h)。详细数据可根据现场调研情况具体分析。

2. 减温水投入量

对于大容量火电机组，这里说的减温水是指过热减温水和再热减温水。

过热减温水的引出位置一般有两处，一是给水泵出口，另一是省煤器入口。当过热减温水由给水泵出口引出时，由于这部分流量未经过高压加热器，降低了回热效率，因此，会对机组的经济性产生影响；而当过热减温水由省煤器入口（最末级加热器后）引出，则不会对机组的经济性产生任何影响。

再热减温水一般均从给水泵抽头引出，因此再热减温水不但未经过高压加热器获得回热，同时也未经过再热吸热过程，降低了循环效率，故其对机组经济性的影响量数倍于过热减温水。

以哈汽 600MW 机组为例，通过对整个系统全面性的计算，当过热及再热减温水的投入量为 1% 的主蒸汽流量时，其对机组经济性的影响见表 4-9。

表 4-9　　　　　哈汽 600MW 超临界减温水量对机组经济性影响量

项目	热耗率 [kJ/(kW·h)]	发电煤耗 [g/(kW·h)]
过热减温水	2.5	0.1
再热减温水	13.3	0.5

注 表中所列数据指减温水流量为 1% 主蒸汽流量时对机组经济性的影响量。

减温水投入量采用机组统计月报（或年报）提供的数据即可。

3. 热力系统严密性

当机组的基础发电煤耗按照本报告 4.3 节建议的方法确定时，无须考虑热力系统严密性偏离所产生的附加发电煤耗；但如果采用汽轮机性能考核试验结果确定机组基础发电煤耗时，则应考虑热力系统严密性偏离所产生的附加发电煤耗。

热力系统严密性主要指系统内阀门的泄漏情况。汽轮发电机组系统庞杂，系统内阀门数量巨大，泄漏的几率较大。由于缺乏对系统内漏进行测量的手段，造成阀门泄漏对机组效率影响量的定量分析难度较大。一般根据泄漏阀门所处位置（蒸汽品质的高低）、数量及阀门通径给出一个估计值。

表 4-10 以哈汽 600MW 超临界机组为例给出了系统内不同部位发生泄漏对机组热经济性的影响量，并根据所产生影响的大小对阀门进行了分类。一类阀门所处位置为高品质蒸汽，其泄漏对热经济性产生的影响较大；二类阀门次之，通过其泄漏的为高品质的水；通过三类阀门的为低品质的水，泄漏后对经济性的影响最小。

表 4 - 10 哈汽 600MW 超临界机组系统内漏对机组经济性影响量

分类	部位	热耗率 [kJ/(kW·h)]	发电煤耗 [g/(kW·h)]
一类阀门 （高品质蒸汽）	主蒸汽管道	83.3	3.14
	热再热管道	79.6	3.01
	冷再热管道	63.1	2.38
	高压旁路	37.2	1.40
	低压旁路	79.6	3.01
	一段抽汽管道	70.0	2.64
	二段抽汽管道	63.1	2.38
	三段抽汽管道	63.2	2.38
	四段抽汽管道	49.7	1.88
	五段抽汽管道	36.8	1.39
	六段抽汽管道	25.3	0.96
二类阀门 （高品质水）	1 号高压加热器危急疏水	14.4	0.54
	2 号高压加热器危急疏水	10.3	0.39
	3 号高压架热器危急疏水	7.7	0.29
	除氧器溢放水	6.9	0.26
三类阀门 （水）	5 号低压加热器危急疏水	1.6	0.06
	6 号低压加热器危急疏水	0.9	0.03
	7 号低压加热器危急疏水	0.3	0.01
	给泵再循环	1.7	0.06

注 表中数据为当泄漏量为 1% 主蒸汽流量时的影响量。

对于阀门泄漏状况的判别目前尚无理想的方法，主要通过对各疏水阀门逐一检查，根据阀体金属温度的高低判断其严密性。阀体金属温度可利用红外点温计或用手摸阀体金属表面的方法进行初步判断。由于系统复杂且阀门数量众多，故对热力系统严密性的排查工作十分艰巨。对于部分在重要疏水门后安装有温度测点的机组，则可直接通过阀后温度的高低判断阀门泄漏情况。

近年来，随着节能减排形势的日益严峻，各发电企业已开始把系统泄漏治理作为机组日常维护的一项重要工作，机组内外漏情况明显好转，处于泄漏状态的阀门数量大为降低，在这种情况下系统严密性对机组热耗率及发电煤耗的影响量较小，如果对影响量进行估算，其精度可以满足机组效率核实的要求。根据经验，对于管径较细，属于表 4 - 10 所列一、二类阀门位置（不包括高压旁路、低压旁路的泄漏），如果泄漏个数不超过 5 个，可初步判断其对发电煤耗的影响量约为 0.5g/（kW·h）。当泄漏的阀门数较多时，可以肯定的是机组的热耗率和发电煤耗将显著上升，但难于判断其上升量。因此，最好是采用 4.3 节建议的汽轮机性能测试方法，该方法获得的汽轮机热耗率包括了系统严密性的影响。

4. 回热系统

当机组的基础发电煤耗按照 4.3 节建议的方法确定时，无须考虑回热系统偏离所产

生的附加发电煤耗，只有采用汽轮机性能考核试验结果确定机组基础发电煤耗时，才应考虑。

高、低压加热器是回热系统的重要组成部分，描述加热器性能的主要指标是加热器的端差，加热器自身及运行缺陷均会反映在加热器的端差上。加热器的上端差也称作出口端差，是指加热器进汽压力下的饱和温度与加热器出水温度之差，下端差也被称作疏水端差，是指加热器的疏水温度与加热器进水温度之差。

以哈汽 600MW 超临界机组为例，经过对系统的全面性计算可得到加热器上、下端差对机组经济性的影响量，分别见表 4-11 和表 4-12。计算结果表明加热器上端差对机组经济性的影响较下端差明显，是下端差影响量的数倍。

表 4-11　　哈汽 600MW 超临界机组加热器上端差对机组经济性影响量

项目名称	循环效率（%）	热耗率 [kJ/(kW·h)]	发电煤耗 [g/(kW·h)]
1 号高压加热器上端差	0.245	18.6	0.70
2 号高压加热器上端差	0.098	7.5	0.28
3 号高压加热器上端差	0.122	9.3	0.35
5 号低压加热器上端差	0.137	10.3	0.39
6 号低压加热器上端差	0.169	12.8	0.48
7 号低压加热器上端差	0.101	7.6	0.29
8 号低压加热器上端差	0.111	8.4	0.32

注　以上是指加热器上端差变化 10℃时的影响量。

表 4-12　　哈汽 600MW 超临界机组加热器下端差对机组经济性影响量

项目名称	循环效率（%）	热耗率 [kJ/(kW·h)]	发电煤耗 [g/(kW·h)]
1 号高压加热器下端差	0.007	0.5	0.02
2 号高压加热器下端差	0.022	1.7	0.06
3 号高压加热器下端差	0.036	2.8	0.10
5 号低压加热器下端差	0.013	1.0	0.04
6 号低压加热器下端差	0.012	0.9	0.03
7 号低压加热器下端差	0.019	1.4	0.05
8 号低压加热器下端差	0.023	1.8	0.07

注　以上是指加热器下端差变化 10℃时的影响量。

抽汽压损上升会使加热器进汽压力降低，因此，在加热器端差不变的情况下加热器的出水温度降低，对回热系统产生影响，进而影响到机组的经济性。表 4-13 给出了哈汽 600MW 超临界机组各段抽汽压损变化对机组经济性的影响量。

表 4-13　　哈汽 600MW 超临界机组抽汽压损对机组经济性影响量

项目名称	循环效率（%）	热耗率 [kJ/(kW·h)]	发电煤耗 [g/(kW·h)]
一段抽汽压损	0.017	1.3	0.05
二段抽汽压损	0.007	0.5	0.02

项目名称	循环效率（%）	热耗率［kJ/(kW·h)］	发电煤耗［g/(kW·h)］
三段抽汽压损	0.007	0.5	0.02
四段抽汽压损	0.006	0.5	0.02
五段抽汽压损	0.005	0.4	0.02
六段抽汽压损	0.005	0.4	0.01
七段抽汽压损	0.003	0.2	0.01
八段抽汽压损	0.003	0.2	0.01

注 表中数据为抽汽压损变化1%对机组热经济性的影响。

由表4-13中数据可知，1%的抽汽压损对机组的经济性影响较小，且随着抽汽压力的降低，影响量呈下降趋势。大容量机组高压段的抽汽压损设计值基本为3%左右，低压段为5%左右，现场大量测试结果表明，目前，我国已投运的300MW以上容量机组的抽汽压损基本上均小于设计值，因此，机组运行期间抽汽压损对经济性的影响几乎可忽略。然而，当抽汽管到上抽汽止回门发生故障或卡涩时，会使抽汽压损大幅升高，对于高压段抽汽，当抽汽压损上升至50%时，发电煤耗将至少升高1g/(kW·h)。

4.4.1.3 其他

1. 出力系数

机组的出力系数也即机组的平均负荷率，可按式（4-29）确定，即

$$出力系数（平均负荷率）= \frac{利用小时}{运行小时} = \frac{平均负荷}{额定负荷} \tag{4-28}$$

机组出力系数可由发电企业的运行统计报表得到。

通常锅炉效率随机组负荷变化较小，因此，出力系数对发电煤耗的影响量仅考虑负荷率对汽轮机热耗率的影响即可。

一般汽轮机在额定负荷下运行时其性能可达到最佳状况，随着负荷的降低，其性能将逐渐恶化，主要表现在热耗率的升高上。尤其是在较低负荷时，热耗率将随负荷率的降低呈加速上升的趋势。

负荷的改变主要是通过改变进入汽轮机流量的方法实现。一般汽轮机在部分负荷下运行时有两种运行方式，分别为定压运行方式和滑压运行方式。当汽轮机以定压方式运行时，是通过减小高压调节汽门开度（即减少进入汽轮机通流面积）的方法减少进入汽轮机的蒸汽流量。当高压调节汽门的开度减小时，一方面，使进入汽轮机蒸汽的节流损失增大，另一方面，对于喷嘴配汽的汽轮机，还会使调节级性能发生变化。而滑压运行方式则是在调节汽门开度保持不变的情况下，通过降低主蒸汽压力的方法改变减少进入汽轮机的流量。由于主蒸汽压力的降低，必然会导致热循环效率下降，从而使汽轮机热耗率上升。可见，汽轮机在部分负荷下，无论采用哪种运行方式，其经济性均会下降（热耗率上升）。

以额定负荷下的热耗率为基准，不同出力系数下热耗率的上升量，可根据制造厂提供的汽轮机在不同工况下的设计热力特性数据得到，也可利用附录A给出的数学模型通过对汽轮机配汽机构及热力系统的全面性计算出汽轮机在不同负荷下的热

耗率。

图 4 - 12 以哈汽 600MW 超临界机组为例给出了不同出力系数下汽轮机热耗率上升量。

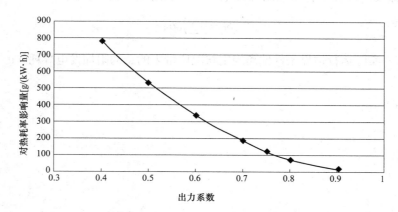

图 4 - 12   哈汽 600MW 超临界汽轮机不同出力系数下热耗率的变化量

2. 启停机

机组启停是一个十分复杂的动态过程，根据机组停机时间的长短或金属温度的高低，每次启动时间相差较大。另外，启停过程中能量的消耗种类也较多，包括煤、油、电等多种形式，因此，机组启停过程对机组能耗的影响难于精确估算，只能进行粗略的估算。表 4 - 14 以 600MW 机组的典型启停过程为例，通过对启停过程能量消耗量的分析得出了单次启停对发电煤耗的影响量。由表 4 - 14 中数据可知，当将启停过程消耗的能量分摊至全月或全年时（尤其是全年时），其所占能量的总消耗量的比例将很小，因此，对发电煤耗的影响也较小，即使整个启停过程稍有变化，也不会使表 4 - 14 中的估算结果发生质的变化。故采用表 4 - 14 中的数据估算启停对不同机组发电煤耗的影响量时，该结果是可以被接受的。

表 4 - 14　　　　　　　　　单次启停对发电煤耗及厂用电率的总影响量

项目	冷态启停	温态启停	热态启停
发电煤耗 ［g/(kW·h)］	3.3 (0.28)	1.4～1.9 (0.12～0.16)	1.1 (0.09)

注　表中括号外数据为折算至当月，括号内数据为折算至全年。

4.4.2　附加能耗的计算

附加能耗可采用增量的形式表示。单项因素引起的发电煤耗的变化量可由式（4 - 29）计算，即

$$\delta b_{\text{fi}} = \frac{\delta HR_{\text{i}}}{29.308\eta_{\text{b}}\eta_{\text{p}}} \tag{4 - 29}$$

式中　δb_{fi}——单项因素变化引起的发电煤耗变化，g/(kW·h)；

　　　δHR_{i}——单项因素变化引起的汽轮机热耗率变化，kJ/(kW·h)；

η_b——锅炉效率，%；

η_p——管道效率，%。

总的附加发电煤耗由各单项附加发电煤耗汇总组成，其计算式为

$$\Delta b_f = \sum_i \delta b_{fi} \qquad (4-30)$$

式中　Δb_f——实际运行边界条件偏离规定状况所带来的总的附加发电煤耗，g/(kW·h)。

典型燃煤发电机组节能诊断案例

5.1 某300MW亚临界机组节能诊断

5.1.1 诊断结论

通过对 BYH 电厂 2×300MW 亚临界燃煤机组（6、7 号机组）深入细致的现场调研，以及对大量设计资料、运行数据进行综合分析，结合其近期实际运行及各项能耗指标的完成情况，形成以下诊断分析结论。

（1）经分析核算认为：

2010 年 5 月～2011 年 4 月在实际运行条件下，6、7 号机组应完成发电煤耗分别为 314.6、313.9g/(kW·h)，供电煤耗分别为 333.6、333.0g/(kW·h)，同时段电厂统计 6、7 号机组发电煤耗分别为 312.2、313.0g/(kW·h)，供电煤耗 331.1、332.1g/(kW·h)。

2011 年 1～4 月在实际运行条件下，6、7 号机组应完成发电煤耗分别为 311.9、310.6g/(kW·h)，供电煤耗分别为 330.8、329.7g/(kW·h)，同时段电厂统计 6、7 号机组发电煤耗分别为 309.0、309.4g/(kW·h)，供电煤耗分别为 327.7、328.4g/(kW·h)。

（2）表 5-1 和表 5-2 分析汇总了当前影响 6、7 号机组实际运行煤耗和厂用电率的主要因素：

1）煤质对 6、7 号锅炉经济性影响显著。自 2010 年以来电厂燃煤来源繁杂，煤质波动较大，锅炉效率相应在 91.0%～92.3%波动，均值约为 91.9%，比保证值偏低约 0.6 个百分点，使得发电煤耗升高约 1.9g/(kW·h)。

2）6、7 号汽轮机各缸效率低于设计值，使热耗率分别偏高 130kJ/(kW·h) 和 105kJ/(kW·h)（发电煤耗相应偏高约 5g/(kW·h) 和 4g/(kW·h)），其热耗率约在 8075～8100kJ/(kW·h) 之间，基本达到引进型 300MW 等级供热机组的平均水平。

3）6、7 号汽轮机冷端设备选型合理，运行、维护良好，达到同类型机组的先进水平。

4）2010 年，6、7 号机组启停分别达到 12 次、10 次，启停过于频繁使 6、7 号机组发电煤耗升高约 1.8、1.5g/(kW·h)；2011 年 1～4 月，6、7 号机组机组启停各 1 次，对煤耗影响较小，较 2010 年有较大改善。

5）6、7 号机组热力及疏水系统阀门内漏较多，使机组发电煤耗均升高约 1.5g/(kW·h)。

6）2010 年，6、7 号机组主、再热蒸汽参数偏低，均使发电煤耗升高约 0.8g/(kW·h)。经过燃烧优化调整工作，6、7 号机组 2011 年 4 月以来主、再热蒸汽参数基本能达到设计值。

7）2010 年，6、7 号机组出力系数不高，分别使机组发电煤耗升高约 4.68g/(kW·h)、4.66g/(kW·h)。

表 5-1　2010 年 5 月～2011 年 4 月各种因素对 6、7 号机组能耗指标影响量分析汇总

参数名称	2010 年 5 月～2011 年 4 月						损失分类
	6 号机			7 号机			
	热耗率	锅炉效率	发电煤耗	热耗率	锅炉效率	发电煤耗	
	kJ/(kW·h)	%	g/(kW·h)	kJ/(kW·h)	%	g/(kW·h)	
设计值	7971.2	91.92	300.39	7971.2	91.90	300.46	
高压缸效率低	32.3	—	1.2	48.2	—	1.8	部分可控
中压缸效率低	28.3	—	1.1	28.3	—	1.1	部分可控
低压缸效率低	13.2	—	0.5	13.2	—	0.5	部分可控
高中压缸间轴封漏汽量大	56.8	—	2.1	15.7	—	0.6	部分可控
主、再热蒸汽温度低	15.9	—	0.6	15.9	—	0.6	部分可控
低压缸排汽压力高	14.2	—	0.54	14.2	—	0.54	部分可控
回热系统缺陷	13.2	—	0.50	13.2	—	0.50	部分可控
热力及疏水系统内漏	36.7	—	1.50	36.7	—	1.50	部分可控
机组正常蒸汽消耗	13.2	—	0.50	13.2	—	0.50	部分可控
暖风器	13.2	—	0.50	13.2	—	0.50	部分可控
启停机	27.8	—	1.05	31.8	—	1.20	不可控
出力系数	106.0	—	4.00	109.5	—	4.13	不可控
影响量小计	370.8		14.09	353.1		13.47	
合计	—		314.45	—		313.93	
供电煤耗			333.6			333.0	

注　6、7 号机组 2010 年 1 月～2011 年 5 月出力系数分别约为 80.9% 和 80.4%，厂用电率分别为 5.71% 和 5.74%，锅炉效率平均分别为 91.92% 和 91.90%。

表 5-2　2011 年 1～4 月各种因素对 6、7 号机组能耗指标影响量分析汇总

参数名称	2010 年 5 月～2011 年 4 月						损失分类
	6 号机			7 号机			
	热耗率	锅炉效率	发电煤耗	热耗率	锅炉效率	发电煤耗	
	kJ/(kW·h)	%	g/(kW·h)	kJ/(kW·h)	%	g/(kW·h)	
设计值	7971.2	91.87	300.56	7824.8	91.93	300.36	
高压缸效率低	32.3	—	1.2	48.2	—	1.8	部分可控

续表

参数名称	6 号机			7 号机			损失分类
	热耗率	锅炉效率	发电煤耗	热耗率	锅炉效率	发电煤耗	
	kJ/(kW·h)	%	g/(kW·h)	kJ/(kW·h)	%	g/(kW·h)	
中压缸效率低	28.3	—	1.1	28.3	—	1.1	部分可控
低压缸效率低	13.2	—	0.5	13.2	—	0.5	部分可控
高中压缸间轴封漏汽量大	56.8	—	2.1	15.7	—	0.6	部分可控
主、再热蒸汽温度低	10.6	—	0.4	10.6	—	0.4	部分可控
低压缸排汽压力高	−42.7	—	−1.61	−42.74	—	−1.61	部分可控
回热系统缺陷	13.2	—	0.50	13.2	—	0.50	部分可控
热力及疏水系统内漏	36.7	—	1.50	36.7	—	1.50	部分可控
机组正常蒸汽消耗	13.2	—	0.50	13.2	—	0.50	部分可控
暖风器	13.2	—	0.50	13.2	—	0.50	部分可控
启停机	4.0	—	0.15	7.9	—	0.30	不可控
出力系数	118.7	—	4.48	112.0	—	4.23	不可控
影响量小计	297.5	—	11.32	269.5	—	10.32	
合计	—	—	311.88	—	—	310.68	
供电煤耗			330.8			329.7	

注　6、7 号机组 2011 年 1～4 月出力系数分别约为 79.0% 和 80.0%，厂用电率分别为 5.71% 和 5.78%，锅炉效率平均分别为 91.87% 和 91.93%。

（3）根据 BYH 电厂 6、7 号机组实际运行情况及性能考核试验结果，通过各种因素对能耗指标影响的定量分析，结合同类型机组设备及系统改造经验，对 6、7 号机组的节能工作提出以下建议。

1）目前 6、7 号机组高压缸效率分别仅约为 82.5% 和 81.5%，低于同型机组高压缸效率的平均水平（83.5%），另外，6 号机组 HP-IP 漏汽量高达 5.16%，也有一定的节能潜力空间。建议利用揭缸检修机会，调整汽轮机通流部分间隙，尤其是高、中压缸部分，使之满足制造厂的设计要求，也可在局部（HP-IP 轴封）采用新型汽封，提高机组通流效率。预计调整和改造后，6 号和 7 号机组发电煤耗在目前基础上可分别下降约 2.5g/(kW·h) 和 2.0g/(kW·h)。

2）通过对疏水及热力系统的优化改造，以及对内漏阀门的泄漏进行治理，预计可使 6 号和 7 号机组发电煤耗均下降约 1.0g/(kW·h)。

3）空气预热器清理积灰以及漏风治理，预计可使 6、7 号机组三大风机总耗电率分别下降约 0.2 个百分点、0.3 个百分点。

4）降低浆液循环泵扬程，预计可使厂用电率下降约 0.11 个百分点。

通过以上措施的实施，预计该阶段共可使 BYH 电厂 6、7 号机组发电煤耗分别下降约 4.4g/(kW·h)、3.9g/(kW·h)，厂用电率分别下降约 0.31 个百分点、0.41 个百分点，具体见表 5-3。在 75% 负荷率下 6、7 号机组发电煤耗可分别下降至约 311.7g/(kW·h)、311.5g/(kW·h)，厂用电分别下降至约 5.50%、5.42%，则供电煤耗约为 329.5g/(kW·h)、

329.0g/(kW·h)，具体见表5-4。

表5-3 **BYH电厂2×300MW机组设备整治及调整节能潜力预测分析汇总**

项目名称	6号机组		7号机组	
	发电煤耗	厂用电率	发电煤耗	厂用电率
	g/(kW·h)	%	g/(kW·h)	%
调整高中压缸通流间隙	2.5		2.0	
热力系统内漏治理	1.0		1.0	
减少启停机次数	0.5		0.5	
提高主、再热蒸汽参数	0.4		0.4	
浆液循环泵叶轮车削或变频改造		0.11		0.11
空气预热器清除积灰及漏风治理		0.20		0.30
合计	4.4	0.31	3.9	0.41

表5-4 **BYH电厂2×300MW机组治理后可达到的经济性指标（75%负荷率）**

项目名称	单位	6号机组	7号机组
发电煤耗	g/(kW·h)	311.7	311.5
厂用电率	%	5.50	5.42
供电煤耗	g/(kW·h)	329.5	329.0

5.1.2 锅炉

1. 锅炉效率

BYH电厂6、7号机组额定负荷下锅炉热效率设计值为92.89%，保证值为92.5%。

（1）性能试验数据。西安热工研究院有限公司于2010年4月1~8日、5月9~16日分别对BYH电厂6、7号锅炉进行了性能考核试验，试验结果见表5-5。

表5-5 **BYH电厂6、7号锅炉性能考核试验结果**

项目	单位	6号			7号	
电负荷	MW	299.8	300.5	302.7	300.7	299.9
煤质情况	—	较差	较好	较好	较好	较好
全水分	%	6.90	7.50	7.50	5.70	6.00
干燥无灰基挥发分	%	19.39	26.21	26.21	18.12	18.35
收到基灰分	%	38.01	34.07	34.07	26.05	27.80
低位发热量	MJ/kg	17.33	18.43	18.43	22.21	21.46
送风温度	℃	26.9	18.4	18.7	16.4	17.9
飞灰可燃物	%	9.01	2.61	2.25	4.10	4.03
炉渣可燃物	%	8.78	0.01	2.18	0.01	1.10
排烟氧量	%	6	6.35	6.10	6.04	6.11

续表

项目	单位	6号			7号	
平均排烟温度	℃	128.8	118.4	118.1	121.6	121.9
修正后排烟温度	℃	124.90	120.30	119.8	120.74	121.48
固体未完全燃烧热损失	%	7.30	1.50	1.43	1.46	1.63
排烟热损失	%	5.20	5.40	5.28	5.36	5.43
其他热损失	%	0.51	0.51	0.51	0.50	0.50
锅炉效率	%	86.99	92.59	92.78	92.68	92.44
修正后的热效率	%	87.01	92.78	92.97	92.83	92.58

1) 从 6 号锅炉性能考核试验结果可以看到：

a. 燃用热值相对较低的差煤时，额定负荷下 6 号锅炉实测效率为 86.99%，修正后为 87.01%，比保证值 92.5% 偏低约 5.5 个百分点。对比各项热损失，排烟热损失比设计值偏高约 0.4 个百分点，固体未完全燃烧热损失比设计值偏高 5.5 个百分点。可以看到，固体未完全燃烧热损失过高是导致燃用差煤时锅炉效率较低的主要原因。

b. 燃用挥发分与热值相对较高的好煤时，额定负荷两个工况下 6 号锅炉实测效率分别为 92.59%、92.78%，修正后为 92.78%、92.97%，平均为 92.87%，比保证值 92.5% 偏高约 0.37 个百分点。对比各项热损失，排烟热损失比设计值偏高约 0.5 个百分点，固体未完全燃烧热损失比设计值偏低约 0.3 个百分点，锅炉效率达到保证值。

c. 对比试验数据，好煤与差煤相比，飞灰、炉渣可燃物可从 2% 左右变化到 9% 左右，锅炉效率变化约 5.8 个百分点。

2) 从 7 号锅炉性能考核试验结果可以看到：

a. 燃用热值相对较高的好煤时，额定负荷两个工况下 7 号锅炉实测效率分别为 92.68%、92.44%，修正后为 92.83%、92.58%，平均为 92.71%，比设计值偏高约 0.2 个百分点。对比各项热损失，排烟热损失比设计值偏高 0.6 个百分点，固体未完全燃烧热损失比设计值偏低约 0.3 个百分点。

b. 对比 6、7 号锅炉试验数据，由于 7 号锅炉试验期间受磨煤机振动影响，分离器转速无法提高，导致煤粉细度偏大，飞灰可燃物含量明显高于 6 号锅炉燃用好煤时水平，但由于 7 号锅炉试验期间燃煤热值明显高于 6 号锅炉，最终两台锅炉固体未完全燃烧热损失偏差较小。

对性能考核试验结果综合分析，额定负荷下，BYH 电厂 6、7 号锅炉燃用煤质较好时，锅炉效率均能达到保证值；在煤质情况较差时，由于燃煤燃尽性差别，或制粉系统运行不正常无法保证煤粉细度时，飞灰、炉渣可燃物含量高出燃用好煤时较多，锅炉效率会出现明显降低。煤质对 6、7 号锅炉效率影响非常显著。

(2) 运行统计数据。根据 BYH 电厂 6、7 号锅炉 2010 年 1 月～2011 年 4 月运行数据及煤质化验数据，对 6、7 号锅炉运行锅炉热效率进行估算，主要数据及结果见表 5 - 6 和表 5 - 7。

表 5 - 6　　　BYH 电厂 6、7 号锅炉 2010 年 1 月～2011 年 4 月热效率估算结果

参数	单位	设计值	2010 年全年		2011 年 1～4 月	
			6 号	7 号	6 号	7 号
发热量 $Q_{net,ar}$	MJ/kg	20.54	18.55		18.02	
水分 M_t	%	5.00	8.28		9.19	
干燥无灰基挥发分 V_{daf}	%	14.00	23.20		27.87	
收到基灰分 A_{ar}	%	31.51	33.79		33.71	
负荷率	%	75.00	78.23	78.31	79.41	79.96
排烟氧量	%	—	6.19	5.99	5.43	6.08
送风温度	℃	28.00	20.00	20.00	16.00	16.00
排烟温度	℃	123.00	126.67	124.72	124.60	122.18
排烟温度（修正）	℃	117.00	127.65	125.71	128.20	125.82
飞灰可燃物	%	—	3.49	4.13	3.42	3.14
炉渣可燃物	%	—	1.52	2.24	1.13	1.20
排烟热损失 q_2	%	4.86	5.56	5.37	5.50	5.60
排烟热损失 q_2（修正）	%	—	5.21	5.03	4.99	5.09
化学不完全燃烧损失 q_3	%	0.00	0.00	0.00	0.00	0.00
固体未完全燃烧热损失 q_4	%	1.80	2.09	2.52	2.08	1.92
散热损失 q_5	%	0.30	0.26	0.26	0.25	0.25
灰渣物理热损失 q_6	%	0.30	0.29	0.29	0.30	0.30
锅炉效率 η	%	92.74	91.80	91.56	91.87	91.93
锅炉效率 η（修正）	%	—	92.20	91.95	92.43	92.50

表 5 - 7　　　BYH 电厂 6、7 号锅炉 2010 年 1 月～2011 年 4 月热效率主要指标与设计值偏差

参数	单位	2010 年全年		2011 年 1～4 月	
		6 号	7 号	6 号	7 号
修正效率与设计值偏差	%	−0.54	−0.79	−0.31	−0.24
修正排烟温度与设计值偏差	℃	10.65	8.71	11.20	8.82
q_2 修正值与设计值偏差	%	0.35	0.17	0.13	0.23
q_4 修正值与设计值偏差	%	0.29	0.72	0.28	0.12

　　由表 5 - 6 和表 5 - 7 可见，2010 年 1～12 月，6、7 号锅炉平均运行效率分别为 91.80%、91.56%，修正后分别为 92.20%、91.95%，分别比 75% 负荷下的设计值 92.74% 偏低约 0.54 个百分点、0.79 个百分点。对比各项热损失设计值，6、7 号锅炉排烟热损失分别高于设计值约 0.35 个百分点、0.17 个百分点，固体未完全燃烧热损失分别高于设计值约 0.29、0.72 个百分点。

　　2011 年 1～4 月，6、7 号锅炉平均运行效率分别为 91.87%、91.93%，修正后分别约为 92.43%、92.50%，相比 75% 额定负荷下的设计值 92.74% 分别偏低约 0.31、0.24 个百分点。对比各项热损失设计值，6、7 号锅炉排烟热损失分别高于设计值 0.13 个百分点、

0.23 个百分点，固体未完全燃烧热损失分别比设计值偏高 0.28 个百分点、0.12 个百分点。

综合上述试验数据及运行统计数据分析，目前，BYH 电厂 6、7 号锅炉实际运行效率均在 91.9% 左右，与对应 75% 负荷左右设计值偏差约 0.8 个百分点。由于目前燃用煤质繁杂，与设计煤种偏差，同时空气预热器漏风较大，排烟热损失以及固体未完全燃烧热损失均超出设计值，均是锅炉效率偏低的主要原因。

2. 排烟温度

（1）试验测试数据。西安热工研究院有限公司于 2010 年 4 月 1～8 日、5 月 9～16 日先后对 BYH 电厂 6、7 号锅炉进行了性能考核试验，测试排烟温度数据见表 5-8。

表 5-8　　　　　　　　6、7 号锅炉性能考核试验测试排烟温度数据

项 目	单位	6 号			7 号	
电负荷	MW	299.8	300.5	302.7	300.7	299.9
煤质情况	—	较差	较好	较好	较好	较好
全水分	%	6.90	7.50	7.50	5.70	6.00
干燥无灰基挥发分	%	19.39	26.21	26.21	18.12	18.35
收到基灰分	%	38.01	34.07	34.07	26.05	27.80
低位发热量	MJ/kg	17.33	18.43	18.43	22.21	21.46
送风温度	℃	26.9	18.4	18.7	16.4	17.9
排烟氧量	%	6	6.35	6.10	6.04	6.11
平均排烟温度	℃	128.8	118.4	118.1	121.6	121.9
修正后排烟温度	℃	124.9	120.3	119.8	120.7	121.5
排烟热损失	%	5.20	5.40	5.28	5.36	5.43

从表 5-8 分析可知，6、7 号锅炉在性能考核试验额定负荷下，锅炉排烟温度经修正后基本达到设计值，但是由于空气预热器漏风过大，排烟氧量过高，同时煤质与设计燃煤存在偏差，导致排烟热损失比设计值偏高约 0.4～0.6 个百分点。

（2）月报统计数据。BYH 电厂 6、7 号锅炉 2010 年 1 月～2011 年 4 月排烟温度运行月报统计如图 5-1 所示。

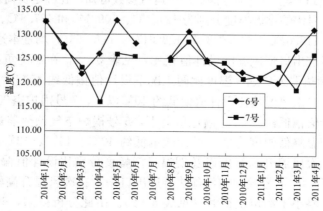

图 5-1　BYH 电厂 6、7 号锅炉排烟温度 2010 年 1 月～2011 年 4 月运行月报统计

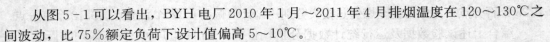
从图 5-1 可以看出，BYH 电厂 2010 年 1 月～2011 年 4 月排烟温度在 120～130℃之间波动，比 75％额定负荷下设计值偏高 5～10℃。

（3）历史运行数据。BYH 电厂 6、7 号锅炉近期典型工况烟风系统运行数据见表 5-9。

表 5-9　　　　　　　BYH 电厂 6、7 号锅炉近期典型工况烟气系统运行数据

项目	单位			6 号锅炉		7 号锅炉	
时间	—	设计		2011 年 3 月 25 日 10：30	2011 年 2 月 28 日 4：45	2011 年 5 月 27 日 9：15	2011 年 2 月 17 日 13：45
机组负荷	MW	BRL	75％	284.93	212.01	297.88	239.84
锅炉蒸发量	t/h	977.48	660.29	901.15	667.32	945.17	704.31
送风温度	℃	21.10	28.00	25.13	7.00	28.71	11.01
空气预热器入口一次风温	℃	25.00	25.00	21.98	14.56	34.67	16.92
空气预热器出口一次风温	℃	336.00	323.00	290.80	281.00	305.13	294.90
空气预热器入口二次风温	℃	20.00	30.00	26.48	3.76	26.16	8.48
空气预热器出口二次风温	℃	343.00	330.00	304.48	292.74	313.87	302.20
空气预热器入口烟温	℃	380.00	362.00	334.33	331.71	342.92	332.67
排烟温度	℃	127.00	123.00	121.39	109.07	127.82	110.79
修正后排烟温度	℃	121.00	117.00	118.61	118.74	122.61	117.75
与设计值偏差	℃	—	—	−2.39	1.74	1.61	0.75
一次热风温升	℃	311.00	298.00	268.82	266.44	270.46	277.98
二次热风温升	℃	323.00	300.00	278.00	288.98	287.71	293.72
烟温降	℃	259.00	245.00	215.72	212.97	220.31	214.92
一次热风温升偏差	℃	—	—	−42.18	−31.56	−40.54	−20.02
二次热风温升偏差	℃	—	—	−45.00	−11.02	−35.29	−6.28
烟温降偏差	℃	—	—	−43.28	−32.03	−38.69	−30.08

根据表 5-9 BYH 电厂 6、7 号锅炉近期运行参数可知，在额定负荷及 75％负荷左右的典型工况下，6、7 号锅炉排烟温度分别为 121.4℃、109.1℃和 127.8℃、110.8℃，经送风温度修正后分别为 118.61℃、118.74℃和 122.61℃、117.75℃，均基本达到设计值。

与空气预热器进出口烟风温度设计值相比，见表 5-9，在额定负荷和 75％负荷下，6、7 号锅炉空气预热器入口烟气温度比两工况下设计值偏低约 40℃、30℃。6 号锅炉空气预热器出口一、二次风温均比设计值偏低约 40℃以上，7 号锅炉空气预热器出口热一、二次风温均比设计值偏低约 30℃。额定负荷下，6 号锅炉空气预热器进出口一、二次风温升高幅度以及烟温降低幅度分别比设计值偏低约 42℃、45℃、43℃，7 号锅炉空气预热器进出口一、二次风温升高幅度以及烟温降低幅度分别比设计值偏低约 40℃、35℃、39℃。75％负荷下，6、7 号锅炉空气预热器进出口一、二次风温升高幅度以及烟温降低幅度与设计值偏差略小于额定负荷时（见表 5-9）。由此分析得知，6、7 号锅炉空气预热器换热性能不足。由于空气预热器换热性能不足，同时空气预热器进口烟温比设计值

偏低 30~40℃，最终导致排烟温度基本达到设计值。

综合运行统计数据以及锅炉热效率试验测试数据分析，目前，6、7号排烟温度基本达到设计值，但是由于实际燃用煤质偏差以及空气预热器漏风率大等因素影响，排烟热损失比设计值偏高约 0.2~0.3 个百分点。

3. 飞灰、炉渣可燃物

BYH 电厂 6、7 号锅炉 2010 年 1 月~2011 年 4 月飞灰及炉渣可燃物含量运行月报统计值见表 5-10。

表 5-10　BYH 电厂 6、7 号锅炉 2010 年 1 月~2011 年 4 月飞灰及炉渣可燃物运行月报统计值

机组	6 号		7 号	
月份	飞灰可燃物（%）	炉渣可燃物（%）	飞灰可燃物（%）	炉渣可燃物（%）
2010 年 1 月	2.02	2.94	4.62	7.63
2010 年 2 月	2.51	2.49	3.62	5.40
2010 年 3 月	3.14	1.86	2.85	2.53
2010 年 4 月	2.79	1.11	4.81	1.16
2010 年 5 月	2.42	1.24	4.33	1.47
2010 年 6 月	3.89	0.95	4.68	1.26
2010 年 7 月	—	—	—	—
2010 年 8 月	5.35	1.48	5.12	0.97
2010 年 9 月	5.11	0.45	3.65	0.39
2010 年 10 月	3.70	1.05	4.16	1.15
2010 年 11 月	3.82	0.79	3.97	0.27
2010 年 12 月	3.62	2.35	3.64	2.38
2011 年 1 月	3.78	1.86	3.69	2.03
2011 年 2 月	2.91	1.27	2.93	0.81
2011 年 3 月	3.01	0.51	1.71	1.02
2011 年 4 月	3.96	0.89	4.22	0.92

2010 年 1 月~2011 年 4 月，6、7 号锅炉飞灰可燃物均值波动范围分别为 2.0%~5.4%、1.7%~5.1%，炉渣可燃物波动范围分别为 0.5%~2.9%、0.8%~2.5%，对应固体未完全燃烧热损失比设计值 1.8% 偏高 0.1~0.7 个百分点。

BYH 电厂 6、7 号锅炉设计燃用低挥发分煤种，根据设计煤质以及设计未完全燃烧热损失 1.8% 核算，锅炉设计飞灰、炉渣可燃物含量应在 3.3% 左右。因此目前飞灰、炉渣可燃物基本在设计值范围内，但是由于实际燃用煤质热值低于设计值，灰分稍高于设计值，对应的固体未完全燃烧热损失仍比设计值偏高。

2010 年 10 月，西安热工研究院有限公司对 BYH 电厂 7 号锅炉进行了制粉系统与燃烧系统的优化调整试验。经过燃烧调整试验，基本解决了锅炉灭火、汽温偏低等问题，飞灰、炉渣可燃物含量有所下降，取得较明显效果。但受煤质情况不稳定影响，飞灰、炉渣随煤质变化存在一定的波动。由于煤质属于不可控因素，因此目前 BYH 电厂 6、7

 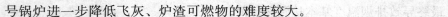

号锅炉进一步降低飞灰、炉渣可燃物的难度较大。

4. 空气预热器漏风率

2010年1月~2011年4月，西安热工研究院有限公司对BYH电厂6、7号锅炉进行的性能考核试验及7号锅炉制粉与燃烧系统的优化调整试验测得的空气预热器漏风率见表5-11。

表5-11　　　　6、7号炉性能试验及燃烧调整试验测得的空气预热器漏风率统计

机组			6号	7号	
工况			性能试验	性能试验	燃烧调整
时间			2010.4	2010.7	2010.10
A侧	入口氧量	%	3.59	3.79	—
	出口氧量	%	6.12	5.86	—
	漏风率	%	15.52	12.49	13.3
B侧	入口氧量	%	3.71	3.94	—
	出口氧量	%	5.71	5.72	—
	漏风率	%	11.95	10.65	11.9

从表5-11中数据可见，6、7号锅炉性能考核试验中，在锅炉最大连续出力试验工况下，空气预热器A/B侧漏风率分别为15.52%/11.95%，12.49%/10.65%；7号锅炉制粉与燃烧系统的优化调整试验中，300MW负荷下，空气预热器A/B侧漏风率约为13.3%/11.9%，均远大于保证值6%。由此可见，BYH电厂6、7号锅炉空气预热器漏风严重，导致风机电耗增加，对厂用电率影响较大。

为了降低空气预热器漏风率，BYH电厂已于2011年3月对6号锅炉进行了空气预热器柔性密封技术改造，目前已正常投用。2011年5月27日，技术人员在BYH电厂工作人员协助下，利用携带的testo350EPA烟气分析仪，对6号锅炉空气预热器漏风率进行了简化性测试试验，初步试验结果显示漏风率约为9.5%，比性能试验期间漏风率有所下降，但相比目前国内回转式空气预热器平均7%~8%的漏风率，仍显偏大。建议电厂联系柔性密封技术改造厂家，查找6号锅炉空气预热器柔性密封改造中可能存在的问题，以实现漏风率的进一步降低。同时，7号锅炉空气预热器可以在此基础上，综合考虑柔性密封技术改造效果，对比其他电厂使用的一些密封改进技术（包括VN型固定双密封技术等）的改造效果，来选择制订7号锅炉密封改造计划。

5. 锅炉节能降耗措施及建议

（1）煤质对锅炉经济性影响。BYH电厂6、7号锅炉2010~2011年实际燃煤与设计燃煤对比见表5-12。

表5-12　　　　BYH电厂6、7号锅炉2010~2011年实际燃煤与设计燃煤对比

	收到基水分	收到基灰分	干燥无灰基挥发分	收到基硫分	收到基低位发热量
符号	M_{ar}	A_{ar}	V_{daf}	S_{ar}	$Q_{net.ar}$
单位	%	%	%	%	MJ/kg

续表

	收到基水分	收到基灰分	干燥无灰基挥发分	收到基硫分	收到基低位发热量
设计煤种	5.0	31.51	14.00	1.00	20.54
2010年 1月	8.05	35.92	20.70	2.17	17.98
2月	7.77	36.09	21.82	2.10	17.94
3月	8.40	34.86	23.79	1.90	18.08
4月	7.87	32.87	21.78	1.95	19.18
5月	7.60	32.59	21.00	1.27	19.27
6月	7.81	33.68	22.25	1.31	18.80
7月	8.24	31.36	24.11	1.29	19.45
8月	8.65	31.18	22.34	1.25	19.27
9月	9.86	30.34	27.27	1.22	18.99
10月	8.36	35.13	23.81	1.22	17.94
11月	8.16	35.08	24.23	1.18	18.14
12月	8.55	36.37	25.33	1.18	17.50
平均	8.28	33.79	23.20	1.51	18.55
2011年 1月	9.39	34.56	26.17	1.49	17.80
2月	9.23	33.60	28.85	1.36	18.04
3月	9.48	32.39	29.97	1.46	18.31
4月	8.66	34.30	26.48	1.43	17.91
平均	9.19	33.71	27.87	1.43	18.02

与设计燃煤相比，目前，BYH 电厂实际燃用煤质与设计值存在一定的偏差：

1) 实际燃煤发热量为 18～19MJ/kg，比设计发热量 20MJ/kg 下降 1～2MJ/kg；燃煤灰分为 31%～36%，比设计灰分 31% 升高 1～5 个百分点。发热量的降低，在相同负荷下必将带来锅炉燃煤量的增加，相应磨煤机出力增加，磨煤机电耗升高；同时灰分增加，各受热面磨损加剧，增加尾部受热面堵灰的可能性。

2) 实际燃煤挥发分为 20%～27%，比设计挥发分（14%）高出 6～13 个百分点。燃煤挥发分的提高，有利于燃煤着火以及燃尽，但是 BYH 电厂由于燃用煤种繁杂，部分时段中间杂有难烧的无烟煤（如阳泉煤等），在挥发分较高的易燃煤种中间杂难烧煤，一方面同时磨制时难燃煤细度难以满足燃尽需求，另一方面由于燃烧过程中易燃煤中的抢风，均将导致最终飞灰可燃物没有因为挥发分高而表现得太低。

受地理位置影响，电厂目前来煤较为困难，煤源杂且量少，因而煤质变化很大，部分煤在厂外已经掺混，其燃烧特性很难得知。

根据 2011 年 5 月煤源统计情况，实际入厂煤量总计 225 592.77t，来煤矿点多达 32 个。其中供煤量约占总煤量 13%、10%、8% 的矿点各有 1 家，供煤量约占总煤量 6.35% 的有 2 家，供煤量约占总煤量 4%～5% 的有 3 家，其余矿点供煤量皆在 3% 以下。5 月入厂煤中，不同挥发分含量煤种占总煤量比例见表 5-13。

表 5 - 13   BYH 电厂 2011 年 5 月入厂煤量统计

干燥无灰基挥发分 V_{daf}（％）	矿点数量	煤量（t）	占总煤量比例（％）
35～40	11	65 426.24	29.00
30～35	5	64 647.08	28.66
25～30	3	17 808.68	7.89
20～25	2	10 999.37	4.88
15～20	9	59 769.58	26.49
10～15	2	6941.82	3.08
合计	32	225 592.77	100.00

从表 5 - 13 中数据可见，BYH 电厂近期来煤繁杂，挥发分为 10％～40％，波动范围太大。煤质波动，给锅炉运行控制的安全可靠性以及经济性，均带来巨大的不确定性。

（2）燃烧器布置方式。BYH 电厂设计燃用贫煤，但是燃烧器采用的一、二次风喷口间隔布置的平衡配风布置，属典型的烟煤型布置。由于一、二次风喷口间隔布置，使各层燃烧器（即一次风喷口）的间隔拉大，从而使燃烧器区域的热负荷减小。此外，一次风射流进入炉膛后，除卷吸炉内高温烟气外，还卷吸同角上下层一定量的二次风。这样不仅使煤粉气流的着火热增加，对煤粉气流的稳定燃烧也会产生一定的不利影响。

适宜于燃用贫煤等难燃煤种应该是一次风喷口两两集中的布置形式，它使各层燃烧器距离拉近，燃烧器区域热负荷升高，而一次风粉气流射入炉内后混入的二次风量与平衡布置相比则减少一半多，使燃烧器区域的火焰温度水平提高。同时，两层集中布置的燃烧器，可以相互支持增强，同角两只相邻层的燃烧器相当于功率提高一倍的单只燃烧器，对燃烧稳定性非常有利。

BYH 电厂在投产初期，锅炉经常出现燃烧不稳灭火事故，其主要与燃烧器设计采用的一、二次风喷口间隔布置有较大关系。西安热工研究院有限公司对 7 号锅炉进行燃烧优化调整试验，其主体思想也主要是采用关小两层燃烧器之间二次风，形成一次风集中布置的配风方式，经过调整后锅炉燃烧稳定性有了明显改善。因此，为进一步提高锅炉对煤质的适应能力，建议电厂可以考虑将燃烧器进行一、二次风均等布置方式改造为一次风集中布置，二次风分级补入的方式，降低煤粉气流着火热，提高燃烧器区域火焰温度水平，以提高难燃煤种燃烧稳定性。

（3）褐煤掺配。BYH 电厂 5 月份入厂煤中有数量不少的褐煤。褐煤掺烧问题是近年来国内各电厂面对煤价飞速高涨，为了控制运营成本而探讨较多的一个热点问题。目前，烟煤锅炉掺烧褐煤的主要方式有两种，分别是炉内分磨掺烧方式（即分仓分别磨制烟煤和褐煤）和炉外掺烧方式。从目前已经开展的相关研究工作发现，由于分磨掺烧可以实现不同煤质的煤粉细度、磨煤机出口风温均可以单独进行控制，有利于提高锅炉效率，降低制粉电耗，炉内分磨掺烧方式较煤场混煤炉外掺烧方式经济性好。但是需要说明的是，炉内分磨掺烧方式的前提是制粉系统磨煤褐煤干燥出力足够，否则将影响磨煤机出力，影响机组带负荷能力。另外，由于褐煤一般挥发分高、活性高，极易着火燃尽，也极易爆炸，因此当中速磨煤机单独磨制褐煤时，需要严格控制该磨煤机出口温度以及煤粉细度（通常要求该磨煤机出口温度控制在 60～65℃ 之间，进风温度控制在 280℃ 以下；

煤粉细度 R_{90} 控制在 40％左右）。

（4）减少制粉系统冷风掺入。从近期 BYH 电厂 6、7 号锅炉制粉系统运行数据来看，冷风掺入量偏大，见表 5-14。

表 5-14　　　　　　　　　BYH 电厂 6、7 号锅炉制粉系统运行数据

项目		单位	6 号锅炉		7 号锅炉	
时间			2011 年 3 月 25 日 10：30	2011 年 2 月 28 日 4：45	2011 年 5 月 27 日 9：15	2011 年 2 月 17 日 13：45
机组负荷		MW	284.93	212.01	297.88	239.84
锅炉蒸发量		t/h	901.15	667.32	945.17	704.31
一次风热风温度（A 侧）		℃	290.80	281.00	305.49	294.44
一次风热风温度（B 侧）		℃	290.80	281.00	304.77	295.36
一次风冷风温度（A 侧）		℃	25.37	17.63	35.00	17.42
一次风冷风温度（B 侧）		℃	21.79	15.09	34.22	16.37
A 磨煤机	冷风开度	％	15.76	—	—	26.76
	热风开度	％	53.74	—	—	64.71
	给煤量	t/h	35.69	—	—	37.81
	一次风量	Pa	269.25	—	—	197.90
	入口温度	℃	257.35	—	—	242.59
	出口温度	℃	91.79	—	—	100.24
	出口压力	kPa	2.45	—	—	2.68
	冷风掺入量	％	12.52	—	—	18.82
B 磨煤机	冷风开度	％	28.89	24.34	33.36	33.79
	热风开度	％	48.49	47.99	57.46	52.17
	给煤量	t/h	32.33	35.25	38.80	37.03
	一次风量	Pa	224.18	205.84	160.35	100.97
	入口温度	℃	254.88	268.12	243.81	230.07
	出口温度	℃	91.20	100.67	99.54	100.21
	出口压力	kPa	1.60	2.18	2.65	2.76
	冷风掺入量	％	13.44	4.87	22.67	23.32
C 磨煤机	冷风开度	％	20.40	8.13	20.63	11.45
	热风开度	％	55.06	41.92	52.50	45.56
	给煤量	t/h	31.49	30.41	37.56	35.01
	一次风量	Pa	309.41	210.56	123.71	151.45
	入口温度	℃	252.84	250.36	260.41	256.62
	出口温度	℃	93.06	98.58	97.16	98.99
	出口压力	kPa	2.09	1.65	2.30	2.05
	冷风掺入量	％	14.21	11.58	16.53	13.77

项目		单位	6 号锅炉		7 号锅炉	
时间			2011 年 3 月 25 日 10：30	2011 年 2 月 28 日 4：45	2011 年 5 月 27 日 9：15	2011 年 2 月 17 日 13：45
D 磨煤机	冷风开度	％	21.84	7.46	22.12	—
	热风开度	％	53.05	46.07	59.96	—
	给煤量	t/h	29.57	27.55	36.70	—
	一次风量	Pa	172.71	159.47	154.23	—
	入口温度	℃	241.75	256.02	258.48	—
	出口温度	℃	90.74	99.11	97.16	—
	出口压力	kPa	2.41	2.10	2.79	—
	冷风掺入量	％	18.36	9.44	17.24	—
E 磨煤机	冷风开度	％	—	—	37.42	
	热风开度	％	—	—	48.39	
	给煤量	t/h			35.85	
	一次风量	Pa			215.63	
	入口温度	℃			224.94	
	出口温度	℃			93.38	
	出口压力	kPa			2.34	
	冷风掺入量	％			29.64	
平均冷风掺入量		％	14.30	8.59	22.53	18.13
占炉膛总风量		％	3.20	1.92	5.05	4.06

由 BYH 电厂 6、7 号锅炉历史运行数据分析了解，6、7 号锅炉空气预热器出口热一次风温度为 280～300℃，磨煤机出口风粉温度控制为 90～100℃。为满足实际燃煤不高于 10％左右的水分所需干燥出力要求，磨煤机入口风温通常需要控制为 220～260℃，迫使制粉系统不得不掺大量冷风运行。

由表 5-14 可见，在高、低负荷运行时，BYH 电厂 6 号锅炉磨煤机冷风掺入量为锅炉总风量的 2％～5％。在氧量运行控制一定时，磨煤机入炉掺入冷风，必将导致经过空气预热器的空气量减少，排烟温度升高。目前，由于磨煤机入口冷风掺入，导致排烟温度升高 5～10℃。

针对上述实际情况，建议电厂可考虑对 6、7 号锅炉采用一次风加热器技术对热一次风系统进行改造，以降低热一次风温度，减少制粉系统掺入的冷风量，增加通过空气预热器的热一次风量，可以降低锅炉排烟温度。

采用热一次风加热器技术后，机组在冬季或低负荷下运行时，一次风加热器可以通过对热一次风温度的调节，改变制粉系统掺入的冷风量比例，进而对锅炉排烟温度进行调节，其调节温度范围可达到 10℃左右，在一定程度上起到暖风器或热风再循环装置的作用。在降低排烟温度的同时可以预防空气预热器可能发生的轻微低温腐蚀堵灰问题。

根据目前的实际情况估算，6、7 号锅炉采用一次风加热器技术后，锅炉排烟温度可分别降低 5℃ 左右，考虑一次风加热器对热一次风温度、回热系统及一次风电耗增加的影响后，实际 6、7 号机组可降低发电煤耗分别为 $0.5\sim1\mathrm{g/(kW\cdot h)}$。

热一次风加热器系统主要目的在于减少制粉系统掺入的冷风量，增加流经空气预热器的热一次风量，从而降低锅炉排烟温度。热一次风加热器系统的示意图如图 5-2 所示。

热一次风加热器被加热的工质为来自机组回热系统的主凝结水，其工质经加热后再回到机组的回热系统，以此来回收热一次风中多余的热量（即制粉系统不需要的多余热量）。

热一次风加热器主要特点：①工质（即凝结水）与热一次风的传热温压大，热一次风加热器的面积小，阻力小；②布置在一次风道中，无低温腐蚀堵灰问题，因此，受热面管壁不需要防腐处理，投资成本小；

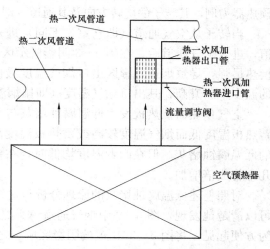

图 5-2　热一次风加热器系统示意图

③热一次风与凝结水的传热温压大，凝结水温度可以取值比较高，对回热系统的影响小；④通过对凝结水量的调节，可以改变制粉系统冷风的掺入比例，调节锅炉排烟温度，在一定程度上可以起到暖风器的作用。

（5）空气预热器入口非平衡控制技术。目前，空气预热器进口烟温比设计值低 30℃ 左右，同时由于空气预热器漏风偏大，导致排烟温度较低，300MW 负荷时排烟温度（修正后）为 120℃ 左右，180MW 以下负荷时达 100℃ 左右。由于燃煤硫分较高（1.5% 以上），为防止空气预热器低温腐蚀及堵灰，环境温度 20℃ 左右时依然投运暖风器，以使排烟温度与空气预热器进口二次风温的平均值高于 75℃。但投运暖风器后，机组运行经济性降低。

为解决空气预热器低温腐蚀问题，可考虑采用空气预热器入口非平衡控制技术。空气预热器入口烟气流量控制装置是针对电厂锅炉回转式空气预热器开发的一项新技术，该技术通过增加空气预热器低温腐蚀堵灰危险区域的烟气流量来提高该区域的烟气温度以及空气预热器转子蓄热板的金属温度，达到提高空气预热器抗低温腐蚀堵灰能力的目的。此外，由于该措施提高了空气预热器的换热效果，还可降低锅炉排烟温度 2℃ 左右。

采用该技术可获得如下效果：①将空气预热器的抗低温腐蚀能力提高 15℃ 以上，同时可以缩短暖风器投运时间；②可为锅炉进一步降低排烟温度创造 15℃ 的空间；③降低排烟温度约 2℃，

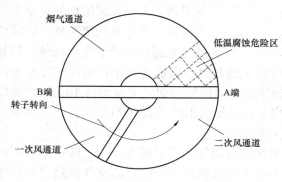

图 5-3　低温腐蚀危险区示意图

可提高锅炉热效率 0.1 个百分点以上。

空气预热器入口烟气流量控制技术原理如图 5-3 和图 5-4 所示。以容克式三分仓空气预热器为例,其转子的旋转方向及其通道(即仓室)如图 5-3 所示。

当转子从空气通道(即仓室,下同)进入烟气通道时,其蓄热板的温度已处于最低值,进入烟气通道后,在图 5-3 阴影所示区域,由于蓄热板与烟气间的温差最大,两者换热最强,导致烟道阴影区出口烟气温度最低。此后随着转子在烟道的旋转,其蓄热板的温度不断升高,其出口烟气温度(即排烟温度)则越来越高。

空气预热器蓄热板发生低温腐蚀堵灰与蓄热板金属温度及其出口排烟温度有关。在蓄热板温度低而烟气温度较高或蓄热板温度高而烟气温度较低时,均有可能形成蓄热板的低温腐蚀堵灰。但在两者温度均低时,在蓄热板上更容易发生低温腐蚀堵灰,其发生几率将成倍增加。

对照上述低温腐蚀堵灰的原理分析与空气预热器蓄热板及其出口烟气温度分布规律,可以清楚地发现,图 5-3 中烟气通道 A 端阴影区域是最容易发生低温腐蚀堵灰的区域。为方便起见,将图 5-3 中 A 端阴影区域称之为低温腐蚀危险区。

针对上述问题,可采用空气预热器入口烟气流量非平衡控制装置及其系统,该装置的示意图如图 5-4 所示。

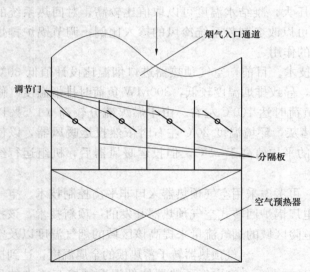

图 5-4 空气预热器入口烟气流量非平衡控制装置示意图

该系统及其装置是在空气预热器入口烟道设置 3 或 4 个小通道,通过有效控制方式,增加通过低温腐蚀堵灰危险区域的烟气流量,从而使空气预热器转子在转过该区域时,其蓄热板的温度及其出口烟气温度均得到足够量的提高。此后各小烟道的烟气流量虽逐步减少,但蓄热板温度在此前基础上仍将逐步升高,其出口的烟气温度虽然较原来有所降低,但仍然高于低温腐蚀堵灰危险区域的出口烟气温度。这就是说,虽然在采用烟气流量重新分配后,低温腐蚀堵灰危险区域依然是低温腐蚀堵灰危险区域,但相对于原来的非控制形式,低温腐蚀堵灰危险区域的蓄热板温度及其出口烟气温度都相应地得到了提高。根据计算,将通过低温腐蚀堵灰危险区域的烟气流量增加 10% 时,其综合效果相当于将空气预热器的抗低温腐蚀堵灰能力提高 15℃,即相当于在目前条件下为锅炉进一步降低排烟温度提高了 15℃ 的可利用空间。

从传热学原理出发,在传热温压(即蓄热板与烟气之间的温差)大,即换热效率高的地方加大烟气流量,在传热温压小的地方减少烟气流量,可以提高空气预热器的总体换热效率。根据传热计算,可降低锅炉排烟温度约 2℃。

在该技术创造的(降低排烟温度)15℃ 空间尚未被利用前,冬季可利用其抗低温腐蚀堵灰能力提高来减少暖风器的投运时间。根据计算，空气预热器抗低温腐蚀堵灰的能力提高 15℃，可减少暖风器的投运时间 2 个月以上。

综上所述，在空气预热器入口根据蓄热板的温度变化规律采用烟气流量非平衡控制技术来合理分配烟气流量，不仅可以有效地预防空气预热器的低温腐蚀与堵灰，而且可以提高空气预热器的总体换热效果。

5.1.3 汽轮机及热力系统

5.1.3.1 汽轮机本体性能及热耗率

BYH 电厂 6、7 号汽轮机是由上汽生产的亚临界、一次中间再热、单轴、双缸双排汽、抽汽凝汽式汽轮机，机组型号为 C300 - 16.7/0.5/538/538，额定功率为 300MW。该型机组设有八段回热抽汽，依次供给三台高压加热器、一台除氧器和四台低压加热器，并在中低压导管上设有采暖抽汽（五段抽汽）。6、7 号机组均于 2009 年 12 月完成 168h 试运行。

对汽轮机及其系统性能进行描述的综合指标为热耗率。热耗率由机组本体性能（即缸效率）、运行参数和热力系统状况等三方面因素决定，其与设计值的偏差将决定机组的实际运行水平。

本次节能诊断将从机组实际运行状况、各项指标的完成状况、机组正常状况下的老化规律、西安热工研究院有限公司对同类型机组的性能测试经验、国内类似机组的实际性能状况等多个角度出发，并结合对两台机组试验数据的可靠性分析，对两台 300MW 机组的热耗率及本体状况给出评价。

1. 缸效率

汽轮机缸效率是汽轮机本体最重要的性能指标，其高低直接决定汽轮机的热耗率和机组的循环效率，进而影响到整台机组的发、供电煤耗。

BYH 电厂两台 300MW 抽汽凝汽式汽轮机是基于上海汽轮机厂的引进型 300MW 汽轮机模块。为满足采暖供汽的要求，将五段抽汽移至中压缸排汽，故其中压缸为 12 级，低压缸为 2×6 级，与纯凝机组 9+2×7 形式的中、低压缸级数分布不同。表 5-15 给出了 BYH 电厂 300MW 亚临界汽轮机各缸效率变化 1 个百分点对机组循环效率、热耗率和发电煤耗的影响量。由表 5-15 可知由于低压缸所占做功份额较大，其变化对机组的经济性影响最大。

表 5-15　BYH 电厂 300MW 亚临界汽轮机缸效率变化 1 个百分点对机组经济性影响

项目	循环效率(%)	热耗率 [kJ/(kW·h)]	发电煤耗 [g/(kW·h)]
高压缸效率	0.1992	15.9	0.60
中压缸效率	0.2255	18.0	0.68
低压缸效率	0.4483	35.8	1.35

西安热工研究院完成的 6 号和 7 号汽轮机投产性能考核试验是依据美国国家标准 ASME PTC6 - 1996《汽轮机性能试验规程》执行的。试验结果表明，BYH 电厂 6、7 号汽轮机的热耗率均未达到设计保证值。两台汽轮机 5VWO 工况下性能考核试验结果见

表 5-16。

表 5-16   BYH 电厂 6、7 号汽轮机 5VWO 工况下性能考核试验结果

名称	单位	设计值	6 号机组	7 号机组
高压缸效率	%	84.53	82.08	80.64
中压缸效率	%	93.07	91.21	90.77
低压缸效率	%	88.87	89.21	86.71
一、二类修正后热耗率	kJ/(kW·h)	7971.2	8069.9	8118.8

根据 BYH 电厂 6、7 号汽轮机性能考核试验的结果，在 5VWO 工况下，经过一类、二类修正以及临时滤网和老化修正后的热耗率分别为 8069.9kJ/(kW·h)、8118.8kJ/(kW·h)，较设计热耗率 7971.2kJ/(kW·h) 分别偏高 98.7kJ/(kW·h)、147.6kJ/(kW·h)。

表 5-17 给出了部分 300MW 亚临界机组主要性能指标的设计值和试验值。从表 5-17 中数据可知，目前引进型 300MW 亚临界机组热耗率普遍较设计值高 150~250kJ/(kW·h)，原因主要是汽轮机高、中、低压缸效率均低于设计值。

表 5-17   300MW 亚临界机组性能考核试验值

制造商	电厂	机组	高压缸效率（%）	中压缸效率（%）	低压缸效率（%）	热耗 [kJ/(kW·h)]
哈汽		设计值	86.8	93.0	91.0	7823
	XD	5 号	83.85	87.51	88.0	8042.4
		6 号	84.89	88.41	88.0	7908.3
	HX	1 号	82.69	90.77	89.21	8006.9
		2 号	83.73	89.36	87.89	8014.2
	FR（双抽）	1 号	84.21	91.83	—	8073.3
		2 号	84.47	92.29	—	8098.7
上汽		设计值	84.94	92.28	88.07	7892.3
	JX	1 号	83.67	89.84	—	—
		2 号	83.51	90.66	—	—
	WH	3 号	80.51	90.56	—	8115.5
		4 号	82.85	92.63	—	8119.0
	JN（双抽）	1 号	82.56	88.80	90.96	7939.0
		2 号	81.53	88.23	89.64	7999.0
三菱		设计值	86.77	93.15	89.6	7833.5
	DL	1 号	83.5	92	89	7939
西屋		设计值	85.76	94.75	87.52	7825
	DL	3 号	85.5	90.5	85.5	7880.1

注 热耗率为一、二类修正后数值。

汽轮机的高、中压缸一般运行于过热蒸汽区，通过直接测量进、出口压力和温度即可计算出高、中压缸的效率，试验不规范带来的测量误差较小。根据两台机组的性能考核试验数据，并考虑主再热蒸汽滤网对缸效率的影响，认为6、7号汽轮机的高压缸效率分别应在82.5%和81.5%左右，而中压缸效率均在91.5%左右。可见，两台机组的高压缸效率与上汽同型机组基本相当，而中压缸级数达12级，多于纯凝机组，也没有设置旋转隔板，故中压缸效率略高于纯凝机组和双抽机组。

汽轮机低压缸排汽为湿蒸汽，故低压缸效率不能直接通过测试得到，而是通过整机的能量平衡和流量平衡计算而得，计算过程容易引入一些不确定因素。要获得相对准确的低压缸效率，除了对基准流量的测量精度有较高要求外，对整个机组热力系统严密性也有严格的要求。

现场考察期间发现7号机组减温水调门开度为3%时，低旁后温度为130℃，说明低压旁路存在着微漏。低旁的泄漏不但影响机组的运行经济性，使机组的热耗率升高，而且会对低压缸效率和热耗率的测量带来很大误差，造成计算的低压缸效率虚假偏低。据核算，每1%再热蒸汽的低旁泄漏量将导致机组热耗率升高约60kJ/(kW·h)，在通过能量和质量平衡计算低压缸效率时，将使低压缸效率降低约1.7个百分点。两台机组的性能考核试验低压缸效率的较大分散度即可说明系统严密性对低压缸效率的影响程度。

但是，一般蒸汽膨胀至低压缸时压力已较低，比容较大，相对于低压缸的叶片高度，汽封间隙占整个通流尺寸的比例很小，故在低压缸各级中汽封的泄漏损失已不再是影响低压缸效率的主要因素，也就是说低压缸通流效率对安装间隙的控制并不敏感，低压缸效率主要决定于设计水平和制造工艺。从已投运的多台引进型300MW亚临界汽轮机性能考核试验数据来看，该型机组的低压缸效率均集中在88%～90%之间。考虑到BYH电厂供热机组的低压缸进汽参数偏低，低压缸级数为2×6级，低于纯凝机组的2×7级，其低压缸效率应相对略低，故认为6号和7号汽轮机的低压缸效率应在88.5%左右。

2. 高中压缸间轴封漏汽量

BYH电厂300MW亚临界汽轮机采用高中压缸合缸结构，这样必然会导致高压缸调节级后的蒸汽通过高中压缸间轴封直接漏至中压缸，而未经高压通流部分做功，使机组运行经济性下降。由于高中压缸间轴封位于高中压转子中部，挠度大，机组经过多次启停之后，汽封齿会有一定程度的磨损，因此同类型机组的高中压缸间轴封的漏汽量普遍大于设计值，对机组经济性有明显的影响。其对汽轮机经济性影响约为：1%再蒸汽流量的漏汽量对机组循环效率的影响约为0.17%。

鉴于高中压缸间轴封漏汽量对机组运行经济性的影响十分显著，机组的性能考核试验会对其进行测量。6、7号机组性能考核试验（见表5-18）表明：两台汽轮机高中压缸间轴封漏汽量占再热蒸汽流量的份额分别为5.16%和2.13%，均高于设计值（0.97%），其中6号机组的高中压缸间轴封间隙偏大较多。通过计算可知，6、7号汽轮机由于高中压缸间轴封间隙过大，分别使发电煤耗上升约2.1g/(kW·h)和0.6g/(kW·h)。

表 5 - 18　　　　　　　　BYH 电厂 6、7 号机组高中压缸间轴封漏汽量

项目	单位	设计值	6 号机组	7 号机组
泄漏量	%	0.97	5.16	2.13
对热耗率的影响量	kJ/(kW·h)	—	56.8	15.7
对发电煤耗的影响量	g/(kW·h)	—	2.1	0.6

　　根据目前已投运的引进型 300MW 亚临界机组性能考核试验的结果来看，高中压缸间轴封漏汽量分布在设计值的 2～6 倍之间，同类型机组之间差距较大，可见安装质量是导致漏汽量增大的主要原因。BYH 电厂 7 号机组的高中压缸间轴封漏汽量在同类型合缸机组中属较好水平，而 6 号机组较差，有改善的空间。300MW 等级亚临界机组高中压间轴封漏汽量试验值与设计值比较见表 5 - 19。

表 5 - 19　　　　300MW 等级亚临界机组高中压间轴封漏汽量试验值与设计值比较

制造商	机组	单位	设计值	试验值
哈汽	XD 电厂 5 号	%	1.1	3.1
	XD 电厂 6 号	%		2.5
	FR 电厂 1 号	%		7.3
	HX 电厂 2 号	%		2.9
上汽	WH 电厂 3 号	%	1.1	3.0
	WH 电厂 4 号	%		2.1
	JX 电厂 1 号	%	2.4	5.6
	JX 电厂 2 号	%		6.1

3. 抽汽参数

　　抽汽温度高于设计值一般表明通流部分效率低或有高品质的蒸汽漏入了该级。表 5 - 20 给出了 6、7 号汽轮机各段抽汽温度的设计值、试验值和运行值，由表中数据可知：两台机组的三段至六段抽汽温度均高于设计值。

表 5 - 20　　　　　　　6 号和 7 号汽轮机额定工况下各段抽汽温度比较

名称	单位	设计值	6 号机		7 号机	
			运行值（255MW）	试验值（5VWO）	运行值（300MW）	试验值（5VWO）
自动主蒸汽门前温度	℃	538	539.7	537.2	538.6	537.9
再热汽门前温度	℃	538	540.7	537.9	539.7	536.5
一段抽汽温度	℃	388.1	387.7	399.0	402.0	402.2
二段抽汽温度	℃	319.2	317.0	315.5	329.2	329.0
三段抽汽温度	℃	440.9	453.0	451.8	455.7	450.2
四段抽汽温度	℃	349.6	369.0	366.0	367.3	366.3
五段抽汽温度	℃	290.7	300.8	299.3	299.8	298.6
六段抽汽温度	℃	144.2	169.4	170.7	150.3	153.7
七段抽汽温度	℃	88.5	81.5	82.3	84.4	86.1
八段抽汽温度	℃	61.7	66.3	63.1	64.8	64.1

三段至五段抽汽温度均偏高 10℃ 左右，应与汽轮机中压缸通流效率相关。

六段抽汽温度偏高 20℃ 左右，六段抽汽温度高是国产 300MW 等级机组的共性问题，主要由于低压缸刚性不足，密封配合面较多，螺栓分布存在不合理性。BYH 电厂两台机组为供热机组，其五段抽汽已移至中压缸末端，低压缸由 2×7 级降为 2×6 级，相对纯凝机组其低压缸轴向长度较短，低压缸刚性相对提高，故其低压抽汽温度偏高状况也会比纯凝机组好，纯凝机组的五段和六段抽汽温度一般均偏高 30℃ 以上。

对于这一问题引进型 300MW 机组制造商一直没能得到很好的解决，从各电厂的检修经验来看，也没长期有效的解决方案，故建议 BYH 电厂可在检修中通过加强低压缸螺栓紧力和调整螺栓分布等措施改善，也可考虑在低压内缸水平中分面处加密封键。

4. 机组实际性能

根据上述分析，BYH 电厂 6、7 号汽轮机本体各项性能指标见表 5-22 和表 5-23，由于高、中、低压缸效率低，高、中压缸间轴封漏汽量大，对机组热耗率的影响分别约为 130.6kJ/(kW·h) 和 105.4kJ/(kW·h)，折合发电煤耗分别约为 4.9g/(kW·h) 和 4.0g/(kW·h)。

表 5-21　　BYH 电厂 6 号汽轮机本体各项性能指标偏差对经济性的影响量

名称	设计值（%）	试验值（%）	对热耗率影响量 [kJ/(kW·h)]	对发电煤耗影响量 [g/(kW·h)]
高压缸效率	84.53	82.5	32.3	1.2
中压缸效率	93.07	91.5	28.3	1.1
低压缸效率	88.87	88.5	13.2	0.5
高中压缸轴封漏汽量	0.97	5.16	56.8	2.1
合计	—	—	130.6	4.9

表 5-22　　BYH 电厂 7 号汽轮机本体各项性能指标偏差对经济性的影响量

名称	设计值（%）	试验值（%）	对热耗率影响量 [kJ/(kW·h)]	对发电煤耗影响量 [g/(kW·h)]
高压缸效率	84.53	81.5	48.2	1.8
中压缸效率	93.07	91.5	28.3	1.1
低压缸效率	88.87	88.5	13.2	0.5
高中压缸轴封漏汽量	0.97	2.13	15.7	0.6
合计	—	—	105.4	4.0

综上所述，BYH 电厂 6、7 号汽轮机系国产引进型 300MW 机组，其中压和低压模块为适应供热的要求进行了调整，设计热耗率为 7971.2 kJ/(kW·h)，但由于国内制造加工工艺和设备安装水平的制约，并考虑两台机组的实际运行情况，分析认为其热耗率应分别在 8100 kJ/(kW·h) 和 8075kJ/(kW·h) 左右，处于同类型机组的平均水平。BYH 电厂 6、7 号机组目前大致性能水平见表 5-23。

表 5 - 23　　　　　　　　　　　**BYH 电厂 6、7 号机组目前大致性能水平**

项目名称	单位	6 号机	7 号机
高压缸效率	%	82.5	81.5
中压缸效率	%	91.5	91.5
低压缸效率	%	88.5	88.5
高中压缸间轴封漏汽量	%	5.16	2.13
热耗率 1	kJ/(kW·h)	8100	8075
热耗率 2	kJ/(kW·h)	8180	8155
热耗率 3	kJ/(kW·h)	8200	8175

注　热耗率 1　仅反映汽轮机本体水平。
　　热耗率 2　反映本体及目前系统状况水平。
　　热耗率 3　反映机组全年运行参数及循环水温的实际运行水平。

5.1.3.2　汽轮机本体检修节能潜力分析及建议

1. 汽封间隙调整或改造的潜力分析

与大多数国产机组相同，BYH 电厂两台 300MW 亚临界汽轮机的热耗率与设计值相比有较大的差距，造成机组本体性能差的原因较多，主要由机组的设计、制造水平和安装质量三方面的因素造成。机组设计及制造水平所带来的影响在目前情况下已无法改变，而安装质量主要反映在机组的通流间隙上，且通过检修的调整是可以改善的，故各电厂均十分重视此项工作，通过清扫通流、修复损坏汽封、调整汽封间隙和改造汽封形式等工作，力求提高汽轮机通流效率，降低机组热耗率。

表 5 - 24 列出了几台典型机组的 A 修前后性能试验数据。可以看到，表中所列三台机组均对高中压缸通流汽封实施了布莱登汽封整体改造，从高压缸和中压缸效率的提高幅度来看，仅影响机组热耗率下降了 30～50kJ/(kW·h) 不等，汽封改造效果并不十分理想。而对高中压缸间轴封的布莱登汽封改造，均可使该漏量降至 2% 左右，根据改前状况可影响机组热耗率下降 15～25kJ/(kW·h) 不等，投资收益比较好。从表 5 - 24 中数据可知，A 修前后汽轮机本体效率改善对热耗率的影响不超过 50kJ/(kW·h)，即使对高中压通流汽封进行整体改造，其对热耗率的影响也不超过 80kJ/(kW·h)，而通过对热力系统严密性的治理和优化，机组热耗率的下降则较为明显。

表 5 - 24　　　　　　　　　　　**典型机组 A 修前后性能试验数据**

机组	指标	单位	修前	修后	改善	热耗率降低 kJ/(kW·h)	机侧主要检修内容
某东汽 600MW 亚临界 空冷 机组	高压缸效率	%	82.07	83.68	1.61	25.8	●高中压缸间轴封改造为布莱登汽封（5 圈）。 ●高、中压缸隔板汽封改造为布莱登汽封（13 圈）。 ●高、中压缸叶顶汽封改造为布莱登汽封（54 道）。 ●低压轴端汽封改造为铁素体汽封（8 圈）。 ●阀门泄漏治理
	中压缸效率	%	89.59	90.21	0.62	7.0	
	低压缸效率	%	87.35	89.35	2.0	80.6	
	HP - IP 漏汽量	%	3.25	1.94	1.31	25.9	
	热耗率	kJ/ (kW·h)	8596.0	8480.2	—	115.8	

续表

机组	指标	单位	修前	修后	改善	热耗率降低 kJ/（kW·h）	机侧主要检修内容
某上汽 300MW 亚临界 湿冷 机组	高压缸效率	%	81.3	82.94	1.64	28.7	●高中压缸端部内汽封、高中压进汽平衡环汽封和中压缸隔板汽封改造为布莱登汽封（20道）。 ●高中压通流汽封严格按照下限进行了调整。 ●热力系统疏水优化改造
	中压缸效率	%	90.0	91.6	1.6	26.4	
	低压缸效率	%					
	HP-IP 漏汽量	%	3.48	2.08		18.6	
	热耗率	kJ/（kW·h）	8309.1	8119.5		189.6	
某哈汽 600MW 超临界 湿冷 机组	高压缸效率	%	84.07	86.05	1.98	29.1	●高中压缸通流部分布莱登汽封改造。 ●低压缸末两级通流部分蜂窝式汽封改造及轴端汽封接触式汽封改造。 ●低压第6级动静叶更换改造，低压缸第5级动叶及隔板更换。 ●高中压导汽管法兰改造。 ●热力系统疏水优化改造和阀门泄漏治理
	中压缸效率	%	89.63	90.17	0.54	5.8	
	低压缸效率	%					
	HP-IP 漏汽量	%	3.17	1.95	1.22	15.6	
	热耗率	kJ/（kW·h）	7838.7	7632	—	206.7	

2. 汽轮机老化规律

ASME PTC6R—1985《汽轮机性能测量不确定度评价导则》给出了老化因素对机组热耗率影响的计算方法。该方法是以多年的工业经验为基础，代表了具有良好运行和化学水处理历史机组的平均预计老化情况。

采用该方法评定老化影响量的前提条件为机组运行期间没有损伤记录，该方法认为机组的老化主要发生在前4年，4年过后老化因素对机组的影响将十分微小。对于 BYH 电厂2台300MW亚临界机组而言，根据 ASME 的估算方法，前4年老化对热耗率的影响量约为 0.85%，即 65kJ/（kW·h），换算为发电煤耗约为 2.5g/（kW·h）。如果按5年一个大修周期来核算，老化对热耗率的影响也只达到 70kJ/（kW·h），换算为发电煤耗约为 2.7g/（kW·h）。可见对于以5年为一大修周期的机组而言，如果机组在运行期间未发生重大运行事故，则由于老化因素造成的机组发电煤耗上升不应超过 3g/（kW·h）。当进行过大修揭缸后，通过对通流间隙调整等手段，机组性能应恢复至接近原有水平，如图5-5所示为大修次数与机组热耗率降低幅度的关系所示。

ASME 认为低压缸的老化速度仅有中压缸的一半，且中压缸的老化也慢于高压缸。根据 BYH 电厂300MW亚临界机组缸效率变化对热耗率的影响量，可近似推算出各缸效率的老化速度。以机组大修周期为5年核算，各缸效率的老化速度不应超过表5-25中的数值。可以看到表中显示的各缸效率老化速度与大修前后缸效率改善幅度基本是一致的。若机组在5年内各缸效率的下降超过表中数值，则说明机组发生了较严重的运行事故。

鉴于高、中压缸效率的准确测量较易实现，建议 BYH 电厂定时测量高、中压缸效率，以便及时发现问题，防止恶性事故的发生。

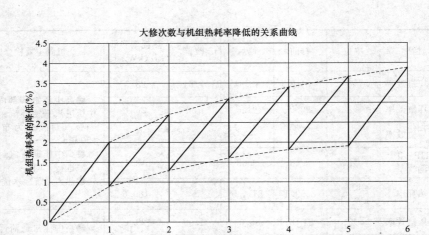

图 5-5　大修次数与机组热耗降低幅度的关系

表 5-25　　　　BYH 电厂 300MW 亚临界机组 5 年中各缸效率的正常老化速度

项目	高压缸	中压缸	低压缸
缸效率正常下降值（百分点）	1.6	1.3	0.7

3. 本体检修建议

BYH 电厂投产至今还未实施首次检查性大修，根据前面分析，汽轮机本体揭缸处理或改造费用较高，且对热耗率的改善有限，建议检修中是否揭缸处理应以改善机组安全性为原则，辅以提高机组经济性。考虑到投资收益比，对汽轮机通流汽封，宜通过清扫通流、修复损坏汽封和调整汽封间隙等方式改善。

建议 BYH 电厂在今后的揭缸检修中注意对受损汽封进行修复，并彻底清扫动、静叶等通流部分，同时，重视汽封间隙的调整，尤其是高中压通流部分。检修中对汽轮机汽封间隙调整时应注意以下几点：

（1）应详细、准确的测量出汽缸变形对洼窝中心的影响量，确定调整方式，调正汽缸、持环、隔板的洼窝中心，在现场条件允许的情况下，最大限度上做到动、静叶同心，再调整汽封。

（2）通流间隙调整前，应取出汽缸定位销进行彻底清扫，并使汽缸膨胀还原。

（3）根据制造厂提供的汽封间隙标准进行全实缸调整。

（4）由于调节级动叶盖度很小，检修中应尽量减小喷嘴与动叶的不同心度。调节级阻汽片一般是镶嵌式齿片，若间隙超标须拔掉重镶，工作量较大，但因调节级占的比重大，对高压缸效率影响突出，故应尽量处理到位。

（5）检查汽封间隙有压胶布和压铅丝两种方法，压铅丝比压胶布能够更准确的量化，但汽缸变形量较大时，合缸紧螺栓后间隙变大的情况下，用压铅丝测出来的结果是假象。而压胶布在这种情况下则可以根据盘动转子后，不同层数胶布留下的压印痕迹加以区别，判别真实测量结果。一般，高、中压缸适合采用压铅丝的方法，而低压缸适合采用压胶布的方法。

另外，根据诊断试验的结果，BYH 电厂 6 号汽轮机的高中压缸间轴封漏汽量达5.16%，在同类型机组中处于较差水平，有一定的调整空间。

目前，大多数完成布莱登汽封改造后的合缸机组，其高中压缸间轴封漏汽量均可控制在 2% 左右。而且，上汽生产的 600MW 超临界汽轮机的高中压缸间轴封已全部采用布莱登汽封。故 BYH 电厂可考虑利用揭缸检修机会将高中压缸间轴封更换为布莱登汽封，若改后泄漏量降至再热蒸汽流量的 2%，则可使发电煤耗下降近 1.5g/(kW·h)。

布莱登汽封在个别机组上应用效果不好，主要是由于汽封制造和安装质量较差，改造后运行中汽封体不能正常弹出和退回，不仅没能降低高中压缸间轴封漏汽量，个别机组还发生碰磨事故。故建议 BYH 电厂进行布莱登汽封改造过程中，务必重视汽封的制造和安装质量。在布莱登汽封安装中也应严格按全实缸进行调整，充分考虑运行中的变形量。

4. 加强汽轮机组日常性能监测

目前，BYH 电厂两台 300MW 机组性能均处于同型机组的平均水平，随着运行中逐步进行的设备消缺和运行调整，机组的性能还将会有小幅改善，但通过对机组的改造大幅度降低能耗的投入产出比不高。鉴于此，建议将主要精力放在采取精细化管理上，从细小处着手挖掘节能潜力。另外还要从投入产出比的角度出发，即以最小的投入获取最大的效果，节省人力物力，这也应是节能降耗的重要一环。而这两方面的工作的有效开展均依赖于对机组性能状况的准确把握。

从西安热工研究院有限公司多年现场节能诊断的经验来看，绝大多数电厂对机组的性能试验都很重视，希望其能对运行管理决策提供准确的依据，但在日常生产管理中，由于时间和经费的制约，使得除机组投产时的性能考核试验严格按照 ASME PTC6 的要求执行外，其余各次试验则未能照此执行。同时受现场条件限制，造成试验过程存在部分不规范的地方，致使试验结果分散性较大，可信度不高，缸效率与热耗率之间关系不匹配，未能充分发挥性能试验的作用。主要表现在：

(1) 测量方面。对性能试验精度影响最为显著的基准流量选用现场测量装置，这些装置均未经校验，造成各次试验间热耗率变化较大，部分试验结果热耗率明显偏高。

对于其他部分重要测点，各次试验可能选用了不同位置的测点。例如，四段抽汽压力、中低压连通管压力等均可认为是中压缸排汽压力，但由于两处位置实际流动状态不同，因此实际上存在差别。加之该处压力较低，传压管内水柱产生的静压会对测量精度造成较大影响（1m 水柱会产生约 10kPa 的误差），如不注意或每次试验选用的测点不同，则每次中压缸效率测量值会有很大差别。

(2) 试验规范性方面。由于高压调门对主蒸汽具有节流作用，因此不同开度下对高压缸效率的影响是不同的，进而会造成热耗率的变化。性能试验一般均在负荷点进行，虽然试验期间能够保持阀位不变，但各次试验之间则无法保持相同的阀位，造成高压缸效率的试验值分散性较大，失去了比较的基础。

针对上述突出问题，特提出以下几点建议，在提高性能监测精度和可比性的同时，大幅降低性能监测的难度和费用，缩短性能监测的周期和间隔（可做到以月为周期或以星期为周期），使性能监测常态化。

1) 对性能监测的关键测点进行规范。按照 ASME PTC 系列标准要求，在机组现有运行测点的基础上筛选出机组性能准确评价的关键点，对没有或不符合标准的测点进行补充，并将这些测点一、二次测量元件的精度提高至机组性能考核试验的精度。

2）对性能监测的方法进行规范。目前国内采用的汽轮机性能试验方法为 ASME PTC6《汽轮机性能试验》GB 8117.1—2008《电站汽轮机性能验收试验规程　第1部分：方法 A 大型凝汽式汽轮机高准确度试验》和 GB 8117.2—2008《电站汽轮机性能验收试验规程　第2部分：方法 B 各种类型和容量的汽轮机宽准确度试验》。众所周知这两项标准的目的均是用于汽轮机验收（考核）试验，仅注重对热耗率这一指标的测试，并保证其精度，因此并不适用于机组日常性能监测的目的。机组日常性能监测的目的不但更为广泛，而且更加强调各指标间的可比性；不但需要能够对热耗率、缸效率等综合性指标进行测试和评价，更需要对通流部分及系统内各部分设备微小变化提供监测及评价方法。为了达到上述目的，建议机组日常的性能监测（包括机组大小修前后试验）放弃使用上述两项标准，而采用 ASME PTC6S《汽轮机日常性能试验方法》这一标准。由于该标准制定的目的既是为满足上述日常性能监测的要求，因此应根据该标准对机组性能监测的方法进行规范，且该标准特别适宜采用计算机对机组性能进行监测。

在以上两项工作落实的基础上，充分发挥目前 SIS 系统存储数据的功能进行数据的采集和存储，将极大的简化机组性能监测的难度和费用，降低性能监测的周期或间隔，为运行、检修和管理决策及时提供依据，为节能减排提供更好的服务。

5.1.3.3　热力系统

1. 热力系统严密性

机组热力系统泄漏是影响机组经济性的一项重要因素，国内外各研究机构及电厂的实践表明，机组阀门的泄漏虽然对机组煤耗的影响较大，但仅需较小的投入就能获得较大的节能效果。在一定条件下其投入产出比远高于对通流部分的改造，因此在节能降耗工作中首先应重视对系统阀门严密性的治理。

另外热力系统的内漏在使机组经济性下降的同时，还会给凝汽器带来额外的热负荷，经估算可知凝汽器热负荷每增加 10%，将使低压缸排汽压力上升 0.2kPa（真空下降约 0.2kPa）。BYH 电厂 300MW 机组系统内漏对机组经济性影响见表 5-26。

表 5-26　　　　　　　BYH 电厂 300MW 机组系统内漏对机组经济性影响

分类	部位	循环效率（%）	热耗率[kJ/(kW·h)]	发电煤耗[g/(kW·h)]
一类阀门（高品质蒸汽）	主蒸汽管道	1.0617	84.7	3.21
	热再热管道	0.9371	74.7	2.83
	冷再热管道	0.7281	58.1	2.20
	高压旁路	0.4931	39.3	1.49
	低压旁路	0.9371	74.7	2.83
	一段抽汽管道	0.8323	66.4	2.51
	二段抽汽管道	0.7281	58.1	2.20
	三段抽汽管道	0.7205	57.5	2.18
	四段抽汽管道	0.5659	45.1	1.71
	五段抽汽管道	0.4685	37.4	1.42

续表

分类	部位	循环效率（%）	热耗率[kJ/(kW·h)]	发电煤耗[g/(kW·h)]
二类阀门 （低品质蒸汽 及高品质水）	六段抽汽管道	0.2374	18.9	0.72
	七段抽汽管道	0.1444	11.5	0.44
	八段抽汽管道	0.0104	0.8	0.03
	锅炉排污	0.3771	30.1	1.14
	1号高压加热器危急疏水	0.1596	12.7	0.48
	2号高压加热器危急疏水	0.1055	8.4	0.32
	3号高压加热器危急疏水	0.0771	6.2	0.23
三类阀门 （水）	除氧器溢放水	0.0687	5.5	0.21
	5号低压加热器危急疏水	0.0156	1.2	0.05
	6号低压加热器危急疏水	0.0085	0.7	0.03
	7号低压加热器危急疏水	0.0004	0.0	0.00
	给泵再循环	0.0160	1.3	0.05

注　表中数据为当泄漏量为1%主蒸汽流量时的影响量。

　　表5-27和表5-28给出了BYH电厂300MW机组各部位阀门泄漏对机组热耗率的影响量。由表可知，蒸汽品质越高，其泄漏对机组经济性的影响越大，而水侧发生的泄漏对机组经济性的影响相对较小，因此电厂必须关注与高品质蒸汽有关的阀门（表中所列一类阀门），务必保持其严密性。

　　本次诊断过程中使用Fluke@Ti55型红外影像仪对BYH电厂6、7号机组的热力系统重点阀门进行了排查。从排查结果来看，两台机组泄漏的阀门主要有：高压导汽管疏水，再热蒸汽疏水，高排止回门前/后疏水，轴封供汽疏水，加热器危急疏水等。

　　据估算，系统严密性差对6、7号机组发电煤耗的影响均在1.5g/(kW·h)左右。

表5-27　　　　　　　　　　**BYH电厂6号机组阀门内漏情况检查**

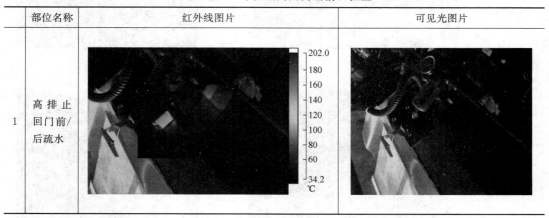

	部位名称	红外线图片	可见光图片
1	高排止回门前/后疏水		

续表

序号	部位名称	红外线图片	可见光图片
2	1、2号高压加热器危急疏水		
3	除氧器溢流放水手动门		
4	A给水泵汽轮机轴封进汽气动疏水		
5	B给水泵汽轮机轴封进汽气动疏水		

续表

部位名称	红外线图片	可见光图片
6 门杆漏汽至轴加疏水/低压缸轴封进汽滤网后疏水手动门2		
7 低压缸轴封进汽滤网后疏水手动门1		
8 再热蒸汽疏水		
9 高压导汽管疏水		

部位名称	红外线图片	可见光图片

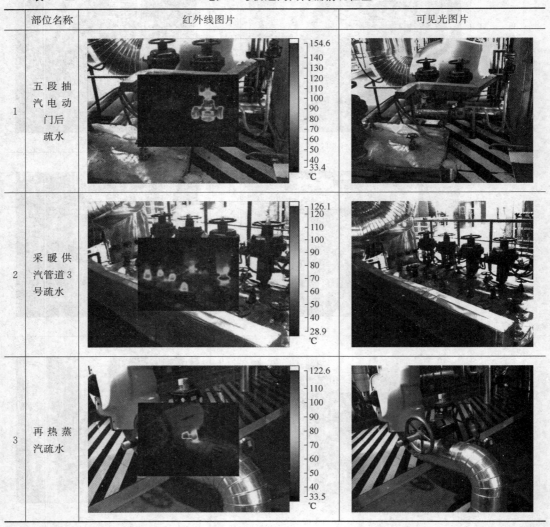

表 5 - 28　　　　　　　　　　　BYH 电厂 7 号机组阀门内漏情况检查

部位名称	红外线图片	可见光图片

续表

	部位名称	红外线图片	可见光图片
4	主蒸汽管道疏水		
5	主蒸汽至轴封气动调节门		
6	高压导管疏水气动门2		
7	A给水泵汽轮机高压调门后疏水		

续表

部位名称	红外线图片	可见光图片
8 轴封溢流至轴加管道疏水		
9 低压缸轴封进汽滤网疏水1		
10 低压缸轴封进汽滤网疏水2		
11 高中压轴封进汽疏水		

2. 回热系统

高、低压加热器是回热系统的重要组成部分，描述加热器性能的主要指标是加热器的端差和温升，加热器自身及运行缺陷均会反映在加热器的端差上，通常电厂都将加热器的端差作为指标考核的重要内容。

根据设计参数计算，BYH 电厂 300MW 机组上、下端差对机组经济性的影响量见表 5-29 和表 5-30。计算结果表明加热器上端差对机组经济性的影响较下端差明显，是下端差影响量的数倍。

表 5-29　　　　　BYH 电厂 300MW 机组加热器上端差对机组经济性影响

项目	循环效率（%）	热耗 [kJ/(kW·h)]	发电煤耗 [g/(kW·h)]
1 号高压加热器上端差	0.2843	22.7	0.86
2 号高压加热器上端差	0.1393	11.1	0.42
3 号高压加热器上端差	0.1360	10.8	0.41
5 号低压加热器上端差	0.0934	7.5	0.28
6 号低压加热器上端差	0.2319	18.5	0.70
7 号低压加热器上端差	0.1023	8.2	0.31
8 号低压加热器上端差	0.1494	11.9	0.45

注　以上是指加热器上端差变化 10℃时的影响量。

表 5-30　　　　　BYH 电厂 300MW 机组加热器下端差对机组经济性影响

项目	循环效率（%）	热耗 [kJ/(kW·h)]	发电煤耗 [g/(kW·h)]
1 号高压加热器下端差	0.013	1.1	0.04
2 号高压加热器下端差	0.028	2.2	0.08
3 号高压加热器下端差	0.038	3.1	0.12
5 号低压加热器下端差	0.021	1.7	0.06
6 号低压加热器下端差	0.013	1.0	0.04
7 号低压加热器下端差	0.005	0.4	0.02
8 号低压加热器下端差	0.003	0.2	0.01

注　以上是指加热器上端差变化 10℃时的影响量。

见表 5-31～表 5-33 分别列出了 BYH 电厂 6、7 号机组近期试验测得的高、低压加热器数据和近期高、低压加热器运行数据。从端差来看，各台加热器换热性能良好。仅个别加热器疏水端差偏大，主要是由于加热器水位控制较低造成。加热器性能对机组经济性的影响应在 0.5g/(kW·h) 以内。

一般，加热器制造厂给出的加热器水位零位点会由于设计裕量、制造精度、测量装置和系统配置等因素的影响而有所漂移，因此加热器是否建立了合适的水位应以疏水端差为准。加热器水位偏低会导致串汽现象，在疏水冷却段入口处易形成汽水两相流动，导致该处换热管振动，严重的还会造成疏水管道和调门振动，并损坏下级加热器疏水入口管路附件；而加热器水位偏高，浸到水侧出口管段，会降低出水温度，影响加热器换热效率。建议通过运行试验来标定加热器水位的零位，相应的报警值可据此调整。

表 5－31　　　　　**BYH 电厂 6、7 号机组额定工况加热器试验数据**

项目名称		单位	高 1	高 2	高 3	低 5	低 6
设计上端差		℃	−1.7	0	0	2.8	2.8
设计下端差		℃	5.6	5.6	5.6	5.6	5.6
设计温升		℃	33.3	40.2	25.4	47.8	17.4
6 号机组 （300MW）	上端差	℃	−0.1	0	0	3.2	1.9
	下端差	℃	7.9	13.1	8.3	7.6	9.8
	温升	℃	35.7	38.6	26.6	51.2	21.4
7 号机组 （300MW）	上端差	℃	−0.1	0.6	0.8	3.2	1.9
	下端差	℃	2.8	9.8	10.5	8.7	11.1
	温升	℃	35.9	38.1	25.8	50.3	21.6

表 5－32　　　　　**6 号机组 255MW 纯凝工况加热器数据**

项目名称	单位	高 1	高 2	高 3	低 5	低 6	低 7	低 8
加热器进汽压力	MPa	5.29	3.02	1.44	0.50	0.11	0.047	0.019
加热器进水温度	℃	235.9	196.8	171.1	99.0	78.1	55.3	38.7
加热器出水温度	℃	267.8	235.9	196.8	148.6	99.0	78.1	55.3
加热器疏水温度	℃	237.9	203.4	178.1	105.4	87.1	64.8	41.4
进汽压力下饱和温度	℃	267.5	234.2	196.4	151.8	102.3	79.8	59.0
加热器温升	℃	31.9	39.1	25.7	49.6	20.9	22.8	16.6
加热器上端差	℃	−0.3	−1.7	−0.4	3.3	3.3	1.7	3.7
加热器下端差	℃	1.9	6.6	7.0	6.4	9.0	9.5	2.8
设计上端差	℃	−1.7	0.0	0.0	2.8	2.8	2.8	2.8
设计下端差	℃	5.6	5.6	5.6	5.6	5.6	5.6	5.6
设计温升	℃	33.3	40.2	25.4	47.8	17.4	30.0	20.0
上端差比设计值高	℃	1.4	−1.7	−0.4	0.5	0.5	−1.1	0.9
下端差比设计值高	℃	−3.7	1.0	1.4	0.8	3.4	3.9	−2.8
温升比设计值低	℃	1.4	1.1	−0.3	−1.8	−3.5	7.2	3.4

表 5－33　　　　　**7 号机组 300MW 纯凝工况加热器运行数据**

项目名称	单位	高 1	高 2	高 3	低 5	低 6	低 7	低 8
加热器进汽压力	MPa	6.28	3.40	1.74	0.59	0.13	0.059	0.022
加热器进水温度	℃	238.98	205.21	178.01	104.02	82.38	58.88	41.63
加热器出水温度	℃	278.80	238.98	205.21	154.39	104.12	82.38	58.88
加热器疏水温度	℃	239.43	215.76	188.45	112.29	93.16	69.85	44.22
进汽压力下饱和温度	℃	278.5	240.9	205.4	158.0	107.7	85.5	62.2
加热器温升	℃	39.8	33.8	27.2	50.4	21.7	23.5	17.2
加热器上端差	℃	−0.3	1.9	0.2	3.6	3.6	3.1	3.3

项目名称	单位	高1	高2	高3	低5	低6	低7	低8
加热器下端差	℃	0.5	10.5	10.4	8.3	10.8	11.0	2.6
设计上端差	℃	−1.7	0.0	0.0	2.8	2.8	2.8	2.8
设计下端差	℃	5.6	5.6	5.6	5.6	5.6	5.6	5.6
设计温升	℃	33.3	40.2	25.4	47.8	17.4	30.0	20.0
上端差比设计值高	℃	1.4	1.9	0.2	0.8	0.8	0.3	0.5
下端差比设计值高	℃	−5.1	4.9	4.8	2.7	5.2	5.4	−3.0
温升比设计值低	℃	−6.5	6.4	−1.8	−2.6	−4.3	6.5	2.8

3. 减温水量

BYH 电厂 300MW 机组的过热减温水由给水泵出口引出，再热减温水由给水泵抽头引出。过热器减温水属锅炉调节汽温的手段之一，且过热器减温水对机组经济性的影响较小，而再热器减温水属于非正常工况下的事故喷水，其对机组经济性的影响相对较大。

根据计算，对于 BYH 电厂 300MW 亚临界机组，投入 1% 主蒸汽流量的过热器减温水和 1% 主蒸汽流量的再热减温水，将分别使机组热耗率上升 0.4kJ/(kW·h) 和 14.4kJ/(kW·h)。鉴于再热减温水的投入对机组经济性的影响比较显著，因此在运行中，运行人员应尽量减少投用再热减温水调节蒸汽温度，而从燃烧的角度入手调整。

BYH 电厂目前没有对减温水量进行统计，根据对近期机组运行数据的考察，6、7 号机组过热器减温水量控制在 10t/h 左右，再热器减温水很少投用。减温水投用对两台机组发电煤耗的影响很小，可忽略不计。

4. 机组运行参数

BYH 电厂 300MW 机组的主再热蒸汽温度对机组经济性的影响见表 5-34。

表 5-34　　　　BYH 电厂 300MW 机组主、再热温度变化对机组经济性影响

项目	热耗率 [kJ/(kW·h)]	发电煤耗 [g/(kW·h)]
主蒸汽温度	2.3	0.09
再热蒸汽温度	1.2	0.04

注　表中数据指主、再热温度每变化1℃时的影响量。

根据表 5-34 的统计数据，BYH 电厂 6、7 号机组 2010 年主蒸汽温度和再热蒸汽温度均比设计值偏低，对机组发电煤耗的影响均在 0.8g/(kW·h) 左右，经过燃烧调整，2011 年以来主、再热蒸汽温度有所提高，对机组发电煤耗的影响控制在了 0.4g/(kW·h) 之内。

表 5-35　　　BYH 电厂 300MW 机组 2010 年和 2011 年主、再热蒸汽温度对机组经济性影响

项目名称	单位	6号机组		7号机组	
		2010	2011	2010	2011
主蒸汽温度	℃	532.6	535.9	532.1	536.0
再热蒸汽温度	℃	530.0	533.9	530.5	534.4
对机组经济性的影响	g/(kW·h)	0.8	0.4	0.8	0.3

5. 供热工况下机组性能指标计算

BYH电厂 $2\times300MW$ 亚临界机组为抽汽凝式机组，通过再热冷端及三段抽汽作为工业抽汽，工业抽汽压力为 1.6087MPa，为非调整抽汽，补水补到凝汽器；以五段抽汽作为采暖抽汽，采暖抽汽压力定为 0.5MPa，采用中低压联通管上蝶阀进行调整，通过热网加热器对热网循环水进行加热，凝结后的疏水经疏水泵打入本机除氧器，回水温度为 80℃。为了对供热工况下的机组经济性指标进行核算，通过对整机全面性的热力计算分别得到了工业用汽和采暖用汽下不同供热比对热耗率、发电煤耗及功率的影响修正量，见表5-36～表5-38。图5-6给出了供热比对发电煤耗的影响关系。

表5-36 工业抽汽（再热冷端）对 BYH 电厂上汽 300MW 亚临界机组性能指标的修正量

供热比	%	0.572	0.114	2.288	3.432	4.576	5.720
功率变化	kW	1301.8	260.3	5213.5	7827.2	10 446.4	13 071.6
功率变化	%	0.41	0.08	1.65	2.48	3.30	4.14
对热耗率影响量	kJ/(kW·h)	16.6	3.3	66.8	100.9	135.3	170.1
对发电煤耗影响量	g/(kW·h)	0.62	0.12	2.52	3.80	5.09	6.41
对外抽汽量	t/h	4.89	9.77	19.55	29.32	39.10	48.87
平均1%供热比对热耗影响量	[kJ/(kW·h)]/%	28.93	28.86	29.21	29.39	29.56	29.74
平均1%供热比对煤耗影响量	[g/(kW·h)]/%	1.09	1.09	1.10	1.11	1.11	1.12
平均1%供热比对功率影响量	kW/%	2276.1	2275.4	2278.7	2280.7	2282.9	2285.1
平均1%供热比对功率影响量	%/%	0.72	0.72	0.72	0.72	0.72	0.72

注 工质不回收，补水至凝汽器，补水温度20℃，焓值约85kJ/kg。

表5-37 工业抽汽（三抽）对 BYH 电厂上汽 300MW 亚临界机组性能指标的修正量

供热比	%	0.629	1.256	2.510	5.010	6.255	8.737	11.207
功率变化	kW	1151.7	2302.1	4599.1	9179.9	11 464	16 026	20 579
功率变化	%	0.36	0.73	1.46	2.90	3.63	5.07	6.51
对热耗率影响量	kJ/(kW·h)	21.6	43.3	87.1	176.3	221.7	314.0	408.3
对发电煤耗影响量	g/(kW·h)	0.81	1.63	3.28	6.64	8.35	11.82	15.37
对外抽汽量	t/h	4.89	9.77	19.55	39.10	48.87	68.42	87.97
平均1%供热比对热耗影响量	[kJ/(kW·h)]/%	34.32	34.44	34.70	35.20	35.44	35.94	36.43
平均1%供热比对煤耗影响量	[g/(kW·h)]/%	1.29	1.30	1.31	1.33	1.33	1.35	1.37
平均1%供热比对功率影响量	kW/%	1832.3	1832.2	1832.1	1832.4	1832.9	1834.2	1836.2
平均1%供热比对功率影响量	%/%	0.58	0.58	0.58	0.58	0.58	0.58	0.58

注 工质不回收，补水至凝汽器，补水温度20℃，焓值约85kJ/kg。

表5-38 采暖抽汽（五抽）对 BYH 电厂上汽 300MW 亚临界机组性能指标的修正量

供热比	%	1.045	5.197	10.333	15.499	20.666	30.999	41.333
功率变化	kW	1515.0	7498.6	15 386	25 386	35 566	56 414	77 452
功率变化	%	0.48	2.37	4.87	8.03	11.25	17.85	24.50
对热耗率影响量	kJ/(kW·h)	45.5	231.2	459.0	648.7	847.5	1279.0	1780.9

续表

供热比	%	1.045	5.197	10.333	15.499	20.666	30.999	41.333
对发电煤耗影响量	g/(kW·h)	1.71	8.71	17.28	24.43	31.91	48.16	67.05
对外抽汽量	t/h	9.77	48.87	97.75	146.62	195.50	293.24	390.99
平均1%供热比对热耗影响量	[kJ/(kW·h)]/%	43.48	44.48	44.42	41.86	41.01	41.26	43.09
平均1%供热比对热耗影响量	[g/(kW·h)]/%	1.64	1.67	1.67	1.58	1.54	1.55	1.62
平均1%供热比对功率影响量	kW/%	1449.1	1442.8	1489.1	1637.9	1721.0	1819.9	1873.8
平均1%供热比对功率影响量	%/%	0.46	0.46	0.47	0.52	0.54	0.58	0.59

注 工质回收至除氧器，回水温度80℃，焓值约335kJ/kg。

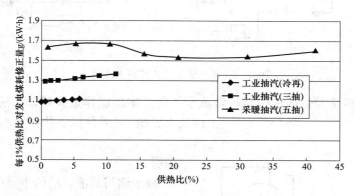

图5-6 不同供热比下平均每1%供热比对发电煤耗修正量

当采用不同抽汽参数的蒸汽对外供热时，由于蒸汽品质不同，其对机组经济性的影响量将不同，通常采用低参数的蒸汽向外供热具有较好的经济性。因此对于同一台机组，当采用不同部位抽汽对外供热，即使对外供热量相同，其对发电煤耗的修正量也不相同，故应分别计量并计算。

对于BYH电厂两台上汽300MW亚临界机组供热来说，当采用再热冷端作为工业抽汽汽源时，每增加1%的供热比将使发电煤耗下降1.1 g/(kW·h)左右；当采用三段抽汽作为工业抽汽汽源时，每增加1%的供热比将使发电煤耗下降1.3 g/(kW·h)左右；而对于采暖抽汽（五段），则每增加1%的供热比将使发电煤耗下降达1.7 g/(kW·h)左右。

6. 热力及疏水系统改进

针对热力系统与疏水系统存在的设计不合理或冗余问题，建议通过热力系统优化，纠正不合理设计，取消冗余系统，减少管道和阀门数量，提高系统运行可靠性及经济性，并有效降低运行人员操作强度，减少维修工作量及维护费用。需要注意的是，为了保证合并后疏水通畅（不积水），所有合并的疏水管道，从水平标高的角度来讲必须是高点并入低点。

（1）7号机8号低加在270MW负荷时，正常疏水门开度100%，同时紧急疏水门开度32.7%，可见正常疏水不能满足运行要求，6号机8号低加也有类似情况。由于紧急疏水温度要高于正常疏水10℃（没流经疏水冷却段），其进入凝汽器增加了凝汽器热负荷，建议：

1）正常疏水调门后的手动门既无作用又增加阻力，还有可能影响真空，建议取消。

2）凝汽器接口前的U形管无用，可取消以减小阻力。

3）正常疏水调门处加装一个DN100的旁路，旁路门位置离凝汽器越近越好。8号低压加热器疏水改进如图5-7所示。

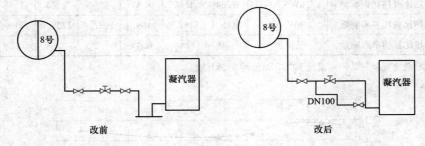

图5-7　8号低压加热器疏水改进

（2）低负荷时7号低压加热器正常疏水不畅。本厂已作重大修改，还可作以下改进使疏水更畅。7号低压加热器疏水改进如图5-8所示。

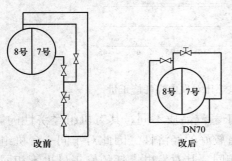

图5-8　7号低压加热器疏水改进

说明：

1）疏水调门的前、后的手动门都可取消。

2）将同径弯头的一头焊到8号低压加热器疏水入口管上，弯头的另一头高度刚好可安装疏水门，管道标高可降至最低。

3）新加的DN70管子从另一侧走，是为了能最低的和弯头焊上（负压，无危险）。

4）旁路门和8号低压加热器入口越近越好。

5）7号低压加热器疏水出口力求管段最短。

（3）6号低压加热器疏水是否畅通，电厂技术人员反映不一，若低负荷疏水不畅可作以下改进，如图5-9所示。

图5-9　6号低压加热器疏水改进

说明：

1）旁路管从6.3m层以下和手动门前疏水管相焊，走平台下到7号低压加热器下部前向上和原疏水入口相接。

2）疏水门后手动门可取消。

3）旁路门和 7 号低压加热器越近越好。

（4）8 号低压加热器 A 排侧上部有一可能是温度测点的测点现在并未使用，推测可能是 8 号低压加热器出口（也是 7 号低压加热器入口）凝结水温度测点，此测点应是主要测点。建议查图纸确认后予以加装，并引至控制室 DCS 画面，作 7 号低压加热器入口温度用，可用来计算端差及用端差校正水位。8 号低压加热器出口凝结水温测点修正如图 5-10 所示。

图 5-10   8 号低压加热器出口凝结水温度测点修正

（5）高压旁路前疏水改进。高压旁路前疏水为热备用，属常开暖管疏水，热损失较大。为了减少漏点及疏水造成的热损失，建议改进。改后该管成预热管，无运行操作。高压旁路前疏水改进如图 5-11 所示。

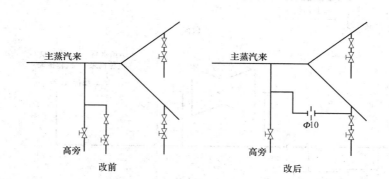

图 5-11   高压旁路前疏水改进

（6）再热蒸汽冷段供轴封一路可以取消，可通过再热蒸汽冷段至辅汽，辅汽供轴封实现该功能。

（7）若机组采用高压缸启动，建议取消高排通风阀。高排通风阀原是配中压缸启动方式用的，在同类高压缸启动的上汽、哈汽机组上早已不用。

（8）为提高除氧器及小汽机效率，四段抽汽总管的电动门及其中一道止回门可优化取消，相应无用的疏水也可取消。

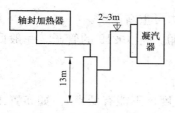

图 5-12   轴封加热器水封改进

（9）轴封加热器单级水封埋地下 13m，和凝汽器接口－0.42m，实际水封只有 12m 多一点，水封的安全性正好处在边缘。为使水封更安全，真空更可靠，建议和凝汽器的接口改到 2～3m 标高处（和扩容器相连即可）。轴封加热器水封改进如图 5-12 所示。

（10）据反映，主机轴封时有冒汽，有可能是轴封的安装间隙过大，或轴封回汽系统设计有误，回汽管的疏水都接凝汽器，运行中无法疏水，如疏水则影响主机真空。

建议：

1）轴封回汽管总门可取消，减小系统阻力。

2）回汽管上各疏水合并，汇至轴封加热器水封前。

3）门杆漏汽管道疏水自流至轴封加热器入口。

4）轴加风机止回门后放水标高还太高，止回门后还可积水，建议改低一点，否则止回门可能顶不开。

轴封回汽管疏水改进如图 5-13 所示。

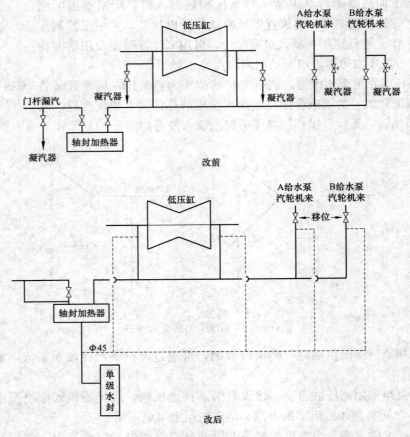

图 5-13　轴封回汽管疏水改进

说明：

1）改后疏水通畅无需操作，不积水回汽通畅，轴封压力可重新调整。

2）回汽管径偏小，回汽阻力大（$\Phi219$），有机会可并联一根 $\Phi219$ 的管子。一般回汽管径设计为 $\Phi273$ 的管子。

3）A、B 给水泵汽轮机的回汽管总门应移位到疏水管前。

4）门杆漏汽疏水可接到母管和轴加接口处（布置有坡度，不能有低点）。如布置困难，接新改的 $\Phi45$ 的母管也可以。

（11）定冷泵车削叶轮。定冷泵设计扬程 70m，实际需扬程 50m 足够。建议车削定冷泵叶轮，叶轮车削以扬程到 50m 计算，即可节约厂电。

$$D_2 = D_2 \times \sqrt{\frac{50+10}{70+10}}$$

式中：D_1 是现叶轮直径；D_2 是车削后叶轮直径；10 是大气压力引起的扬程。

（12）开式循环水泵目前不运行，循环水流经停运的开式循环水泵，建议采用下述两个办法中的一个对其进行改造，改后更安全可靠经济。

1）装设同管径的旁路。

2）卸掉一台泵，出入口并联起来，止回门去掉。

（13）高压加热器紧急疏水系统设计有误，运行中无法放水，积水还易振动，建议进行如下改造，如图 5-14 所示。

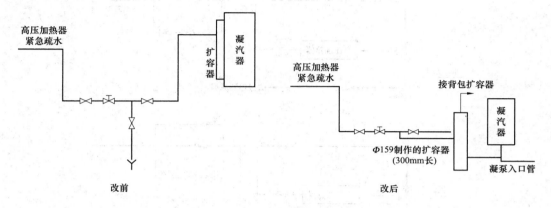

图 5-14　高压加热器紧急疏水改进

（14）所有加热器抽汽管道，疏水管道上的放气、放水可以全部取消。

（15）五段抽汽到供热首站止回门前疏水改进，如图 5-15 所示。为了保证改进后疏水的通畅性，两路疏水合并应是高点并入低点。

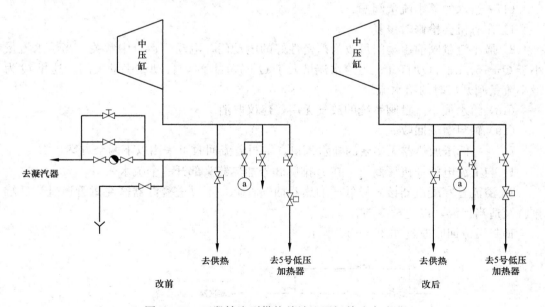

图 5-15　五段抽汽到供热首站止回门前疏水改进

（16）过热器减温水系统改进，如图 5-16 所示。新增设的高压加热器后减温水一般在高负荷时投用，低负荷时用高压加热器前，具体可在试验中体会总结。若通过实践证明高、低负荷高加后减温水都能满足运行需要，则可割除高压加热器前一路减温水。如投用减温水为50t/h，高压加热器后比高压加热器前可降低供电煤耗约1g/(kW·h)。

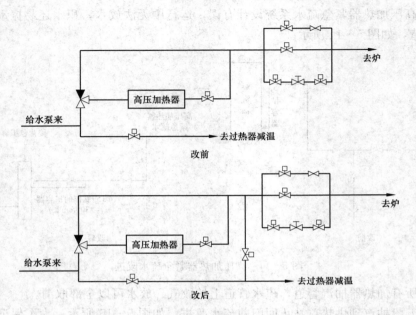

图 5-16　过热减温水系统改进

（17）给水的最小流量阀漏。

1）在有机会检修时修复。

2）最小流量阀前手动门可改为严密性好的电动门，电动门运行中常关，当给水流量小于 $Q+75t/h$，自动打开；当给水流量大于 $Q+75t/h$ 时，自动或手动关闭。这里 Q 为最小流量阀开启时的给水流量。

（18）给水最小流量阀系统的放气无用，建议取消。

（19）轴封溢流回收。

7、8号低压加热器无多余的疏水入口，轴封溢流回收可采用以下两个方案：

1）与上海电站辅机厂商讨，在B排侧8号加热器头部开一个疏水入口。

2）溢流管穿凝汽器接8号低压加热器抽气管上，不过进凝汽器需注意管道避让低缸排汽及适当保温，以免被冷却。

轴封溢流回收改进如图5-17所示。

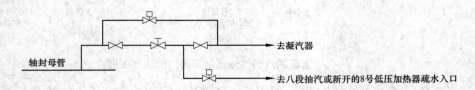

图 5-17　轴封溢流回收改进

（20）除氧排汽回收。排汽回收到 7 号低压加热器进汽入口或新开 7 号低压加热器疏水（来自 6 号低压加热器）入口处（A 排侧）。启动时排大气，正常运行时排 7 号低压加热器。

除氧排汽回收改进如图 5-18 所示。

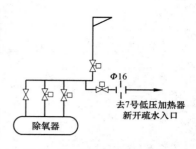

图 5-18　除氧排汽回收改进

（21）闭式水泵设计扬程 42m，现运行压力 0.56MPa，说明目前余量较大，建议到夏天最热时带满负荷时看闭式水泵有无余量，决定是否要车削叶轮。试验方法：在做好安全预案后，适当关小运行闭式泵出口门，到供水趋于平衡不能再关门时，看闭式泵出口门前后压力对比设计扬程，再决定车削叶轮的数据。

（22）给水总管系统优化，减少汽泵耗功。给水总管系统优化如图 5-19 所示。旁路调门改到一台汽泵的出口门处启动用。

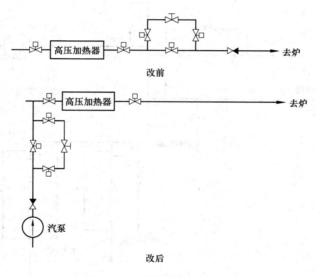

图 5-19　给水总管系统优化

（23）真空泵冷却水可加装反冲洗，减少检修的工作量。真空泵冷却水改进，如图 5-20 所示。

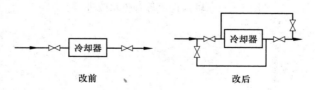

图 5-20　真空泵冷却水改进

（24）轴封供汽母管疏水太多，操作麻烦，可简化成水封式疏水。轴封送汽母管疏水改进，如图 5-21 所示。

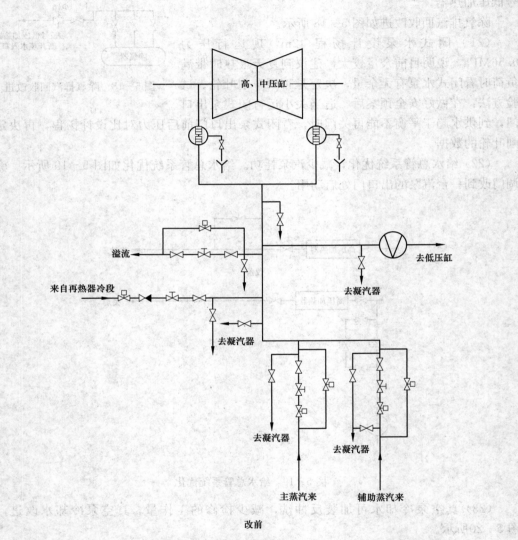

改前

图 5-21 轴封送汽母管疏水改进（一）

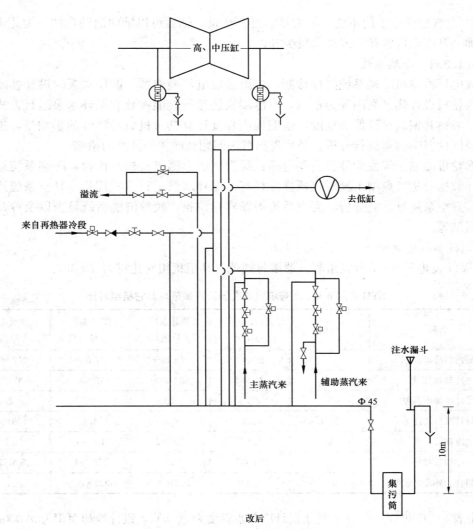

图 5 - 21　轴封送汽母管疏水改进（二）

说明：

1）水封前阀门为常开门，当启动前或停机时间长，水封无水投汽封时冒汽，则可关门注水，注完水后再开门。

2）集污筒材质为 Φ108，长 200mm 的不锈钢管。

3）U 形水封布置到循管坑中。

4）轴封母管减温器后的许多疏水也可同样用一段 10mU 形水封，但给水泵汽轮机的疏水应在总门向后改到疏水门后才能修改。

5）启动时暖管可关 U 形总门，开地沟门排汽。

（25）中压主蒸汽门门杆漏气。

1）检修时解体研磨好密封垫。

2）检修后检查门杆轴向是否活动自如。

3）停机减压阀应严密，避免运行中因轴端无压力推不动，轴压紧密封垫。

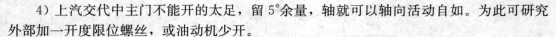

4）上汽交代中主门不能开的太足，留 5°余量，轴就可以轴向活动自如。为此可研究外部加一开度限位螺丝，或油动机少开。

5.1.3.4 冷端系统

火电厂汽轮机冷端系统能耗诊断，主要是以电厂凝汽器、循环水泵的设计技术规范以及汽轮机设计热平衡图等为根据，对冷端系统运行性能参数和循环水泵运行方式进行分析，考察其偏离设计值的程度，根据偏离程度计算其对机组经济性的影响量，进而对主要经济性影响因素进行分析，最后提出解决问题和改善经济性的措施。

汽轮机冷端系统性能分析主要包括：凝汽器压力测点校核及评价，冷端系统运行指标统计数据分析，典型工况凝汽器性能核算，循环水泵运行方式优化，真空系统严密性试验、真空泵运行性能分析、真空系统现场实际检查、胶球清洗系统检查以及冷却水塔性能测试等。

1. 设备规范对比

BYH 发电厂 6、7 号机组凝汽器设备规范与其他机组对比见表 5-39。

表 5-39　　　　　BYH 电厂 6 号、7 号机组凝汽器设备规范与其它机组对比

名称	单位	BYH 电厂 6、7 号	鲁北电厂 1 号机组	望亭电厂 14 号机组	襄樊电厂 1 号机组
凝汽器冷却面积	m²	20 000	18 000	17 500	17 650
冷却水流量	t/h	33 862	36 000	36 500	37 300
设计冷却水温度	℃	20.5	20	20	20
设计凝汽器压力	kPa	5.2	4.9	4.9	4.9
冷却管总数	根	26 696	22 012	19 544	19 520
冷却管材质	—	TP317	钛	TP316L	海军黄铜
冷却管　外径×壁厚	mm	$\Phi22\times0.5$	$\Phi25\times0.5$	$\Phi25\times0.5$	$\Phi28\times1$

由表 5-39 可知，6、7 号机组设计冷却水温度为 20.5℃，设计冷却面积为 20 000m²，冷却水流量为 33 862t/h，设计凝汽器压力为 5.2kPa，经核算上述工况下，凝汽器校核压力为 5.1 kPa。

以上均表明：6、7 号机组凝汽器设计参数较合理，可满足机组正常运行。

2. 凝汽器运行性能评价

（1）现场凝汽器压力测点校核及评价。

凝汽器压力测量不准确的现象在我国电厂中比较普遍，一方面在机组实际运行中对运行人员起到了误导作用，另一方面妨碍了对凝汽器性能的准确评价。

本次对 6、7 号机组现场诊断中利用西安热工研究院有限公司携带的经校验的ROSEMOUNT 3051 绝压变送器（精度等级 0.075），首先对 6、7 号机组现场凝汽器压力测点进行了校核及评价，主要结论为：

6 号机组 DCS 显示的真空值较准确；

7 号机组 DCS 显示的真空值较准确。

6、7 号机组凝汽器压力测点校核数据，见表 5-40。

表 5 - 40　　　　　　　　　　　**6、7 号机组凝汽器压力测点校核数据**

6 号机组						
时间 5 月 18 日	负荷 （MW）	低压缸排汽 温度（℃）	热井温度 （℃）	凝汽器真空 对应绝对压力 （kPa）	低排温度对应 饱和压力 （kPa）	实测凝汽器 绝对压力 （kPa）
10：05	270.0	40.5	40.3	7.6	7.6	7.6
10：07	268.3	40.5	40.3	7.6	7.6	7.6
10：09	268.3	40.5	40.3	7.6	7.6	7.6
7 号机组						
时间 5 月 18 日	负荷 （MW）	低压缸 排汽温度 （℃）	热井温度 （℃）	凝汽器真空 对应绝对压力 （kPa）	低排温度对应 饱和压力 （kPa）	实测凝汽器 绝对压力 （kPa）
11：12	198.5	38.7	38.0	6.9	6.87	6.9
11：14	198.5	38.7	38.0	6.9	6.87	6.9
11：16	198.9	38.7	38.0	6.9	6.87	6.9

注　实测当地大气压为 98.9kPa。

（2）冷端系统运行统计数据分析。

2010～2011 年 4 月 BYH 电厂 6 号机组凝汽器运行统计数据见表 5 - 41。从中可以看出：2010 年 6 号机组平均出力系数为 78.2%，循环水平均入口温度 18.2℃，循环水平均出口温度 30.0℃，低压缸平均排汽温度 34.0℃，凝汽器平均端差为 4.2℃，循环水泵平均耗电率为 0.83%，凝汽器平均压力为 5.3kPa，核算上述工况下凝汽器压力应达到 5.3kPa，可见 6 号机组凝汽器实际运行性能达到设计水平。

表 5 - 41　　　　　　**6 号机组冷端系统运行性能统计（2010～2011 年 4 月）**

时间	出力 系数（%）	循环水入口 温度（℃）	循环水出 口温度（℃）	排汽温度 （℃）	凝汽器端差 （℃）	凝汽器压力 （kPa）	循环水泵 耗电率（%）
2010.01	74.8	5.9	16.2	23.6	7.0	2.9	—
2010.02	45.0	15.7	25.8	29.4	3.5	4.1	1.50
2010.03	81.1	14.6	26.8	32.2	5.8	4.8	0.72
2010.04	84.2	17.0	30.3	34.3	4.3	5.4	0.67
2010.05	84.9	23.0	34.0	38.8	4.1	6.9	0.75
2010.06	82.2	26.67	39.91	39.5	2.5	7.2	1.09
2010.07	—					—	—
2010.08	80.9	28.8	37.7	40.2	2.7	7.5	1.22
2010.09	83.2	24.8	36.1	38.5	2.7	6.8	0.86
2010.10	82.3	18.6	32.0	35.2	3.4	5.7	0.63
2010.11	83.1	14.4	30.1	33.7	3.5	5.2	0.44
2010.12	75.9	10.7	21.8	28.9	7.4	4.0	0.50
平均	78.2	18.2	30.0	34.0	4.2	5.3	0.83

时间	出力系数（%）	循环水入口温度（℃）	循环水出口温度（℃）	排汽温度（℃）	凝汽器端差（℃）	凝汽器压力（kPa）	循环水泵耗电率（%）
7月份没有统计数据，参考其他月份，核算冷端系统全年平均数据							
平均	78.3	18.9	30.9	34.5	4.1	5.6	0.86
2011.01	78.7	5.9	16.2	26.4	8.4	3.4	0.49
2011.02	77.0	8.7	22.4	29.7	7.6	4.2	0.47
2011.03	79.4	15.6	24.6	30.1	5.5	4.3	0.74
2011.04	82.6	17.5	29.1	32.0	3.2	4.7	0.74
平均	79.4	11.9	23.1	29.5	6.2	4.2	0.61

2010～2011 年 4 月 BYH 电厂 7 号机组凝汽器运行统计数据见表 5－42。从中可以看出：2010 年 7 号机组平均出力系数为 78.2%，循环水平均入口温度 17.5℃，循环水平均出口温度 30.2℃，低压缸平均排汽温度 34.0℃，凝汽器平均端差为 3.7℃，循环水泵平均耗电率为 0.80%，凝汽器平均压力为 5.3kPa。核算上述工况下凝汽器压力应达到 5.3kPa，可见 7 号机组凝汽器实际运行性能基本达到了设计水平。

表 5－42　　　　7 号机组冷端系统运行性能统计（2010～2011 年 4 月）

时间	出力系数（%）	循环水入口温度（℃）	循环水出口温度（℃）	排汽温度（℃）	凝汽器端差（℃）	凝汽器压力（kPa）	循环水泵耗电率（%）
2010.01	71.6	10.5	22.9	29.8	6.8	4.2	—
2010.02	68.3	9.9	21.9	27.9	5.9	3.8	0.84
2010.03	74.0	10.3	22.6	27.8	4.8	3.7	0.81
2010.04	81.1	16.6	30.9	33.9	2.5	5.3	0.65
2010.05	83.8	23.5	36.7	39.0	2.4	7.0	0.73
2010.06	79.5	28.0	37.9	40.4	2.7	7.5	1.12
2010.07	—	—	—	—	—	—	—
2010.08	81.1	29.3	38.5	41.1	2.6	7.8	1.21
2010.09	81.0	20.8	34.3	37.0	2.8	6.3	0.71
2010.10	77.8	18.9	31.9	35.3	3.5	5.7	0.65
2010.11	83.1	14.5	30.4	33.3	3.0	5.1	0.44
2010.12	79.4	10.0	24.6	28.8	4.1	3.9	0.47
平均	78.2	17.5	30.2	34.0	3.7	5.3	0.80
7月份没有统计数据，参考其他月份，核算冷端系统全年平均数据							
平均	78.4	18.4	30.9	34.6	3.7	5.7	0.80
2011.01	81.9	5.9	16.2	26.5	5.7	3.5	0.46
2011.02	79.8	9.8	24.6	29.8	4.9	4.2	0.47
2011.03	78.7	13.6	28.6	31.3	2.8	4.6	0.49
2011.04	79.5	18.9	30.4	32.2	1.8	4.8	0.74
平均	80.0	12.0	24.9	29.9	3.8	4.3	0.54

（3）凝汽器典型运行工况性能分析。选取典型工况凝汽器实际运行数据对其性能进行核算，具体结果：

6 号机组凝汽器实际运行性能基本达到了设计水平；

7 号机组凝汽器实际运行性能基本达到了设计水平。

6 号机组负荷为 261.2MW、冷却水入口温度 24.7℃、冷却水出口温度 34.8℃、两台机组通过循环水联络管三台循环水泵运行，低压缸平均排汽温度为 36.8℃，凝汽器平均压力为 6.3kPa，核算凝汽器清洁系数在 0.88 左右，具体核算结果见表 5-43。由凝汽器特性曲线及性能核算结果可知，在上述工况下凝汽器压力应达到 6.3kPa，故 6 号凝汽器实际性能基本达到了设计水平。

表 5-43　　　　　　　　　　　　6 号机组凝汽器典型工况性能计算

项目名称	单位	设计	实际
试验工况	℃	20.5	24.7
冷却管总数	—	26 696	26 696
主凝结区冷却管数	—	24 896	24 896
主凝结区冷却管外径	mm	22	22
主凝结区冷却管壁厚	mm	0.5	0.5
空冷区、顶部三排及通道外侧冷却管数	—	1800	1800
空冷区、顶部三排及通道外侧冷却管外径	mm	22	22
空冷区、顶部三排及通道外侧冷却管壁厚	mm	0.7	0.7
加热管有效长度	m	10.84	10.84
冷却水流程数	—	2	2
凝汽器冷却面积	m^2	20 000	20 000
冷却管总通流面积	m^2	4.61	4.61
机组负荷	MW	300	261.2
凝汽器冷却水流量	m^3/h	33 862	28 511
凝汽器冷却水进口温度	℃	20.50	24.70
高压凝汽器冷却水出口温度	℃	30.50	34.80
凝汽器压力	kPa	5.100	6.300
大气压力	kPa	99.0	99.0
冷却水总温升	℃	10.00	10.10
凝汽器出口温度	℃	30.50	34.80
凝汽器进水温度修正系数	—	0.994	1.031
管径修正系数	—	2480	2480
冷却管内水流速	m/s	2.040	1.717
基本传热系数	kW/($m^2 \cdot$ K)	3.542	3.250
壁厚修正系数	—	0.952	0.952
热负荷	kJ/s	371 787	323 702.5
凝汽器冷却水密度	kg/m^3	1000	1000

续表

项目名称	单位	设计	实际
凝汽器冷却水流量	m³/h	33 862	28 511
凝汽器冷却水进口温度	℃	20.50	20.50
凝汽器设计进水温度修正系数	—	0.994	0.994
设计管径修正系数	—	2480	2480
设计冷却管内水流速	m/s	2.040	1.717
设计基本传热系数	kW/(m²·K)	3.542	3.250
设计壁厚修正系数	—	0.952	0.952
凝汽器运行清洁系数	—	0.900	0.900
冷却水密度	kg/m³	1000.0	1000.0
定压比热	kJ/(kg·℃)	4.180	4.179
凝汽器压力下饱和温度	℃	33.25	37.08
凝汽器冷却水温升	℃	10.000	10.100
凝汽器热负荷	MJ/h	1 415 458	1 203 334
凝汽器热负荷	MW	393.2	334.3
凝汽器传热端差	℃	2.751	2.276
凝汽器对数平均温差	℃	6.520	5.965
凝汽器总体传热系数	kW/(m²·K)	3.015	2.802
凝汽器运行清洁系数	—	0.900	0.878
总体性能	—	300.00	261.20
总的饱和温度	℃	33.25	37.08
总的凝汽器压力	kPa	5.1	6.3
总的传热端差	℃	2.75	2.28
总的热负荷	MJ/h	1 415 458	1 203 334
总的热负荷	MW	393.2	334.3
（温度、流量）修正后的凝汽器压力	kPa	5.1	5.0
（温度、流量、清洁系数）修正后的凝汽器压力	kPa	5.1	5.0

7号机组负荷为300.1MW、冷却水入口温度24.8℃、冷却水出口温度35.0℃、两台机组通过循环水联络管三台循环水泵运行，低压缸平均排汽温度为37.7℃，凝汽器平均压力为6.5kPa，核算凝汽器清洁系数在0.88左右，具体核算结果见表5-44。由凝汽器特性曲线及性能核算结果可知，在上述工况下凝汽器压力应达到6.5kPa，故7号凝汽器实际性能基本达到了设计水平。

表5-44 **7号机组凝汽器典型工况性能计算**

项目名称	单位	设计	设计
试验工况	℃	20.5	20.5
冷却管总数	—	26 696	26 696

续表

项目名称	单位	设计	设计
主凝结区冷却管数	—	24 896	24 896
主凝结区冷却管外径	mm	22	22
主凝结区冷却管壁厚	mm	0.5	0.5
空冷区、顶部三排及通道外侧冷却管数	—	1800	1800
空冷区、顶部三排及通道外侧冷却管外径	mm	22	22
空冷区、顶部三排及通道外侧冷却管壁厚	mm	0.7	0.7
加热管有效长度	m	10.84	10.84
冷却水流程数	—	2	2
凝汽器冷却面积	m²	20 000	20 000
冷却管总通流面积	m²	4.61	4.61
机组负荷	MW	300	300.1
凝汽器冷却水流量	m³/h	33 862	28 511
凝汽器冷却水进口温度	℃	20.50	24.80
高压凝汽器冷却水出口温度	℃	30.50	35.30
凝汽器压力	kPa	5.100	6.500
大气压力	kPa	99.0	99.0
冷却水总温升	℃	10.00	10.50
凝汽器出口温度	℃	30.50	35.30
凝汽器进水温度修正系数	—	0.994	1.032
管径修正系数	—	2480	2480
冷却管内水流速	m/s	2.040	1.717
基本传热系数	kW/(m²·K)	3.542	3.250
壁厚修正系数	—	0.952	0.952
热负荷	kJ/s	371 787	371 910.9
凝汽器冷却水密度	kg/m³	1000	1000
凝汽器冷却水流量	m³/h	33 862	28 511
凝汽器冷却水进口温度	℃	20.50	20.50
凝汽器设计进水温度修正系数	—	0.994	0.994
设计管径修正系数	—	2480	2480
设计冷却管内水流速	m/s	2.040	1.717
设计基本传热系数	kW/(m²·K)	3.542	3.250
设计壁厚修正系数	—	0.952	0.952
凝汽器运行清洁系数	—	0.900	0.900
冷却水密度	kg/m³	1000.0	1000.0
定压比热	kJ/(kg·℃)	4.180	4.179
凝汽器压力下饱和温度	℃	33.25	37.65

续表

项目名称	单位	设计	设计
凝汽器冷却水温升	℃	10.000	10.500
凝汽器热负荷	MJ/h	1 415 458	1 250 979
凝汽器热负荷	MW	393.2	347.5
凝汽器传热端差	℃	2.751	2.351
凝汽器对数平均温差	℃	6.520	6.182
凝汽器总体传热系数	kW/(m² · K)	3.015	2.810
凝汽器运行清洁系数	—	0.900	0.881
总体性能		300.00	300.10
总的饱和温度	℃	33.25	37.65
总的凝汽器压力	kPa	5.1	6.5
总的传热端差	℃	2.75	2.35
总的热负荷	MJ/h	1 415 458	1 250 979
总的热负荷	MW	393.2	347.5
(温度、流量) 修正后的凝汽器压力	kPa	5.1	5.2
(温度、流量、清洁系数) 修正后的凝汽器压力	kPa	5.1	5.2

3. 真空系统严密性

由表 5-45 可知, 2010 年 3 月~2011 年 4 月, 6 号机组真空系统严密性试验平均值为 173.3Pa/min; 7 号机组真空系统严密性试验平均值为 226.7Pa/min。

表 5-45　　　　　　　BYH 电厂 6、7 号机组真空严密性试验结果　　　　　(Pa/min)

试验时间	6 号机组	7 号机组
2010.08	264.00	236.00
2010.09	240.00	162.00
2010.10	240.00	194.00
2010.11	194.00	216.00
2010.12	194.00	224.00
2010.01	76.00	260.00
2010.02	76.00	260.00
2010.03	136.00	260.00
2010.04	140.00	228.00
平均	173.3	226.7

2011 年 5 月 26 日 9：25~9：30, 6 号机组负荷为 259.9MW, 轴封供汽压力 30kPa, 对 6 号机组进行了真空系统严密性试验, 试验结果为 84Pa/min, 表明其真空系统严密性处于良好水平, 具体试验数据见表 5-46。

表 5 - 46 　　　　　　BYH 电厂 6 号机组真空严密性现场试验结果 　　　　　（kPa）

试验时间	真空
9：25	−92.45
9：26	−92.38
9：27	−92.30
9：28	−92.23
9：29	−92.16
9：30	−91.94

2011 年 5 月 27 日 8：59～9：04，7 号机组负荷为 294.6MW，轴封供汽压力 30kPa，对 7 号机组进行了真空系统严密性试验，试验结果为 350Pa/min，具体试验数据见表 5 - 47。

表 5 - 47 　　　　　　BYH 电厂 7 号机组真空严密性现场试验结果 　　　　　（kPa）

试验时间	真空
8：59	92.32
9：00	92.15
9：01	91.78
9：02	91.34
9：03	90.96
9：04	90.57
轴封供汽压力提高 20 kPa，进行了第二次试验	
9：38	92.12
9：39	92.04
9：40	91.92
9：41	91.85
9：42	91.75
9：43	91.56
9：44	91.47
9：45	91.38
试验进行了 8min，取后 5min 数据，真空严密性试验值 108Pa/min	

现场将轴封供汽压力提高了 20 kPa，再次对 7 号机组进行了真空系统严密性试验，试验结果为 108Pa/min，具体试验数据见表 5 - 47，随着轴封供汽压力的提高，7 号机组真空严密性得到了明显的改善，表明其低压缸轴封间隙较大，正常的轴封压力不足以对其进行良好的密封，建议有检修机会调整低压缸端部汽封间隙，或者改造为王长春接触式汽封。

为了摸清 6、7 号机组真空严密性是否有进一步的改进空间，本次诊断特进行了低压轴封压力对机组真空影响试验以及真空泵运行台数对机组真空影响试验。

(1) 低压轴封压力对机组真空影响试验。

6号机组低压轴封供汽压力提高了 15kPa，凝汽器真空没变化；

7号机组低压轴封供汽压力提高了 20kPa，凝汽器真空没变化。

改变低压轴封压力对机组真空影响试验（6号机组）见表 5-48。

表 5-48 改变低压轴封压力对机组真空影响试验（6号机组）

试验时间 2011 年 5 月 26 日	机组负荷（MW）	低压轴封压力（kPa）	真空（kPa）	低排温度（℃）
9：50	259.1	30	-92.4	37.5
9：52	259.4	30	-92.4	37.5
轴封供汽压力提高了 15 kPa，凝汽器真空无变化				
试验时间 2011 年 5 月 26 日	机组负荷（MW）	低压轴封压力（kPa）	真空（kPa）	低排温度（℃）
9：55	259.6	45	-92.4	37.5
9：57	259.8	45	-92.4	37.5

改变低压轴封压力对机组真空影响试验（7号机组）见表 5-49。

表 5-49 改变低压轴封压力对机组真空影响试验（7号机组）

试验时间 2011 年 5 月 27 日	机组负荷（MW）	低压轴封压力（kPa）	真空（kPa）	低排温度（℃）
9：10	300.5	30	-92.0	38.5
9：12	300.4	30	-92.0	38.5
轴封供汽压力提高了 20 kPa，凝汽器真空无变化，但机组真空严密性得到了改善				
试验时间 2011 年 5 月 27 日	机组负荷（MW）	低压轴封压力（kPa）	真空（kPa）	低排温度（℃）
9：20	300.5	50	-92.0	38.5
9：25	300.4	50	-92.0	38.5

(2) 真空泵运行台数对机组真空影响试验。

增开一台真空泵，6号机组真空无明显变化；

增开一台真空泵，7号机组真空无明显变化。

BYH 电厂 6 号机组真空泵运行台数对机组真空影响见表 5-50。

表 5-50 BYH 电厂 6 号机组真空泵运行台数对机组真空影响

时间 2011 年 5 月 26 日	机组负荷（MW）	真空（KPa）	低排温度（℃）
9：35	259.6	-92.4	37.5
9：37	259.8	-92.4	37.5
增开一台真空泵，真空无变化			
9：38	259.6	-92.4	37.5
9：40	259.8	-92.4	37.5

BYH 电厂 7 号机组真空泵运行台数对机组真空影响见表 5 - 51。

表 5 - 51 BYH 电厂 7 号机组真空泵运行台数对机组真空影响

时间 2011 年 5 月 27 日	机组负荷（MW）	真空（kPa）	低排温度（℃）
10：05	300.5	-92.0	38.5
10：07	300.8	-92.2	38.7
增开一台真空泵，真空无变化			
10：15	300.5	-92.0	38.5
10：17	300.8	-92.2	38.7

4. 冷却水塔

BYH 发电厂 6、7 号机组共用一座 9000m² 自然通风冷却塔，冷却水塔相关设计参数以及与同类型机组对比见表 5 - 52。

表 5 - 52 BYH 发电厂 6、7 号机组与同类型机组冷却水塔技术参数对比

项目	BYH 发电厂 6、7 号机组公用冷却水塔	JT 电厂 1、2 号机组冷却水塔	QB 电厂 6、7 号机组冷却水塔
机组容量	2×300MW	660MW	600MW
塔型	双曲线自然通风逆流式	双曲线自然通风逆流式	双曲线自然通风逆流式
填料形式	塑料淋水填料	塑料淋水填料	塑料淋水填料
配水形式	管槽配水	单竖井、管槽配水	管槽配水
冷却面积	9000m²	8500m²	8500m²

2011 年 5 月 30 日对 BYH 电厂 6、7 号机组冷却塔性能进行了现场测试（测试参数见表 5 - 53），冷却塔附近湿球温度约 20.5℃，循环水出塔水温（即凝汽器循环水的入口水温）在 27.5℃左右，循环水出塔水温与湿球温度相差在 7℃。一般认为循环水出塔水温与湿球温度相差 7℃以下，表明冷却塔性能可达到设计水平，故 BYH 电厂 6、7 号机组冷却塔性能达到设计水平。

表 5 - 53 BYH 电厂 6 号、7 号机组冷却塔现场性能测试

时间	干球温度（℃）				湿球温度（℃）				出塔水温（℃）
	东	南	西	北	东	南	西	北	
14：50	27.0	27.1	27.0	27.1	20.5	20.5	20.5	20.5	27.5
15：00	27.1	27.0	27.0	27.0	20.5	20.5	20.5	20.5	27.5

5. 胶球清洗系统

BYH 电厂 6、7 号机组胶球清洗系统设备规范见表 5 - 54，6、7 号机组胶球收球率较高，基本在 90%以上。

目前，6、7 号机组胶球清洗系统运行方式为连续运行五天，周末进行收球，并及时更换部分损坏的胶球后继续运行，此种运行方式较好，可保证凝汽器在较高清洁系数下运行，值得推广。

表 5－54 胶球清洗系统设备规范

胶球清洗泵			
型号	BCT100－220	流量	80m³/h
压头	21mH₂O	转速	1440r/min
配用电机功率	7.5kW	台数	4
胶球清洗泵电机			
型号	Y132M－4	功率	7.5kW
电压	380V	电流	15.4A
转速	1440r/min	台数	4

6. 循环水泵

BYH 电厂 6、7 号机组冷端系统各配置一台双速循环水泵和一台定速循环水泵，主要技术规范与同类型机组对比见表 5－55，由于 6、7 号机组循环水系统为闭式循环，与同类型机组开式循环水相比，6、7 号机组循环水泵扬程较高，循环水流量相对偏小，电机功率较大。

表 5－55 BYH 电厂 6、7 号机组与同类型机组循环水泵设备规范对比

名称	单位	BYH6、7 号	XF1 号	JN1 号	CC1 号
是否双速	—	是	否	是	是
额定转速	r/min	495/425	425	496/426	495/425
额定流量	t/h	16 560/14 220	18 720	23 868/16 488	19 800/14 040
额定扬程	mH₂O	28.2//20.8	19.1	25.0/18.8	24.5/19
电机功率	kW	1900/1203	1600	1900/1200	1800/1400

注 表中 A/B，A 为高速运行参数，B 为低速运行参数。

2010～2011 年 4 月循环水泵耗电率统计见表 5－56 和表 5－57，2010 年 6 号机组循环水泵耗电率基本在 0.8%～0.85%，另外 2010 年 9 月由西安热工研究院有限公司对 6、7 号机组进了冷端优化试验，并且电厂已严格按照优化试验的结果，调度循环水泵的运行方式，核算得 2010 年 5 月～2011 年 4 月循环水泵平均耗电率基本在 0.75 左右，表明循环水泵的运行方式比较科学、合理。建议今后继续严格按照优化试验的结果，调度循环水泵的运行方式。

表 5－56 6 号机组冷端系统运行性能统计（2010～2011 年 4 月）

时间	出力系数（%）	循环水入口温度（℃）	循环水出口温度（℃）	凝汽器压力（kPa）	循环水泵耗电率（%）
2010.01	74.8	5.9	16.2	2.9	—
2010.02	45.0	15.7	25.8	4.1	1.50
2010.03	81.1	14.6	26.5	4.8	0.72
2010.04	84.2	17.0	30.3	5.4	0.67
2010.05	84.9	23.0	34.0	6.9	0.75

时间	出力系数（%）	循环水入口温度（℃）	循环水出口温度（℃）	凝汽器压力（kPa）	循环水泵耗电率（%）
2010.06	82.2	26.67	39.91	7.2	1.09
2010.07	—	—	—	—	—
2010.08	80.9	28.8	37.7	7.5	1.22
2010.09	83.2	24.8	36.1	6.8	0.86
2010.10	82.3	18.6	32.0	5.7	0.63
2010.11	83.1	14.4	30.1	5.2	0.44
2010.12	75.9	10.7	21.8	4.0	0.50
平均	78.2	18.2	30.0	5.3	0.83
7月份没有统计数据，参考其他月份，核算冷端系统全年平均数据					
平均	78.3	18.9	30.9	5.6	0.86
2010.01	78.7	5.9	16.2	3.4	0.49
2010.02	77.0	8.7	22.4	4.2	0.47
2010.03	79.4	15.6	24.6	4.3	0.74
2010.04	82.6	17.5	29.1	4.7	0.74
平均	79.4	11.9	23.1	4.2	0.61

2010 年 9 月进行了冷端优化试验，电厂已严格执行循泵运行的调度方案，核算 2010 年 5 月～2011 年 4 月，循环水泵平均耗电率基本在 0.75％左右，表明循环水泵运行方式比较科学。

表 5－57　　　　　7 号机组冷端系统运行性能统计（2010～2011 年 4 月）

时间	出力系数（%）	循环水入口温度（℃）	循环水出口温度（℃）	凝汽器压力（kPa）	循环水泵耗电率（%）
2010.01	71.6	10.5	22.9	4.2	—
2010.02	68.3	9.9	21.9	3.8	0.84
2010.03	74.0	10.3	22.6	3.7	0.81
2010.04	81.1	16.6	30.9	5.3	0.65
2010.05	83.8	23.5	36.7	7.0	0.73
2010.06	79.5	28.0	37.9	7.5	1.12
2010.07	—	—	—	—	—
2010.08	81.1	29.3	38.5	7.8	1.21
2010.09	81.0	20.8	34.3	6.3	0.71
2010.10	77.8	18.9	31.9	5.7	0.65
2010.11	83.1	14.5	30.4	5.1	0.44
2010.12	79.4	10.0	24.6	3.9	0.47
平均	78.2	17.5	30.2	5.3	0.80

时间	出力系数（%）	循环水入口温度（℃）	循环水出口温度（℃）	凝汽器压力（kPa）	循环水泵耗电率（%）
7月份没有统计数据，参考其他月份，核算冷端系统全年平均数据					
平均	78.4	18.4	30.9	5.7	0.80
2010.01	81.9	5.9	16.2	3.5	0.46
2010.02	79.8	9.8	24.6	4.2	0.47
2010.03	78.7	13.6	28.6	4.6	0.49
2010.04	79.5	18.9	30.4	4.8	0.74
平均	80.0	12.0	24.9	4.3	0.54

2010年9月进行了冷端优化试验，电厂已严格执行循泵运行的调度方案，核算2010年5月～2011年4月，循环水泵平均耗电率基本在0.75%左右，表明循环水泵运行方式比较科学。

7. 真空泵

6、7号机组抽空气设备为水环式真空泵，设计规范见表5-58，2010年9月西安热工研究院有限公司对6号机组两台真空泵的工作性能进行了测试，结果发现两台真空泵冷却水流量偏小，尤其是B真空泵明显偏小，经过对真空泵板式换热器以及相关的管道阀门清理后，两台真空泵冷却水流量基本可满足运行要求。

表5-58　　　　　　　　　　真空泵及附属设备规范

	名称		单位	数值
真空泵	制造厂		—	佶缔纳士机械有限公司
	形式		—	锥体双级水环真空泵
	型号		—	TC11E
热交换器	制造厂家		—	阿法拉法
	形式/型号		—	板式/M6
	计算换热面积	5.2kPa	m²	5.6
		11.8kPa	m²	4.0
		夏季38℃	m²	6.2
	工作水量		t/h	13.6
	冷却水流量		t/h	30
	换热面积（开式水水温38℃）		m²	7.5
	水阻		MPa	0.05
电动机	制造厂		—	上海电机
	型号		—	Y2355L1-12
	额定功率		kW	110
	额定电流		A	245
	额定转速		r/min	494

目前，6、7号机组真空泵工作液冷却水可实现循环水和工业水两路协调控制（如图 5-22 所示），夏季循环水温度高时，采用切换工业水对真空泵工作液进行冷却（夏季工业水温度低于循环水温度，约为 8℃），大幅度提高了真空泵的工作能力。

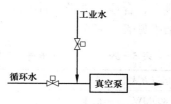

图 5-22 真空泵冷却水系统

8. 冷端总体性能评价

（1）6、7号机组设计冷却水温度为 20.5℃，设计冷却面积为 20 000m²，冷却水流量为 33 862t/h，设计凝汽器压力为 5.2kPa，经核算上述工况，凝汽器校核压力为 5.1kPa。以上参数均表明，6、7号机组冷端系统设计参数较合理，可满足机组正常运行。

（2）本次对 6、7号机组现场诊断中利用西安热工研究院有限公司携带的经校验的 ROSEMOUNT 3051 绝压变送器（精度等级 0.075），首先对 6、7号机组现场凝汽器压力测点进行了校核及评价，主要结论：6号机组 DCS 显示的真空值较准确；7号机组 DCS 显示的真空值较准确。

（3）对冷端系统历史统计数据和近期典型工况实际运行数据进行了核算，结果表明 6、7号机组凝汽器实际运行性能基本达到了设计水平。

（4）对 6、7号机组进行了真空严密性试验，测得结果分别为 84Pa/min 和 350Pa/min，现场将 7号机组轴封供压力提高了 20kPa，再次进行真空严密性试验，结果为 108Pa/min，最终表明 6、7号机组真空严密性均处于良好的水平。

（5）6、7号机组进行了提高轴封供汽压力对真空影响试验，轴封供汽压力提高近 20kPa，6、7号机组真空无明显变化。

（6）6、7号机组进行了增开一台真空泵对真空影响试验，当两台真空泵运行，6、7号机组真空无明显变化。

（7）2010 年 9 月进行了冷端优化试验，电厂已严格执行循泵运行的调度方案，核算 2010 年 5 月～2011 年 4 月，循环水泵平均耗电率基本在 0.75% 左右，表明循环水泵运行方式比较科学。

（8）对 BYH 电厂 6、7号机组冷却塔性能进行了现场测试，测得循环水出塔水温与湿球温度相差在 6.8℃。一般认为循环水出塔水温与湿球温度相差 7℃以下，表明冷却塔性能可达到设计水平，故 BYH 电厂 6、7号机组冷却塔性能达到设计水平。

（9）目前，6、7号机组胶球清洗系统运行方式为连续运行 5d，周末进行收球，并且及时更换部分损坏的胶球后继续运行，此种运行方式较好，可保证凝汽器在较高清洁系数下运行，建议兄弟电厂参考此运行方式。

（10）目前，6、7号机组真空泵工作液冷却水可实现由循环水和工业水两路协调控制，夏季循环水温度高时，采用切换工业水对真空泵工作液进行冷却，大幅度的提高了真空泵的工作能力。

9. 冷端系统节能降耗措施及建议

（1）循环水泵。2010 年 9 月由西安热工研究院有限公司对 6号机组进行了冷端优化试验，并且电厂已严格按照优化试验的结果，调度循环水泵的运行方式，核算 2010 年 5 月～2011 年 4 月循环水泵平均耗电率基本在 0.75 左右，表明循环水泵的运行方式比较科学、合理。建议今后继续严格按照优化试验的结果，调度循环水泵的运行方式。试验结果见表5-59。

表5-59　　　　　　6号、7号机组循环泵运行方式优化结果（纯凝工况）

运行方式	7℃	8℃	9℃	10℃	11℃	12℃	13℃	14℃	15℃
300MW	一低速	一定速	一定速	一定速	一定速	一定速	一定速	一定速	一定速
270MW	一低速	一定速	一定速	一定速	一定速	一定速	一定速	一定速	一定速
240MW	一低速	一低速	一定速	一定速	一定速	一定速	一定速	一定速	一定速
210MW	一低速	一低速	一低速	一低速	一定速	一定速	一定速	一定速	一定速
180MW	一低速	一低速	一低速	一低速	一低速	一低速	一低速	一定速	一定速
150MW	一低速	一低速	一低速	一低速	一低速	一低速	一低速	一低速	一定速

运行方式	16℃	17℃	18℃	19℃	20℃	21℃	22℃	23℃	24℃
300MW	高低速	高低速	高低速	高低速	高低速	高低速	两高速	两高速	两高速
270MW	一定速	一定速	高低速	高低速	高低速	高低速	高低速	两高速	两高速
240MW	一定速	一定速	一定速	一定速	高低速	高低速	高低速	高低速	两高速
210MW	一定速	一定速	一定速	一定速	一定速	高低速	高低速	高低速	高低速
180MW	一定速	一定速	一定速	一定速	一定速	一定速	一定速	高低速	高低速
150MW	一定速	一定速	一定速	一定速	一定速	一定速	一定速	一定速	一定速

运行方式	25℃	26℃	27℃	28℃	29℃	30℃	31℃	32℃	33℃
300MW	两高速	两高速	两高速	两高速	两高速	两高速	两高速	两高速	两高速
270MW	两高速	两高速	两高速	两高速	两高速	两高速	两高速	两高速	两高速
240MW	两高速	两高速	两高速	两高速	两高速	两高速	两高速	两高速	两高速
210MW	高低速	高低速	两高速	两高速	两高速	两高速	两高速	两高速	两高速
180MW	高低速	高低速	高低速	两高速	两高速	两高速	两高速	两高速	两高速
150MW	高低速	高低速	高低速	高低速	高低速	高低速	高低速	高低速	高低速

以机组全年平均出力系数在0.7~0.8之间为例：

循环水温度低于10℃，采用一机一低速循环水泵运行；

循环水温度在10~20℃之间，采用一机一高速循环水泵运行；

循环水温度在20~26℃之间，采用一机一高、低速循环水泵运行；

循环水温度在26℃以上，采用一机两高速循环水泵运行。

（2）真空系统严密性。进行了6、7号机组真空严密性试验，结果分别为84Pa/min和350Pa/min，现场将7号机组轴封供压力提高了20kPa，再次进行了真空严密性试验，结果为108Pa/min。

随着轴封供汽压力的提高，7号机组真空严密性得到了明显的改善，表明其低压缸轴封间隙较大，正常的轴封压力不足以对其进行良好的密封，建议：

1）把轴封供汽压力提高到端部汽封微向外冒汽为止，最终轴封供汽压力略低于此值运行。

2）有检修机会调整低压缸端部汽封间隙，或者改造为王长春接触式汽封。

（3）真空泵。2010 年 9 月西安热工研究院有限公司对 6 号机组两台真空泵的工作性能进行了测试，结果发现两台真空泵冷却水流量偏小，尤其是 B 真空泵明显偏小，经过对真空泵板式换热器以及相关的管道阀门清洗后，两台真空泵冷却水流量基本可满足运行要求。

通过以上可知：机组长时间运行后，真空泵板式换热器容易结垢，建议电厂定期对真空泵板式换热器进行清洗；夏季循环水温度高时，及时切换工业水对真空泵工作液进行冷却。

（4）冷却水塔。2010 年 5 月 30 日对 BYH 电厂 6、7 号机组冷却塔性能进行了现场测试，结果表明 BYH 电厂 6、7 号机组冷却塔性能达到设计水平。

但现场查看冷却塔离灰场、煤场较近，周围环境较差，容易使循环水水质变差、冷却塔淋水填料结垢、配水槽淤泥增多以及淋水喷头堵塞等。长时间运行后可能造成冷却塔性能下降（出塔水温升高），并且对凝汽器冷却管清洁系数有一定的影响。

建议电厂考虑在冷却塔靠近灰场和煤场侧加装挡灰墙，距离塔壁约 20～30m，并且在有检修机会时清理塔内的淤泥，堵塞的淋水喷头等。

（5）冷端系统对标。本次节能诊断对 BYH 电厂 6、7 号机组凝汽器历史统计数据、近期典型工况实际运行数据进行了核算，结果均表明凝汽器性能基本处于设计水平运行，并且对 6、7 号机组凝汽器压力测点进行了校核，表明低压缸排汽温度、真空等测点均较准确。

但 2011 年 1～4 月与 XD 电厂对标过程中发现，BYH 电厂真空偏低 1～2kPa，电厂一直未能查找出真空偏低的主要原因。参考表 5 - 60 和表 5 - 61，对两厂统计数据进行分析，可知：

1）BYH 电厂低压缸排汽温度对应的饱和压力和真空基本相吻合。

2）XD 电厂低压缸排汽温度对应的饱和压力和真空差距较大，相差 2kPa 以上。

3）2011 年 1～4 月，BYH 电厂低压缸排汽温度均低于 XD 电厂，对应的饱和压力（凝汽器压力）也低于 XD 电厂，但真空却偏低 1～2kPa。

4）根据 BYH 电厂统计的真空核算出真空度，与 XD 电厂统计的真空值相近，建议 BYH 电厂咨询 XD 电厂，看是否是统计的真空度误认为真空。

5）2011 年 1 月，XD 电厂统计的真空达到了 98.65kPa，冬季大气压按 99.5～100kPa 核算，凝汽器绝对压力达到了 0.85～1.35kPa，远低于汽轮机排汽阻塞背压，不合理。

表 5 - 60　　　　　　　　　　BYH 电厂冷端系统运行性能统计

时间	出力系数（%）	排汽温度（℃）	凝汽器真空（kPa）	真空度（%）	排汽温度对应的饱和压力（kPa）
2011.01	78.7	26.4	96.9	97.98	3.4
2011.02	77.0	29.7	95.44	96.50	4.2
2011.03	79.4	30.1	94.9	95.96	4.3
2011.04	82.6	32.0	93.65	94.69	4.7
平均	79.43	29.55	95.22	96.28	4.15

表 5 - 61　　　　　　　　　　　　　XD 电厂冷端系统运行性能统计

时间	出力系数（%）	排汽温度（℃）	凝汽器真空（kPa）	真空对应绝对压力（kPa）	排汽温度对应的饱和压力（kPa）
2011.01	75.98	29.6	98.65	0.85	4.15
2011.02	73.23	30.65	97.36	1.94	4.40
2011.03	74.1	32.04	96.87	2.43	4.76
2011.04	73.99	32.04	95.19	4.11	4.76
平均	74.33	31.08	97.02	2.28	4.52

综上所述，BYH 电厂凝汽器相关测点均较准确，2011 年 1～4 月凝汽器平均压力在 4.15kPa，凝汽器实际运行性能基本达到设计水平运行。

（6）变工况凝汽器压力核算。以电厂凝汽器、循环水泵的设计技术规范为根据，对 6、7 号机组在不同工况，不同循环水温度时凝汽器压力进行计算，结果见表 5 - 62，有利于电厂相关技术人员即时监测凝汽器实际运行压力与最佳压力之间的差距，以供参考。

表 5 - 62　　　　　　　　　　　　　　变工况凝汽器压力计算　　　　　　　　　　　　　　kPa

冷却水入口温度	50%负荷	60%负荷	70%负荷	80%负荷	90%负荷	100%负荷
10℃	3.0	3.3	3.7	3.3	3.5	3.9
11℃	3.1	3.5	3.1	3.4	3.7	4.1
12℃	3.2	3.7	3.2	3.6	3.9	4.3
13℃	3.4	3.1	3.4	3.8	4.1	4.5
14℃	3.6	3.3	3.6	4.0	4.4	4.8
15℃	3.2	3.5	3.8	4.2	4.5	5.0
16℃	3.3	3.7	4.0	4.4	4.8	4.2
17℃	3.5	3.9	4.2	4.6	5.1	4.4
18℃	3.7	4.1	4.4	4.9	4.3	4.6
19℃	3.9	4.3	4.7	4.3	4.5	4.9
20℃	4.1	4.6	4.9	4.5	4.8	5.1
21℃	4.4	4.8	4.4	4.8	5.1	5.4
22℃	4.7	5.1	4.6	5.0	5.3	5.2
23℃	4.9	4.6	4.9	5.3	5.3	5.5
24℃	5.2	4.9	5.2	5.3	5.5	5.8
25℃	4.8	5.2	5.5	5.5	5.8	6.2
26℃	5.5	5.5	5.5	5.8	6.1	6.5
27℃	5.3	5.7	5.7	6.2	6.5	6.8
28℃	5.7	5.8	6.1	6.5	6.8	7.2

续表

冷却水 入口温度	50% 负荷	60% 负荷	70% 负荷	80% 负荷	90% 负荷	100% 负荷
29℃	6.0	6.1	6.4	6.8	7.2	7.6
30℃	6.3	6.4	6.7	7.2	7.6	8.0
31℃	6.7	6.8	7.1	7.6	7.9	8.4
32℃	7.0	7.2	7.5	8.0	8.4	8.9
33℃	7.4	7.5	7.5	8.4	8.8	9.3

5.1.4 厂用电率

BYH 电厂 6、7 号机组厂用电率统计趋势如图 5-23、图 5-24 所示；6、7 号机组厂用电指标见表 5-63、表 5-64。

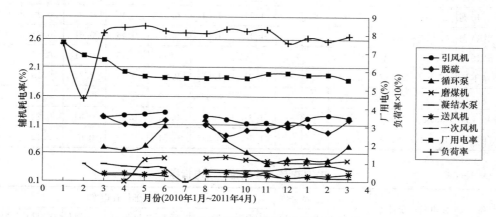

图 5-23 6 号机组厂用电率统计趋势

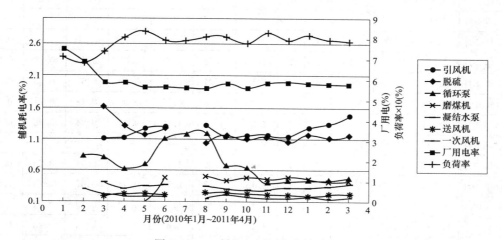

图 5-24 7 号机组厂用电率统计趋势

表 5－63　　　　　　　　　　　　**BYH 电厂 6 号机组厂用电指标**

月份	发电量	负荷率	厂用电率	启停次数		重要辅机耗电率						
				启	停	引风机	脱硫	循泵	磨煤机	一次风机	送风机	凝泵
单位	万 kW·h	%	%	次	次	%	%	%	%	%	%	%
2010 年 1 月	7609	74.79	7.59	1	2	—	—	—	—	—	—	—
2010 年 2 月	1453	44.97	6.88	1	1	—	—	—	—	—	—	0.40
2010 年 3 月	9332	81.10	6.63	3	2	1.23	1.24	0.72	0.08	0.92	0.23	0.21
2010 年 4 月	11 410	84.18	5.96	1	1	1.27	1.10	0.67	0.09	0.83	0.24	0.21
2010 年 5 月	18 942	84.87	5.71	—	—	1.29	1.09	0.75	0.46	0.77	0.22	0.19
2010 年 6 月	17 697	82.16	5.65	1	1	1.32	1.17	1.09	0.51	0.75	0.25	0.19
2010 年 7 月	18 128	81.22	5.59	—	—	—	—	—	—	—	—	—
2010 年 8 月	18 032	80.92	5.61	1	1	1.24	1.09	1.22	0.52	0.58	0.27	0.19
2010 年 9 月	16 367	83.20	5.66	1	1	1.19	0.90	0.86	0.53	0.57	0.26	0.19
2010 年 10 月	18 339	82.33	5.63	1	1	1.11	1.01	0.63	0.49	0.58	0.23	0.22
2010 年 11 月	17 944	83.07	5.87	—	—	1.13	1.00	0.44	0.46	0.61	0.21	0.27
2010 年 12 月	13 776	75.94	5.90	2	2	1.06	1.13	0.50	0.45	0.71	0.17	0.17
2011 年 1 月	17 560	78.67	5.80	—	—	1.21	1.08	0.49	0.44	0.77	0.19	0.17
2011 年 2 月	15 515	76.99	5.79	—	1	1.27	0.97	0.47	0.43	0.85	0.19	0.16
2011 年 3 月	5554	79.35	5.53	1	—	1.21	1.19	0.74	0.47	0.61	0.23	0.17
2011 年 4 月	17 844	82.61	5.72	—	—	1.10	0.91	0.74	0.52	0.57	0.19	0.16

表 5－64　　　　　　　　　　　　**BYH 电厂 7 号机组厂用电指标**

月份	发电量	负荷率	厂用电率	启停次数		重要辅机耗电率						
				启	停	引风机	脱硫	循泵	磨煤机	一次风机	送风机	凝泵
单位	万 kW·h	%	%	次	次	%	%	%	%	%	%	%
2010 年 1 月	6619	71.57	7.50	2	2	—	—	—	—	—	—	—
2010 年 2 月	7054	68.29	6.87	1	1	—	—	—	—	—	—	0.31
2010 年 3 月	7463	74.00	5.94	—	1	1.11	1.62	0.81	0.09	0.99	0.19	0.23
2010 年 4 月	10647	81.09	5.87	1	—	1.13	1.31	0.65	0.09	0.67	0.23	0.20
2010 年 5 月	18 704	83.80	5.66	—	—	1.28	1.18	0.73	0.09	0.78	0.24	0.19
2010 年 6 月	17 004	79.49	5.68	2	2	1.30	1.28	1.12	0.50	0.84	0.23	0.19
2010 年 7 月	17 692	79.26	5.62	—	—	—	—	—	—	—	—	—
2010 年 8 月	18 037	81.10	5.61	1	1	1.33	1.05	1.21	0.51	0.81	0.25	0.18
2010 年 9 月	5563	80.97	5.82	1	1	1.15	1.17	0.71	0.44	0.67	0.25	0.22
2010 年 10 月	16 613	77.77	5.64	1	1	1.16	1.11	0.65	0.49	0.59	0.24	0.17
2010 年 11 月	17 943	83.07	5.87	—	—	1.17	1.15	0.44	0.46	0.60	0.21	0.17
2010 年 12 月	17 660	79.36	5.88	1	1	1.16	1.07	0.47	0.50	0.71	0.21	0.17
2011 年 1 月	14 172	81.85	5.80	—	1	1.30	1.17	0.46	0.46	0.75	0.20	0.18

续表

月份	发电量	负荷率	厂用电率	启停次数		重要辅机耗电率						
				启	停	引风机	脱硫	循泵	磨煤机	一次风机	送风机	凝泵
2011年2月	10 670	79.76	5.79	1	—	1.34	1.12	0.47	0.44	0.74	0.23	0.16
2011年3月	8491	78.71	5.81	—	1	1.48	1.17	0.49	0.44	0.88	0.22	0.17
2011年4月	16 491	79.52	5.73	1	—	1.09	0.98	0.74	0.50	0.72	0.20	0.15

综合两台机组的实际运行指标情况，参考同类型机组运行情况，可以得出以下结论：

(1) 目前，6号机组生产厂用电率基本为5.6%～5.8%。主要辅机中厂用电率比例较大的有：引风机和脱硫系统耗电率分别为1.16%、1.0%，循环水泵年耗电率约为0.76%，一次、送风机耗电率分别为0.65%、0.21%，凝泵变频运行耗电率为0.17%。

(2) 目前，7号机组生产厂用电率基本为5.6%～5.8%。主要辅机中厂用电率比例较大的有：引风机和脱硫系统耗电率分别为1.18%、1.1%，循环水泵年耗电率约为0.72%，一次、送风机耗电率分别为0.68%、0.22%，凝泵变频运行耗电率为0.165%。

(3) 引风机耗电率是所有辅机耗电率中最大的，主要原因是6、7号机组脱硫系统未设置增压风机，引风机承担增压风机的出力。

(4) 机组75%负荷时，经优化后脱硫系统耗电率基本在1.1%左右，其中三台浆液循环泵运行耗电率为0.72%，一台氧化风机运行耗电率为0.2%，其他低压辅机耗电率约为0.19%；高负荷脱硫系统耗电率可以达到0.92%，其中三台浆液循环泵运行耗电率为0.6%，一台氧化风机运行耗电率为0.16%，其他低压辅机耗电率约为0.15%。

(5) 一次风机、引风机电耗偏高主要是因为空气预热器漏风和堵塞较为严重，另外脱硫烟气系统阻力偏大也导致引风机电耗偏高。

(6) 磨煤机耗电率偏高，主要是因为燃用煤质较杂，燃煤可磨性与设计值偏差较大。

(7) 循环水泵、凝结水泵耗电率已经很低，基本没有大幅下降的空间。

1. 烟风系统及风机

锅炉风机的能量消耗决定于锅炉风烟系统中流量、阻力特性和风机自身的运行效率。降低BYH电厂6、7号锅炉风机能耗需从以下三个方面入手：

第一，在保证锅炉燃烧需要的前提下尽可能降低烟风系统的流量。在保证锅炉燃烧需要的前提下，使锅炉运行在最佳氧量，避免过大的过剩空气系数；减小空气预热器的漏风率；减小烟风管道漏风量（包括各种密封不严的孔洞和人孔门及膨胀节等）；减小隔断风门漏风量（如热风再循环门、磨煤机出口隔离门、脱硫系统旁路风门等）；避免一次风率偏大等。

第二，尽可能降低烟风系统的阻力。烟风系统阻力包括系统内各设备（特别是如暖风器、空气预热器、SCR、除雾器等）因种种原因而造成的阻力过分增加；管道布置不当造成局部阻力过大；还有各种风门（如磨煤机入口热风门等）开度过小造成的节流损失；过高的一次风压力等。

第三，在烟风系统流量和阻力达到最佳水平的基础上，选择与烟风系统相匹配的风机及调节装置，提高风机的实际运行效率。对于已经运行的风机来说，可通过风机改造或者电机改造来提高风机与其相应的烟风系统的匹配程度。

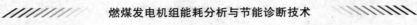

（1）烟风系统阻力分析。现场查阅了 BYH 电厂 6、7 号锅炉 2011 年 5 月高负荷下（270MW 以上）与烟风系统阻力相关的运行参数平均值，见表 5-65。

表 5-65　　BYH 电厂 6、7 号锅炉烟风系统运行参数（2011 年 5 月高负荷平均值）

描述	单位	设计值	6 号机组	7 号机组
机组负荷	MW	BRL	276.01	278.70
总给煤量	t/h	—	136.22	138.22
主蒸汽流量/锅炉负荷	t/h		883.01	878.05
送风机 A 出口压力	kPa		2.07	2.21
送风机 B 出口压力	kPa		2.03	2.09
空气预热器 A 二次风进出口差压	kPa	0.59	0.72	0.83
空气预热器 B 二次风进出口差压	kPa	0.59	0.68	0.74
空气预热器 A 出口二次风压力	kPa		1.06	1.10
空气预热器 B 出口二次风压力	kPa		1.07	1.14
空气预热器 A 出口热一次风压力	kPa		9.14	9.09
空气预热器 B 出口热一次风压力	kPa		9.20	9.08
空气预热器 A 一次风进出口差压	kPa	0.47	0.98	1.13
空气预热器 B 一次风进出口差压	kPa	0.47	1.03	1.16
空气预热器 A 入口烟气压力	kPa		−1.56	−1.79
空气预热器 B 入口烟气压力	kPa		−1.70	−1.75
空气预热器 A 进出口烟气差压	kPa	0.83	1.32	1.21
空气预热器 B 进出口烟气差压	kPa	0.83	1.32	1.32
电气除尘器 A 出口烟气压力	kPa		−3.44	−3.55
电气除尘器 B 出口烟气压力	kPa		−3.31	−3.46
引风机 A 出口烟气压力	kPa		1.75	2.01
引风机 B 出口烟气压力	kPa		1.79	1.93

1）空气预热器阻力偏大。由表 5-65 可知，BYH 电厂 6、7 号机组在高负荷下，由于空气预热器积灰堵塞，空气预热器阻力均偏大，6 号锅炉空气预热器二次风阻力平均偏大 0.1kPa，一次风阻力偏大 0.53kPa，烟气侧阻力偏大 0.49kPa；7 号锅炉空气预热器二次风阻力平均偏大 0.2kPa，一次风阻力偏大 0.68kPa，烟气侧阻力偏大 0.44kPa。

空气预热器阻力偏大影响风机电耗。根据目前送风机、引风机、一次风机的电耗水平，可以估算由于空气预热器阻力偏大影响 6 号锅炉送风机电耗较小，一次风机电耗 0.03 个百分点，引风机电耗 0.1 个百分点；影响 7 号锅炉送风机电耗较小，一次风机电耗 0.04 个百分点，引风机电耗 0.1 个百分点。

另外，空气预热器阻力偏大有引起引风机喘振的可能。例如，2011 年 3 月 12 日，因空气预热器阻力偏大，7 号锅炉 A 侧引风机发生喘振，电除尘出口烟气压力接近 5kPa，风机全压超过 7kPa。

2）空气预热器漏风率大。BYH 电厂自 2009 年 12 月底投产以来，6、7 号锅炉 4 台空气预热器均不同程度存在漏风率过大问题。2010 年 5 月西安热工研究院有限公司分别对 6、7 号锅炉进行了性能考核试验，4 台空气预热器漏风率为 10.5%～15.5%，均偏离设计值较多。经过多次对空气预热器密封间隙进行调整，均未出现明显效果，未达到"投运一年内不超过 6%，运行一年后不超过 8%"的设计要求。

目前，BYH 电厂 6 号锅炉空气预热器漏风率在 9% 左右，7 号锅炉空气预热器漏风率在 13% 左右，偏高较多。对于三分仓空气预热器来说，一次风的实际风压比二次风的实际风压高得多，这样一次风不仅要漏到烟气侧，而且要漏到二次风侧，一次风的泄漏量较大。而对于二次风说来，当部分空气漏到烟气侧的同时，有部分一次风漏入二次风区进行补偿，所以二次风的泄漏量较小。一次风的漏风量占空气预热器总漏风量的 70%～80%，二次风的漏风量仅占 20%～30%。

空气预热器漏风率偏大除了影响锅炉效率，还会对风机电耗产生影响，表 5-66 为以设计值为基础，分析计算了空气预热器漏风对风机电耗的影响。

表 5-66　　　　BYH 电厂额定负荷下空气预热器漏风率对风机能耗的影响

空气预热器漏风率（%）		6.00	7.00	9.00	11.00	13.00	15.00
烟风量增加（%）	一次风机	0.00	2.82	8.45	14.09	19.72	25.36
	送风机	0.00	0.33	0.98	1.64	2.30	2.95
	引风机	0.00	1.04	3.13	5.21	7.29	9.38
影响风机电耗（%）	一次风机	0.00	0.02	0.06	0.10	0.14	0.18
	送风机	0.00	0.00	0.00	0.00	0.01	0.01
	引风机	0.00	0.01	0.04	0.07	0.09	0.11

由表 5-66 可知，当空气预热器漏风率从 6% 增加到 15% 时，一次风机风量增大了 25.36%，送风机风量增大了 2.95%，引风机风量增加了 9.38%。据此计算，按照目前一次风机、引风机、送风机的电耗水平，可以得到由于漏风率偏大导致 6 号锅炉一次风机电耗增加 0.06 百分点，送风机电耗增加较小，引风机电耗增加 0.04 百分点，共计风机电耗增加 0.1 个百分点；空气预热器漏风率偏大导致 7 号锅炉一次风机电耗增加 0.14 百分点，送风机电耗增加较小，引风机电耗增加 0.09 百分点，共计风机电耗增加 0.23 个百分点。

3）一次风机出口压力高。2011 年 5 月，BYH 电厂 6、7 号锅炉一次风机出口压力随负荷变化的统计值如图 5-25、图 5-26 所示。

在负荷较高时，6 号锅炉一次风机出口压力为 9.8～10.5kPa，低负荷下，一次风机压力略微下降约 0.5kPa；在负荷较高时，7 号锅炉一次风机出口压力为 9.8～10.5kPa，低负荷下，一次风机压力几乎没有变化。另外，在相同负荷下，一次风机出口压力变化较大，变化幅度在接近 1.0kPa 左右。

4）脱硫系统阻力大。2011 年 5 月，BYH 电厂 6、7 号锅炉引风机出口压力月统计值如图 5-27 所示。

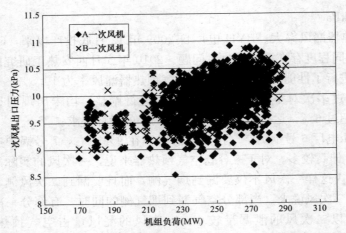

图 5-25 BYH 电厂 6 号锅炉一次风机出口压力（2011 年 5 月）

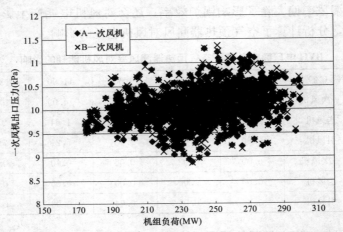

图 5-26 BYH 电厂 7 号锅炉一次风机出口压力（2011 年 5 月）

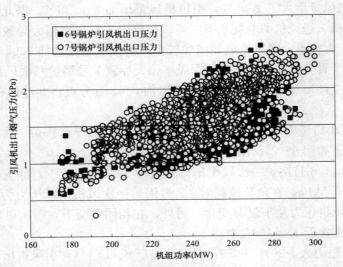

图 5-27 BYH 电厂 6、7 号锅炉引风机出口压力（2011 年 5 月）

由图 5-27 可知，在高负荷时（大于 270MW），6 号引风机出口压力平均为 1.7kPa 左右；7 号引风机出口压力平均为 2.0kPa 左右。在额定负荷下，两台引风机出口压力均超过 2.0kPa。对照国内同容量同类型的脱硫烟气系统，额定负荷下，其脱硫烟气系统阻力约为 1.5kPa，由此可以判断，BYH 电厂 6、7 号机组脱硫烟气系统阻力偏大。对于不配置 GGH 的脱硫系统来说，脱硫烟气阻力包括脱硫塔阻力和脱硫烟道阻力，而脱硫塔阻力主要集中在除雾器上，根据现场查看，目前除雾器压力正常，6、7 号锅炉除雾器压差不超过 0.2kPa。因此，初步分析，脱硫系统阻力偏大的主要原因是脱硫烟道阻力偏大。

（2）风机能耗分析。

1）风机设计参数。BYH 电厂 6、7 号锅炉一次风机、送风机、引风机主要设计参数见表 5-67。

表 5-67　　　　　　　　BYH 电厂 6、7 号锅炉风机主要设计参数

BYH 电厂	单位	一次风机	送风机	引风机
型号	—	SFG21F-C5A	ASN-1904/1120	HU24636-22
风量	m³/s	84.4	115	248.62
风机总压升	Pa	15 000	5244	8523
进口处介质温度	℃	0	35	130
进口处介质密度	kg/m³	1.288	1.119	0.8382
风机效率	%	87	87	87.7
风机轴功	kW		673	2365
风机转速	r/min		1490	990
制造厂家	—		沈阳鼓风机通风设备有限责任公司	成都电力机械厂
电动机型号	—	YKS560-4	YKS450-4	YKS710-6
功率	kW	1500	710	2500
功率因素	—	0.912	0.909	0.871
额定电压	V	6000	6000	6000
额定电流	A	164.9	78.7	286
转速	r/min	1484	1489	995
制造厂家	—	上海电机厂有限公司		

2）风机电耗。BYH 电厂 6、7 号锅炉送风机、引风机和一次风机 2011 年 1～4 月电耗统计见表 5-68。

表 5-68　　　BYH 电厂 6、7 号锅炉风机电耗统计（2010 年 1 月～2011 年 4 月）

	6 号机组			7 号机组		
	引风机	送风机	一次风机	引风机	送风机	一次风机
单位	%	%	%	%	%	%
2010 年 1 月	—	—	—	—	—	—
2010 年 2 月	—	—	—	—	—	—

续表

	6 号机组			7 号机组		
	引风机	送风机	一次风机	引风机	送风机	一次风机
2010 年 3 月	1.23	0.23	0.92	1.11	0.19	0.99
2010 年 4 月	1.27	0.24	0.83	1.13	0.23	0.67
2010 年 5 月	1.29	0.22	0.77	1.28	0.24	0.78
2010 年 6 月	1.32	0.25	0.75	1.30	0.23	0.84
2010 年 7 月	—	—	—	—	—	—
2010 年 8 月	1.24	0.27	0.58	1.33	0.25	0.81
2010 年 9 月	1.19	0.26	0.57	1.15	0.25	0.67
2010 年 10 月	1.11	0.23	0.58	1.16	0.24	0.59
2010 年 11 月	1.13	0.21	0.61	1.17	0.23	0.60
2010 年 12 月	1.06	0.17	0.71	1.16	0.21	0.71
2010 年平均	1.20	0.23	0.70	1.20	0.23	0.74
2011 年 1 月	1.21	0.19	0.77	1.30	0.20	0.75
2011 年 2 月	1.27	0.19	0.85	1.34	0.23	0.74
2011 年 3 月	1.21	0.19	0.61	1.48	0.22	0.88
2011 年 4 月	1.10	0.19	0.57	1.09	0.20	0.72
2011 年平均	1.20	0.20	0.70	1.30	0.21	0.77

由表 5-68 可知，BYH 电厂 6、7 号锅炉 2011 年 1～4 月引风机累计耗电率分别为 1.2%、1.3%，考虑到 BYH 电厂有脱硝装置，另外引风机也同时提供脱硫烟气系统的阻力，按照目前国内 300MW 引风机电耗先进水平为 0.5% 计算，由于脱硝装置增加约 1.0kPa，脱硫烟气系统增加 1.5～2.0kPa，据此估算 BYH 电厂引风机电耗较好水平应该在 1.1% 以下，因此 6、7 号锅炉引风机电耗分别偏高约 0.1 和 0.2 个百分点，主要原因是空气预热器阻力偏大，漏风偏大。

BYH 电厂 6、7 号锅炉 2011 年 1～4 月一次风机累计耗电率分别为 0.7%、0.77%，与国内同类型同容量的机组相比电耗偏高，主要原因为空气预热器阻力偏大，漏风偏大，一次风压力偏高。

BYH 电厂 6、7 号锅炉 2011 年 1～4 月送风机累计耗电率分别为 0.2%、0.21%，与国内同类型同容量的机组相比电耗属于正常水平。

3）一次风机。BYH 电厂 6、7 号锅炉一次风机为离心风机，且采用变频调节。根据一次风机运行参数结合一次风机特性曲线，参考估算的一次风机流量，可以估计一次风机的效率，一次风机性能特性曲线和一次风机运行参数如图 5-28 所示。

由图 5-28 可知，6、7 号锅炉一次风机在不同负荷下，一次风机运行效率均在 80% 以上。

由此可见，6、7 号锅炉一次风系统阻力与一次风机匹配性较好，一次风机运行效率较高。

4）送风机。BYH 电厂 6、7 号锅炉送风机为动叶可调轴流式风机。根据送风机运行参数结合送风机特性曲线，参考估算的送风机流量，可以估计送风机的效率，送风机性能特性曲线和送风机运行参数如图 5-29 所示。

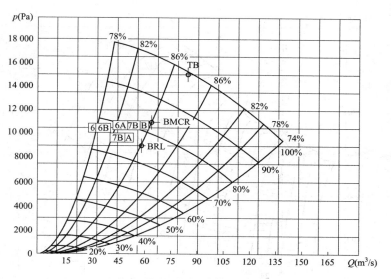

图 5-28　一次风机性能特性曲线和一次风机运行参数

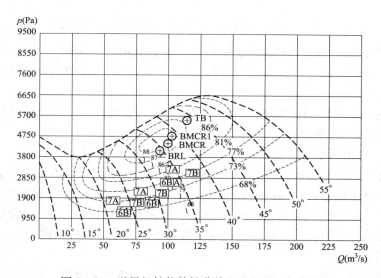

图 5-29　送风机性能特性曲线和送风机运行参数

由图 5-29 可知，6、7 号锅炉送风机在负荷较高时，送风机运行效率在 78% 以上；负荷较低时，送风机运行效率在 68% 以上。在目前的出力系数为 80% 左右时，送风机运行效率约为 72%～75%。

由此可见，6、7 号锅炉送风机与送风系统阻力匹配性略差，送风机运行效率略低。但考虑到送风机本身耗电率较低，因此不建议对送风机进行改造。

5）引风机。BYH 电厂 6、7 号锅炉引风机为动叶可调轴流风机，相比其他同类型锅炉，引风机同时提供烟气脱硫脱硝系统的阻力。根据引风机运行参数结合引风机特性曲线，参考估算的烟气风机流量，可以估计引风机的效率，引风机性能特性曲线和引风机运行参数如图 5-30 所示。

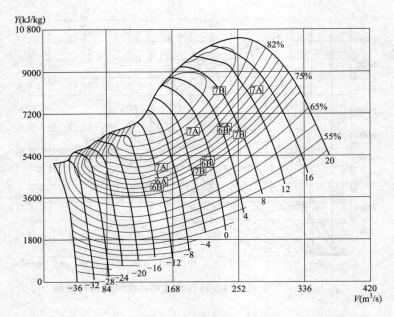

图 5 - 30 引风机性能特性曲线和引风机运行参数

由图 5 - 30 可知，6、7 号锅炉引风机在负荷较高时，引风机运行效率在 80% 以上；负荷较低时，引风机运行效率为 72%～74%。在目前的出力系数为 80% 左右时，引风机运行效率约为 78%。

由此可见，6、7 号锅炉引风机与烟气系统阻力匹配性较好，引风机运行效率较高。

（3）烟风系统节能降耗措施及建议。

1）降低空气预热器漏风和阻力。

为了降低空气预热器漏风率，BYH 电厂已于 2010 年 3 月对 6 号锅炉进行了空气预热器柔性密封技术改造，目前已正常投用。2011 年 5 月 27 日，西安热工研究院有限公司技术人员对 6 号锅炉空气预热器漏风率进行了简化性测试试验，试验结果表明，6 号锅炉空气预热器柔性密封改造虽然一定程度上改善了漏风率过大的问题，但效果并不明显，未能达到预期目标。

因此，建议电厂进一步加强对 6、7 号锅炉空气预热器的改造，对空气预热器密封间隙进行检修和调整，并通过加强空气预热器吹灰，保证吹灰蒸汽压力和过热度等日常维护手段保持受热面清洁，降低空气预热器阻力。另外可将冷端波纹板更换为具有耐磨损、抗腐蚀、不易积灰等优点的搪瓷材料波纹板。这些都是综合降低空气预热器漏风和阻力的行之有效的手段。

同时，鉴于 6 号锅炉空气预热器采用的柔性密封技术改造效果并不明显，建议厂方采用目前治理空气预热器漏风效果更好的 VN 技术对 7 号锅炉空气预热器密封系统进行改造。VN 空气预热器是在传统设计基础上利用机械手段来减少旋转与静态部件间隙的一大改进，相比其他类型回转空气预热器的主要改进是：

a. 取消了可调密封扇形板设计及相应的执行机构和传感器。

b. 对可能产生漏风部分的所有密封条进行了重新设计并减少了它们磨损或损坏的可

能。另外，把所有的轴向及径向密封条数目增加一倍。

c. 使用高性能的双波纹型和波纹板型换热元件，使得空气预热器的深度及重量减少。

d. 对进口管道的重新设计使得空气和烟气能在转子平面上均匀分布。

目前，国内很多电厂采用了英国豪顿（HOWDEN）公司的 VN 技术对空气预热器进行改造。豪顿公司在精确计算转子及壳体各部位热态变形量方面具有一定的优势，因而设计出的各部位密封间隙，在冷态时按设计结果设好上、下扇形板和轴向密封板的间隙，并将它们与各自相连的外壳焊死，使得热态膨胀后密封间隙最小，形成固定式密封。

采用 VN 技术改造后的空气预热器漏风率可以降低到 5%～6%，并能长期保证在较低的水平，在每个大修间隔中（3～4 年）漏风率的增加不会超过 1%，其维护和检修工作相对较小。每次的大修后，通过对密封系统的重新调整、维护，空气预热器漏风率又可以降低到改造后的水平。

若以空气预热器漏风率降低至 7%，空气预热器阻力恢复正常计算，6 号锅炉一次风机电耗可下降 0.07 个百分点，引风机电耗可下降 0.13 个百分点；7 号锅炉一次风机电耗可下降 0.16 个百分点，引风机电耗可下降 0.18 个百分点。

2）降低一次风机出口压力。建议 BYH 电厂在运行中加强管理，积极调整，尽量增加负荷最大的磨煤机入口热一次风门开度，减小节流损失，降低一次风机出口压力。

3）减小烟气脱硫系统烟道阻力。建议 BYH 电厂就 6、7 号锅炉烟气脱硫系统烟道的阻力进行专项试验研究，通过实验确定阻力集中的部位，通过加装导流板以及烟道改造来减小脱硫烟气系统阻力。

2. 凝结水泵

BYH 电厂 2×300MW 亚临界机组每台机组凝结水系统配有两台 100% 容量的 9LDTNB-5P 型凝结水泵，其电机配备了变频装置。表 5-69 为 300MW 机组凝结水泵设计性能比较。

表 5-69　　　　　　　　　　　　**300MW 机组凝结水泵设计性能比较**

项目		单位	BYH 6、7 号	DBS 1、2 号		FR 1 号	LNDF 1 号	FX 3 号	WH 二期	DL 一期	RJ 一期
凝结水泵	台数	—	2	2		3	2	2	2	3	2
	扬程	m	307	212	234	294	405	405	280	210	316
	转速	r/min	1480	1380	1480	1480	1480	1480	1486	1475	1480
	流量	m³/h	893	871	993	426	824	824	761	400	922
低加疏水泵		—	无	无		无	—	无	无	有	无
运行情况											
流量是否满足运行要求		—	是	是		是	是	是	是	是	是
压力是否满足运行要求		—	是	是		是	是	是	是	是	是
是否变频改造		—	是	是		否	是	是	是	是	是
是否叶轮改造		—	是	拟进行		否	否	否	否	否	否
长期统计耗电率		%	0.17	0.18		0.40	0.29	0.14	0.18	0.18	0.17

对比各厂凝结水泵规范可知，BYH 电厂凝结水泵设计流量偏大，扬程偏大。

表 5-70 给出了 BYH 电厂 6、7 号和其他 300MW 机组凝结水泵运行数据的对比，6、7 号机组凝结水系统设计工况（0 点）和四个随机运行工况如图 5-31 所示。

表5-70　　300MW机组凝结水泵运行数据比较

项目		单位	BYH6号	BYH6号	BYH7号	BYH7号	DBS1号	DBS1号	DBS2号	DBS2号	FR1号	FR1号	LNDF1号	LNDF1号	FX3号	FX3号	DL2号	WH3号
工况		—	1	2	3	4	—	—	—	—	—	—	—	—	—	—	—	—
负荷		MW	261.3	221	299.3	208	296	210	294	229	204	277	222	275	290	190	260.1	257
是否变频		—	是	是	是	是	是	是	是	是	否	否	是	是	是	是	是	是
运行台数		—	1	1	1	1	1	1	1	1	2	2	1	1	1	1	2	1
除氧器水位主调门	开度	%	100	99	100	66.5	84.7	45.5	0	0	0	15	1.2	21.9	—	100	43.82	43
	尺寸	mm	—	—	—	—	200	—	200	—	200	—	250	—	300	—	300	200
除氧器水位副调门	开度	%	100	100	100	9.4	0	0	100	100	66	56.8	99.6	89.7	47	54	0	101
	尺寸	mm	—	—	—	—	150	—	150	—	150	—	150	—	150	—	150	150
至凝结水泵电动或手动旁路门开度		%	0	0	0	0	0	0	0	0	0	0	0	0	0	0	0	0
再循环门开度		%	0	0	0	0	0	0	0	0	15	55	0	0	8.4	7.3	0	0
A凝结水泵电流		A	58.9	—	65.5	—	50	54	25	46	49	50	49	40	46	19	18.85	45.9
B凝结水泵电流		A	0	—	—	—	0	0	0	0	0	0	0	0	0	0	18.87	0
C凝结水泵电流		A	无	无	—	—	—	—	—	—	48	49	无	—	无	—	0	无
凝泵出口压力		MP	1.55	1.31	1.81	1.38	1.52	1.93	1.54	1.14	2.87	2.82	1.82	1.83	1.6	1.0	1.33	1.53
除氧器压力		MP	0.73	0.58	0.81	0.54	0.66	0.44	0.66	0.49	0.5	0.6	0.41	0.51	0.65	0.37	0.64	0.68
凝结水系统节流压力		MP	0.82	0.73	1.00	0.84	0.86	1.49	0.88	0.65	2.37	2.22	1.41	1.32	0.95	0.63	0.70	0.85
备注		—	—	—	—	—	—	低负荷振动	—	—	—	—	—	—	—	—	—	—

注　各工况的运行效率见图5-31。

238

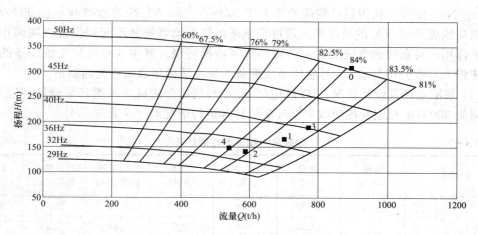

图 5-31 凝结水泵运行性能曲线

从凝结水泵性能曲线图如图 5-31 所示和 300MW 机组凝结水泵运行数据比较见表 5-70 可知：

（1）6 号机组 261MW 时凝泵变频运行效率约为 83.8%；221MW 时凝结水泵变频运行效率约为 83.9%。

（2）7 号机组 299MW 时凝结水泵变频运行效率约为 83.7%；208MW 时凝结水泵变频运行效率约为 82.5%。相对 6 号机而言，7 号低负荷凝结水系统节流损失略大，导致凝结水泵效率下降。

从以上运行数据可知，凝结水泵变频运行后，除氧器水位调节汽门开度越大，节流损失越小，凝结水泵效率越高，节电效果也越好。

综上所述，6、7 号机组凝结水泵运行效率较高，变频节能效果显著，节能下降潜力很小。

为了充分发挥凝结水泵变频的节能效果，建议：

（1）将凝杂水母管的引出口移到精处理前，以提高凝杂水供水压力，降低其对变频调节的幅度限制。

（2）取消轴封加热器进、出口手动门，降低凝结水系统阻力。

（3）取消凝结水至除氧器入口止回门，降低凝结水系统阻力。

（4）利用检修机会加强泄漏治理，减少扩容器、高压旁路、低压旁路等减温水的消耗量。平时运行应重点检查除氧器溢流放水、凝泵再循环等阀门的严密性，减少凝结水的空循环，降低凝结水泵的耗电率。

（5）凝水调节汽门的电动旁路门可全开，可接入自动指令：当变频切工频时、变频泵跳工频泵联动时、除氧器水位高工值时，该门自动关闭。实际凝水调门旁路自动设置也应如此，凝水调门这时也应迅速关小，担负起调除氧器水位的任务。

3. 脱硫吸收塔循环泵

BYH 电厂 6、7 号 300MW 亚临界机组每台机组都配有一套石灰石-石膏湿法烟气脱硫装置。脱硫装置入口 SO_2 设计浓度为 5547mg/Nm³，目前实际运行脱硫装置入口 SO_2 浓度波动范围较大，最大为 7100mg/Nm³，最小为 2600mg/Nm³，多数情况在

$4000mg/Nm^3$ 附近。机组设计脱硫效率大于 97%，实际运行脱硫效率基本在 95% 左右。为了提高脱硫系统 SO_2 的吸收率，通过浆液循环泵推动浆液循环起到保证汽液两相充分接触的作用。每套脱硫系统配有 4 台离心式浆液循环泵。其中 6 号脱硫系统配备的泵由石家庄强大泵业公司制造，7 号脱硫系统配备的泵由淄博华成泵业公司制造。

（1）浆液循环泵设计状况。BYH 电厂 6、7 号机组的脱硫浆液循环泵设计性能相同，其与同类 300MW 机组脱硫吸收塔循环泵设计和运行情况对比见表 5－71。

表 5－71 脱硫浆液循环泵性能规范

泵编号		流量（m³/h）	扬程（m）	电机功率（kW）	轴功（kW）	入口管道标高（m）	出口管道标高（m）	转速（r/min）
BYH 电厂 6、7 号	1 号	6304	17.72	500	357	1.55	20.71	600
	2 号		19.54	560	392	1.55	22.54	618
	3 号		21.46	630	428	1.55	24.37	638
	4 号		23.47	710	464	1.55	26.20	660
抚热电厂 1 号	1 号	6050	19.4	500	434	1.515	16.0	611
	2 号		21.2	560	476	1.515	17.8	628
	3 号		23	560	516	1.515	19.6	648
辽宁东方电厂 1 号	1 号	7000	19.45	630	431	1.674	19.8	409
	2 号		21.26	630	471	1.674	21.6	420
	3 号		23.06	710	581	1.674	23.4	483
阜新电厂 3 号	1 号	6500	16.57	450	—	1.75	20.1	570
	2 号		18.37	500	—	1.75	21.9	—
	3 号		20.17	560	—	1.75	23.7	610

从设备规范比，BYH 电厂 6、7 号 300MW 亚临界机组由于设计煤种含硫高，多设计了一台脱硫浆液循环泵。6、7 号机组 1 号脱硫浆液循环泵实际工作标高如图 5－32 所示。

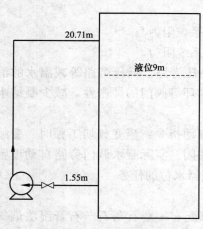

图 5－32 脱硫浆液循环泵工作标高示意图

以 1 号泵举例分析，其实际运行需要的最小扬程为 $20.71-1.55=19.16$（m），其设计扬程为 17.72m，取吸收塔实际最低正常运行液位为 9.0m，则设计扬程加上净压头为 $17.72+（9.0-1.55）=25.17$（m），泵的出口压头即为 25.17m，比实际需要的扬程大了约 $25.17-19.16=6.01m$，扣掉喷头需要的压头 2m，则 1 号泵的实际扬程裕量约为 4m。同理分析可知，2、3、4 号泵的实际扬程裕量也约为 4m。

为了保守起见，若 7 号机组脱硫 1 号浆液循环泵扬程降低 3m，其运行状态发生变化（如图 5－33 所示），由图 5－33 上工况点 1 移到工况点 2，流量和功率可降低的数量分析介绍如下。

改后转速：

$$n_2 = n_1 \times \sqrt{\frac{h_2}{h_1}} = 600 \times \sqrt{\frac{14.72}{17.72}} = 547 \ (\text{r/min})$$

改后流量：

$$Q_2 = Q_1 \times \frac{n_2}{n_1} = 6304 \times \frac{547}{600} = 5747 \ (\text{m}^3/\text{h})$$

改后轴功：

$$P_2 = P_1 \times \left(\frac{n_2}{n_1}\right)^3 = 357 \times \left(\frac{547}{600}\right)^3 = 271 \ (\text{kW})$$

流量下降：

$$\Delta Q = 6304 - 5747 = 557 \ (\text{m}^3/\text{h})$$

功率下降：

$$\Delta P = 357 - 271 = 86 \ (\text{kM})$$

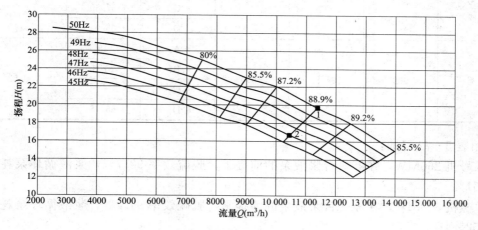

图 5-33 浆液循环泵转速下降后性能曲线

经分析可知，扬程降低 3m 后，流量可下降 557m³/h，约下降 8.8%，功率可降低约 86kW，耗电率下降约 24.2%。

同理，若 6 号机组脱硫♯1 浆液循环泵扬程降低 3m，其运行状态发生变化（如图 5-33 所示），由图 5-33 上工况点 1 移到工况点 2，流量和功率可降低的数量分析如下：

改后转速：

$$n_2 = n_1 \times \sqrt{\frac{h_2}{h_1}} = 565 \times \sqrt{\frac{14.72}{17.72}} = 515 \ (\text{r/min})$$

改后流量：

$$Q_2 = Q_1 \times \frac{n_2}{n_1} = 6304 \times \frac{515}{565} = 5746 \ (\text{m}^3/\text{h})$$

改后轴功：

$$P_2 = P_1 \times \left(\frac{n_2}{n_1}\right)^3 = 366 \times \left(\frac{515}{565}\right)^3 = 277.2 \ (\text{kW})$$

流量下降：

$$\Delta Q=6304-5746=558 \ (\text{m}^3/\text{h})$$

功率下降：

$$\Delta P=366-277.2=88.8 \ (\text{kW})$$

取机组出力系数 0.75，若一台泵扬程降低 3m，厂用电率保守估计可下降 0.039 个百分点，正常运行一般需三泵运行，若对三台泵扬程都降低 3m，厂用电率保守估计可下降 0.11 个百分点。

（2）浆液循环泵运行状况。表 5 - 72 给出了两台机组随机工况下浆液循环泵的运行数据。

表 5 - 72 浆液循环泵实际运行数据

机组编号	主机功率（MW）	脱硫效率（%）	入口 SO_2 浓度[mg/m³（标准）]	泵编号	各泵电流（A）	耗电率（%）
6 号	260	93.7	4650	A	51.47	0.61
				B	—	
				C	57.69	
				D	65.93	
7 号	300	94.8	5950	A	48	0.52
				B	57.3	
				C	—	
				D	65.75	

由表 5 - 72 可知：

6 号机 260MW，在停一台浆液泵的前提下，脱硫效率 93.7%，浆液循环泵耗电率为 0.61%。

7 号机 300MW，在停一台浆液泵的前提下，脱硫效率 94.8%，浆液循环泵耗电率为 0.52%。

从目前浆液循环泵的设计和运行情况出发，提出以下几点节能建议：

从核算情况来看，目前几台泵的设计扬程都偏大，建议选择一台泵，进行电机变频改造的可行性研究，若该技改得以实施，该泵的耗电可减少 20% 以上。变频改造的优点是节能效果明显，运行方式灵活，缺点是投资费用巨大。也可对浆液泵进行车削叶轮以降低其扬程，减少浆液循环泵的耗电，但需对浆液泵核算给出准确的车削方案，该方案具有一定的风险性，如果车削量过大，将导致扬程不够。实施降低浆液循环泵扬程的措施，保守预计能使厂用电率降低 0.11 个百分点。

在设备性能稳定的状态下，目前已经实现停运一台浆液循环泵，厂用电率降低约 0.2 个百分点。

5.1.5 出力系数

根据上汽 300MW 亚临界供热机组在不同工况下的设计热力特性数据，结合机组实际运行状况，经拟合得到出力系数对发电煤耗的影响曲线和出力系数对发电厂用电率的影响曲线，如图 5 - 34 和图 5 - 35 所示。

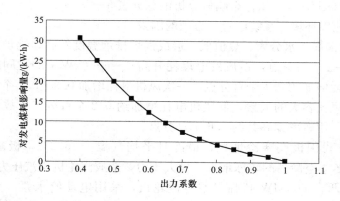

图 5-34　BYH 电厂上汽 300MW 亚临界供热机组出力系数对发电煤耗的影响曲线

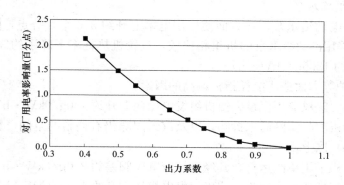

图 5-35　BYH 电厂上汽 300MW 亚临界供热机组出力系数对发电厂用电率的影响曲线

5.2　某 600MW 超临界机组节能诊断

5.2.1　诊断结论

通过对 HB 电厂两台 600MW 超临界机组深入细致的现场调研，综合分析大量设计资料和运行数据，并进行相关现场试验，结合机组实际运行及各项能耗指标完成情况，以及相关现场试验结果，形成以下诊断分析结论。

1. 当前能耗状况

2011 年在实际运行条件下，分析核算认为：1、2 号机组应完成发电煤耗分别为 318.5g/(kW·h) 和 316.4g/(kW·h)，统计生产厂用电率分别为 10.5％和 10.1％，应完成供电煤耗分别为 355.8g/(kW·h) 和 352.0g/(kW·h)。

虽然 HB 电厂 2×600MW 超临界机组自投运以来，通过不断的消缺和系统改进，各项能耗指标不断改善，但与同类型机组先进水平相比较，其能耗指标依然较高，其中包括燃煤及地理环境、系统配置等难以克服的因素，同时也存在运行、维护等方面的原因，

2011年各种因素对 HB 电厂指标影响量分析汇总见表 5-73。

(1) 燃煤及地理环境、系统配置等方面的因素。

1) 由于燃用褐煤，水分大、热值低，造成锅炉排烟温度较高，锅炉效率与同容量燃用烟煤机组低 1~2 个百分点，造成发电煤耗升高 3~6g/(kW·h)；同时由于烟气量较大，使引风机电耗增加约 0.1 个百分点，一次风机电耗增加 0.3~0.4 个百分点；加之当地海拔较高，烟风比容大的因素，使风机电耗增加约 0.2 个百分点，故由于燃煤及地理位置因素造成的厂用电率偏高共约 0.6 个百分点。

2) 电厂地处我国极端寒冷地区，最冷月平均气温-26.2℃，极端最低气温达到了-43.6℃，为冬季空冷岛的防冻带来了极大压力，造成汽轮机排汽压力高。

3) HB 电厂两台 600MW 超临界空冷汽轮机，采用电动给水泵，热耗率水平约为 7830kJ/(kW·h)，高出设计水平约 200kJ/(kW·h)，使发电煤耗升高约 7.5g/(kW·h)，尽管如此，由于受国内汽轮机设计、制造水平的限制，该厂两台汽轮机的热耗率基本处于同类型机组的平均水平。

4) 由于采用电动给水泵，一方面使厂用电率上升约 3.6 个百分点，同时减少了汽轮机的抽汽量，与采用汽动给水泵的机组相比较，汽轮机热耗率下降了约 330kJ/(kW·h)，即发电煤耗下降约 12.5g/(kW·h)。

(2) 运行维护等方面造成能耗指标偏高的因素。

1) 厂区供热、暖风器用汽量大使机组发电煤耗上升约 4.0g/(kW·h)。

2) 由于汽轮机临时滤网尚未拆除，以及汽封间隙仍有调整的空间，影响发电煤耗上升 2.0g/(kW·h) 以上。

3) 目前汽轮机采用单阀运行，其经济性较顺序阀差约 2.0g/(kW·h)。

4) 部分蒸汽消耗疏水未回收，使机组发电煤耗上升约 1.5g/(kW·h)。

5) 机组出力系数低、启停机次数偏多、热力及疏水系统泄漏等对机组经济影响也较大。

6) 空气预热器漏风率偏大，送、引风机运行效率偏低，使机组厂用电上升约 0.7 个百分点。

7) 给水泵在低负荷运转台数偏多、给水系统压损大及再循环泄漏等因素下，使得耗电率偏高约 0.6 个百分点。

8) 凝结水泵未变频、电除尘长期最大出力运行使得厂用电率共升高约 0.3 个百分点。

综合以上因素，造成 1 号和 2 号机组发电煤耗分别升高约 32.1g/(kW·h) 和 30.0g/(kW·h)，见表 5-73。

表 5-73　　　　　　　2011 年各种因素对 HB 电厂指标影响量分析汇总

	影响因素	1号机组			2号机组		
		热耗率	锅炉效率	发电煤耗	热耗率	锅炉效率	发电煤耗
		kJ/(kW·h)	百分点	g/(kW·h)	kJ/(kW·h)	百分点	g/(kW·h)
汽轮机本体	汽轮机本体性能差	183.7	—	7.1	222.6	—	8.6
	单阀运行	51.8	—	2	51.8	—	2

续表

影响因素		1号机组			2号机组		
		热耗率	锅炉效率	发电煤耗	热耗率	锅炉效率	发电煤耗
		kJ/(kW·h)	百分点	g/(kW·h)	kJ/(kW·h)	百分点	g/(kW·h)
热力系统	热力系统严密性差	51.8	—	2	51.8	—	2
	回热系统	12.9	—	0.5	12.9	—	0.5
	机组的蒸汽消耗	38.8	—	1.5	38.8	—	1.5
	厂区供热	77.6	—	3	77.6	—	3
	暖风器用汽量	25.9	—	1	20.7	—	0.8
	再热减温水流量大	12.9	—	0.5	12.9	—	0.5
运行参数	主、再热汽温低	41.4	—	1.6	31.1	—	1.2
	排汽压力及凝汽器	59.5	—	2.3	62.1	—	2.4
锅炉	排烟热损失	—	0.85	2.8	—	0.4	1.2
	未完全燃烧热损	—	−0.2	−0.7	—	−0.2	−0.7
启停机		—	—	2.3	—	—	1.5
出力系数影响煤耗		—	—	6.2	—	—	5.5
影响量小计		—	—	32.1	—	—	30
统计的年厂用电率		—	—	10.5	—	—	10.1
核算供电煤耗		—	—	355.8	—	—	352.0
统计供电煤耗		—	—	349.3	—	—	343.5

注 2011年1号和2号机组出力系数分别为0.70和0.72,厂用电率分别为10.5%和10.1%。

表5-74 **主要辅机耗电率**[①] (%)

辅机名称	1号	2号	先进水平
三大风机	3.09	2.86	2.30（脱硫＋SCR）
给水泵＋前置泵	4.13	4.26	4.0
凝结水泵	0.41	0.40	0.18
除尘	0.23	0.23	0.10
脱硫	0.8[②]	0.8[②]	0.70
磨煤机	0.39	0.40	0.4
空冷风机	0.55	0.55	0.60
以上合计	9.6	9.5	8.2

注 ① 主要辅机电耗合计占总厂用电的90%以上。
② 统计不准,取0.8。

2. 节能降耗措施及目标

根据 HB 电厂1、2号机组实际运行情况,以及各种因素对能耗指标影响的定量分析结果，结合同类型机组设备及系统改造经验，对1、2号机组的节能工作提出以下建议：

（1）优化运行。

1）通过单阀运行改顺序阀运行，可使供电煤耗下降 2.2g/(kW·h)。

2）空冷岛清洗，可使发电煤耗下降 0.7g/(kW·h)，通过空冷防冻措施，降低背压可使发电煤耗下降 1.0g/(kW·h)［共计折算供电煤耗约为 1.9g/(kW·h)］。

3）低负荷停一台浆液泵，可使厂用电下降 0.15 个百分点［折算供电煤耗约为 0.6g/(kW·h)］。

4）除尘系统和除灰系统的优化运行，可使厂用电下降 0.1 个百分点［折算供电煤耗约为 0.4g/(kW·h)］。

5）降低机组启停次数，可使两台机组供电煤耗分别下降 1.9g/(kW·h) 和 1.0g/(kW·h)。

6）进行燃烧优化调整试验。主要解决锅炉结焦，分析查找炉内结焦原因，缓解或提出解决两台锅炉结焦问题方案，在此基础上考虑降低运行氧量。

（2）检修维护。

1）通过对汽轮机检修、修复和调整汽封，尤其高、中压缸通流和 HP－IP 汽封，拆除临时滤网，可使供电煤耗下降 2.2～3.3g/(kW·h)。

2）通过系统内漏治理和热力系统优化，可使 HB 电厂供电煤耗下降 1.7g/(kW·h)。

3）供热气源改造，可使供电煤耗下降 1.3g/(kW·h)，改造前须请上汽校核五段抽汽最大抽汽量。另外，还可和低压省煤器改造项目结合起来，减少汽轮机抽汽量，利用烟气余热供热。

（3）技术改造。

1）锅炉排烟温度在 140℃左右，加之燃煤硫分较低，可通过增加低压省煤器，使供电煤耗下降 1.7g/(kW·h)。

2）通过增加空气预热器面积，同时降低干排渣系统漏风，降低排烟温度，使供电煤耗下降 0.5g/(kW·h)。

3）凝结水泵变频改造，可使厂用电率下降至少 0.15 个百分点［折算供电煤耗约 0.6g/(kW·h)］。

4）通过引风机改造，可使引风机电耗下降 0.4 个百分点，送风机改造可使送风机电耗下降 0.05 个百分点［折算供电煤耗约 1.8g/(kW·h)］。

5）降低空气预热器漏风，可使风机电耗下降约 0.2 个百分点［折算供电煤耗约 0.8g/(kW·h)］。

通过以上几方面的努力，1、2号机组发电煤耗在目前基础上可分别下降约 14.0g/(kW·h) 和 14.1g/(kW·h)，厂用电率均下降约 1.3 个百分点。当出力系数为 0.75 时，1、2号机组发电煤耗将分别达到 302.9g/(kW·h) 和 301.4g/(kW·h) 左右，厂用电率则分别达到约 9.04% 和 8.77% 的水平，供电煤耗则应达到 333.0g/(kW·h) 和 330.4g/(kW·h) 左右，HB 电厂 1、2号机组节能潜力预测分析汇总见表 5-75。HB 电厂 1、2号机组各出力系数下经济性能指标预计值见表 5-76。

表 5-75 　　　　　　　　　　HB 电厂 1、2 号机组节能潜力预测分析汇总

项目名称		1号			2号		
		发电煤耗	厂用电率	供电煤耗	发电煤耗	厂用电率	供电煤耗
单位		g/(kW·h)	%	g/(kW·h)	g/(kW·h)	%	g/(kW·h)
运行优化	单阀运行改顺序阀	2	—	2.23	2	—	2.22
	启停次数降低	1.7	—	1.9	0.9	—	1
	空冷岛清洗	0.5	—	0.56	0.8	—	0.89
	空冷防冻，降低背压	1	—	1.12	1	—	1.11
	低负荷停一台浆液泵	—	0.15	0.6	—	0.15	0.59
	除尘系统和除灰系统优化	—	0.1	0.4	—	0.1	0.39
检修维护	汽轮机检修（拆除临时滤网）	2	—	2.23	3	—	3.34
	内漏治理和热力系统优化	1.5	—	1.68	1.5	—	1.67
	抽真空系统改造，并取消或改造循环水二次滤网						
	供热气源改造	1.2	—	1.34	1.2	—	1.33
	减少蒸汽消耗（汽暖疏水回收）	0.5[1]	—	0.56	0.5[1]	—	0.56
技术改造	低压省煤器	1.5	—	1.68	1.5	—	1.67
	提高主、再热蒸汽温度	1.6[2]	—	1.79	1.2[2]	—	1.33
	增加空气预热器面积，同时降低干排渣系统漏风	0.5	—	0.56	0.5	—	0.56
	凝结水泵变频改造	—	0.2	0.79	—	0.2	0.78
	引风机改造	—	0.4	1.58	—	0.4	1.56
	送风机改造	—	0.05	0.2	—	0.05	0.2
	降低空气预热器漏风	—	0.25	0.99	—	0.18	0.7
发电煤耗降低对厂用电率的影响		—	0.17	0.64	—	0.18	0.63
合计		14	1.32	20.85	14.1	1.26	20.53

注　①目前已将汽暖疏水全部回收。
　　②目前主、再热蒸汽温度已正常。

表 5-76 　　　　　　　　　HB 电厂 1、2 号机组各出力系数下经济性指标预计值

出力系数	1号机组			2号机组		
	发电煤耗	厂用电率	供电煤耗	发电煤耗	厂用电率	供电煤耗
单位	g/(kW·h)	%	g/(kW·h)	g/(kW·h)	%	g/(kW·h)
0.65	306.6	9.35	338.2	305.1	9.07	335.6
0.7	304.6	9.19	335.4	303.1	8.91	332.7
0.75	302.9	9.04	333.0	301.4	8.77	330.4
0.8	301.5	8.93	331.0	300.0	8.65	328.4
0.85	300.3	8.83	329.4	298.8	8.55	326.8
0.9	299.5	8.75	328.2	298.0	8.48	325.6
0.95	298.8	8.70	327.3	297.3	8.42	324.7
1	298.3	8.67	326.6	296.8	8.39	324.0

5.2.2 锅炉

1. 锅炉效率

HB电厂2×600MW机组锅炉由哈尔滨锅炉厂有限责任公司制造生产，型号为HG-1913/25.4-HM15，超临界参数变压直流炉、一次再热、墙式切圆燃烧、平衡通风、紧身封闭、固态排渣、全钢构架、全悬吊结构Ⅱ型锅炉。锅炉采用冷一次风机正压直吹式制粉系统，每台锅炉设有7台长春发电设备总厂制造的中速磨煤机，额定负荷燃烧设计煤种时，6台运行，1台备用。

根据设计资料，HB电厂1、2号机组额定负荷下锅炉热效率设计值为92.17％，保证值为91.5％。

（1）历史试验。内蒙古电力科学研究院分别于2011年8月3日和2011年7月4日对HB电厂1、2号锅炉进行了热效率考核试验，试验结果见表5-77。

表5-77　　　　HB电厂1、2号锅炉历史热效率考核试验测试结果

项目	单位	设计值	1号考核试验		2号考核试验	
			工况1	工况2	工况1	工况2
日期	—	—	20110803		20110704	
电负荷	MW	TRL	601.44	599.72	600.72	601.61
全水分 M_t	％	33.40	33.20	33.00	32.20	32.60
收到基灰分 A_{ar}	％	8.66	11.93	12.28	11.82	12.06
低位发热量 $Q_{net,ar}$	MJ/kg	15.15	14.39	14.32	14.83	14.63
送风温度	℃	24.00	31.50	32.20	35.10	37.32
飞灰可燃物	％	—	0.15	0.12	0.10	0.14
炉渣可燃物	％	—	0.10	0.30	6.20	2.48
排烟氧量	％	4.60	5.97	6.30	5.72	5.58
排烟温度（实测）	℃	152.30	149.19	150.86	143.12	146.53
排烟温度（修正）	℃	148.40	143.90	145.18	135.33	139.14
排烟热损失 q_2	％	6.83	7.40	7.73	6.62	6.65
固体未完全燃烧热损失 q_4	％	0.44	0.04	0.04	0.19	0.10
其他热损失	％	0.56	0.66	0.66	0.49	0.49
锅炉效率 η（实测）	％	92.17	91.90	91.57	92.70	92.76
锅炉效率 η（修正）	％		91.93	91.88	92.53	92.45

从表5-77中数据可见，HB电厂1号锅炉考核试验两次额定负荷工况实测热效率分别为91.90％和91.57％，修正后分别为91.93％和91.88％，平均约为91.9％，超过保证值0.4个百分点；2号锅炉考核试验两次额定负荷工况实测热效率分别为92.70％和92.76％，修正后分别为92.53％和92.45％，平均约为92.49％，超过保证值约1个百分点。

对比主要热损失，1号锅炉考核试验两次额定负荷工况测得排烟热损失分别为

7.40%和7.73%，分别比设计值偏高0.57和0.9个百分点，固体未完全燃烧热损失均为0.04%，低于设计值0.4个百分点，散热、灰渣物理显热等其他热损失略高于设计值；2号锅炉考核试验两次额定负荷工况测得排烟热损失分别为6.62%和6.65%，分别低于设计值0.21和0.18个百分点，固体未完全燃烧热损失分别为0.19%和0.1%，分别低于设计值0.25和0.34个百分点，散热、灰渣物理显热等其他热损失略低于设计值。

从考核试验结果可以看到，HB电厂1、2号锅炉效率均超过保证值，其中排烟热损失高于设计值，固体未完全燃烧热损失低于设计值。

（2）运行统计数据。根据HB电厂1、2号锅炉2011年下半年至2012年3月运行月报统计数据及煤质化验结果对两台锅炉各月运行效率进行估算，主要数据见表5-78～表5-81。需说明的是，根据近期由西安热工研究院有限公司对1号锅炉进行大修前性能试验初步结论，1号锅炉表盘显示氧量比实测值偏低约0.5%，空气预热器漏风率约为13%；同时，根据2号锅炉性能考核试验结果，表盘显示排烟温度比实测值偏高约10℃。在两台锅炉热效率估算过程中，采用的月报统计中氧量、排烟温度和空气预热器漏风率均根据近期的试验测试结果进行了修正。

表5-78　　HB电厂1号锅炉2011年7月～2012年3月热效率估算结果

参数	单位	设计值	2011/7	2011/8	2011/9	2011/10	2011/11	2011/12	2012/1	2012/2	2012/3
负荷率	%	TRL	71.29	79.12	63.53	67.11	68.65	72.04	66.22	63.58	65.99
全水分 M_t	%	33.40	33.70	33.80	34.00	35.30	34.20	34.50	34.80	34.90	35.00
收到基灰分 A_{ar}	%	8.66	11.29	11.81	10.06	8.77	9.34	10.52	10.40	10.42	9.17
干燥无灰基挥发分 V_{daf}	%	44.65	46.09	45.92	45.81	47.24	47.37	46.60	46.53	46.01	46.16
低位发热量 $Q_{net,ar}$	MJ/kg	15.15	14.28	14.17	14.74	14.81	14.88	14.78	14.34	14.21	14.60
送风温度	℃	24.00	28.87	27.09	26.70	28.53	28.41	24.13	19.94	20.63	23.01
飞灰可燃物	%	—	1.04	1.17	0.43	0.64	0.47	0.12	0.15	0.10	0.14
炉渣可燃物	%	—	1.28	1.18	0.13	0.11	0.15	0.14	0.16	0.14	0.15
排烟氧量	%	6.87	8.83	7.95	8.88	8.67	8.59	8.57	10.19	8.43	8.11
排烟温度	℃	127.80	136.99	138.16	130.01	137.58	135.18	133.03	120.40	147.38	145.90
排烟温度（修正）	℃	121.50	133.53	135.99	128.06	134.38	132.03	132.94	123.39	149.62	146.56
排烟热损失 q_2	%	5.66	7.76	7.46	7.33	7.63	7.43	7.44	8.00	8.87	8.34
排烟热损失 q_2（修正）	%	—	7.93	7.61	7.56	7.90	7.68	7.75	8.02	8.85	8.43
固体未完全燃烧热损失 q_4	%	0.66	0.29	0.33	0.09	0.12	0.09	0.03	0.04	0.03	0.03
其他热损失	%	0.69	0.40	0.39	0.42	0.39	0.39	0.39	0.41	0.44	0.41
锅炉效率 η	%	92.99	91.55	91.82	92.16	91.87	92.09	92.14	91.56	90.66	91.22
锅炉效率 η（修正）	%	—	91.42	91.72	91.94	91.59	91.84	91.86	91.56	90.71	91.14

表5-79　HB电厂1号锅炉2011年7月～2012年3月热效率主要指标与设计值偏差

参数	单位	2011/7	2011/8	2011/9	2011/10	2011/11	2011/12	2012/1	2012/2	2012/3
修正效率与设计值偏差	%	-1.57	-1.27	-1.05	-1.40	-1.15	-1.13	-1.43	-2.28	-1.85
修正排烟温度与设计值偏差	℃	12.03	14.49	6.56	12.88	10.53	11.44	1.89	28.12	25.06

续表

参数	单位	2011/7	2011/8	2011/9	2011/10	2011/11	2011/12	2012/1	2012/2	2012/3
修正 q_2 与设计值偏差	%	2.27	1.95	1.90	2.24	2.02	2.09	2.36	3.19	2.77
q_4 与设计值偏差	%	−0.37	−0.33	−0.57	−0.54	−0.57	−0.63	−0.62	−0.63	−0.63

表 5 − 80　　　　HB 电厂 2 号锅炉 2011 年 7 月～2012 年 3 月热效率估算结果

参数	单位	设计值	2011/7	2011/8	2011/9	2011/10	2011/11	2011/12	2012/1	2012/2	2012/3
负荷率	%	TRL	78.87	79.26	72.86	61.02	74.09	71.21	68.68	66.03	62.88
全水分 M_t	%	33.40	33.70	33.80	34.00	35.30	34.20	34.50	34.80	34.90	35.00
收到基灰分 A_{ar}	%	8.66	11.29	11.81	10.06	8.77	9.34	10.52	10.40	10.42	9.17
干燥无灰基挥发分 V_{daf}	%	44.65	46.09	45.92	45.81	47.24	47.37	46.60	46.53	46.01	46.16
低位发热量 $Q_{net,ar}$	MJ/kg	15.15	14.28	14.17	14.74	14.81	14.88	14.78	14.34	14.21	14.60
送风温度	℃	24.00	28.38	27.17	20.93	29.73	21.65	20.40	20.99	24.20	32.70
飞灰可燃物	%	—	1.04	1.15	0.26	0.64	0.46	0.14	0.14	0.11	0.16
炉渣可燃物	%	—	1.47	1.15	0.16	0.11	0.14	0.13	0.15	0.13	0.13
排烟氧量	%	6.87	7.59	7.43	8.05	8.51	7.66	8.04	8.04	8.01	7.89
排烟温度	℃	127.80	134.42	136.41	126.33	134.29	135.16	132.95	134.22	133.78	133.98
排烟温度（修正）	℃	121.50	131.29	134.16	128.55	130.18	136.80	135.49	136.33	133.64	127.68
排烟热损失 q_2	%	5.66	6.98	7.09	7.04	7.22	7.40	7.40	7.66	7.44	6.77
排烟热损失 q_2（修正）	%	—	7.11	7.22	7.16	7.50	7.52	7.63	7.69	7.49	7.02
固体未完全燃烧热损失 q_4	%	0.66	0.29	0.33	0.06	0.12	0.09	0.04	0.04	0.03	0.03
其他热损失	%	0.69	0.38	0.38	0.38	0.42	0.37	0.39	0.41	0.42	0.41
锅炉效率 η	%	92.99	92.36	92.20	92.52	92.24	92.13	92.17	91.90	92.11	92.78
锅炉效率 η（修正）	%	—	92.26	92.11	92.42	91.96	92.03	91.96	91.89	92.09	92.54

表 5 − 81　HB 电厂 2 号锅炉 2011 年 7 月～2012 年 3 月热效率主要指标与设计值偏差

参数	单位	2011/7	2011/8	2011/9	2011/10	2011/11	2011/12	2012/1	2012/2	2012/3
修正效率与设计值偏差	%	−0.73	−0.88	−0.57	−1.03	−0.96	−1.03	−1.10	−0.90	−0.45
修正排烟温度与设计值偏差	℃	9.79	12.66	7.05	8.68	15.30	13.99	14.83	12.14	6.18
修正 q_2 与设计值偏差	%	1.45	1.56	1.50	1.84	1.86	1.97	2.03	1.83	1.36
q_4 与设计值偏差	%	−0.37	−0.33	−0.60	−0.54	−0.57	−0.63	−0.62	−0.63	−0.63

由表 5-78～表 5-81 可见，2011 年 7 月～2012 年 3 月，HB 电厂 1 号锅炉运行效率为 90.66%～92.16%，平均值为 91.67%，修正后平均值为 91.53%，达到保证值。对比主要热损失，1 号锅炉各月排烟热损失修正后，比设计值偏高 2 个百分点以上，固体未完全燃烧热损失平均比设计值低 0.4～0.6 个百分点，散热、灰渣物理显热等其它热损失低于设计值。

2011 年 7 月～2012 年 3 月，HB 电厂 2 号锅炉运行效率为 91.9%～92.78%，平均值为 92.27%，修正后平均值为 92.14%，超过保证值 0.64 个百分点。对比主要热损失，

2 号锅炉各月排烟热损失修正后，平均比设计值偏高约 1.7 个百分点，固体未完全燃烧热损失平均比设计值低 0.4～0.6 个百分点，散热、灰渣物理显热等其他热损失低于设计值。

综合上述试验数据及运行统计数据，考虑 2011 年两台机组启停较多可能对月报统计数据造成误差，可以得到：

目前，HB 电厂 1、2 号锅炉热效率分别约为 91.5%、92%，其中两台锅炉固体未完全燃烧热损失均低于设计值，排烟热损失高于设计值。降低排烟热损失是进一步提高 1、2 号锅炉经济性的主要方向。

(3) 褐煤锅炉热效率对比。褐煤由于水分含量高，热值低，炉内燃烧有别于其他动力煤，对锅炉经济性会带来负面影响。一般设计燃用褐煤的锅炉，热效率从设计值到实际运行值都会比其他燃用烟煤的锅炉偏低一些。HB 电厂 1、2 号锅炉与近年来国内其他燃用褐煤的电厂锅炉热效率设计值和运行情况（修正后）对比统计如图 5-36 所示。

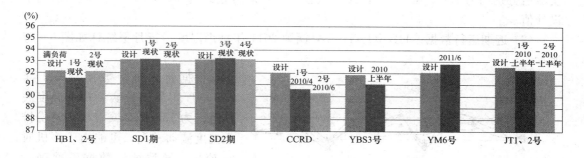

图 5-36 褐煤锅炉热效率（修正后）对比

由图 5-36 可以看到，燃用褐煤锅炉热效率设计值基本在 92%～93%，与其他燃用烟煤锅炉 93% 以上设计热效率偏低 1～2 个百分点。与其他燃用褐煤锅炉相比，HB 电厂 1、2 号锅炉设计热效率处于中等水平，两台锅炉热效率均基本达到保证值，锅炉总体经济性在同类型燃用褐煤锅炉机组中处于中等水平。

根据图 5-36 所示，与 SD 电厂 1、2 期锅炉实际运行效率在 92.5%～93.0% 相比，HB 电厂 1、2 号锅炉效率偏低 1～1.5 个百分点。其主要原因：目前，HB 电厂 1、2 号锅炉 70%～75% 负荷运行氧量控制在 6%～7%，与 SD 电厂 1、2 期锅炉 75% 负荷运行氧量为 3.5～4.5 个百分点相比，运行氧量偏高约 2.5 个百分点，由此在排烟温度差不多的情况下，锅炉效率相差约 1 个百分点以上。目前 HB 电厂 1、2 号锅炉实际运行中氧量相对偏高，主要考虑炉内结焦问题。电厂已经准备在近期对 1、2 号锅炉进行制粉系统及燃烧优化调整试验，试验中一个重要目的应该是分析查找炉内结焦原因，提出解决或缓解两台锅炉结焦问题的方案，在此基础上将考虑降低运行氧量的可行性。

2. 排烟温度

(1) 历史试验测试数据。HB 电厂 1、2 号锅炉 2011 年考核试验实测得排烟温度见表 5-82。

表 5 - 82 　　　　　　　　 HB 电厂 1、2 号锅炉 2011 年考核试验实测排烟温度

项目	单位	设计值	1号考核试验		2号考核试验	
			工况 1	工况 2	工况 1	工况 2
日期	—	—	2011.08.03		2011.07.04	
电负荷	MW	TRL	601.44	599.72	600.72	601.61
送风温度	℃	24.00	31.50	32.20	35.10	37.32
排烟氧量	％	4.60	5.97	6.30	5.72	5.58
排烟温度（实测）	℃	152.30	149.19	150.86	143.12	146.53
排烟温度（修正）	℃	148.40	143.90	145.18	135.33	139.14
排烟热损失 q_2	％	6.83	7.40	7.73	6.62	6.65

　　根据 1、2 号锅炉历史热效率试验测试数据，在额定负荷时，1、2 号锅炉排烟温度实测值分别约为 150℃和 145℃，经送风温度修正后分别约为 145℃和 137℃，均达到了设计值。

　　（2）近期运行数据。HB 电厂 1、2 号锅炉 2011 年排烟温度运行月报统计如图 5 - 37 所示。

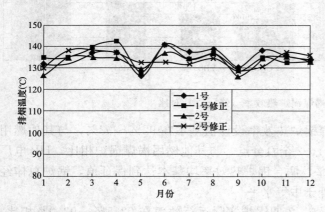

图 5 - 37 　HB 电厂 1、2 号锅炉 2011 年
排烟温度运行月报统计

　　根据月报统计数据，2011 年 HB 电厂 1 号锅炉实测排烟温度波动范围为 130～140℃（个别月份排烟温度波动较大，可能由于停机时间较长，导致统计数据不准确），平均值为 135.2℃，经送风温度修正后约为 135.6℃，低于额定负荷工况设计值，但比 75％额定负荷工况设计值偏高约 14℃；2 号锅炉实测排烟温度波动范围约为 130～135℃，平均值为 133.3℃，经送风温度修正后约为 133.4℃，低于额定负荷工况设计值，但比 75％额定负荷工况设计值偏高约 12℃。

　　根据 HB 电厂 1、2 号锅炉设计参数核算，排烟温度上升 10℃，影响锅炉热效率约 0.56 个百分点。因此，HB 电厂 1、2 号锅炉目前由于排烟温度偏高，导致热效率分别下降约 0.8 和 0.7 个百分点。

　　（3）褐煤锅炉排烟温度对比。褐煤由于水分含量高，热值低，炉内燃烧有别于其他动力煤，对锅炉经济性会带来负面影响，一般来说较明显的特征就是锅炉排烟温度偏高。因而，设计燃用褐煤的锅炉排烟温度从设计值到实际运行值，都会比燃用其他烟煤的锅炉偏高。HB 电厂 1、2 号锅炉排烟温度设计值和运行情况（修正后）与近年来国内其他燃用褐煤的机组的对比统计如图 5 - 38 所示。

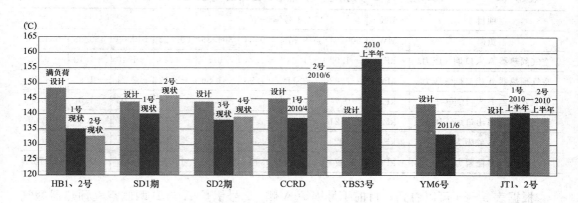

图 5-38 褐煤锅炉排烟温度（修正后）对比

由图 5-38 可以看到，燃用褐煤锅炉排烟温度设计值基本在 135℃以上，与其他燃用烟煤锅炉设计排烟温度不到 125℃相比，排烟温度偏高 15℃以上。与其他燃用褐煤锅炉相比，HB 电厂 1、2 号锅炉设计排烟温度相对偏高，但实际排烟温度则低于其他燃用褐煤锅炉同等水平。

（4）影响排烟温度的因素分析。

1）燃用褐煤锅炉设计排烟温度高。HB 电厂 1、2 号锅炉设计燃用褐煤。与烟煤相比，褐煤热值低，水分含量高，相同蒸发量下所需燃料量多，产生烟气量大，锅炉设计排烟温度高。表 5-83 为烟煤锅炉与 HB 电厂 1、2 号锅炉设计排烟温度对比。可以明显看到，与烟煤锅炉相比，燃用褐煤锅炉设计排烟温度偏高 20℃以上。

表 5-83　　　　　　　　　　燃用烟煤与褐煤锅炉设计排烟温度对比

电厂		CH 1、2 号	HG 3 号	YK 3、4 号	YL 5、6 号	HB 1、2 号
锅炉型号		HG-1900/ 25.4-YM7	HG-1900/ 25.4-YM4	HG-1795/ 26.15-YM1	DG1900/ 25.4-II 2	HG-1913/ 25.4-HM15
全水分 M_{ar}	%	5.7	8.3	10.29	9.07	33.4
收到基灰分 A_{ar}	%	28	22.7	21.94	24.8	8.66
干燥无灰基挥发分 V_{daf}	%	42.5	38.73	33.33	26.97	44.65
全硫 $S_{t,ar}$	%	0.4	0.1	0.49	0.59	0.15
收到基低位发热量 $Q_{net,ar}$	MJ/kg	21.3	22.46	22.03	21.45	15.15
设计排烟温度	℃	118	121	125	123	148

2）空气预热器换热效果。表 5-84 为 HB 电厂 1、2 号锅炉空气预热器进出口风烟系统阻力运行现状。

表 5 - 84   HB 电厂 1、2 号锅炉空气预热器进出口烟气阻力运行现状

项目	单位	1号锅炉				2号锅炉			
负荷	MW	600.64	519.87	480.84	364.36	600.23	549.89	480.98	364.56
空气预热器 A 入口烟气压力	kPa	−1.09	−1.24	−1.14	−0.89	−1.23	−1.10	−1.12	−0.92
空气预热器 A 出口烟气压力	kPa	−2.02	−2.11	−1.98	−1.56	−2.13	−2.21	−1.92	−1.60
空气预热器 B 入口烟气压力	kPa	−0.74	−0.73	−0.76	−0.54	−1.18	−1.02	−1.07	−0.90
空气预热器 B 出口烟气压力	kPa	−2.21	−2.15	−1.91	−1.49	−2.20	−2.18	−1.98	−1.65
烟气 A 侧阻力	kPa	0.92	0.87	0.84	0.67	0.89	1.11	0.80	0.68
烟气 B 侧阻力	kPa	1.47	1.42	1.15	0.96	1.02	1.16	0.91	0.75

根据表 5-84 可以看到，目前 1 号锅炉 A 侧、2 号锅炉 A 与 B 两侧空气预热器烟气侧进出口阻力处于正常水平，而 1 号锅炉 B 侧空气预热器烟气侧阻力相对偏高约 0.3～0.4kPa，说明该空气预热器存在一定的堵灰。HB 电厂 1、2 号机组空气预热器进出口烟风温度运行现状见表 5-85。

表 5 - 85   HB 电厂 1、2 号机组空气预热器进出口烟风温度运行现状

项目		单位	设计	1号机组	2号机组
负荷		MW		586.00	593.05
空气预热器入口一次风温	A	℃	26	35.58	33.43
	B			28.94	32.56
空气预热器出口热一次风温	A	℃	393	376.77	383.92
	B			379.55	386.55
空气预热器入口二次风温	A	℃	23	23.64	15.20
	B			20.01	14.46
空气预热器出口二次风温	A	℃	381	361.85	370.09
	B			366.81	373.76
空气预热器入口烟温	A	℃	411	398.12	406.95
	B			401.66	409.75
空气预热器出口烟温	A	℃	147.2	150.89	149.93
	B			144.07	149.78
一次风温升	A	℃	367	341.19	350.49
	B			350.61	353.99
二次风温升	A	℃	358	338.21	354.89
	B			346.80	359.30
空气预热器烟温降	A	℃	263.8	247.23	257.01
	B			257.60	259.98

根据表 5-85 对比可以看到，额定负荷下 1、2 号锅炉空气预热器出口烟风温度与设计值对比分析，两台锅炉热一次风温度、热二次风温度均低于设计值 10～20℃，空气预

热器入口烟温低于设计值 $5\sim10℃$，排烟温度基本与设计值相当。对比空气预热器进出口空气与烟气温度变化幅度，一次风温、二次风温升以及烟温降低幅度均低于设计值。由此初步分析，回转式空气预热器换热效果没有达到设计值。

3）干排渣系统漏风。HB电厂1、2号锅炉均采用干排渣系统。干排渣系统主要依靠炉内负压吸入一定量冷风来冷却高温炉渣，冷风吸收热炉渣物理吸热进入炉内。当炉渣冷却风吸热量一定时，冷却风风量越大，风温就越低。在炉膛运行氧量一定时，炉底冷风必将导致通过空气预热器空气流量减小，由此导致排烟温度升高。而目前1、2号锅炉实际运行中干排渣系统出口渣温相对较低，说明漏入炉内冷却风量更大，因而导致锅炉排烟温度升高幅度更大。

（5）降低排烟温度的主要措施。通过上述对排烟温度分析，针对HB电厂1、2号锅炉运行现状，降低排烟温度的主要建议有：

1）降低干排渣系统漏风。通过查看历史运行数据及运行人员反映了解，1、2号锅炉干排渣系统出口渣温一般情况下在 $30\sim50℃$。而通常干排渣系统生产厂家要求该温度不高于 $150℃$，显然目前1、2号锅炉出口渣温偏低。出口渣温偏低，说明通过干排渣系统漏入冷风量过大，将导致锅炉排烟温度升高，锅炉经济性下降。需要说明的是，目前由于两台锅炉存在炉内结焦问题，为避免大焦造成干排渣系统的卡涩，需要维护人员时常从干排渣系统看火孔位置进行人工打焦，在一定程度上难以避免增加漏风。

因此，建议电厂通过对干排渣系统各清扫链检修孔、端部看火孔、人孔门等进行增加密封条等措施，加强对干排渣壳体的密封。同时在运行期间根据机组负荷以及煤质，加强对干排渣系统入口冷风门开度的调整，使钢带出口底渣温度维持在 $80\sim100℃$，以尽量减少干排渣系统漏入冷风量，减少其对排烟温度的影响，提高机组运行安全性及经济性。

2）增加空气预热器换热面积。根据国内电厂回转式空气预热器运行情况，回转式空气预热器设计时均会预留 $200\sim300mm$ 空间。经电厂检修技术人员确认，目前HB电厂1、2号锅炉均存在此预留空间，因此建议电厂可以考虑对1、2号锅炉空气预热器进行改造，利用预留空间，适当增加空气预热器蓄热板高度以提高换热面积，可实现锅炉排烟温度的下降，同时还可以提高热一次风温度。根据国内其他电厂进行相应空气预热器改造经验，若使空气预热器蓄热板高度方向上增加约 $100\sim150mm$，同时排烟温度可下降约 $5℃$，锅炉效率可提高 $0.2\sim0.3$ 个百分点；同时增加 $100\sim150mm$ 高度，空气预热器阻力提高约 $160Pa$，风机电耗相应增加约 0.05 个百分点，改造后机组煤耗可下降约 $0.5g/(kW\cdot h)$。

3）增加低压省煤器。根据机组运行现状，HB电厂1、2号机组还可以考虑通过增加低压省煤器来进一步降低排烟温度。

目前，HB电厂燃用煤质平均含硫量为 0.2%，对应的烟气酸露点不高于 $70℃$。而不同负荷下1、2号锅炉排烟温度为 $130\sim150℃$，可通过低压省煤器将排烟温度降低至 $110\sim120℃$，可以保证低温省煤器工质换热存在一定传热温压，同时管壁材质不发生严重低温腐蚀。综合考虑，通过增加低压省煤器，降低排烟温度约 $20\sim30℃$，其综合经济效益为机组煤耗下降约 $1.5g/(kW\cdot h)$。

目前，低压省煤器在我国有一定的工程应用，其种类有两种：一种布置在空气预热器与电除尘之间；另一种布置在除尘器后。此两种低压省煤器各有利弊，经济性也不同；而低压省煤器冷却工质的来源（位置选点）与去向对低压省煤器的安全和经济性的影响更大。电厂如果能采用低压省煤器回收余热向外供热，可以对余热热量进行最大程度的有效利用，该利用方式效果更好。此外低压省煤器使烟道阻力增加 300～500Pa，对引风机的出力有一定的要求。

因此，建议在实施本建议前，通过漏风治理、减轻尾部烟道积灰以及增加空气预热器换热面积等工作，确定排烟温度实际可下降空间，再根据锅炉的烟道实际布置、引风机出力以及今后的规划等，进行增加低压省煤器的可行性及工程应用的经济性分析研究，以便选择切实可行的最佳方案，尽快收回投资。

3. 飞灰可燃物

HB 电厂 1、2 号锅炉实际燃用煤质为褐煤，燃尽性能好，干燥无灰基挥发分含量达到 45% 左右，根据 1、2 号锅炉的考核试验结果和近一年来的日常飞灰、炉渣可燃物化验结果（见表 5-86），两台锅炉飞灰、炉渣可燃物含量均很低，除个别月份以外，均在 0.5% 以下，使得固体未完全燃烧热损失低于设计值，因而，HB 电厂 1、2 号锅炉通过降低飞灰、炉渣可燃物含量的节能潜力较小。

表 5-86　　　　HB 电厂 1、2 号锅炉飞灰炉渣可燃物含量统计

项目	1号锅炉		2号锅炉	
	飞灰含碳量（%）	炉渣含碳量（%）	飞灰含碳量（%）	炉渣含碳量（%）
考核工况 1	0.15	0.10	0.10	6.20
考核工况 2	0.12	0.30	0.14	2.48
2011 年 1 月	0.10	0.23	0.31	0.41
2011 年 2 月	0.10	0.23	0.45	0.53
2011 年 3 月	0.45	0.41	0.21	0.17
2011 年 4 月	0.26	0.24	0.67	0.65
2011 年 5 月	1.10	1.11	1.08	1.11
2011 年 6 月	1.10	1.11	1.04	1.14
2011 年 7 月	1.04	1.28	1.04	1.47
2011 年 8 月	1.17	1.18	1.15	1.15
2011 年 9 月	0.43	0.13	0.26	0.16
2011 年 10 月	0.64	0.13	0.64	0.11
2011 年 11 月	0.47	0.15	0.46	0.14
2011 年 12 月	0.12	0.14	0.14	0.13
2012 年 1 月	0.15	0.14	0.14	0.15
2012 年 2 月	0.10	0.14	0.11	0.15
2012 年 3 月	0.14	0.15	0.16	0.13

4. 运行氧量

HB 电厂 1、2 号锅炉运行氧量月报统计值如图 5-39 所示。

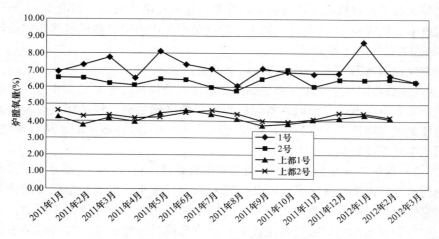

图 5-39　HB电厂1、2号锅炉运行氧量月报统计值

通过运行数据统计，HB电厂1、2号锅炉2011年负荷率分别约为70%、72%，日常运行氧量控制在6%～7%，较设计运行氧量5.3%偏高1～2个百分点。HB电厂1、2号锅炉燃用煤质为褐煤，入炉煤挥发分在45%以上，根据其煤质特性分析，其着火燃尽特性相对较好，适宜采用低氧量运行，且有利于减少减温水量。但过低运行氧量，容易导致炉内结焦。目前，HB电厂1、2号锅炉实际运行中氧量相对偏高，主要考虑炉内结焦问题。电厂已经准备在近期对1、2号锅炉进行制粉系统及燃烧优化调整试验，试验其中一个重要目的应该是分析查找炉内结焦原因，提出解决或缓解两台锅炉结焦问题的方案，在此基础上考虑降低运行氧量，提高机组运行经济性。

5. 空气预热器

(1) 空气预热器漏风率。HB电厂1、2号锅炉历史试验测得空气预热器的漏风率见表5-87。

表5-87　　　　　　　HB电厂1、2号锅炉历史试验测得空预器漏风率结果

项目	单位	1号考核		2号考核	
		工况1	工况2	工况1	工况2
实测空气预热器入口氧量（A/B）	%	4.45/4.53	4.93/4.94	4.26/4.52	4.21/4.30
空气预热器前过剩空气系数（A/B）	—	1.269/1.275	1.307/1.308	1.230/1.253	1.251/1.258
实测空气预热器出口氧量（A/B）	%	5.96/5.98	6.26/6.33	5.59/5.84	5.54/5.62
空气预热器后过剩空气系数（A/B）	—	1.396/1.397	1.425/1.432	1.363/1.385	1.358/1.365
空气预热器漏风率（A/B）	%	10.77/10.23	10.04/10.07	9.02/8.78	8.30/8.16
空气预热器平均漏风率（A/B）	%	10.41/10.15		8.66/8.47	

HB电厂1、2号锅炉空气预热器采用固定式双密封结构，从历史试验空气预热器漏风率测试结果来看，两台锅炉空气预热器漏风率分别在10%和9%左右。据了解，由于实际运行中换热元件安装不到位，导致密封件摩擦严重，电厂在2012年1月将1号锅炉空气预热器的密封间隙都调至最大，因而，空气预热器漏风率进一步上升。根据表盘显

示的空气预热器进出口氧量计算漏风率，并通过风机耗电率校核，目前1、2号锅炉空气预热器漏风率分别应在13％和11％以上，均明显高于国内同类型机组回转式空气预热器漏风率7％左右的平均水平。

对于空气预热器漏风率，主要进行以下说明：

1）空气预热器漏风率变化，会导致排烟温度以及风机耗电率发生相应变化，目前相关研究均尚未有空气预热器漏风率对煤耗影响量的准确数据。根据相关经验，通常认为空气预热器漏风率降低1个百分点，机组煤耗下降约0.1g/(kW·h)。从数量级上来看，空预器漏风率对煤耗影响量较小。

2）1、2号锅炉空气预热器采用了固定双密封系统。目前，国内部分电厂进行了柔性接触式密封改造，改造后其漏风率可以达到4％～5％水平，但部分电厂反映该柔性接触式密封可靠性不高，同时改造费用较高，与固定密封相比，节能效果不明显，投资收益较低。而空气预热器固定双密封系统技术相对成熟简单，维护检修较为容易方便，只要控制调整好密封间隙，可在一个大修周期内保持8％以内的漏风水平。

3）由于1、2号锅炉空气预热器投产前安装调试不到位，实际运行中两台锅炉空气预热器漏风率均明显偏高。目前，电厂已与哈尔滨锅炉厂有限责任公司沟通协商好，将由哈尔滨锅炉厂有限责任公司在机组大修中以降低空气预热器漏风率为目的，负责对空气预热器换热元件及密封间隙进行重新调整装配，有望在大修后空气预热器漏风率达到7％左右。电厂可以根据大修空气预热器调整装配后空气预热器漏风率效果，综合考虑改造费用与收益，研究通过柔性接触式密封等改造进一步降低漏风率的技术经济可行性。

（2）暖风器投运条件。燃料中含有的硫分在燃烧过程中形成二氧化硫，其中少量的二氧化硫会进一步氧化成三氧化硫，三氧化硫与烟气中水分化合为硫酸。当空气预热器金属壁温低于烟气酸露点时，硫酸蒸汽就会凝结在壁面上造成传热金属元件的腐蚀。同时凝结在传热元件表面的液态硫酸会黏结烟气中的灰粒子，造成空气预热器积灰与堵灰。因此，烟气酸露点是空气预热器冷端腐蚀和堵灰的关键因素，与锅炉运行密切有关。

对于回转式空气预热器，冷端材料为低合金钢（CORTEN 钢），对烟煤而言，美国燃烧工程公司（CE）和美国空气预热器公司（APC）采用的标准冷端换热元件最低平均壁温 T_{bw} 如图5-40所示，其中硫含量 S％ 为收到基含硫量，空气预热器出口烟温为未修正值。目前国内部分锅炉制造厂也主要采用此曲线来设计锅炉排烟温度。

查阅该曲线，当燃煤收到基含硫量低于1.5％，冷端换热元件最低平均壁温 T_{bw} 推荐值为68.3℃。在此情况下，要求空气预热器入口冷风温度与排烟温度之和 $T_{lf}+T_{py}$ 大于137℃，空气预热器就不会发生严重的低温腐蚀。按照空气预热器入口冷风温度 T_{lf} 为20℃考虑，保证空气预热器安全的排烟温度在120℃以上，这与国内电厂运行情况基本吻合，因此

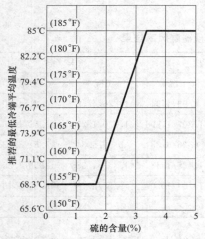

图 5-40 燃煤锅炉空气
预热器冷端平均壁温

注 1. 曲线以上为运行温度范围。
　　2. 计算预热器出口烟温为未修正值。

该推荐曲线较为符合实际运行工况。

HB电厂1、2号锅炉在一次风机、送风机出口均设置有暖风器，一年投运时间在6~8个月。电厂运行规程规定：当环境温度<15℃时，应投入暖风器，控制空气预热器入口一次风温度、二次风温度分别在26℃、23℃。从两台机组运行数据可以看到，在每年最冷季节，即环境温度约-30℃时，暖风器将风机出口温度-25℃左右，提高到空气预热器入口温度（20~30℃）；在环境温度约-5℃时，暖风器将风机出口温度0℃左右，提高到空气预热器入口温度（20~30℃）。不同负荷下，与之对应排烟温度在130~150℃。

由前面分析可知，只要运行中冷端换热元件壁温高于烟气酸露点温度，就可以不用投运暖风器，即只需根据空气预热器入口冷风温度与排烟温度之和，而可以不用考虑空气预热器入口冷风温度或环境温度低于某一值作暖风器投运条件。建议HB电厂1、2号锅炉暖风器投运条件可以参照图5-40推荐曲线，根据煤质含硫量不同，控制空气预热器入口冷风温度与排烟温度之和不低于某一值，即当收到基含硫量为1%以下时，该值可控制在120~130℃。需要说明的是，实际上当环境温度在-20~-10℃时，若不投运暖风器，由于风机入口风温的降低，必将使空气预热器出口热一次风温、二次风温度降低，可能影响磨煤机的干燥出力，因此在这种情况下不投运暖风器确实难以实现。那么此时建议投运暖风器继续运行，但可考虑只需将空气预热器入口风温提高到10~15℃或者20℃，而并非电厂一直执行的提高到20~30℃，可满足空气预热器低温腐蚀与空气预热器出口热一次风温、二次风温综合需求，同时暖风器消耗蒸汽会相对减少一些，机组经济性会有所提高。

6. 制粉系统

（1）磨煤机设计参数。HB电厂1、2号锅炉设计燃用褐煤，配置7台MPS212HP-Ⅱ型中速磨煤机，额定负荷正常运行时6运1备。磨煤机的主要设计参数见表5-88。

表5-88　　　　　　　　　　　　磨煤机的主要设计参数

型号	单位	MPS212HP-Ⅱ
形式	—	中速辊盘式
数量	台/炉	7
最大出力	t/h	85.7
主电机功率	kW	560
电动机转速	r/min	990
生产厂家	—	长春电力设备总厂

（2）磨煤机耗电率。HB电厂1、2号锅炉2011年磨煤机耗电率统计见表5-89。采用中速磨燃用褐煤锅炉磨煤机耗电率对比如图5-41所示。

表5-89　　　　　　HB电厂1、2号锅炉磨煤机2011年耗电率统计　　　　　　（%）

月份	1号炉	2号炉
1	0.39	0.38
2	0.37	0.39

续表

月份	1号炉	2号炉
3	0.34	0.37
4	0.36	0.35
5	0.37	0.38
6	0.39	0.41
7	0.39	0.40
8	0.38	0.40
9	0.37	0.38
10	0.41	0.43
11	0.44	0.45
12	0.46	0.48
平均	0.39	0.40

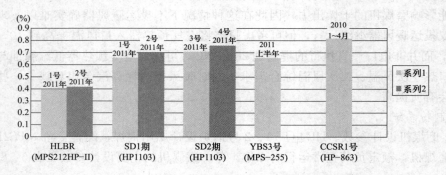

图 5-41　采用中速磨燃用褐煤锅炉磨煤机耗电率对比

由表 5-89 可知，HB 电厂 1、2 号机组磨煤机电耗分别在 0.36%～0.46%、0.35%～0.48%，年统计平均值分别为 0.39%、0.40%。影响磨煤机耗电率的影响很多，除运行检修维护外，主要有燃煤特性（包括燃煤发热量、水分、可磨性）、煤粉细度、磨煤机出力、磨盘载力等。目前，国内燃用褐煤采用 MPS 型中速磨的 600MW 等级机组，磨煤机耗电率较好水平约为 0.62% 左右。与之对比，目前 HB 电厂 1、2 号锅炉磨煤机耗电率处于国内相同形式机组优良水平。

（3）制粉系统运行分析。目前，HB 电厂 1、2 号锅炉典型负荷工况下制粉系统运行参数主要见表 5-90。

表 5-90　　　　　　　　HB 电厂 1、2 号锅炉典型负荷制粉系统运行参数

项目	单位	1号机组			2号机组		
负荷	MW	600.64	480.84	364.36	600.23	480.98	364.56
空气预热器 A 出口一次风温度	℃	376.77	367.19	350.60	382.34	370.33	357.61
空气预热器 B 出口一次风温度	℃	379.55	366.43	346.88	384.32	372.43	361.50
给煤机 A 给煤量	t/h	47.23	40.08	0.07	36.28	37.76	0.06

续表

项目	单位	1号机组			2号机组		
磨煤机 A 热一次风电动调门位置反馈	%	51.83	45.15	−0.10	46.57	51.29	0.00
磨煤机 A 冷一次风调门位置反馈	%	27.90	37.54	0.03	50.82	40.35	−0.03
磨煤机 A 入口一次风压力	kPa	7.01	5.98	−0.12	4.98	4.82	−0.08
磨煤机 A 入口一次风温度	℃	337.01	311.62	55.06	289.16	308.44	50.46
磨煤机 A 出口风粉混合物压力	kPa	3.57	3.09	−0.08	1.85	1.87	−0.04
磨煤机 A 磨分离器出口风粉温度	℃	64.65	66.04	45.40	62.78	64.10	48.64
磨煤机 A 电流	A	28.52	26.73	0.08	26.58	27.16	0.03
给煤机 B 给煤量	t/h	53.43	48.86	46.04	48.48	40.94	44.09
磨煤机 B 热一次风电动调门位置反馈	%	71.37	61.34	64.90	46.33	42.88	47.73
磨煤机 B 冷一次风电动调门位置反馈	%	0.40	24.94	23.56	44.99	48.91	48.53
磨煤机 B 入口一次风压力	kPa	6.92	6.70	6.18	7.04	5.69	6.19
磨煤机 B 入口一次风温度	℃	359.80	330.17	315.56	332.17	310.69	306.71
磨煤机 B 出口风粉混合物压力	kPa	2.18	2.39	2.19	0.05	2.51	2.59
磨煤机 B 磨分离器出口风粉温度	℃	64.28	65.90	65.06	63.31	63.97	63.16
磨煤机 B 电流	A	30.16	29.24	28.65	29.48	26.30	27.07
给煤机 C 给煤量	t/h	53.45	48.92	0.04	53.53	34.04	44.09
磨煤机 C 热一次风电动调门位置反馈	%	49.54	53.34	−0.45	74.02	68.71	90.19
磨煤机 C 冷一次风电动调门位置反馈	%	31.42	37.18	0.08	33.24	58.51	48.60
磨煤机 C 入口一次风压力	kPa	7.88	7.13	−0.12	8.01	5.76	6.99
磨煤机 C 入口一次风温度	℃	352.12	332.81	55.11	357.71	277.12	310.68
磨煤机 C 出口风粉混合物压力	kPa	3.13	3.12	−0.07	2.55	0.96	0.89
磨煤机 C 磨分离器出口风粉温度	℃	65.07	66.01	39.18	63.09	62.33	63.02
磨煤机 C 电流	A	27.87	27.49	−0.01	33.82	27.15	30.01
给煤机 D 给煤量	t/h	53.44	50.93	46.20	59.52	57.18	43.21
磨煤机 D 热一次风电动调门位置反馈	%	57.08	65.02	64.79	47.47	37.04	29.58
磨煤机 D 冷一次风电动调门位置反馈	%	37.58	31.70	36.58	7.27	0.14	35.83
磨煤机 D 入口一次风压力	kPa	7.35	7.29	6.76	8.54	7.51	5.79
磨煤机 D 入口一次风温度	℃	337.90	336.04	313.31	370.29	360.24	324.27
磨煤机 D 出口风粉混合物压力	kPa	2.99	2.90	2.66	0.16	1.49	1.01
磨煤机 D 磨分离器出口风粉温度	℃	65.25	64.92	65.03	62.93	63.07	63.14
磨煤机 D 电流	A	29.05	29.05	28.00	32.95	30.70	26.76
给煤机 E 给煤量	t/h	53.30	52.10	46.03	56.22	57.85	0.06
磨煤机 E 热一次风电动调门位置反馈	%	70.75	71.67	63.44	86.64	81.98	6.73
磨煤机 E 冷一次风电动调门位置反馈	%	32.71	38.40	35.72	47.45	44.99	32.26
磨煤机 E 入口一次风压力	kPa	7.79	7.36	6.41	8.84	8.76	0.43
磨煤机 E 入口一次风温度	℃	344.98	331.73	315.05	349.91	343.60	50.58

续表

项目	单位	1号机组			2号机组		
磨煤机 E 出口风粉混合物压力	kPa	2.74	2.88	2.47	3.26	3.45	0.30
磨煤机 E 磨分离器出口风粉温度	℃	64.17	63.75	64.99	63.76	64.07	41.12
磨煤机 E 电流	A	29.68	29.35	27.37	32.87	31.42	0.00
给煤机 F 给煤量	t/h	53.11	0.04	45.87	59.18	55.96	50.22
磨煤机 F 热一次风电动调门位置反馈	%	54.96	0.08	53.86	77.78	74.76	71.73
磨煤机 F 冷一次风电动调门位置反馈	%	30.93	−0.09	41.79	24.27	29.56	34.42
磨煤机 F 入口一次风压力	kPa	7.64	−0.12	6.95	8.78	8.10	7.08
磨煤机 F 入口一次风温度	℃	361.55	103.17	317.25	370.41	353.34	335.25
磨煤机 F 出口风粉混合物压力	kPa	2.98	−0.07	2.85	3.73	3.47	3.22
磨煤机 F 磨分离器出口风粉温度	℃	65.32	38.83	65.06	64.34	64.06	63.03
磨煤机 F 电流	A	27.35	0.02	26.30	31.54	30.35	28.24
给煤机 G 给煤量	t/h	53.85	52.53	46.46	59.18	0.03	50.08
磨煤机 G 热一次风电动调门位置反馈	%	55.44	71.06	70.43	68.46	0.64	67.73
磨煤机 G 冷一次风电动调门位置反馈	%	0.01	1.32	26.62	2.10	0.02	0.10
磨煤机 G 入口一次风压力	kPa	7.49	7.61	6.73	7.95	−0.11	6.22
磨煤机 G 入口一次风温度	℃	370.20	358.57	332.04	375.28	64.90	354.50
磨煤机 G 出口风粉混合物压力	kPa	3.05	3.44	2.97	3.46	−0.09	2.91
磨煤机 G 磨分离器出口风粉温度	℃	63.29	65.59	64.86	62.66	48.67	63.36
磨煤机 G 电流	A	27.87	27.42	26.06	31.74	−0.05	28.25

通过对 HB 电厂 1、2 号锅炉制粉系统运行现状分析，主要认为：

1) 磨入口冷、热风门严密性。由于磨煤机入口调节门特性，通常情况磨煤机入口冷风门全关时，实际仍有少量的冷风掺入。但通过对 HB 电厂 1、2 号锅炉制粉系统运行数据分析，部分工况下存在磨煤机冷一次风门全关时，磨煤机入口风温与热一次风母管温度相差较大（20℃以上），说明磨煤机冷风门漏入冷风量较大。初步分析，1、2 号锅炉部分磨煤机入口冷风门严密性较差。目前，1、2 号锅炉热一次风温度低于设计值，磨煤机入口冷风门严密性差，可能导致磨煤机干燥出力不足，同时冷风掺入制粉系统，会导致进入空气预热器的空气减少，排烟温度升高。因此，建议电厂对各台磨煤机冷风门的严密性进行检查，在对点火稳燃装置保护的同时，尽量减少冷风门的泄漏，可在一定程度上提高磨煤机干燥出力，降低排烟温度，提高锅炉经济性。

2) 热一次风母管压力。目前，1、2 号锅炉额定负荷下一次风机出口压力约为 11kPa，经过空气预热器后热一次风母管压力为 10～10.5kPa，磨煤机入口压力为 6～8kPa，由此从热一次风母管到磨煤机入口，一次风压降低在 2～4kPa 以上，损失较大。目前实际运行中较长时间各台磨煤机入口冷、热一次风门开度通常控制在 30%～50%，风门开度偏小，节流损失明显，导致一次风机耗电增加。由此建议电厂结合制粉系统及燃烧优化调整，进行降低一次风压试验，在目前基础上适当降低一次风机出口压力，可以开始降低 0.3～0.5kPa 左右，将磨煤机进口冷、热风门开大，维持磨煤机通风量、磨出口温度不变，稳定运行一段时间后，观察磨煤机出力及出口风粉压力变化情况，在此基础上再考虑继续下降的可行性。

3）煤粉细度。根据 2011 年对 1、2 号锅炉考核试验取样结果，1 号炉 B 磨煤机、2 号炉 F 磨煤机出口煤粉细度 R90 均分别接近设计 35% 左右水平。HB 电厂 1、2 号锅炉燃用褐煤，煤粉着火及燃尽性能较好，按照一般燃用褐煤规律，煤粉细度控制在 35% 左右，既能满足锅炉燃尽需求，同时兼顾磨煤机耗电率。但是相对较粗的煤粉细度容易导致结焦，这可能与电厂目前存在燃烧器区域及其上部存在结焦问题相关。电厂已经准备在近期对 1、2 号锅炉进行制粉系统及燃烧优化调整试验，试验过程将在考虑炉内结焦问题的同时，兼顾飞灰可燃物及磨煤机耗电率，通过对煤粉细度进行优化调整，提高机组运行经济性与安全性。

4）磨煤机投运台数。通过对机组运行参数的分析了解，1、2 号机组在 480MW 负荷、360MW 负荷时，机组总给煤量分别在 280～290t、230～240t，习惯投运台数分别为 6 台、5 台，此时各台磨煤机对应给煤量在 40～50t（部分时段 360MW 负荷工况下投运 6 台，此时各台磨煤机对应给煤量低于 40t）。而目前两台机组正常运行状态下，各台磨煤机最大给煤量在 63～65t。由此可见，当机组在 480MW、360MW 负荷运行时，两台锅炉均存在着投运 5 台、4 台磨煤机的可能。低负荷工况下，减少磨煤机投运台数，单层燃烧器热负荷增加，对炉内着火稳定性有利，而目前 1、2 号锅炉磨煤机耗电率已经相对较低，减少磨煤机投运台数，有利用降低一次风机耗电率，同时排烟温度也将有所下降。因此建议电厂在煤质许可的条件下，以保持磨煤机对应给煤量在 55～60t 左右为基础，尽可能减少磨煤机投运台数，以提高低负荷机组运行经济性。

5.2.3　汽轮机及热力系统

1. 汽轮机本体

HB 电厂 1、2 号汽轮机为上汽生产的超临界、一次中间再热、三缸四排汽、单轴、双背压、凝汽式空冷汽轮机，型号为 NZK600 - 24.2/566/566。

对汽轮机及其系统性能进行描述的综合指标为热耗率。热耗率由机组本体性能（指缸效率）、运行参数和热力系统状况等三方面因素决定，其与设计值的偏差将决定机组的实际运行水平。

本次节能诊断将从机组实际运行状况、各项指标的完成情况、西安热工研究院有限公司对同类型机组的性能试验经验，以及国内同型机组的实际性能状况等多个角度出发，并结合对两台机组性能考核试验数据的可靠性分析，对机组的热耗率及本体状况给出大致的评价。

（1）缸效率。汽轮机缸效率是汽轮机本体最重要的性能指标，其高低直接决定汽轮机的热耗率和机组的循环效率，进而影响到整台机组的发、供电煤耗。表 5 - 91 给出了 HB 电厂 600MW 超临界汽轮机各缸效率每变化 1 个百分点对机组循环效率、热耗率和发电煤耗的影响量。由表 5 - 91 可知由于低压缸所占做功份额较大，因此其变化对机组的经济性影响最大。

表 5 – 91　HB 电厂 600MW 超临界汽轮机缸效率变化 1 个百分点对机组经济性影响

项目	循环效率（%）	热耗率 [kJ/(kW·h)]	发电煤耗 [g/(kW·h)]
高压缸效率变化	0.1954	16.0	0.60
中压缸效率变化	0.1377	11.3	0.42
低压缸效率变化	0.4928	40.3	1.50

　　首先需要说明的是，HB 电厂 600MW 超临界空冷汽轮机设计热耗率为 7719kJ/(kW·h)，经核算该设计值偏高较多。目前，三大主机设备制造厂的 600MW 超临界湿冷汽轮机设计热耗率普遍为 7550kJ/(kW·h) 左右（设计背压 4.9kPa），考虑到此空冷汽轮机设计背压为 11kPa，则热耗率应增加约 300kJ/(kW·h)，同时由于空冷汽轮机采用电动给水泵，故热耗率应相应降低约 230kJ/(kW·h)，因此 HB 电厂 600MW 超临界空冷汽轮机设计热耗率应在 7620kJ/(kW·h) 左右，比制造厂提供的设计值偏低约 100kJ/(kW·h)。

　　两台机组投产后，由内蒙古电力科学研究院完成了投产性能考核试验，试验依据美国国家标准 ASME PTC6—1996《汽轮机性能试验规程》执行。两台机组 3VWO 工况下试验的结果见表 5 – 92。

　　1 号汽轮机在 3VWO 工况下热耗率为 7752.1kJ/(kW·h)，较设计热耗率 7620kJ/(kW·h) 高 132.1kJ/(kW·h)，其中，高压缸效率低于设计值约 2 个百分点，中压缸效率低于设计值约 1 个百分点，低压缸效率比设计值低约 3.8 个百分点，高中压缸轴封漏汽量比设计值高约 1.4 个百分点。

　　2 号汽轮机在 3VWO 工况下热耗率为 7786.4kJ/(kW·h)，较设计热耗率 7620kJ/(kW·h) 高 166.4kJ/(kW·h)，其中，高压缸效率低于设计值约 5.4 个百分点，中压缸效率低于设计值约 0.7 个百分点，低压缸效率比设计值低约 2.2 个百分点，高中压缸轴封漏汽量比设计值高约 2.7 个百分点。

　　试验结果表明，HB 电厂 1、2 号汽轮机的热耗率均未达到制造厂的保证值，其主要原因为高、中、低压缸效率均低于设计值，高、中压缸间轴封漏汽量大。

表 5 – 92　　　　　HB 电厂 600MW 超临界空冷机组性能考核试验结果

名称	单位	设计值	1 号	2 号
			3VWO	
高压缸效率	%	87.52	83.53（85.5）	82.10（84.09）
中压缸效率	%	92.59	91.50（92.54）	91.87（92.93）
低压缸效率（UEEP）	%	89.29	85.51	87.15
高中压缸轴封漏汽量	%	1.56	3.0	4.3
一、二类修正后热耗率	kJ/(kW·h)	7620	7804.0	7840.0
临时滤网和老化修正后热耗率	kJ/(kW·h)		7752.1	7786.4

　　注　设计排汽压力为 11kPa，括号内缸效率数据为临时滤网修正后。

　　考虑到 600MW 超临界空冷机组和湿冷机组的高、中压缸模块相同，故表 5 – 93 给出了已投运的部分 600MW 超临界湿冷机组性能考核试验高、中压缸效率值。可以看出，600MW 超临界机组考核试验高、中压缸效率普遍低于设计值，国产 600MW 超临界机组的高压缸效率基本在 83%～85% 的水平，中压缸效率一般可达到 90%～91.5% 的水平。

表 5-93　　　部分 600MW 超临界机组性能考核试验高、中压缸效率

名称	机组号	高压缸效率	中压缸效率
单位	—	(%)	(%)
RZ（上汽）	3 号	84.48	89.93
	4 号	83.18	89.98
YX（上汽）	1 号	83.56	91.03
	2 号	84.38	91.16
TC（哈汽）	3 号	83.32	91.45
	4 号	84.36	91.45
YL（哈汽）	5 号	84.89	90.95
	6 号	83.75	90.33
CH（哈汽）	1 号	83.82	89.61
	2 号	82.71	90.87

汽轮机的高、中压缸一般运行于过热蒸汽区，通过直接测量进、出口压力和温度即可计算出高、中压缸的效率，且试验不规范所带来的测量误差较小，故通常规范的试验均能准确反映高、中压缸效率水平。

需要指出的是，高中压合缸机组的中压缸效率宜受高中压合缸漏汽量影响而虚高。考虑到 HB 电厂两台机组的高中压合缸漏汽量较设计值偏高较多，故其实际中压缸效率应比试验值偏低。根据计算修正，中压缸实际效率应在 91% 之内。

通过与表 5-93 中数据比较可知，HB 电厂两台机组的高、中压缸效率与同类型机组整体水平基本相当。

由于低压排汽为湿蒸汽，故低压缸效率不能直接通过测试得到，而是通过整机的能量平衡和流量平衡计算而得，容易引入一些不确定因素。除了对基准流量的测量精度有较高要求外，对整个机组热力系统严密性也有严格的要求。

一般来说，蒸汽膨胀至低压缸时压力已较低，比容较大，相对于低压缸的叶片高度，汽封间隙占整个通流尺寸的比例很小，故在低压缸各级中汽封的泄漏损失已不再是影响低压缸效率的主要因素，也就是说低压缸通流效率对安装间隙的控制并不敏感，低压缸效率主要决定于设计水平和制造工艺。基于多台 600MW 超临界机组的性能考核试验数据，并考虑湿冷机组的结构特性，经过分析认为 HB 电厂两台 600MW 超临界汽轮机的低压缸效率均应在 87% 左右。

（2）高中压缸间轴封漏汽量。HB 电厂 600MW 超临界汽轮机采用高中压缸合缸结构，这样必然会导致高压缸调节级后的蒸汽通过高中压缸间轴封直接漏至中压缸，而未经高压通流部分做功，使机组运行经济性下降。由于高中压缸间轴封位于高中压转子中部，挠度大，机组经过多次启停之后，汽封齿会有一定程度的磨损，因此同类型机组的高中压缸间轴封的漏汽量普遍大于设计值，对机组经济性有明显的影响。其对汽轮机经济性影响：1% 再热蒸汽流量的汽封漏汽量约影响机组经济性 0.17%。

鉴于高中压缸间轴封漏汽量对机组运行经济性的影响十分显著，测量时对仪表精度要求相对不高，故一般机组性能试验均对该数据进行测试。具体方法：假设高压缸至中压缸的轴封漏汽量占再热蒸汽量 0% 和 10%，分别计算出轴封漏汽量与再热蒸汽的混合焓及熵值，并计算出该混合点至中压缸排汽间的中压缸通流效率。以高中压缸轴封漏汽量占再热蒸汽量的百分比为横坐标，以对应的中压缸通流效率为纵坐标，绘制出中压缸通流效率与高中压缸轴封漏汽量占再热蒸汽量百分比的直线关系，降再热蒸汽温度所得到的直线与降主蒸汽温度所得到的直线的交点，即为试验实测的高中压缸轴封漏汽量占再热蒸汽量的百分比。

HB 电厂 1、2 号汽轮机高中压缸间轴封漏汽量试验结果见表 5 - 94。高中压合缸轴封漏汽量占再热蒸汽流量的份额分别为 3.0% 和 4.3%，比设计值（1.56%）偏高，对机组经济性的影响分别为 0.7g/(kW·h) 和 1.3g/(kW·h)。

表 5 - 94　　　　　　　　　HB 电厂汽轮机高中压缸间轴封漏汽量试验结果

项目		1 号机组	2 号机组
高中压合缸漏汽量	设计值	1.56%	
	试验值	3.0%	4.3%
对机组发电煤耗的影响		0.7g/(kW·h)	1.3g/(kW·h)

从目前已投运的 600MW 超临界汽轮机性能考核试验的结果来看，高中压缸间轴封漏汽量约为再热蒸汽流量份额的 1.5% ～ 4.5% 之间，见表 5 - 95。同型机组之间差距比较大，可见，安装质量是导致漏汽量增大的主要原因。上汽 600MW 超临界汽轮机出厂时即在高中压缸间轴封采用了布莱登汽封，从与哈汽机组的试验数据对比来看，效果较好。

表 5 - 95　　　　　　600MW 超临界机组高中压间轴封漏汽量试验值与设计值比较

制造商	机组	单位	设计值	试验值
上汽	YX 1 号	%	1.2	1.82
	YX 2 号	%		1.60
	RZ 3 号	%		1.63
	RZ 4 号	%		1.34
哈汽	Q 厂 3 号	%	0.5	3.6
	Q 厂 4 号	%		1.6
	Y 厂 5 号	%		2.5
	Y 厂 1 号	%		3.2
	YM 5 号	%	1.4	1.9
	YM 6 号	%		4.4

因此，相比而言，HB 电厂两台机组高中压缸间轴封漏汽量比同类型机组偏大较多，应作为未来大修工作的重点。

（3）抽汽参数。抽汽温度高于设计值一般表明通流部分效率低或有高品质的蒸汽漏入了该级。表5-96给出了1、2号汽轮机各段抽汽温度的运行值和近期试验值与设计值的比较。由表中数据可知，两台机组均存在六段抽汽温度偏高的现象，温度偏高15～30℃不等。

六段抽汽温度偏高是采用国产引进型300MW机组低压缸模块的机组的共性问题。该低压缸为三层缸结构，由低压外缸、1号内缸、2号内缸以及隔板套组成，虽然设计中已将温度梯度平缓化，但由于密封配合面较多，螺栓分布存在不合理性，密封配合面漏汽严重，根据制造厂进行的计算模拟，运行过程中，中分面分开距离达2mm左右，主要分布在六段抽汽口范围内。

另外，采用该低压缸模块的供热机组和空冷机组，分别由于低压进汽参数或排汽参数不同，而将低压通流级数由7级改为6级，低压缸轴向尺寸缩短，刚性相对较好，故其六段抽汽温度偏高现象有较大改善，这也说明低压缸刚性不足是导致六段抽汽参数偏高的主要因素。

表5-96　　　　　HB电厂600MW空冷汽轮机额定工况下抽汽温度比较

项目名称	单位	设计值	1号机	2号机
主蒸汽温度	℃	566	560.2	555.8
再热蒸汽温度	℃	566	559.8	559.2
一段抽汽温度	℃	349.3	349.9	349.5
二段抽汽温度	℃	310.0	306.4	304.7
三段抽汽温度	℃	453.9	460.0	461.3
四段抽汽温度	℃	352.3	353.7	354.5
五段抽汽温度	℃	248.4	258.6	256.7
六段抽汽温度	℃	127.6	142.5	153.2
七段抽汽温度	℃	77.7	55.3	80.7

（4）机组实际性能。根据前面分析，HB电厂1、2号汽轮机本体各项性能指标见表5-97和表5-98，由于高、中、低压缸效率低，高中压缸间轴封漏汽量大，对机组热耗的影响分别约为190.8kJ/(kW·h)和231.5kJ/(kW·h)，折合发电煤耗约7.1g/(kW·h)和8.6g/(kW·h)。

表5-97　　　　　HB电厂1号汽轮机本体各项性能指标偏差对经济性的影响量

名称	设计值（%）	诊断值（%）	对热耗影响量 [kJ/(kW·h)]	对发电煤耗影响量 [g/(kW·h)]
高压缸效率	87.52	83.5	63.3	2.4
中压缸效率	92.59	91.0	17.6	0.7
低压缸效率	89.29	87.0	91.0	3.4
高中压缸轴封漏汽量	1.56	3.0	18.9	0.7
合计	—	—	190.8	7.1

表 5 - 98　　　　　　HB 电厂 2 号汽轮机本体各项性能指标偏差对经济性的影响量

名称	设计值（%）	诊断值（%）	对热耗影响量 [kJ/(kW·h)]	对发电煤耗影响量 [g/(kW·h)]
高压缸效率	87.52	82.0	86.9	3.2
中压缸效率	92.59	91.0	17.6	0.7
低压缸效率	89.29	87.0	91.0	3.4
高中压缸轴封漏汽量	1.56	4.3	36.0	1.3
合计	—	—	231.5	8.6

综上所述，HB 电厂 1、2 号汽轮机系上汽采用引进技术设计生产的 600MW 超临界机组，虽然设计热耗率为 7620kJ/(kW·h)，但由于国内制造加工工艺和设备安装水平的制约，分析认为其热耗率应在 7800 ～ 7850kJ/(kW·h) 之间，达到了同类型机组的整体水平。HB 电厂 1、2 号汽轮机目前大致性能水平见表 5 - 99。

表 5 - 99　　　　　　　　HB 电厂 1、2 号汽轮机目前大致性能水平

项目名称	单位	1 号机	2 号机
高压缸效率	%	83.5	82.0
中压缸效率	%	91.0	91.0
低压缸效率	%	87.0	87.0
高中压缸间轴封漏汽量	%	3.0	4.3
热耗率 1	kJ/(kW·h)	7810	7850
热耗率 2	kJ/(kW·h)	7930	7970
热耗率 3	kJ/(kW·h)	8020	8050

注　热耗率 1　仅反映汽轮机本体水平。
　　热耗率 2　反映本体及目前系统状况水平。
　　热耗率 3　反映机组全年运行参数及环境气温的实际运行水平。

2. 汽轮机本体检修节能潜力分析及建议

（1）汽封间隙调整或改造的潜力分析。与大多数国产机组相同，HB 电厂 600MW 超临界汽轮机的热耗率与设计值相比有较大的差距，造成机组本体性能差的原因较多，主要由机组的设计、制造水平和安装质量三方面因素造成。机组设计及制造水平所带来的影响在目前情况下已无法改变，而安装质量主要反映在机组的通流间隙上，且通过检修的调整是可以改善的，故各电厂均十分重视此项工作，通过清扫通流、修复损坏汽封、调整汽封间隙和改造汽封形式等工作，力求提高汽轮机通流效率，降低机组热耗率。

表 5 - 100 列出了几台典型机组的大修前后性能试验数据。可以看到，表 5 - 100 中所列四台机组均对高中压缸通流汽封实施了布莱登汽封整体改造，从高压缸和中压缸效率的提高幅度来看，仅使机组热耗率下降约 30～50kJ/(kW·h)；对高中压缸间轴封的布莱登汽封改造，使该漏量降至 2% 左右，热耗率下降约 15～25kJ/(kW·h)，效果相对较好。故从表 5 - 100 中可知，大修中对高中压通流汽封进行大规模的整体改造，其对热耗率的影响一般不超过 80kJ/(kW·h)，事实上通过清扫通流、修复汽封和调整汽封间隙等常规项目的实施一般也能达到 50kJ/(kW·h) 的节能效果。考虑到揭缸检修费用和

汽封改造费用投资较大，故对高中压通流汽封进行大规模的整体改造从投资收益比来看是不经济的。

表 5-100   **典型机组 A 修前后性能试验数据**

机组	指标	单位	修前	修后	改善	热耗率降低	汽轮机侧与节能相关的主要检修内容
某东汽600MW亚临界空冷机组	高压缸效率	%	82.07	83.68	1.61	25.8	a) 高中压缸间轴封改造为布莱登汽封（5圈）。b) 高、中压缸隔板汽封改造为布莱登汽封（13圈）。c) 高、中压缸叶顶汽封改造为布莱登汽封（54道）。d) 低压轴端汽封改造为铁素体汽封（8圈）。e) 阀门泄漏治理
	中压缸效率	%	89.59	90.21	0.62	7.0	
	低压缸效率	%	87.35	89.35	2.0	80.6	
	HP-IP漏汽量	%	3.25	1.94	1.31	25.9	
	热耗率	kJ/(kW·h)	8596.0	8480.2	—	115.8	
某进口350MW亚临界湿冷机组	高压缸效率	%	82.6	85.7	3.10	43.71	a) 高中压缸间轴封改造为布莱登汽封。b) 高、中压缸部分汽封改造为布莱登汽封。c) 阀门泄漏治理
	中压缸效率	%	92.4	94.1	1.70	25.84	
	低压缸效率	%	—	—	—	—	
	HP-IP漏汽量	%	5.01	3.81	1.2	16.1	
	热耗率	kJ/(kW·h)	8238.2	8117.9	—	120.3	
某上汽300MW亚临界湿冷机组	高压缸效率	%	81.3	82.94	1.64	28.7	a) 高中压缸端部内汽封、高中压进汽平衡环汽封和中压缸隔板汽封改造为布莱登汽封（20道）。b) 高中压通流汽封严格按照下限进行了调整。c) 热力系统疏水优化改造
	中压缸效率	%	90.0	91.6	1.6	26.4	
	低压缸效率	%	—	—	—	—	
	HP-IP漏汽量	%	3.48	2.08		18.6	
	热耗率	kJ/(kW·h)	8309.1	8119.5	—	189.6	
某哈汽600MW超临界湿冷机组	高压缸效率	%	84.07	86.05	1.98	29.1	a) 高中压缸通流部分布莱登汽封改造。b) 低压缸末两级通流部分蜂窝式汽封改造及轴端汽封接触式汽封改造。c) 热力系统疏水优化改造和阀门泄漏治理
	中压缸效率	%	89.63	90.17	0.54	5.8	
	低压缸效率	%	—	—	—	—	
	HP-IP漏汽量	%	3.17	1.95	1.22	15.6	
	热耗率	kJ/(kW·h)	7838.7	7632		206.7	

HB 电厂两台机组通过大修，去掉主、再热蒸汽临时滤网，修复损坏汽封、调整汽封间隙，尤其高中压通流部分和高中压缸间轴封，预计大修后高压缸效率应可达 85%，中压缸效率达到 91%，低压缸效率达 87%，高中压缸间轴封漏汽量达 2%以内，则热耗率可降至 7775kJ/(kW·h) 的水平，达到国内同型机组的先进水平。

（2）本体检修建议。根据上述分析，建议 HB 电厂在今后的揭缸检修中仍将工作重心放在对受损汽封进行修复，并彻底清扫动、静叶等通流部分，同时，重视汽封间隙的调整，尤其是高、中压通流部分。检修中对汽轮机汽封间隙调整时应注意以下几点：

1）首先应详细、准确的测量出汽缸变形对洼窝中心的影响量，确定调整方式，调正汽缸、持环、隔板的洼窝中心，在现场条件允许的情况下，最大限度的做到动、静叶同心，再调整汽封。

2）通流间隙调整前，应取出汽缸定位销进行彻底清扫，并使汽缸膨胀还原。

3）根据制造厂提供的汽封间隙标准进行全实缸调整。

4）由于调节级动叶盖度很小，检修中应尽量减小喷嘴与动叶的不同心度。调节级阻汽片一般是镶嵌式齿片，若间隙超标须拔掉重镶，工作量较大，但因调节级占的比重大，对高压缸效率影响突出，故应尽量处理到位。

5）检查汽封间隙有压胶布和压铅丝两种方法，压铅丝比压胶布能够更准确的量化，但汽缸变形量较大时，合缸紧螺栓后间隙变大的情况下，用压铅丝测出来的结果是假象。而压胶布在这种情况下则可以根据盘动转子后，不同层数胶布留下的压印痕迹加以区别，判别真实测量结果。一般，高、中压缸适合采用压铅丝的方法，而低压缸适合采用压胶布的方法。

（3）低压抽汽温度。六段抽汽温度偏高是该类型低压缸模块的共性问题，国内各制造厂也一直没有拿出有效的解决方案。

与HB电厂相同，华能集团多台哈汽600MW超临界汽轮机也普遍存在六段抽汽温度高于设计值的问题。下面列出华能集团与哈汽厂针对该问题的技术措施，建议HB电厂咨询上汽后参考选用。

1）更换汽缸内置法兰螺栓和隔板套法兰螺栓，用20Cr1Mo1VTiB材料代替原25Cr2MoVA和42CrMo材质的螺栓，螺栓预应力由310MPa加大到345MPa，以提高材料的抗松弛性能和中分面的密封紧力。

2）低压内缸及隔板套中分面开槽并加装密封键，加强密封效果；汽缸中分面四角开减荷槽，吸收法兰变形。

3）检修中应注意抽汽口的密封圈应安装好，密封圈应能活动自如，避免因卡涩导致密封不严而漏汽。

（4）高压调节汽门运行改进。HB电厂两台机组目前均为单阀运行，500MW工况下调门开度34%，节流损失较大。1号机组切顺序阀时存在瓦振大的现象，且3号高压调节汽门多次发生阀杆定位销断裂，阀杆脱落事件，2号汽轮机的2号高压蒸汽调节汽门开度在30%左右时存在阀位抖动的现象，导致负荷波动接近10MW。HB电厂汽轮机高压调节汽门布置如图5-42所示，开启顺序为GV-3+GV-4→GV-1→GV-2。

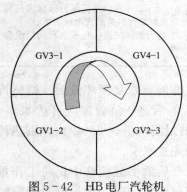

图5-42 HB电厂汽轮机高压调节汽门

高压调节汽门阀位抖动在各型机组上均有发生，主要原因包括：

1）油中带水，久之锈蚀调速机构，造成卡涩，导致调节汽门阀位抖动。据了解，本厂油质保持合格，且调节汽门阀位抖动在调试之处即有发生，故可排除该因素。

2）油系统各设备及管道中有空气积存，其弹性作用会引起调速系统摆动。2号机组投产至今启停较多，每次开机时均对调速系统进行了赶空气操作，此因素也可排除。

3）油压波动引发调节汽门阀位抖动。据了解，2号调节汽门阀位抖动时，未发现油压波动，故也可排除。

4) 配汽机构静态特性曲线应是一条连续、平滑的曲线，中间应无任何水平段或垂直段，没有凹凸点，若该曲线局部存在不合格（即，转速不等率偏小），除了影响调节系统的精度之外，还会影响调节系统的动态稳定性，即在该点附近或在某一调节汽门开度范围内容易产生摆动。这与2号调节汽门阀位抖动的现象比较接近，应为主要原因。建议电厂可通过运行验证，具体方法：单阀切顺序阀，然后解除2号高压调节汽门反馈，按逻辑中的重叠度，逐步顺序开大2号高压调节汽门至4VWO，2号高压调节汽门无阀位抖动现象，则可确定配汽机构静态特性为主要原因。

解决2号配汽机构静态特性曲线影响调节稳定性的现象，可从两类方案开展工作：

方案一：改变阀门开启顺序。主要包括以下两个具体方案：①建议尝试将高压调门开启顺序改为 $GV-3+GV-4 \rightarrow GV-2 \rightarrow GV-1$，可改变配汽机构静态特性曲线，有可能改善2号调节汽门阀位抖动现象；②建议尝试将高压调节汽门开启顺序改为 $GV-3+GV-2 \rightarrow GV-4 \rightarrow GV-1$，这样2号调节汽门通常负荷下保持100%开度，避开了发生阀位抖动的30%开度。即使在低负荷工况下，也建议将3号和2号调节汽门全开或保持较大开度，通过滑压调节负荷。

方案二：增大1号和2号调节汽门之间的重叠度。调节汽门重叠度的大小会影响配汽机构静态特性曲线的形状，增大调节汽门重叠度可使调速系统稳定性增加。

上述两个方案在国内多家电厂均有成功案例，建议HB电厂在咨询上汽的基础上，选择使用。为安全性考虑，建议阀门开启顺序和重叠度改造均事先征得制造厂的同意或进行调节级强度核算。考虑到顺序阀运行和单阀运行的机组经济性差异较大，且该项目属于运行调整范畴，无须大额投资，宜尽快开展。

针对1号机组高压调节汽门阀杆定位销断裂、阀杆脱落，一般主要原因是高压调节汽门阀杆与油动机连接套轴向紧固未到位，轴向定位靠定位销，由于阀门振动定位销与销孔相对运动致间隙增大，当高压调节汽门关闭时被压缩的弹簧力较大，定位销受剪切应力倍增，导致定位销断裂。高压调节汽门振动导致失去定位的阀杆螺纹和连接套存在相对转动，阀杆上下窜动，左右微旋，最后导致阀杆脱落。解决定位销断裂的问题除了改善阀杆螺纹连接和定位销连接结构等，同时还要改善高压调节汽门振动的情况，解决方案与2号机2号高压调节汽门思路基本一致。

另外，两台机组的个别高、中压调节汽门均存在不能完全关闭的现象，需在检修中对相应调节汽门解体检查，落实到底是结构原因抑或是热工测量因素。

(5) 加强汽轮机日常性能监测。HB电厂在通过一系列节能降耗措施的实施后，机组性将达到一个较好水平，大规模降低能耗的可能性已不大，因此有必要采取精细化管理，从细小处着手，一点一滴挖掘节能潜力。另一方面还要从投入产出比的角度出发，即以最小的投入获取最大的效益，节省人力物力，这也应看作节能降耗的重要一环。而这两方面的工作均依赖于对机组性能状况的准确把握。

虽然目前大多数电厂对机组性能试验均很重视，希望能对运行管理决策提供准确的依据，以达到上述两方面的目的。但由于试验中存在的众多不规范因素，造成试验结果可比性差，可信度低。针对这一突出问题，特提出以下几点建议，在提高机组性能监测精度和可比性的同时，大幅降低机组性能监测的难度和费用，缩短性能监测的周期和间隔（可做到以月甚至以周为周期），使性能监测常态化。

1) 对性能监测的关键测点进行规范。按照 ASME PTC 系列标准要求，在机组现有运行测点的基准上筛选出对机组性能准确评价十分关键的测点，对没有或不符合标准的测点进行补充，并将这些测点一、二次测量元件的精度提高至机组性能考核试验的精度。

2) 对性能监测的方法进行规范。目前，国内采用的汽轮机性能试验方法为 ASME PTC6 "汽轮机性能试验"、GB 8117.1—2008《电站汽轮机热力性能验收试验规程 第 1 部分：方法 A 大型凝汽式汽轮机高准确度试验》和 GB 8117.2—2008《电站汽轮机热力性能验收试验规程 第 2 部分：方法 B 各种类型和容量的汽轮机宽准确度试验》。众所周知这两项规程的目的均是用于汽轮机验收（考核）试验，仅注重对热耗率这一指标的测试，并保证其精度，因此并不适用于机组日常性能监测。机组日常性能监测的目的不但更为广泛，而且更加强调各指标间的可比性；不但需要能够对热耗率、缸效率等综合性指标进行测试和评价，更需要对通流部分及系统内各设备微小变化提供监测及评价方法。为了达到上述目的，建议对于机组日常的性能监测（包括机组大小修前后试验）应放弃使用上述两项标准，而采用 ASME PTC6S "机组日常性能试验方法" 这一标准。由于该方法制定的目的即是为满足上述日常性能监测的要求，因此，应根据其对机组性能监测的方法进行规范，且该标准特别适宜采用计算机对机组性能进行监测。

在以上两项工作落实的基础上，充分发挥目前 SIS 系统存储数据的功能进行数据的采集和存储，将极大的简化机组性能监测的难度和费用，降低性能监测的周期，为运行、检修、管理决策及时提供依据，为节能减排提供更好的服务。

3. 热力系统

（1）热力系统严密性。机组热力系统泄漏是影响机组经济性的一项重要因素，国内外各研究机构及电厂的实践表明，机组阀门的泄漏虽然对机组煤耗的影响较大，但仅需较小的投入就能获得较大的节能效果。在一定条件下其投入产出比远高于对通流部分的改造，因此，在节能降耗工作中首先应重视对系统阀门严密性的治理。

表 5-101 给出了 HB 电厂 600MW 超临界机组各部位阀门泄漏对机组热耗率的影响量。由表 5-101 可知，蒸汽品质越高，其泄漏对机组经济性的影响越大，而水侧发生的泄漏对机组经济性的影响相对较小，因此电厂必须关注与高品质蒸汽有关的阀门（表中所列一类阀门），务必保持其严密性。

表 5-101　　　　HB 电厂 600MW 超临界机组系统内漏对机组经济性影响

分类	部位	循环效率（%）	热耗率 [kJ/(kW·h)]	发电煤耗 [g/(kW·h)]
一类阀门（高品质蒸汽）	主蒸汽管道	1.060	83.3	3.14
	冷再热管道	0.803	63.1	2.38
	高压旁路	0.474	37.2	1.40
	低压旁路	0.923	70.6	2.66
	一段抽汽管道	0.891	70.0	2.64
	二段抽汽管道	0.803	63.1	2.38
	三段抽汽管道	0.804	63.2	2.38
	四段抽汽管道	0.633	49.7	1.88
	五段抽汽管道	0.469	36.8	1.39
	六段抽汽管道	0.322	25.3	0.96

续表

分类	部位	循环效率（%）	热耗率 [kJ/(kW·h)]	发电煤耗 [g/(kW·h)]
二类阀门 （高品质水）	1号高压加热器危急疏水	0.190	14.4	0.54
	2号高压加热器危急疏水	0.136	10.3	0.39
	3号高压加热器危急疏水	0.102	7.7	0.29
	除氧器溢放水	0.091	6.9	0.26
三类阀门 （水）	5号低压加热器危急疏水	0.022	1.6	0.06
	6号低压加热器危急疏水	0.012	0.9	0.03
	7号低压加热器危急疏水	0.004	0.3	0.01
	给泵再循环	0.022	1.7	0.06

注　表中数据为当泄漏量为1%主蒸汽流量时的影响量。

本次诊断过程中使用 Fluke@Ti55 型红外影像仪，对 HB 电厂 1、2 号机组热力系统阀门内漏进行了测试。

表 5-102 和表 5-103 分别为 1、2 号机组热力系统阀门状况，泄漏的阀门主要包括：主、再热蒸汽疏水，再热冷段疏水，个别高压加热器危急疏水等。

根据运行数据，两台机的给水大旁路均存在不同的泄漏，其经济性影响见表 5-104。另外，1 号机的高压旁路和低压旁路、2 号机的低压旁路也存在不同程度的泄漏。

据估算，两台机组热力系统严密性对发电煤耗的影响均在 2.0g/(kW·h) 以上。

表 5-102　　　　　　　　　HB 电厂 1 号机组阀门内漏情况检查

	部位名称	红外线图片	可见光图片
1	主蒸汽三 通阀前疏水		
2	高压排汽止 回门前疏水		

续表

部位名称	红外线图片	可见光图片
3	3 号高压加热器入口给水管道放水门		
4	主蒸汽右侧主汽门前疏水		
5	主蒸汽左侧主汽门前疏水		
6	2 号高压加热器危急疏水		
7	3 号高压加热器危急疏水		

表 5-103　　　　　　　　HB 电厂 2 号机组阀门内漏情况检查

	部位名称	红外线图片	可见光图片
1	高压内缸疏水		
2	再热蒸汽管道右侧疏水		
3	主蒸汽左侧主蒸汽门前疏水		
4	再热蒸汽母管疏水		
5	高压排汽疏水		

部位名称	红外线图片	可见光图片
6 2号高压加热器危急疏水		

表 5 - 104   HB 电厂 600MW 超临界空冷机组给水旁路泄漏经济性影响计算

项目	单位	1号机组	2号机组
给水流量	t/h	1183	1532.9
高压加热器出口温度	℃	253.6	267.3
高压加热器加出口压力	MPa	20.0	26.6
省煤器入口温度	℃	250.7	262.6
除氧器出口温度	℃	161.9	172.8
除氧器出口压力	MPa	20.4	26.7
泄漏率	%	3.2	5.0
对发电煤耗的影响	g/(kW·h)	0.3	0.5

（2）减温水流量。HB 电厂 600MW 超临界空冷机组的过热器减温水流量由高压加热器出口引出，再热器减温水由给水泵抽头引出。过热器减温水属锅炉调节汽温的手段之一，设计中即考虑一定的流量，且过热器减温水引自高压加热器出口对机组经济性基本无影响，而再热器减温水属于非正常工况下的事故喷水，其对机组经济性的影响相对较大。

根据设计资料核算，HB 电厂 600MW 超临界机组，每投入 1% 主蒸汽流量的再热器减温水量，将使机组热耗上升 17.5kJ/(kW·h)，因此在条件许可的情况下，应尽量采用燃烧调整的方式控制再热汽温，减少再热器减温水的投用。

HB 电厂两台机组 2011 年再热器减温水量均在 10t/h 左右，控制较好。根据核算，减温水的投用对机组的发电煤耗影响约为 0.5g/(kW·h)。

（3）机组的蒸汽消耗。机组正常的蒸汽消耗主要包括锅炉吹灰用汽、除氧器排汽、供暖损耗和空冷岛冲洗等，由于这些用汽量无法测量，因此一般仅能通过机组的补水率进行反映。如图 5-43 和图 5-44 所示给出了 HB 电厂 1、2 号机组 2011 年各月份的补水率，可以看到，2011 年补水率在 2.0% 上下波动，高于《国家电力公司火电厂节约用水管理办法》1.5% 的限额，经过对供暖疏水的回收等改进，2012 年初补水率已降至 1% 左右，达到目前同类型机组补水率优秀水平。

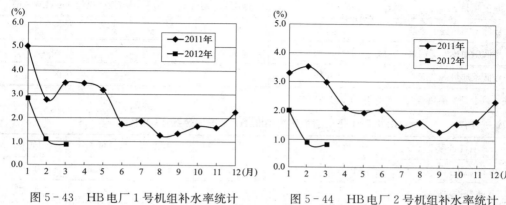

图 5-43　HB 电厂 1 号机组补水率统计　　　图 5-44　HB 电厂 2 号机组补水率统计

据核算，2011 年两台机组的蒸汽消耗量造成的发电煤耗上升应在 1.5g/(kW·h) 以上。从 2012 年初补水率统计来看，蒸汽消耗量对发电煤耗的影响可降低至 1.0g/(kW·h) 以内。

(4) 加热器。高、低压加热器是回热系统的重要组成部分，描述加热器性能的主要指标是加热器的端差和温升，加热器自身及运行缺陷均会反映在加热器的端差上，通常电厂都将加热器的端差作为指标考核的重要内容。

根据计算，HB 电厂 600MW 超临界机组上、下端差对机组经济性的影响量见表 5-105 和表 5-106。计算结果表明加热器上端差对机组经济性的影响较下端差明显，是下端差影响量的数倍。但加热器下端差长期偏大会影响加热器的安全稳定运行。

表 5-105　　　　HB 电厂 600MW 超临界机组加热器上端差对机组经济性影响

项目	循环效率（%）	热耗率 [kJ/(kW·h)]	发电煤耗 [g/(kW·h)]
1 号高压加热器上端差	0.245	18.6	0.70
2 号高压加热器上端差	0.098	7.5	0.28
3 号高压加热器上端差	0.122	9.3	0.35
5 号低压加热器上端差	0.137	10.3	0.39
6 号低压加热器上端差	0.169	12.8	0.48
7 号低压加热器上端差	0.101	7.6	0.29

注　以上是指加热器上端差变化 10℃时的影响量。

表 5-106　　　　HB 电厂 600MW 超临界机组加热器下端差对机组经济性影响

项目名称	循环效率（%）	热耗率 [kJ/(kW·h)]	发电煤耗 [g/(kW·h)]
1 号高压加热器下端差	0.007	0.5	0.02
2 号高压加热器下端差	0.022	1.7	0.06
3 号高压加热器下端差	0.036	2.8	0.10

续表

项目名称	循环效率（%）	热耗率［kJ/(kW·h)］	发电煤耗［g/(kW·h)］
5 号低压加热器下端差	0.013	1.0	0.04
6 号低压加热器下端差	0.012	0.9	0.03
7 号低压加热器下端差	0.019	1.4	0.05

注 以上是指加热器上端差变化 10℃时的影响量。

表 5－107   HB 电厂 1 号机组加热器 400MW 工况加热器运行数据

项目名称	单位	高 1	高 2	高 3	低 5	低 6
加热器进汽压力	MPa	4.00	2.80	1.30	0.13	0.07
加热器进水温度	℃	230.5	191.9	161.9	89.6	69.5
加热器出水温度	℃	253.6	230.5	191.9	107.1	89.6
加热器疏水温度	℃	232.0	195.4	165.5	92.3	71.6
进汽压力下饱和温度	℃	250.3	230.0	191.6	107.1	90.0
加热器温升	℃	23.1	38.6	30.0	17.5	20.1
加热器上端差	℃	−3.3	−0.5	−0.3	0.0	0.4
加热器下端差	℃	1.5	3.5	3.6	2.7	2.1
设计上端差	℃	−1.6	0.0	0.0	2.8	2.8
设计下端差	℃	5.6	5.6	5.6	5.6	5.6
上端差比设计值高	℃	−1.7	−0.5	−0.3	−2.8	−2.4
下端差比设计值高	℃	−4.1	−2.1	−2.0	−2.9	−3.5

表 5－108   HB 电厂 2 号机组加热器 600MW 工况加热器运行数据

项目名称	单位	高 1	高 2	高 3	低 5	低 6
加热器进汽压力	MPa	5.37	3.65	1.73	0.29	0.09
加热器进水温度	℃	244.4	204.1	174.7	96.1	74.7
加热器出水温度	℃	270.1	244.4	204.1	132.7	96.1
加热器疏水温度	℃	246.9	209.8	178.4	106.4	79.3
进汽压力下饱和温度	℃	268.4	245.0	205.2	132.4	96.7
加热器温升	℃	25.7	40.3	29.4	36.6	21.4
加热器上端差	℃	−1.7	0.6	1.1	−0.3	0.6
加热器下端差	℃	2.5	5.7	3.7	10.3	4.6
设计上端差	℃	−1.6	0.0	0.0	0.0	0.0
设计下端差	℃	5.6	5.6	5.6	5.6	5.6
上端差比设计值高	℃	−0.1	0.6	1.1	−0.3	0.6
下端差比设计值高	℃	−3.1	0.1	−1.9	4.7	−1.0

表5-107和表5-108给出了HB电厂1、2号机组各加热器的实际运行数据。可知，1、2号机组各加热器上端差正常，说明设备换热性能良好。运行数据显示个别加热器下端差偏大，说明运行水位偏低。一般加热器水位偏低会导致串汽现象，在疏水冷却段入口处易形成汽水两相流动，导致该处换热管振动，严重的还会造成疏水管道和调门振动，并损坏下级加热器疏水入口管路附件。考虑到加热器水位计精度不高，故在运行中，水位的控制应以下端差为准，必要时可上调水位报警定值。

综合考虑，加热器端差及抽汽压损等因素对机组经济性的负面影响约为0.5g/(kW·h)。

（5）机组运行参数。HB电厂600MW超临界机组的主、再热蒸汽温度对机组经济性的影响见表5-109。

表5-109　　HB电厂600MW超临界机组主、再热温度变化对机组经济性影响

项目	热耗率 [kJ/(kW·h)]	发电煤耗 [g/(kW·h)]
主蒸汽温度	2.5	0.09
再热蒸汽温度	1.4	0.05

注　表中数据指主、再热蒸汽温度每变化1℃时的影响量。

根据表5-110统计数据可知，2011年全年由于主蒸汽温度和再热蒸汽温度偏低，使发电煤耗分别上升约1.6g/(kW·h)和1.2g/(kW·h)。

表5-110　　HB电厂1、2号机组2011年主、再热蒸汽温度对机组经济性影响

项目名称	1号机组	2号机组
主蒸汽温度（℃）	554.7	557.9
再热蒸汽温度（℃）	553.5	557.4
对机组经济性的影响 [g/(kW·h)]	1.6	1.2

据了解，经过电厂技术人员的调整，2011年底两台机组的主、再热蒸汽温度均已达标。

另据电厂技术人员反映，锅炉侧主蒸汽温度低于汽轮机侧主蒸汽温度，明显不合理。汽轮机试验期间用高精度的E型热电偶对主蒸汽温度进行了校核，具体见表5-111。一般，汽轮机侧温度略低于锅炉侧，故从校核数据来看，汽轮机侧主蒸汽温度运行表计应存在虚高现象。

表5-111　　　　　　HB电厂2号机组主蒸汽温度校核　　　　　　（℃）

类别		数据	
运行表计	炉侧（左）	566.67	559.0
	炉侧（右）	551.32	（母管）
	机侧	560.62	
试验测点	机侧	557.18	

（6）热力及疏水系统优化。建议HB电厂采用下文各方案实施热力系统优化改造，以取消冗余系统，减少管道和阀门数量，提高系统运行可靠性及经济性，并有效降低运行人员操作强度。需要注意的是，为了保证合并后疏水通畅（不积水），所有的疏水管道

合并，从水平标高的角度来讲必须高点并入低点。

1) 主蒸汽管道疏水改进。建议将主蒸汽左、右侧支管疏水合并，两路疏水现场相近，改动方便。主蒸汽管道疏水改进如图 5-45 所示。

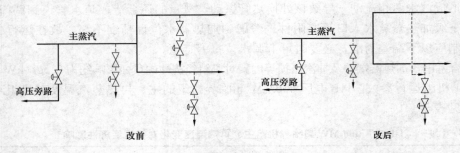

图 5-45　主蒸汽管道疏水改进

2) 再热蒸汽管道疏水改进。再热蒸汽管道疏水改进如图 5-46 所示。

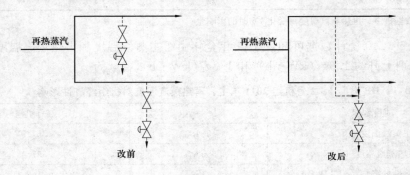

图 5-46　再热蒸汽管道疏水改进

3) 高排通风阀系统改进。高排通风阀较大，容易泄漏，且损失工质品位较高，根据核算，每 1％主蒸汽流量的高排通风阀泄漏量将导致机组热耗率升高 53kJ/(kW·h)。建议在高排通风阀前增设一道严密性好的电动门，机组运行中关闭，需要开启通风阀时先开启该电动门。考虑到高压缸排汽还有其他疏水，故虽电动门全开时间较长（1s 即可开启，全开约需 1min），仍可以满足机组甩负荷和停机时的需要。许多电厂设计之初即有电动门，运行以来未发生过因电动门开启速度慢而导致的超速或鼓风事件。高排通风阀系统改进如图 5-47 所示。

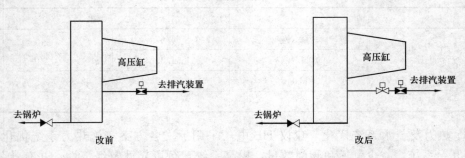

图 5-47　高排通风阀系统改进

4）高排止回门前疏水优化。高排止回门前疏水优化如图 5-48 所示

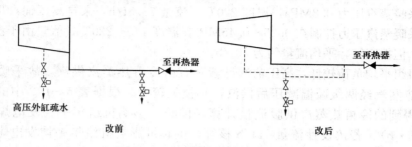

图 5-48　高排逆止门前疏水优化

5）抽汽管道疏水改进。因一段抽汽电动门与逆止门之间管道较短，无须设置疏水点。改造示例如图 5-49 所示。另外，三段抽汽和五段抽汽也存在上述现象，可进行相同改造。

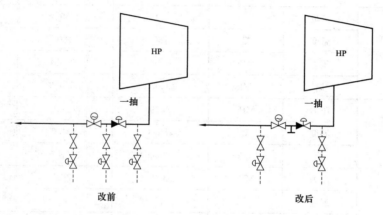

图 5-49　抽汽管道疏水改进

6）四段抽汽管道疏水改进。因四段抽汽两道止回门之间管道较短，无须设置疏水点，可取消。另外，电动门在立管上，门后无须设置疏水点，也可取消。四段抽汽管道疏水改进如图 5-50 所示。

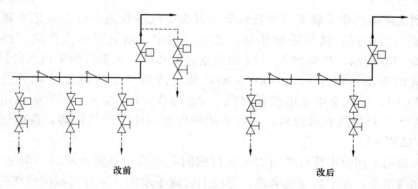

图 5-50　四段抽汽管道疏水改进

(7) 供热系统。HB 电厂供热系统主要包括主厂房采暖系统和厂区（厂前区）采暖系统，设计采暖蒸汽压力 0.8MPa，温度 220℃，流量 78.5t/h，来自高压辅汽母管。实际运行中，采暖蒸汽压力控制在 0.25～0.45MPa，温度 150～220℃，流量由于没有测点故无准确值，但据匡算，平均流量约为 50t/h。

由于机组平均负荷较低，高压辅汽母管一直由冷再热蒸汽供汽，故采暖系统实际上由冷再热蒸汽经两级减温减压后供汽，热损失较大。根据表 5 - 112 中的计算，按当前匡算得到的冷再热蒸汽供暖流量计算，供暖可影响机组年平均发电煤耗上升约 4.6g/(kW·h)。若按设计流量 75t/h 核算，供暖可影响机组年平均发电煤耗上升约 6.0g/(kW·h)。

表 5 - 112　　　　　　　　　　　供热对机组经济性的影响量核算

项目			供热汽源		
			冷再热蒸汽	四段抽汽	五段抽汽
供热蒸汽	流量	t/h	50	50	50
	温度	℃	180	180	180
	压力	MPa	0.35	0.35	0.35
	焓	kJ/kg	2820.9	2820.9	2820.9
75%负荷下汽源参数	压力	MPa	3.19	0.69	0.27
	温度	℃	289.1	354.3	251.4
	焓	kJ/kg	2960	3173.5	2971.2
减温水	压力	MPa	3.2	3.2	3.2
	温度	℃	45	45	45
	焓	kJ/kg	191.1	191.1	191.1
供热汽源流量		t/h	47.49	44.09	47.30
对单台机组发电煤耗的影响		g/(kW·h)	4.6	3.4	2.7

注　以平均供热参数计算，极寒天气应高于该影响量。

考虑到实际运行中采暖蒸汽参数较低，五段抽汽参数完全可以满足常规需求，建议增设一路五段抽汽直供采暖加热器。正常运行中，由五段抽汽供热，高压辅汽备用，如图 5 - 51 所示。根据表 5 - 112 中数据进行核算，采暖汽源采用五段抽汽后对机组发电煤耗的影响可降至 2.7g/(kW·h)，相比冷再热蒸汽汽源可降低发电煤耗约 1.9g/(kW·h)，折合全年发电煤耗降低 1.2g/(kW·h) 以上。若考虑机组平均负荷偏低，极寒天气对供热要求较高，也可采用四段抽汽作为供热汽源，发电煤耗下降量约有 0.8g/(kW·h)。

另外，高温水回收水箱后的回收水泵目前间歇运行，以弥补水封通流能力的制约。建议取消回收水泵，在水封加装旁路，旁路上设置手动阀，运行可根据供热疏水流量和水封流量，将手动阀开至合适开度，保证高温水并保持不变。旁路上也可设置电动门，电动门的开启和关闭指令分别以高温水回收水箱的高水位和低水位触发。

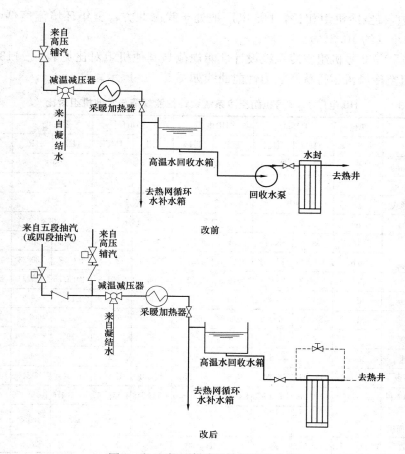

图 5-51　主厂房采暖供热系统改进

4. 冷端系统

火电厂汽轮机空冷系统节能诊断，主要是以电厂空冷岛的设计技术规范以及汽轮机设计热平衡图等为根据，对空冷系统运行性能、真空系统严密性和空冷风机运行方式、冬季防冻、迎风度夏等问题进行分析，考察实际运行排汽压力偏离最佳值的程度，根据偏离程度计算其对机组经济性的影响量，进而对影响其性能的主要因素进行分析，最后提出解决问题和改善经济性的措施。

空冷系统性能分析主要包括：汽轮机排汽压力测点校核及评价，空冷系统运行指标统计数据分析，典型工况空冷系统性能核算，空冷风机运行方式优化，真空系统严密性试验、真空泵运行方式分析、冬季防冻和迎风度夏解决办法以及真空系统现场实际检查等。

（1）设备规范。HB电厂1、2号机组空冷系统采用双良集团生产的机械通风直接空冷系统，冷却元件为 ACC 单排翅片管束。空冷岛平台高47m，有56个风机单元，空冷风机可变频运行，风机电机额定功率110kW。空冷凝汽器管束总散热面积 1 457 800m²，其中顺流冷凝管束面积 1 041 285m²，逆流冷凝管束面积416 515m²。翅化比（总散热面积/迎风面积）为123.7。

与其他直接空冷机组相比，HB 电厂地处于我国北方，全年环境温度低，空冷凝汽器散热面积小（约 10.2%）。

HB 电厂 1、2 号机组空冷系统设计性能规范与其他机组对比见表 5 - 113，HB 电厂 1、2 号机组空冷风机运行状态热力性能曲线如图 5 - 52 所示。

表 5 - 113　　HB 电厂 1、2 号机组空冷系统设计性能规范与其他机组对比

项目名称	单位	TC电厂		HB电厂		SD电厂		DQ电厂		JJ电厂	
工况	—	THA	TRL	TRL	THA	TRL	TMCR	THA	TRL	THA	TRL
空冷供货方	—	哈空调		双良		SPX		SPX		GEA	
翅片管排数	—	1		1		1		1		1	
空冷风机电机形式	—	变频		变频		双速		变频		变频	
现场标高	m	722.5		661.0		1318		1023		1152.3	
环境温度	℃	18.1	33.2	31	10	33	15	16	32	22	33
汽轮机排汽量	t/h	1165.8	1245.1	1229.7	1220.1	1321.1	1278.3	1204.7	1308.3	1217.5	1329.3
排汽焓	kJ/kg	2410.8	2507.1	2549.3	2432.7	2508.5	2401.8	2423.7	2523	2435.4	2539.5
汽轮机排汽背压	kPa	≤13.5	≤28	30	11	30	13.7	13	29.5	15	29
汽轮机输出功率	MW	600.0	600.0	600.3	600.3	603.9	638.7	600.2	604.0	600.1	600.3
空冷平台高度	m	45	45	47	47	47	47	50	50	45	45
设计环境风速	m/s	5	5	3	3	5	5	5	5	3	3
设计迎风面面积	m²/s	13 203	13 203	13 851	13 851	12 601	12 601	13 349	13 349	14 206	14 206
空冷凝汽器散热面积	m²/s	1 623 969	1 623 970	1 457 800	1 457 800	1 533 648	1 533 648	1 648 476	1 648 476	1 750 684	1 750 684
翅化比 （散热面积/迎风面积）		123	123	123.7	123.7	121.7	121.7	123.5	123.5	123	123
设计传热系数	W/(m²·K)	28.0	28.0	30	30	30.4	30.4	28.4	28.8	29	32
顺逆流比例（单元比）	—	5:2	5:2	5:2	5:2	3:1	3:1	3:1	3:1	6:1	6:1
风机直径	m	9.14	9.14	9.14	9.14	9.754	9.754	9.144	9.144	9.144	9.144
风机台数	台	56	56	56	56	64	64	64	64	56	56
风机电机功率	kW	132	132	110	110	90	90	110	110	110	110

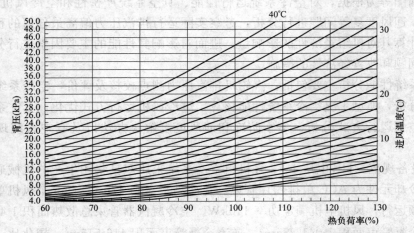

图 5 - 52　HB 电厂 1、2 号机组空冷风机运行状态热力性能曲线

（2）主要参数对经济性的影响。以 HB 电厂 1、2 号机组空冷岛技术规范为基础，参考排汽压力变化对功率和热耗率的修正曲线，以及对空冷岛变工况进行了详细核算等，得出排汽压力、冷环境温度、风机转速以及机组负荷率等主要参数单位变化量对机组经济性的影响，以供参考。具体计算结果见表 5-114。

表 5-114　　HB 电厂 1、2 号机组冷端系统主要参数单位变化对经济性的影响

项目名称	变化	对热耗率的影响 [kJ/(kW·h)]	对发电煤耗的影响 [g/(kW·h)]
排汽压力（kPa）	1kPa	28～30	1.0～1.1
环境温度（℃）	1℃	17～21	0.7～0.8
风机转速（r/min）	一列风机转速 100%～75%	17～21	0.7～0.8
负荷（%）	10%	32～36	1.1～1.2

注　以上结果是额定工况下核算的。

（3）现场汽轮机排汽压力测点校核及评价。汽轮机压力测量不准确的现象在我国电厂中比较普遍，一方面在机组实际运行中对运行人员起到了误导作用，另一方面妨碍了对凝汽器性能的准确评价。

本次对 1、2 号机组现场诊断，首先对 1、2 号机组汽轮机排汽压力测点进行了校核及评价，主要结论：1、2 号机组汽轮机排汽压力和排汽温度基本准确。具体校核数据见表 5-115 和表 5-116。

表 5-115　　　　　　HB 电厂 1 号机组汽轮机排汽压力测点校核数据

时间 4 月 10 日	负荷（MW）	汽轮机排汽压力（kPa）	排汽温度（℃）	排汽温度对应饱和压力（kPa）
13：55	361.9	9.5	44.9	9.5
14：15	363.4	9.5	44.9	9.5

表 5-116　　　　　　HB 电厂 2 号机组汽轮机排汽压力测点校核数据

时间 4 月 9 日	负荷（MW）	汽轮机排汽压力（kPa）	排汽温度（℃）	排汽温度对应饱和压力（kPa）
14：15	503.3	9.9	45.7	9.9
14：30	501.2	9.9	45.7	9.9

（4）空冷系统运行统计数据分析。HB 电厂 1、2 号机组空冷系统运行统计数据与其他机组对比如图 5-53～图 5-56 所示。

由图 5-53～图 5-56 可知：

1）全年平均背压及空冷风机耗电率。核算到出力系数 0.75 下，1、2 号机组年平均排汽压力分别为 13.3～13.5kPa，与同类型机组先进水平相比，排汽压力偏高 1.5～2.0kPa；空冷风机耗电率均为 0.55%，处于同类型机组的先进水平。

2）低温时段背压及空冷风机耗电率。2011 年环境温度低期间，1、2 号机组平均排汽压力基本在 13.5～14kPa（个别月份排汽压力高达 18～19kPa）。与其他直接空冷机组相比，排汽压力偏高约 2.5～3.0kPa，折算到全年平均排汽压力偏高约 1.0kPa。

3）高温时段背压及空冷风机耗电率。2011 年环境温度高期间，1、2 号机组月平均排汽压力基本在 13～14kPa，空冷风机耗电率约为 1%～1.2%。与其他直接空冷机组相

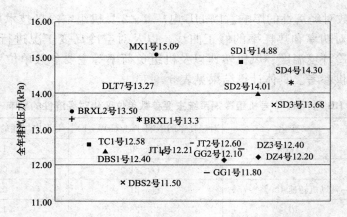

图 5-53　HB电厂1、2号机组年平均
排汽压力与其他机组对比

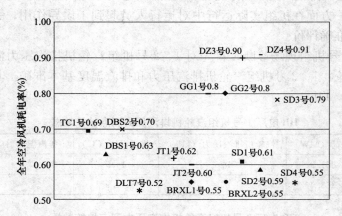

图 5-54　HB电厂1、2号机组年平均
空冷风机耗电率与其他机组对比

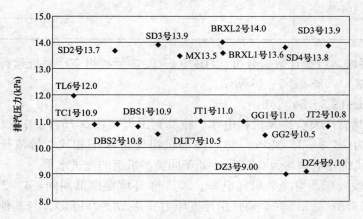

图 5-55　HB电厂1、2号机组平均排
汽压力与其他机组对比（低温期间 5℃以下）

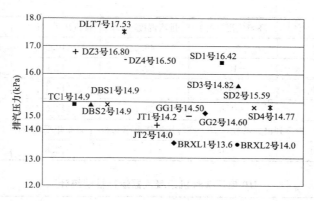

图 5-56　HB 电厂 1、2 号机组平均排汽压力
与其他机组对比（高温期间 16℃ 以上）

比，此期间 1、2 号机组排汽压力处于较好的水平。

经分析，导致 1、2 号机组排汽压力高的主要原因介绍如下。

1）冬季期间排汽压力高。HB 电厂处于我国北方，与其他直冷机组相比，冬季期间环境温度极低，极寒时间长，迫于空冷岛防冻压力，机组长期处于排汽压力高状态下运行。

2）翅片管脏污。1、2 号机组投产至今，空冷岛一直未彻底全面的清洗。

2011 年，HB 电厂 1 号机组空冷系统运行统计数据见表 5-117。从中可以看出：1 号机组平均出力系数为 70.0%，全年平均环境气温为 -1.0℃，低压缸平均排汽温度为 51.0℃，平均排汽压力为 13.0kPa，全年空冷风机耗电率为 0.55%。

2011 年，HB 电厂 2 号机组空冷系统运行统计数据见表 5-118。从中可以看出：2 号机组平均出力系数为 72.1%，全年平均环境气温为 -1.0℃，低压缸平均排汽温度为 51.5℃，平均排汽压力为 13.3kPa，全年空冷风机耗电率为 0.55%。

折算到出力系数为 0.75，空冷风机耗电率在 0.60 以下，1、2 号机组全年平均背压为 13.3kPa 和 13.5kPa。

表 5-117　　　　　　　　　HB 电厂 1 号机组凝汽器运行性能统计

时间	出力系数（%）	环境气温（℃）	排汽温度（℃）	排汽压力（kPa）	空冷风机耗电率（%）
2010.01	71.1	-25.1	59.6	19.6	0.09
2010.02	67.7	-21.2	54.3	15.2	0.14
2010.03	63.1	-10.7	49.8	12.2	0.26
2010.04	79.9	2.3	44.7	9.4	0.52
2010.05	67.8	11.1	49.8	12.2	0.75
2010.06	68.1	17.3	47.1	10.7	1.02
2010.07	71.3	20.0	46.7	10.4	1.10
2010.08	79.1	17.6	50.1	12.4	1.12
2010.09	63.5	10.3	43.3	8.8	0.80

续表

时间	出力系数（%）	环境气温（℃）	排汽温度（℃）	排汽压力（kPa）	空冷风机耗电率（%）
2010.10	67.1	0.5	46.2	10.2	0.55
2010.11	68.6	−12.0	50.9	12.9	0.15
2010.12	72.0	−21.6	58.3	18.4	0.10
平均	70.0	−1.0	51.0	13.0	0.55
折算到出力系数 0.75，空冷风机耗电率 0.60 下，全年平均背压					
平均	75.0	−1.0	51.5	13.3	0.60

表 5 - 118 HB 电厂 2 号机组凝汽器运行性能统计

时间	出力系数（%）	环境气温（℃）	排汽温度（℃）	排汽压力（kPa）	空冷风机耗电率（%）
2010.01	73.2	−25.1	57.5	17.7	0.11
2010.02	68.6	−21.2	57.7	17.9	0.12
2010.03	68.2	−10.7	53.2	14.4	0.15
2010.04	69.3	2.3	46.6	10.4	0.51
2010.05	71.9	11.1	47.7	11.0	0.82
2010.06	76.6	17.3	54.0	15.0	1.26
2010.07	78.9	20.0	50.9	12.9	1.11
2010.08	79.3	17.6	52.6	14.0	1.13
2010.09	72.9	10.3	47.3	10.8	0.80
2010.10	61.0	0.5	47.2	10.7	0.37
2010.11	74.1	−12.0	50.6	12.7	0.13
2010.12	71.2	−21.6	54.4	15.3	0.09
平均	72.1	−1.0	51.5	13.3	0.55
折算到出力系数 0.75，空冷风机耗电率 0.60 下，全年平均背压					
平均	75.0	−1.0	51.8	13.5	0.60

（5）空冷系统典型运行工况性能分析。采取了近期典型工况实际运行数据，对 1、2 号机组空冷系统性能进行校核计算，结果表明：

1）1 号机组空冷系统运行低于设计水平运行，其实际运行背压较设计背压偏高约 1.6kPa。

2）2 号机组空冷系统运行低于设计水平运行，其实际运行背压较设计背压偏高约 1.0kPa。

经分析，导致 1、2 号机组空冷系统实际运行性能变差的主要原因为空冷凝汽器翅片管束较脏以及 1 号机组真空严密性差。

2012 年 4 月 3 日 18：00～18：30，1 号机组负荷为 550.96MW，环境温度为 2～3℃，49 台风机运行，7 台风机停运，风机总功率为 4062.2kW 左右，汽轮机排汽温度为 48.5℃，排汽压力为 11.4kPa，在上述工况下 1 号机组设计排汽压力为 9.8kPa，实际排汽压力比上述工况下设计排汽压力偏高约 1.6kPa，结果表明 1 号机组空冷系统运行性能低于设计水平。

2012年4月9日14∶30～14∶50,2号机组负荷为503.3MW,环境温度为8.5～9℃,49台风机运行,7台风机停运,风机总功率为4426.8kW左右,汽轮机排汽温度为45.6℃,排汽压力为9.9kPa,在上述工况下2号机组设计排汽压力为8.9kPa,实际排汽压力比上述工况下设计排汽压力偏高约1.0kPa,结果表明2号机组空冷系统运行性能低于设计水平。

(6)真空系统严密性。

1)现状及问题。由表5-119和表5-120可知:

a. 1号机组真空系统严密性试验平均值基本在420Pa/min左右。

b. 2号机组真空系统严密性试验平均值为204Pa/min。

可见1号机组真空严密性均处于一般水平,2号机组处于合格水平。经分析可知,导致1号机组真空严密性差的主要原因为1号机组低压缸端部汽封间隙过大,正常的轴封供汽压力不能有效的对其密封。

表5-119　　　　　　　　HB电厂1号机组真空严密性现场试验结果

试验时间	压力(kPa)
15∶08	10.38
15∶11	11.04
15∶12	11.55
15∶13	12.14
15∶14	12.56
15∶15	12.94
15∶16	13.17

取后5min数据核算真空严密性试验值为420Pa/min

表5-120　　　　　　　　HB电厂2号机组真空严密性现场试验结果

试验时间	压力(kPa)
15∶14	9.90
15∶15	10.14
15∶16	10.49
15∶17	10.71
15∶18	10.96
15∶19	11.15
15∶20	11.36
15∶21	11.51

取后5min数据核算真空严密性试验值为204Pa/min

2)轴封供汽压力对汽轮机排汽压力的影响。由于HB电厂1号机组真空严密性一般,目前真空泵采用一机两泵的运行方式,为了摸清轴封供汽压力对汽轮机排汽压力的影响程度,本次诊断进行了轴封供汽压力对汽轮机排汽压力的影响试验,试验数据见表5-121。

表 5 – 121　　　　　**HB 电厂 1 号机组轴封供汽压力对汽轮机排汽压力的影响**

时间	机组负荷（MW）	排汽压力（kPa）	轴封压力（kPa）
16：25	400.5	9.9	35
16：30	400.5	9.9	35
平均	400.5	9.9	35
轴封供汽压力提高 30kPa			
16：45	402.8	9.3	65
17：15	402.8	9.3	65
平均	402.8	9.3	65

　　1 号机组负荷在 400.5MW，低压缸轴封供汽压力为 35kPa，排汽压力为 9.9kPa；低压缸轴封供汽压力升高至 65kPa 时（注低压缸端部汽封没有向外冒汽），运行稳定后排汽压力降至 9.3kPa。

　　由此可见低压缸轴封供汽压力升高 30kPa，1 号机组真空可提高 0.6kPa 左右，发电煤耗降低约 0.7g/(kW·h)，仅通过运行调整每年可获得收益人民币 60～80 万元。

　　3）轴封供汽压力对真空严密性的影响。由于 HB 电厂 1 号机组真空严密性一般，为了摸清提高轴封供汽压力对真空系统严密性的影响程度，本次诊断进行了轴封供汽压力对真空系统严密性的影响试验，试验数据见表 5 – 122。

表 5 – 122　　　　　**HB 电厂 1 号机组真空严密性现场试验数据**

试验时间	压力（kPa）
16：19	9.68
16：21	10.19
16：22	10.42
16：23	10.61
16：24	10.86
16：25	11.10
16：26	11.25
16：27	11.51
取后五分钟数据核算真空严密性试验值为 220Pa/min	

　　1 号机组负荷在 400.5MW，低压缸轴封供汽压力升高至 65kPa 时，再次进行了真空严密性试验，真空严密性由 420Pa/min 提高至 220Pa/min。说明低压缸端部汽封间隙大是导致 1 号机组真空严密性变差的一个主要原因。

　　4）措施及建议。

　　a. 1 号机组真空严密性差未解决之前，建议两台真空泵运行。

　　b. 提高轴封供汽压力至 65kPa 运行。由于汽轮机组基建安装水平、运行水平不同，致使低压缸端部汽封间隙存在差别。因此实际运行轴封供汽压力应根据低压缸端部汽封的实际水平进行相应调整。正常的轴封供汽压力应该进行现场测试得到，通常的办法是现场将轴封供汽压力逐步提高至端部汽封向外冒汽为止，实际的运行压力低于 5～10kPa 即可。

c. 建议大修期间对汽轮机轴端汽封进行全面检查，其间隙应进行准确测量，对汽封间隙按下限进行调整，或考虑对低压缸轴端汽封进行改造，采用接触式汽封，例如，蜂窝式汽封或"王常春"式汽封。

d. 低压缸防爆门容易漏真空，建议换成厚度为 2mm 的高压石棉垫。

e. 建议对空冷岛进行全面细致的检查，查找温度较低的翅片管，重点检查此区域的翅片管与蒸汽分配管和疏水管处焊口，对其进行及时的封堵。

（7）抽真空装置。目前，1、2 号机组每台机组配置三台真空泵，其设备规范见表 5-123。

表 5-123　　　　　　　　HB 电厂 1、2 号机组抽真空设备规范

名称	项目	单位	设计数据
真空泵	真空泵型号	—	2BW5403-0EK4
	形式	—	水环式真空泵
	数量	台	3
	工作介质	—	闭式水
电动机	型号		Y400L-12
	额定功率	kW	200
	额定电压	V	380
	额定电流	A	384.4
	转速	r/min	593
	绝缘等级	—	F

投产至今，真空泵换热器一直未清洗过，建议定期清洗真空泵换热器，提高真空泵出力。

（8）空冷系统变工况特性。以电厂空冷系统的设计技术规范为根据，对 1、2 号机组在不同工况、不同环境温度时排汽压力进行变工况性能计算（共计 399 个工况），结果见表 5-124～表 5-126。

表 5-124　　　　　　　HB 电厂变工况空冷系统计算（风机转速 100%）　　　　　　（kPa）

环境温度	负荷 60%	负荷 80%	负荷 85%	负荷 90%	负荷 95%	负荷 100%	负荷 105%
0	—	—	—	—	—	—	—
2	—	—	—	—	—	—	8.18
4	—	—	—	7.43	8.22	9.08	
6	—	—	—	7.47	8.26	9.12	10.06
8	—	—	7.50	8.30	9.17	10.11	11.14
10	—	7.54	8.34	9.21	10.16	11.00	12.32
12	—	8.39	9.26	10.21	11.00	12.37	13.59
14	—	9.31	10.26	11.30	12.43	13.66	14.98

环境温度	负荷 60%	负荷 80%	负荷 85%	负荷 90%	负荷 95%	负荷 100%	负荷 105%
16	—	10.31	11.36	12.49	13.72	15.05	16.49
18	7.70	11.41	12.55	13.79	15.12	16.57	18.13
20	8.56	12.61	13.85	15.19	16.65	18.21	19.90
22	9.49	13.92	15.27	16.72	18.30	19.99	21.82
24	10.52	15.34	16.80	18.38	20.08	21.92	23.90
26	11.64	16.88	18.46	20.17	22.02	24.00	26.13
28	12.86	18.54	20.26	22.11	24.10	26.25	28.55
30	14.18	20.35	22.21	24.21	26.36	28.67	31.15
32	15.62	22.31	24.31	26.47	28.79	31.28	33.94
34	17.19	24.42	26.58	28.91	31.41	34.08	36.95
36	18.88	26.70	29.03	31.54	34.22	37.10	40.17
38	20.72	29.15	31.67	34.36	37.25	40.33	43.63
40	22.70	31.80	34.50	37.40	40.49	43.80	47.33

表 5 - 125　　　　　HB 电厂变工况空冷系统计算（风机转速 75%）　　　　　(kPa)

环境温度	负荷 60%	负荷 80%	负荷 85%	负荷 90%	负荷 95%	负荷 100%
0	—	—	—	8.41	9.51	10.73
2	—	—	8.25	9.33	10.53	11.87
4	—	8.09	9.16	10.34	11.65	13.11
6	—	8.99	10.15	11.44	12.87	14.45
8	—	9.97	11.24	12.64	14.20	15.92
10	—	11.03	12.42	13.95	15.64	17.51
12	—	12.20	13.71	15.37	17.21	19.23
14	8.33	13.47	15.11	16.92	18.91	21.09
16	9.25	14.85	16.63	18.59	20.74	23.11
18	10.25	16.34	18.28	20.40	22.73	25.28
20	11.35	17.97	20.06	22.36	24.87	27.63
22	12.54	19.73	21.99	24.47	27.19	30.16
24	13.84	21.63	24.08	26.76	29.68	32.88
26	15.25	23.69	26.33	29.22	32.37	35.80
28	16.78	25.91	28.76	31.87	35.26	38.94
30	18.44	28.31	31.38	34.72	38.36	42.31
32	20.24	30.89	34.19	37.78	41.69	45.92
34	22.19	33.66	37.21	41.07	45.25	49.79
36	24.29	36.65	40.45	44.59	49.07	—
38	26.56	39.85	43.93	48.36	—	—
40	29.00	43.29	47.66	—	—	—

表 5-126　　　　　　　HB 电厂变工况空冷系统计算（风机转速 50%）　　　　　　（kPa）

环境温度	负荷 60%	负荷 80%	负荷 85%	负荷 90%	负荷 95%	负荷 100%
-20	—	—	—	—	8.21	9.74
-18	—	—	7.68	9.12	10.78
-16	—	—	8.54	10.11	11.93
-14	—	7.99	9.47	11.19	13.17
-12	—	8.87	10.50	12.37	14.52
-10	8.30	9.84	11.61	13.65	15.99
-8	9.22	10.89	12.83	15.05	17.59
-6	10.21	12.05	14.15	16.56	19.32
-4	11.31	13.30	15.59	18.21	21.19
-2	12.49	14.67	17.15	19.99	23.21
0	13.79	16.15	18.84	21.91	25.40
2	7.85	15.20	17.76	20.68	23.99	27.75
4	8.72	16.72	19.50	22.66	26.24	30.29
6	9.67	18.38	21.38	24.80	28.66	33.02
8	10.71	20.17	23.42	27.11	31.27	35.96
10	11.85	22.11	25.62	29.59	34.07	39.11
12	13.08	24.21	28.00	32.27	37.09	42.49
14	14.43	26.47	30.55	35.15	40.32	46.11
16	15.89	28.91	33.30	38.25	43.79	—
18	17.48	31.54	36.26	41.56	47.51	—
20	19.20	34.36	39.44	45.12	—	—

（9）节能降耗措施。

1）冬季期间降低机组排汽压力。建议在兼顾空冷岛防冻前提下，采取解列局部空冷凝汽器，使空冷凝汽器内蒸汽流量大于最小防冻流量。采取措施后，环境温度低于 5℃期间，理论上运行排汽压力应在 8～9kPa 运行，甚至更低（接近阻塞背压 7.6kPa）。但考虑 HB 电厂处于我国严寒地区，冬季防冻压力巨大，为了机组安全、经济运行，此期间排汽压力建议控制在以下范围之内：

a. 环境温度 -20℃以下，风机耗电率约 0.1%，背压约 13～14kPa。

b. 环境温度 -20～-10℃，风机耗电率约 0.2%，背压约 12～13kPa。

c. 环境温度 -10～5℃，风机耗电率约 0.4%～0.5%，背压约 9.0～10.0kPa。

折算到全年平均排汽压力下降约 1kPa，发电煤耗降低约 1.0g/(kW·h)（冬季期间国内直冷机组运行较好的水平，其排汽压力基本在 8.0～9.0Pa）。

具体防冻措施介绍如下：

a. 冬季期间，可采取解列局部（通常为两列）空冷凝汽器，并确保切除列的立管阀关闭严密，使空冷凝汽器内蒸汽流量大于最小防冻流量（最小防冻流量联系厂家提供），是最有效的防冻效果，同时可适当降低汽轮机排汽压力，提高机组运行的经济性。

b. 提高机组真空严密性。如果机组真空严密性差，大量非凝结气体存于管束内，并且真空泵无法及时抽出，会导致蒸汽被过度冷凝，直到冻结。

c. 冬季机组正常运行过程中应设专人对空冷岛各排散热器下联箱及散热器管束进行就地温度实测，有异常时及时查找原因并采取相应措施。

d. ACC 系统中蒸汽隔离阀、凝结水阀门、抽真空阀门等部位应敷设保温设施，确保冬季运行期间可靠投入。

e. 进入严冬时期，可考虑将空冷岛周边列的风机或过冷的风机单元停运，并遮盖风机口及管束外侧（提前准备防冻材料，例如，棉被、帆布等）。

f. 注意抽真空管路及凝结水管路温度的过冷度，正常情况下凝结水比排汽温度低 2～3℃，抽真空温度比排汽温度低 5～10℃。

2）夏季降低机组排汽压力。夏季降低机组排汽压力的方法主要有：提高翅片管清洁度；加装自动清洗装置，改善清洗效果，缩短清洗周期；投运喷淋冷却系统。通过上述办法，预计全年平均排汽压力下降约 0.5kPa，发电煤耗降低约 0.5g/(kW·h)。

a. 提高翅片管清洁度。空冷凝汽器翅片间距基本在 2～3mm，HB 电厂附近环境条件尚可，但随着空冷凝汽器长时间运行，难免翅片的间隙夹有灰尘、泥沙、柳絮等物质，使其散热能力变差，最终导致排汽压力升高。一台 600MW 直接空冷机组在夏季满发设计气温下，当积灰厚度达到 0.6～1mm 时，汽轮机排汽压力会上升 5～6kPa。

目前，1、2 号机组投产至今，空冷岛翅片管一直未进行全面彻底的清洗，现场查看其翅片管较脏。建议环境温度高于 10℃时，对其 1、2 号机组空冷岛进行全面冲洗。并保证 5～9 月每个月对空冷岛冲洗一次。

图 5-57 自动清洗装置现场图

b. 加装自动清洗装置。目前，1、2 号机组采用手动形式对空冷岛翅片管束进行清洗，效果较差，清洗周期时间长，夏季环境温度高时，空冷岛现场作业困难。因此，建议 1、2 号机组加装自动清洗装置，并设置专业人员对清洗效果进行有效的监管。自动清洗装置现场图如图 5-57 所示。

c. 空冷机组喷淋冷却系统。直接空冷机组夏季期间通常低真空运行，一旦出现大风天气及热风回流等不利因素，极易导致机组掉闸停机，对空冷机组的经济性和安全性均有影响。

目前，通常在空冷单元内加装喷淋强化换热装置，来解决迎风度夏排汽压力高、限负荷等问题。例如，大唐托县电厂 5 号机组安装了喷淋冷却系统后，在 7～9 月其平均排汽压力可降低至少 4kPa。

喷淋冷却系统的工作原理有两种：一种是直接蒸发冷却，原理是将雾化的除盐水直接喷在换热器表面，利用水汽化吸热降低换热器表面温度，从而增强换热器的换热效果，如图 5-58（a）所示；另一种是绝热增湿冷却，原理是将雾化的除盐水喷在冷却风机的出口或入口，增加湿空气的含湿量。水分蒸发需要热量，因而加湿后空气的温度降低，达到降低机组背压的目的，如图 5-58（b）所示。

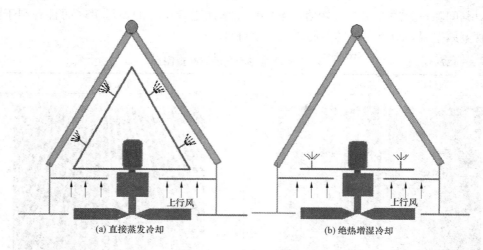

(a) 直接蒸发冷却　　　　　　　　(b) 绝热增湿冷却

图 5-58　喷淋冷却系统

目前，运行情况来看，直接蒸发冷却喷淋装置消耗除盐水量少，效果好。

考虑 HB 电厂地处于我国北方偏北，夏季高温期间较短，不建议加装喷淋冷却系统。

3）空冷系统优化运行。空冷系统优化即在某一确定的机组负荷、环境温度以及风速的前提下，通过改变空冷风机的运行方式使汽轮机功率的增加值与风机消耗功率的增加值之间的差值达到最大来确定最佳汽轮机排汽压力，从而选择风机的最佳运行方式。

通过对机组微增出力与汽轮机排汽压力关系、空冷系统变工况性能、不同风机运行方式耗功变化等进行建模、核算等，对 HB 电厂1、2号机组空冷系统优化进行核算，建议今后严格按照冷端优化结果调度风机的运行方式，使风机的运行方式更加科学合理。

考虑 HB 电厂冬季防冻压力大，为了机组安全、经济运行，当机组出力系数在 0.75 下时，机组排汽压力与风机电耗情况建议如下：

a. 环境温度−20℃以下，运行时间约 1300h，风机耗电率约 0.1%，背压为 13～14kPa。

b. 环境温度−20～−10℃，运行时间约 1400h，风机耗电率约 0.2%，背压为 12～13kPa。

c. 环境温度−10～5℃，运行时间约 2000h，风机耗电率约 0.4～0.5%，背压为 9.0～10.0kPa。

d. 环境温度 5～15℃，运行时间约 2000h，风机耗电率约 0.8～0.9%，背压为 10～12kPa。

e. 环境温度 15～25℃，运行时间约 2000h，风机耗电率约 1.0～1.2%，背压为 12～14kPa。

经核算，1、2号机组全年平均出力系数 0.75，全年平均背压基本为 11.0～11.5kPa，空冷风机耗电率基本为 0.55%～0.60%。

4）空冷翅片管束间隙大处理。对 HB 电厂1、2号机组空冷岛进行现场查看，可知1、2号机组空冷岛冷翅片管束间隙控制较好，仅个别翅片管束存在漏风现象，见表 5-127。

建议对其间隙较大的部位进行封堵。不仅可以增加空冷单元的通风量，而且有利于提高翅片管金属壁温，对空冷岛防寒防冻有一定好处。

表 5 - 127　　　　　　　　　　**1 号、2 号机组空冷岛现场检查图片**

红外线图片	可见光图片

续表

红外线图片	可见光图片

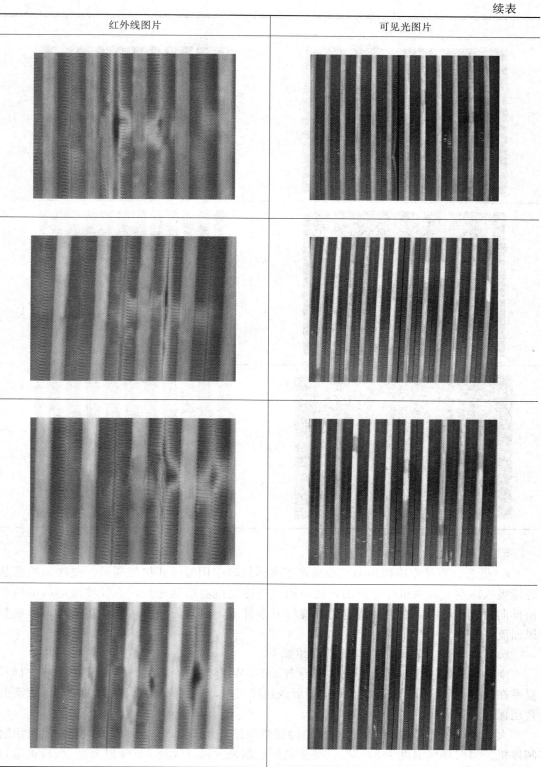

红外线图片	可见光图片

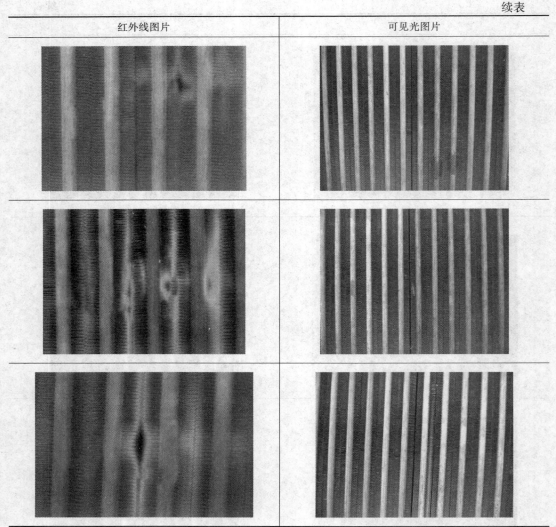

5）热风回流。

a. 概念。直接空冷机组的空冷岛在正常运行时采用鼓风式机械通风。空冷风机群从环境吸入冷空气经风机叶片排出，横向掠过空冷凝汽器散热翅片，空气被加热后呈热气流排向大气环境中，在某种特定的环境气象条件下，热气流会反被鼓风机吸入，形成热风回流。

b. 危害。热风回流的危害实例介绍如下。

南非马廷巴燃煤空冷电厂安装有 6 台 665MW 直接空冷机组，1992 年 1、6 号机组，夏季在风速大于 8m/s 时，空冷岛附近形成热风回流，导致汽轮机背压急剧上升，直至低背压保护动作停机。

大同发电公司 2 号 600MW 直接空冷燃煤机组，于 2005 年 4 月因大风而发生机组跳闸停机。当时环境温度为 37.7℃，突然从炉后刮来大风（风速 8m/s 以上），汽轮机运行背压高达 55kPa 左右，造成低背压保护动作停机。

山西漳山发电公司 1 号 300MW 直接空冷燃煤机组类同。

c. 原因。当自然风速在 3～7m/s 时，热气团扩散方向发生明显变化，尽管这种影响是脉动的、不确定的，但对散热器的性能会造成间歇性影响；当自然风速大于 8m/s 时，会使拟扩散的热气团突然被压回并把散热器包围，致使换热条件突然恶化，机组背压升高，进而迫使汽轮机停机。

d. 解决办法。

（a）1、2 号机组每台机组加装风速仪。风速高于 7m/s 时，及时降低负荷。

（b）编制背压急速升高，快速降负荷的热控逻辑程序，通过背压急速升高率，实现机组负荷自动快速降低。

6）横向风对机组的影响。空冷岛受横向风影响，空冷单元吸入的空气量减少，导致排汽压力偏高。通常解决的办法是对其加装防风网，如图 5-59 和图 5-60 所示。

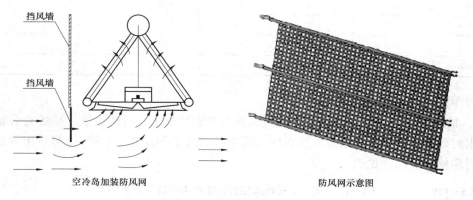

图 5-59 空冷岛加装防风网

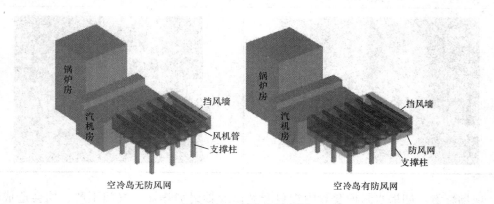

图 5-60 空冷岛示意图

当风通过防风网时，网后出现分离和附着两种现象，形成上、下干扰气流。强风经过防风网后，仅部分来风透过防风网，其机械能衰减并变为低速风流，使得风机入口的横向风速大大降低。

海拉尔气象站对 HB 地区累年逐月气象要素统计结果可知（见表 5-128）：HB 地区全年平均风速 3m/s，大风天气运行小时较少，因此加装防风网事宜建议作为参考。

表5-128   累年逐月气象要素统计结果

月份	气温（℃）	风速（m/s）	相对湿度（%）	气压（hPa）	降雨量（mm）	蒸发量（mm）
一	−25.1	2.2	79	948.6	3.4	4.3
二	−21.2	2.4	79	947.8	2.9	8.8
三	−10.7	3.3	69	944.6	4.6	39.7
四	2.3	4.3	53	938.0	12.4	131.6
五	11.1	4.3	46	936.4	22.5	248.5
六	17.3	3.2	61	934.9	63.2	214.0
七	20.0	3.0	71	934.4	101.8	188.1
八	17.6	2.8	73	937.9	91.8	152.4
九	10.3	3.1	68	941.9	38.3	115.6
十	0.5	3.4	63	944.9	15.8	72.0
十一	−12.0	3.0	74	946.5	5.1	18.6
十二	−21.6	2.3	80	947.7	5.5	5.3
全年	−1.0	3.1	68	942.0	367.3	1198.9

7）负压侧系统改进。

a. 轴封加热器水封改进。1、2号机组真空严密性处于一般的水平，现场查看轴封加热器水封效果一般，每级水封外壁温度高达70℃以上。HB电厂1号、2号机组轴封加热器水封现场检查图片见表5-129。

表5-129   HB电厂1号、2号机组轴封加热器水封现场检查图片

红外线图片	可见光图片

现场查看，如果水封桶套管内焊口开裂以及轴封加热器放气门不严，均会造成轴封加热器水封效果变差，并且每级水封的放气门均连接在一起，易影响轴封加热器水封效果，轴加水封系统改进如图5-61所示。

（a）轴封加热器水封至排汽装置一路阀门适当关小，适当抬高水位，提高水封效果。

（b）轴封加热器水封温度过高，可适当开启注水门，但要注意避免影响真空。

（c）参考图中进行改进。

b. 轴封溢流改进。目前，轴封溢流只有去排汽装置一路，并且轴封溢流量较大，建

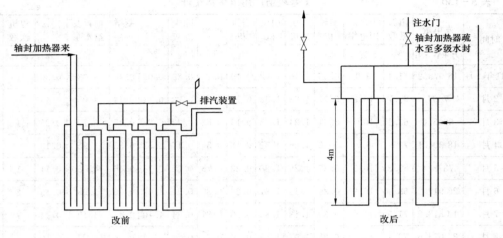

图 5-61 轴封加热器水封系统改进

议增设去末级低加一路（6 号低压加热器至 7 号低压加热器疏水侧），回收热量，轴封溢流系统改进如图 5-62 所示。

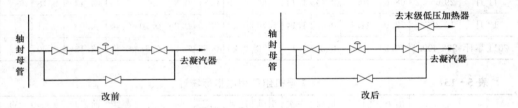

图 5-62 轴封溢流系统改进

c. 轴封供汽改进。目前，轴封供汽有三路，高压辅供轴封、低辅供轴封以及再热冷段供轴封。建议可以考虑取消冷再供轴封，轴封供汽系统改进如图 5-63 所示。

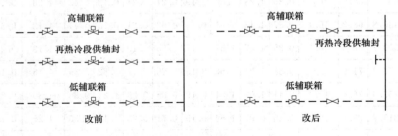

图 5-63 轴封供汽系统改进

5.2.4 辅机耗电率

1. 指标状况

表 5-130、表 5-131 分别列出了 HB 电厂 1、2 号机组 2011 年每月厂用电指标统计值。

表 5 - 130　　　　　　　　　　**1 号机组厂用电指标统计**

时间	发电量	出力系数	生产厂用电率	磨煤机	一次风机	引风机	送风机	脱硫	除尘除灰	空冷	凝结水泵	前置及给水泵	输煤	停机次数	启机次数
	万 kW·h	%	%	%	%	%	%	%	%	%	%	%	%	—	—
2011 年 1 月	18 973.2	71.1	9.9	0.39	1.16	1.72	0.19	0.13	0.23	0.09	0.44	4.03	0.30	1	1
2 月	7591	67.7	10.3	0.37	1.28	1.82	0.19	0.42	0.23	0.14	0.42	4.05	0.48	—	1
3 月	6003.6	63.1	10.2	0.34	1.24	1.78	0.19	0.62	0.23	0.26	0.45	3.77	0.25	1	1
4 月	18 304.1	79.9	9.7	0.36	1.06	1.72	0.19	0.56	0.17	0.52	0.35	3.95	0.13	1	
5 月	7378.4	67.8	10.2	0.37	1.25	1.88	0.23	0.75	0.20	0.75	0.46	4.08	0.11	1	2
6 月	26 917.2	68.1	10.9	0.39	1.19	1.81	0.26	0.80	0.21	1.02	0.39	3.98	0.19	2	2
7 月	10 618.2	71.3	11.0	0.39	1.18	1.83	0.20	0.81	0.24	1.10	0.41	4.19	0.14	2	2
8 月	34 073.6	79.1	10.7	0.38	1.07	1.58	0.19	0.72	0.21	1.12	0.36	4.25	0.10	—	
9 月	23 692.4	63.5	10.6	0.37	1.20	1.61	0.19	0.84	0.27	0.80	0.43	3.67	0.16		1
10 月	28 975.5	67.1	10.7	0.41	1.16	1.58	0.19	0.50	0.23	0.55	0.43	4.22	0.13	1	1
11 月	29 655.2	68.6	10.5	0.44	1.14	1.60	0.19	0.81	0.26	0.15	0.40	4.42	0.18	—	
12 月	10 226.7	72.0	11.1	0.46	1.14	1.70	0.20	0.79	0.26	0.10	0.40	4.95	0.21	1	
2011 累计	222 409.1	70.3	10.5	0.39	1.17	1.72	0.20	0.65	0.23	0.55	0.41	4.13	0.20	11	11

表 5 - 131　　　　　　　　　　**2 号机组厂用电指标统计**

时间	发电量	出力系数	生产厂用电率	磨煤机	一次风机	引风机	送风机	脱硫	除尘	空冷	凝结水泵	前置及给水泵	输煤	停机次数	启机次数
	万 kW·h	%	%	%	%	%	%	%	%	%	%	%	%	—	—
2011 年 1 月	22 287.9	73.2	9.8	0.38	1.12	1.65	0.20	0.20	0.21	0.11	0.41	4.29	0.11	2	2
2 月	27 669.4	68.6	9.8	0.39	1.23	1.60	0.19	0.21	0.21	0.12	0.42	4.28	0.15	—	
3 月	30 436.8	68.2	10.1	0.37	1.13	1.61	0.18	0.63	0.21	0.15	0.41	4.12	0.31	—	
4 月	29 903.2	69.3	10.0	0.35	1.07	1.57	0.17	0.85	0.19	0.51	0.39	4.13	0.20	—	
5 月	27 177.3	71.9	9.6	0.38	1.04	1.56	0.19	0.29	0.17	0.82	0.39	4.16	0.13	2	1
6 月	19 257.6	76.6	10.4	0.41	1.07	1.81	0.19	0.65	0.23	1.26	0.38	4.30	0.22	1	2
7 月	32 813.2	78.9	10.4	0.40	0.97	1.64	0.19	0.71	0.23	1.11	0.36	4.25	0.15	1	—
8 月	29 810.5	79.3	10.4	0.40	0.98	1.67	0.19	0.68	0.23	1.13	0.38	4.48	0.22	—	
9 月	21 407.2	72.9	10.4	0.38	1.00	1.63	0.19	0.73	0.26	0.80	0.40	4.42	0.23	—	
10 月	16 330.8	61.0	9.5	0.43	1.03	1.56	0.19	0.91	0.30	0.37	0.48	3.85	0.17	—	1
11 月	32 008.4	74.1	9.5	0.45	0.97	1.52	0.19	0.74	0.26	0.13	0.38	4.39	0.13	—	
12 月	31 777.9	71.2	10.3	0.48	1.06	1.62	0.19	0.79	0.27	0.09	0.40	4.42	0.10	—	
2011 累计	320 880.2	72.2	10.1	0.40	1.06	1.62	0.19	0.62	0.23	0.55	0.40	4.26	0.18	7	7

表 5-132 主要辅机耗电率对比[1] (%)

辅机名称	1号	2号	先进水平
三大风机	3.09	2.86	2.30（脱硫＋SCR）
给水泵＋前置泵	4.13	4.26	4.0
凝结水泵	0.41	0.40	0.18
除尘	0.23	0.23	0.10
脱硫	0.8[2]	0.8[2]	0.70
磨煤机	0.39	0.40	0.4
空冷风机	0.55	0.55	0.60
以上合计	9.6	9.5	8.2

注 ① 主要辅机电耗合计占总厂用电的 90% 以上。

② 统计不准，取 0.8。

通过对以上数据分析可知：

（1）HB 电厂 1、2 号机组生产厂用电率基本为 10.0%～10.5%。耗电率偏大的主要辅机包括：三大风机、给水泵、凝结水泵、除尘。

（2）给水泵耗电率偏高是厂用电率大的主要原因，是由超临界机组要求给泵出口压力高所致。

（3）凝结水泵耗电率高，主要原因是电机未实施变频改造，凝结水泵设计扬程裕量偏大，除氧器水位调门节流损失大。

（4）除尘系统耗电率偏高，主要原因是电除尘基本在最大功率下运行，且加热器耗电率大。

（5）三大风机耗电率高，主要原因为当地大气压力低，导致送、引、一次风机电耗增加约 0.20 个百分点；由于煤质水分偏大，使引风机电耗增加约 0.1 个百分点，一次风机电耗增加 0.3～0.4 个百分点；空气预热器漏风率偏大，使得一次风机和引风机电耗增加约 0.2 个百分点；引风机和送风机运行效率偏低，使 1、2 号锅炉引风机电耗上升 0.4 个百分点，送风机电耗上升 0.06 个百分点。

（6）机组启停次数多也是厂用电高的一个原因，一是启停过程中主机发电量较少，二是主机不发电后或发电前，大量辅机还要运转一段时间，甚者机组长期备用期间，一些辅机也要运行。

（7）HB 电厂 1、2 号机组各有一套石灰石－石膏湿法烟气脱硫装置，设计脱硫装置入口 SO_2 浓度 460mg/Nm³，设计脱硫效率 95%。目前实际燃脱硫装置入口 SO_2 浓度最大为 1400mg/Nm³，一般在 590mg/Nm³ 附近波动，机组实际运行脱硫效率保持在 95% 附近。脱硫主要辅机耗电率情况见表 5-133。

表 5-133 随机工况脱硫主设备耗电率

项目	单位	1号机组			2号机组		
发电机有功功率	MW	559.9	450.7	358.0	550.2	461.2	360.5
脱硫效率	%	96.0	95.7	94.5	94.6	94.4	95.6

项目	单位	1号机组			2号机组		
原烟气 SO₂ 浓度	mg/m³（标准）	569.0	524.1	539.2	523.8	494.7	480.5
吸收塔液位	m	8.12	8.06	8.01	7.83	7.76	8.04
浆液循环泵 C 电流	A	49.4	49.5	50.1	46.9	46.9	48.2
浆液循环泵 B 电流	A	54.9	54.8	55.4	51.5	51.5	51.8
浆液循环泵 A 电流	A	55.3	55.5	56.2	57.1	57.0	58.4
氧化风机 A 电流	A	11.40	11.42	11.38	0.00	0.00	0.00
氧化风机 B 电流	A	0.00	0.00	0.00	11.13	11.15	11.75
循泵耗电率	%	0.438	0.545	0.694	0.434	0.518	0.675
氧化风机耗电率	%	0.031	0.038	0.048	0.030	0.036	0.049
以上合计	%	0.469	0.583	0.742	0.465	0.554	0.724

由表 5-133 可知：

（1）浆液循环泵耗电率应该为 0.44%～0.70%，基本是三泵运行。

（2）氧化风机耗电率为 0.031%～0.05%，基本是两台运行，一台备用。

（3）机组投产初期，脱硫系统故障多，偶尔有主机运行但脱硫检修的状态，所以统计脱硫耗电率偏低。

2. 烟风系统和风机

（1）烟风系统主要设计参数。HB 电厂 1、2 号锅炉送风机、引风机和一次风机设备规范见表 5-134。

表 5-134　　　HB 电厂 1、2 号锅炉送风机、引风机、一次风机主要
设计参数（风机最大出力工况）

项目名称	单位	送风机	一次风机	引风机
风机型号	—	FAF24.5-15-1	PAF20.8-13.3-2	HA46248-8Z
调节方式	—	动叶调节	动叶调节	静叶调节
台数	—	2	2	2
风机流量	m³/s	199.78	188.73	608
风机全压	Pa	5275	19528	9000
风机入口密度	kg/m³	1.13	1.13	0.767
风机转速	r/min	990	1490	990
生产厂家	—	上海鼓风机厂有限公司		成都电力机械厂
电动机型号	—	YKK630-6	YKK800-4	YKK1000-6
额定功率	kW	1250	4350	6200
额定电压	V	10 000	10 000	10 000
额定电流	A	85.9	283	404
功率因素	—	0.881	0.914	0.913
额定转速	r/min	994	1493	996
生产厂家	—	上海电气集团上海电机厂有限公司		

（2）风机能耗诊断方法。锅炉风机的能耗取决于锅炉风烟系统中流量、阻力特性和风机运行效率，因此，锅炉风机能耗需从以下三个方面入手：

（1）在保证锅炉燃烧需要的前提下尽可能降低烟风系统的流量。在保证锅炉燃烧需要的前提下，使锅炉运行在最佳氧量，避免过大的过剩空气系数；减小空气预热器的漏风率；减小风烟管道漏风量（包括各种密封不严的孔洞和人孔门及膨胀节等）；减小隔断风门漏风量（例如，热风再循环门、磨煤机出口隔离门、脱硫系统旁路风门等）；避免一次风率偏大等。

2）尽可能降低烟风系统的阻力。烟风系统阻力包括系统内各设备（特别是暖风器、空气预热器、SCR、除雾器等）因种种原因而造成的阻力过分增加；管道布置不当造成局部阻力过大；还有各种风门（例如，磨煤机入口热风门等）开度过小造成的节流损失；过高的一次风压力等。

3）在烟风系统流量和阻力达到最佳水平的基础上，选择与风烟系统相匹配的风机及调节装置，提高风机的实际运行效率。对于已经运行的风机来说，可通过风机改造或者电机改造来提高风机与其相应的风烟系统的匹配程度。

本报告风机部分参考电力行业标准 DL/T 469—2004《电站锅炉风机现场性能试验》和 DL/T 5240—2010《火力发电厂燃烧系统设计计算技术规程》，结合烟风系统运行参数、机组煤耗核定结果、燃煤工业分析结果，计算的烟风系统流量，以及现场静压测点位置，烟风管道尺寸、布置，风机特性参数（曲线）等资料，根据影响风机能耗的三个因素，对 HB 电厂 1、2 号锅炉风机进行能耗分析。

（3）烟风系统运行参数。为分析研究 HB 电厂 1、2 号锅炉风机实际运行状况以及烟风系统阻力状况，从 DCS 中导出近期烟风系统的主要运行数据，作为分析风机运行状况的主要依据。HB 电厂 1 号锅炉送烟风系统在典型负荷下的运行参数见表 5-135。

表 5-135　　　　　　　　HB 电厂 1 号锅炉烟风系统在典型负荷下的运行参数

项目	单位	2012 年 3 月 6 日 19：00	2012 年 4 月 5 日 19：00	2012 年 4 月 2 日 14：00	2012 年 4 月 6 日 2：00
1 号机组发电机有功功率	MW	600.63	519.86	480.92	364.61
总燃料量	t/h	367.83	321.55	293.77	237.20
炉膛烟气压力	Pa	−126.75	−110.75	−118.74	−115.91
主蒸汽压力	MPa	23.98	24.07	23.03	18.69
主蒸汽温度	℃	563.97	559.20	566.63	566.44
主蒸汽流量	t/h	1787.96	1493.08	1386.72	1025.68
给水流量	t/h	1879.87	1579.50	1462.92	1081.18
给水温度	℃	275.89	265.09	260.66	245.67
再热器压力	MPa	3.99	3.35	3.39	2.63
再热蒸汽温度	℃	564.69	562.50	567.25	563.59
A 侧空气预热器入口烟气氧量 1	%	3.93	5.80	5.02	6.49
A 侧空气预热器入口烟气氧量 2	%	3.16	4.85	4.21	5.46
B 侧空气预热器入口烟气氧量 1	%	3.62	5.58	4.77	6.25

续表

项目	单位	2012年3月6日 19：00	2012年4月5日 19：00	2012年4月2日 14：00	2012年4月6日 2：00
B侧空气预热器入口烟气氧量2	%	3.33	5.02	4.39	5.84
给水泵出口母管压力	MPa	28.44	27.49	25.93	20.67
一次风母管压力1	kPa	10.34	10.17	10.26	10.01
一次风母管压力2	kPa	10.28	10.05	10.13	9.97
一次风母管压力3	kPa	10.35	10.11	10.19	10.27
汽水分离器出口蒸汽温度	℃	412.35	418.07	406.00	387.45
引风机A入口烟气压力	kPa	−2.78	−2.72	−2.50	−2.18
引风机A出口烟气压力	kPa	−0.01	0.01	−0.01	−0.01
引风机B入口烟气压力	kPa	−2.77	−2.76	−2.58	−2.13
引风机B出口烟气压力	kPa	−0.02	−0.02	−0.02	−0.02
引风机A动叶位置反馈	%	78.26	72.52	63.38	50.62
引风机B动叶位置反馈	%	71.68	66.22	57.30	44.13
引风机A电流	A	275.42	256.53	220.84	181.21
引风机B电流	A	284.20	262.57	225.26	180.33
引风机A入口烟气温度1	℃	148.75	144.35	147.97	145.89
引风机A入口烟气温度2	℃	147.57	143.26	147.06	144.82
引风机A出口烟气温度	℃	159.31	154.41	157.30	153.46
引风机B入口烟气温度1	℃	139.25	133.64	133.27	124.58
引风机B入口烟气温度2	℃	138.09	132.69	132.14	123.73
引风机B出口烟气温度	℃	148.89	142.20	140.73	130.94
一次风机A出口压力	kPa	11.11	10.88	10.96	10.61
一次风机B出口压力	kPa	11.45	11.13	11.21	10.72
一次风机A动叶位置反馈	%	61.89	54.31	54.28	43.71
一次风机B动叶位置反馈	%	62.18	56.16	56.03	48.60
一次风机A电流	A	180.53	156.38	153.54	133.16
一次风机B电流	A	184.53	158.20	154.22	131.54
一次风机A出口空气温度	℃	36.18	42.53	40.00	36.22
一次风机B出口空气温度	℃	27.94	27.59	29.32	25.81
送风机A出口压力	kPa	1.07	1.07	0.82	0.75
送风机B出口压力	kPa	1.04	1.08	0.79	0.77
送风机A电流	A	33.58	35.17	31.21	29.23
送风机B电流	A	34.28	35.49	32.09	29.93
送风机A动叶位置反馈	%	26.17	28.02	19.38	10.51
送风机B动叶位置反馈	%	25.07	26.95	18.02	9.54
送风机A入口风温度	℃	17.32	18.19	21.42	20.10

续表

项目	单位	2012年3月6日 19：00	2012年4月5日 19：00	2012年4月2日 14：00	2012年4月6日 2：00
送风机B入口风温度	℃	22.59	20.67	22.41	24.26
空气预热器A入口一次风压力	kPa	11.54	11.21	11.35	10.99
空气预热器B入口一次风压力	kPa	11.40	11.11	11.30	11.00
空气预热器A出口一次风压力	kPa	10.68	10.58	10.71	10.38
空气预热器B出口一次风压力	kPa	10.40	10.45	10.41	10.14
空气预热器A入口二次风压力	kPa	1.07	1.04	0.81	0.60
空气预热器B入口二次风压力	kPa	1.04	1.13	0.89	0.72
空气预热器A出口二次风压力	kPa	0.70	0.48	0.43	0.44
空气预热器B出口二次风压力	kPa	0.68	0.65	0.47	0.35
空气预热器A前后二次风差压	kPa	336.83	365.09	252.51	159.01
空气预热器B前后二次风差压	kPa	387.04	400.74	319.73	231.37
左侧空气预热器入口烟气压力	kPa	−1.09	−1.24	−1.14	−1.06
右侧空气预热器入口烟气压力	kPa	−0.74	−0.73	−0.76	−0.61
空气预热器A出口烟气压力	kPa	−2.02	−2.11	−1.98	−1.68
空气预热器B出口烟气压力	kPa	−2.21	−2.15	−1.91	−1.75
A侧空气预热器入口氧量平均值	%	3.61	5.24	4.73	5.93
空气预热器入口烟气氧量	%	3.62	5.40	4.75	5.95
A侧空气预热器入口烟气氧量1	%	3.93	5.80	5.02	6.49
A侧空气预热器入口烟气氧量2	%	3.16	4.85	4.21	5.46
B侧空气预热器入口烟气氧量1	%	3.62	5.58	4.77	6.25
B侧空气预热器入口烟气氧量2	%	3.33	5.02	4.39	5.84
空气预热器A出口烟气含氧量	%	6.48	7.82	7.06	8.25
空气预热器B出口烟气含氧量	%	5.81	7.20	6.61	8.00
1号炉原烟气挡板前烟气压力1	Pa	728.41	900.53	708.17	473.19
1号机原烟气挡板前烟气压力2	Pa	817.68	980.44	761.16	496.26
1号机原烟气挡板前烟气压力3	Pa	812.35	957.62	714.86	495.87

HB电厂2号锅炉烟风系统在典型负荷下的运行参数见表5-136。

表5-136　　　**HB电厂2号锅炉烟风系统在典型负荷下的运行参数**

项目	单位	2012年1月1日 18：00	2012年4月5日 19：00	2012年4月2日 14：00	2012年4月6日 2：00
2号机组发电机有功功率	MW	599.87	530.45	481.31	364.99
总燃料量	t/h	376.55	331.84	284.14	244.84
炉膛烟气压力	Pa	−139.22	−128.75	−114.53	−128.62
主蒸汽压力	MPa	24.11	24.13	23.10	18.64

续表

项目	单位	2012年1月1日 18：00	2012年4月5日 19：00	2012年4月2日 14：00	2012年4月6日 2：00
主蒸汽温度	℃	563.69	553.79	566.45	565.93
主蒸汽流量	t/h	1803.15	1577.03	1398.51	1081.31
给水流量	t/h	1926.82	1659.89	1476.80	1128.95
给水温度	℃	276.32	266.46	261.34	246.40
再热器压力	MPa	4.36	3.76	3.53	2.80
再热蒸汽温度	℃	565.22	563.25	562.52	564.86
A侧空气预热器入口烟气氧量1	％	3.41	20.11	20.11	20.11
A侧空气预热器入口烟气氧量2	％	3.45	3.71	3.18	5.09
B侧空气预热器入口烟气氧量1	％	3.53	5.19	4.32	6.83
B侧空气预热器入口烟气氧量2	％	3.29	5.51	4.29	6.74
给水泵出口母管压力	MPa	28.50	27.53	26.00	20.68
一次风母管压力1	kPa	10.23	10.24	10.17	10.17
一次风母管压力2	kPa	10.30	10.53	10.05	10.18
一次风母管压力3	kPa	10.24	10.55	10.17	10.20
汽水分离器出口蒸汽温度	℃	415.13	415.14	408.90	388.16
引风机A入口烟气压力	kPa	−2.97	−2.96	−2.56	−2.27
引风机A出口烟气压力	kPa	0.43	−0.01	0.99	0.04
引风机B入口烟气压力	kPa	−2.95	−2.77	−2.41	−2.03
引风机B出口烟气压力	kPa	0.67	0.00	0.13	0.13
引风机A动叶位置反馈	％	68.13	64.12	50.90	44.73
引风机B动叶位置反馈	％	76.47	71.49	58.31	52.42
引风机A电流	A	290.85	272.58	211.56	194.56
引风机B电流	A	289.99	264.47	209.04	194.24
引风机A入口烟气温度1	℃	140.38	129.70	139.27	121.21
引风机A入口烟气温度2	℃	138.69	128.24	138.28	120.21
引风机A出口烟气温度	℃	150.78	140.48	146.80	128.79
引风机B入口烟气温度1	℃	143.62	135.77	146.36	129.70
引风机B入口烟气温度2	℃	143.16	134.89	145.39	129.38
引风机B出口烟气温度	℃	151.63	145.47	154.06	136.96
一次风机A出口压力	kPa	11.55	11.42	11.22	10.91
一次风机B出口压力	kPa	11.50	11.55	11.23	10.74
一次风机A动叶位置反馈	％	62.03	55.04	54.45	46.51
一次风机B动叶位置反馈	％	55.82	49.81	49.23	41.28
一次风机A电流	A	170.58	146.94	144.21	123.36
一次风机B电流	A	174.42	148.79	144.63	121.96

项目	单位	2012年1月1日 18：00	2012年4月5日 19：00	2012年4月2日 14：00	2012年4月6日 2：00
一次风机A出口空气温度	℃	33.80	31.55	35.41	29.58
一次风机B出口空气温度	℃	33.29	31.12	36.82	29.68
送风机A出口压力	kPa	0.85	1.07	0.82	0.75
送风机B出口压力	kPa	1.31	1.76	1.00	1.06
送风机A电流	A	36.53	44.22	32.02	34.12
送风机B电流	A	35.78	42.89	32.31	33.59
送风机A动叶位置反馈	%	35.81	46.51	28.09	32.28
送风机B动叶位置反馈	%	32.12	42.24	24.31	27.88
送风机A入口风温度	℃	14.17	22.23	29.45	22.83
送风机B入口风温度	℃	12.93	21.87	32.03	23.14
空气预热器B入口一次风压力	kPa	11.54	11.29	11.17	10.75
空气预热器A出口一次风压力	kPa	10.55	10.58	10.52	10.25
空气预热器B出口一次风压力	kPa	10.54	10.58	10.43	10.30
空气预热器A入口二次风压力	kPa	1.16	1.62	0.97	1.08
空气预热器B入口二次风压力	kPa	1.22	1.68	0.94	1.21
空气预热器A出口二次风压力	kPa	0.60	0.90	0.63	0.78
空气预热器B出口二次风压力	kPa	0.85	0.95	0.57	0.72
空气预热器A前后二次风差压	kPa	533.10	643.23	393.50	445.59
空气预热器B前后二次风差压	kPa	487.29	588.63	685.36	402.62
左侧空气预热器入口烟气压力	kPa	−1.10	−1.34	−1.12	−0.97
右侧空气预热器入口烟气压力	kPa	−1.15	−1.06	−1.07	−0.99
空气预热器A出口烟气压力	kPa	−2.19	−2.14	−1.92	−1.96
空气预热器B出口烟气压力	kPa	−2.23	−2.19	−1.98	−1.82
A侧空气预热器入口氧量平均值	%	3.52	5.26	4.43	6.70
空气预热器入口烟气氧量	%	3.66	4.23	3.79	4.63
A侧空气预热器入口烟气氧量1	%	3.41	20.11	20.11	20.11
A侧空气预热器入口烟气氧量2	%	3.45	3.71	3.18	5.09
B侧空气预热器入口烟气氧量1	%	3.53	5.19	4.32	6.83
B侧空气预热器入口烟气氧量2	%	3.29	5.51	4.29	6.74
空气预热器A出口烟气含氧量	%	5.65	7.21	5.98	8.41
空气预热器B出口烟气含氧量	%	5.36	7.06	6.17	8.47
2号炉原烟气档板前烟气压力1	Pa	631.84	762.39	538.73	409.43
2号机原烟气档板前烟气压力2	Pa	762.11	732.77	498.99	382.93
2号机原烟气档板前烟气压力3	Pa	656.86	778.33	554.92	426.49

（4）理论烟风量计算。为分析研究 HB 电厂 1、2 号锅炉风机实际运行状况，需要得到整个烟风系统的介质流量，本报告根据典型工况所燃用的煤质分析结果，结合空气预热器漏风率、风煤比等参数，计算得到一次风、二次风和烟气量，为风机能耗研究提供参考。

HB 电厂 1、2 号锅炉在典型负荷下，风机风量核算见表 5-137 和表 5-138。

表 5-137　　　　　　　　　HB 电厂 1 号锅炉理论烟风量计算结果（2012 年）

项目	单位	3月6日	4月5日	4月2日	4月6日
M_t	%	35.0	35.0	35.0	35.0
A_{ar}	%	9.2	9.2	9.2	9.2
V_{daf}	%	46.2	46.2	46.2	46.2
$S_{t,ar}$	%	0.2	0.2	0.2	0.2
$Q_{net,ar}$	MJ/kg	14 600.0	14 600.0	14 600.0	14 600.0
负荷	MW	600.6	519.9	480.9	364.6
炉膛氧量	%	3.4	5.2	4.5	5.8
排烟温度	℃	149.6	142.7	143.8	137.4
总燃料量	t/h	367.8	321.6	293.8	237.2
1kg 煤燃烧实际空气量	kg/kg	6.3	7.0	6.7	7.3
1kg 煤燃烧实际烟气量	kg/kg	7.2	7.9	7.6	8.2
总风量	kg/s	643.1	625.5	547.4	482.6
总风量（到风箱）	kg/s	623.8	606.7	530.9	468.1
一次风（冷+热）	kg/s	268.2	260.9	228.3	201.3
二次风（空气预热器出口）	kg/s	355.5	345.8	302.6	266.8
烟气量（空气预热器入口）	kg/s	734.3	705.2	620.2	541.4
空气预热器漏风率	%	14.0	14.0	14.0	14.0
空气泄漏量	kg/s	102.8	98.7	86.8	75.8
一次风泄漏	kg/s	102.8	98.7	86.8	75.8
二次风泄漏	kg/s	0.0	0.0	0.0	0.0
一次风量	kg/s	371.0	359.6	315.1	277.1
送风机风量	kg/s	355.5	345.8	302.6	266.8
引风机烟气量	kg/s	837.1	803.9	707.0	617.2
风机风量					
一次风机风量	m³/s	331.4	320.6	283.4	249.4
送风机风量	m³/s	317.6	308.3	272.1	240.2
引风机烟气量	m³/s	1076.3	1017.2	896.8	771.3

表 5-138   **HB 电厂 2 号锅炉理论烟风量计算结果（2012 年）**

项目	单位	1月1日	4月5日	4月2日	4月6日
M_t	%	34.0	35.0	35.0	35.0
A_{ar}	%	11.5	9.2	9.2	9.2
V_{daf}	%	46.9	46.2	46.2	46.2
$S_{t,ar}$	%	0.3	0.2	0.2	0.2
$Q_{net,ar}$	MJ/kg	14 330.0	14 600.0	14 600.0	14 600.0
负荷	MW	599.9	530.5	481.3	365.0
炉膛氧量	%	3.4	4.8	3.9	6.2
排烟温度	℃	159.8	148.4	156.8	137.4
总燃料量	t/h	376.6	331.8	284.1	244.8
1kg 煤燃烧实际空气量	kg/kg	6.2	6.9	6.5	7.5
1kg 煤燃烧实际烟气量	kg/kg	7.0	7.7	7.4	8.4
总风量	kg/s	644.7	631.5	513.1	510.6
总风量（到风箱）	kg/s	625.3	612.6	497.7	495.3
一次风（冷+热）	kg/s	250.1	245.0	199.1	198.1
二次风（空气预热器出口）	kg/s	375.2	367.5	298.6	297.2
烟气量（空气预热器入口）	kg/s	735.7	713.8	583.6	571.3
空气预热器漏风率	%	12.0	12.0	12.0	12.0
空气泄漏量	kg/s	88.3	85.7	70.0	68.6
一次风泄漏	kg/s	88.3	85.7	70.0	68.6
二次风泄漏	kg/s	0.0	0.0	0.0	0.0
一次风量	kg/s	338.4	330.7	269.1	266.7
送风机风量	kg/s	375.2	367.5	298.6	297.2
引风机烟气量	kg/s	824.0	799.4	653.6	639.8
风机风量					
一次风机风量	m³/s	295.6	297.5	249.3	240.7
送风机风量	m³/s	327.7	330.6	276.6	268.2
引风机烟气量	m³/s	1084.9	1025.3	854.8	799.6

需要指出的是，表 5-137 和表 5-138 中所核算的风量基于理论计算，根据与多台机组风机热态试验结果对比，本方法所核算的烟风流量与实际试验测试结果偏差在 5%之内，因此，可作为风机能耗初步评价的依据。

3. 风机能耗分析

（1）风机耗电率。HB 电厂 1、2 号锅炉送风机、引风机、一次风机 2011 年耗电率统计见表 5-139。

表 5 – 139　　　　　　**HB 电厂 1、2 号锅炉风机 2011 年耗电率与先进水平的比较**

机组编号	风机类型	送、引、一次风机	引风机	一次风机	送风机
先进水平①	—	2.25	1.2（含 FGD）	0.9	0.15
1 号机组	实际	3.09	1.72	1.17	0.2
	偏差	0.84	0.52	0.27	0.05
2 号机组	实际	2.86	1.62	1.06	0.19
	偏差	0.61	0.42	0.16	0.04
上都 1	实际	2.37	1.16（无 FGD）	1.1	0.11
上都 3	实际	2.3	1.01（无 FGD）	1.2	0.09

　　注　①指燃用褐煤、采用中速磨煤机、包含脱硫和脱硝的烟气阻力，在当地大气压下的风机电耗先进水平。

　　由表 5 – 137 可知，HB 电厂 1 号锅炉送风机、引风机、一次风机电耗率在 3.09％左右，2 号锅炉送风机、引风机、一次风机电耗率在 2.86％左右。与同类型同容量锅炉风机电耗的先进水平相比，1、2 号锅炉风机电耗率偏高。

　　本报告针对 HB 电厂 1、2 号机组的实际情况，对锅炉的烟风系统流量、烟风系统阻力和风机运行效率进行分析，定量计算各个因素对风机能耗影响量，得到风机能耗损失分布及主要原因。

　　（2）烟风系统流量分析。

　　1）大气压力。HB 电厂海拔较高，当地大气压力较低，为 94.2kPa，从而导致烟风系统流量较大，影响送风机、引风机和一次风机电耗，见表 5 – 140。

表 5 – 140　　　　　　**大气压力对 HB 电厂 1、2 号锅炉风机电耗的影响**

项目	流量增加	电耗增加
单位	％	百分点
引风机	7.6	0.12
一次风机	7.6	0.07
送风机	7.6	0.01

　　由表 5 – 140 可知，由于 HB 电厂当地大气压较低，影响引风机电耗增加约 0.12 个百分点、送风机电耗增加约 0.01 个百分点、一次风机电耗增加约 0.07 个百分点，共计约 0.2 个百分点。

　　2）燃煤水分。由于 HB 电厂燃用褐煤，收到基水分在 35％左右，相比燃用水分较低的烟煤，其排烟温度较高，烟气比容较大，烟气流量偏大，影响引风机电耗，燃煤水分对 HB 电厂 1、2 号锅炉风机电耗的影响见表 5 – 141。

表 5 – 141　　　　　　**燃煤水分对 HB 电厂 1、2 号锅炉风机电耗的影响**

项目	电耗增加
单位	百分点
引风机	0.1

　　由表 5 – 141 可知，由于 HB 电厂燃用褐煤，影响引风机电耗增加约 0.1 个百分点。

　　3）一次风率。HB 电厂采用中速磨煤机，燃煤水分较高，一次风率偏大，设计一次风率为 0.36，1 号锅炉实际一次风率在 0.4 左右，2 号锅炉在 0.38 左右，由此导致一次风机电耗增加，见表 5 - 142。

表 5 - 142　　　　　　　一次风率对 HB 电厂 1、2 号锅炉风机电耗的影响

项目	1 号锅炉	2 号锅炉
单位	百分点	百分点
一次风率	0.4	0.3

由表 5 - 142 可知，由于 HB 电厂一次风率偏大，影响一次风机电耗增加 0.3～0.4 个百分点。

4）空气预热器漏风率。HB 电厂空气预热器漏风率偏大，根据 2012 年 3 月 1 号机组大修前考核实验结果，空气预热器漏风率在 13% 左右。由此导致一次风机电耗增加，送风机电耗减小，见表 5 - 143。

表 5 - 143　　　　空气预热器漏风率对 HB 电厂 1、2 号锅炉风机电耗的影响

项目	1 号锅炉	2 号锅炉
单位	百分点	百分点
一次风机	0.15	0.12
引风机	0.10	0.06

（3）风机效率分析。

1）送风机。

a. 风机现状。HB 电厂 1、2 号锅炉送风机为动叶可调轴流风机。根据送风机运行参数结合送风机特性曲线，参考估算的送风机流量，可以估计送风机的效率，如图 5 - 64 所示。

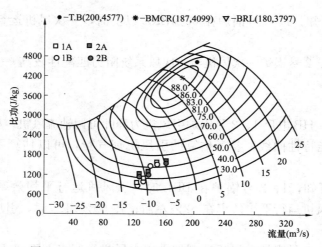

图 5 - 64　送风机性能特性曲线和送风机运行参数

由图 5 - 64 可知，1、2 号锅炉在 BRL 时，送风机运行平均效率不到 60%；在 80% BRL 时，送风机运行平均效率在 45% 左右；在 60% BRL 时，送风机运行平均效率在

40％左右。

由此可见，1、2号锅炉送风机与送风系统阻力匹配性偏差，风机运行点在性能曲线的左下部分区域，没有运行在风机高效区，送风机运行效率偏低。

b. 措施建议。针对送风机与送风系统匹配偏差，送风机运行效率偏低的情况，在对送风机进行准确的热态实验的基础上，就送风机电机降一挡转速，或者对送风机进行叶轮改造进行进一步的论证。若以送风机平均运行效率高20个百分点计算，送风机电耗可下降约0.06个百分点。

2）一次风机。HB电厂1、2号锅炉一次风机为动叶可调轴流风机。根据一次风机运行参数结合一次风机特性曲线，参考估算的一次风机流量，可以估计一次风机的效率，如图5-65所示。

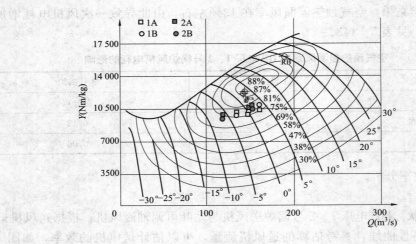

图5-65　一次风机性能特性曲线和引风机运行参数

由图5-65可知，1、2号锅炉在60％BRL以上时，一次风机运行平均效率在77％以上。

由此可见，1、2号锅炉一次风机与一次风系统阻力匹配性较高，一次风机运行效率较高。

3）引风机。

a. 风机现状。HB电厂1、2号锅炉引风机为静叶可调轴流风机。根据引风机运行参数结合引风机性能特性曲线，参考估算的引风机烟气量，可以估算引风机的效率，如图5-66所示。

由图5-66可知，1、2号锅炉在BRL时，引风机运行平均效率在67％左右；在80％BRL时，引风机运行平均效率在62％左右；在60％BRL时，引风机运行平均效率在55％左右。

由此可见，1、2号锅炉引风机选型偏大，引风机运行点在引风机运行曲线的下方，引风机运行效率较低。

b. 措施建议。在目前情况下，建议电厂在对引风机进行准确试验的基础上，同时考虑环保要求提高，需要再增加一层脱硝之后烟气系统阻力增加约300Pa，对引风机进行

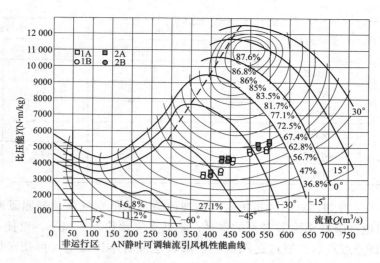

图 5-66　引次风机性能特性曲线和引风机运行参数

本体改造，若以引风机平均运行效率提高 20 个百分点计算，引风机电耗可下降 0.4 个百分点。

需要指出的是，若电厂计划增加低压省煤器等节能设备，需要根据增压省煤器烟气阻力的大小，再考虑对引风机是否进行改造。

（4）烟风系统能耗分析汇总表。根据 HB 电厂 1、2 号锅炉风机实际运行情况，以及各种因素对风机电耗影响的定量分析结果，得到影响风机能耗的主要因素和分布情况。并进一步提出了降低风机能耗的主要措施和方法，以及采取措施后风机电耗的下降量，HB 电厂 1、2 号锅炉风机能耗分析汇总见表 5-144。

表 5-144　　　　　　　HB 电厂 1、2 号锅炉风机能耗分析汇总　　　　　　　（%）

风机类型	影响因素	1 号机组		2 号机组	
		影响量	节能潜力	影响量	节能潜力
引风机	运行值	1.70	—	1.62	—
	大气压	0.12	—	0.12	—
	水分	0.10	—	0.10	—
	脱销	0.10	—	0.10	—
	空气预热器漏风	0.10	0.10	0.06	0.06
	脱硫	0.35	—	0.35	—
	效率	0.40	0.40	0.40	0.40
	目标值	—	1.20	—	1.16
送风机	运行值	0.20	—	0.19	—
	大气压	0.01	—	0.01	—
	效率	0.06	0.06	0.06	0.06
	目标值	—	0.14	—	0.13

续表

风机类型	影响因素	1号机组		2号机组	
		影响量	节能潜力	影响量	节能潜力
一次风机	运行值	1.17	—	1.06	—
	大气压	0.07	—	0.07	—
	一次风率	0.40	—	0.30	—
	空气预热器阻力	0.03	—	0.03	—
	漏风率	0.15	0.15	0.12	0.12
	目标值	—	1.02	—	0.94

由表5-144可知，对引风机进行降转速改造和降低空气预热器漏风率，可使1、2号锅炉引风机电耗降低至约1.18%的水平；降低空气预热器漏风率，可使一次风机电耗降低0.13个百分点左右；通过送风机电机降转速或者本体改造，可使送风机电耗下降0.06个百分点。

4. 凝结水泵

(1) 凝结水泵节能分析。HB电厂1、2号机组，每台机组凝结水系统配有2台100%的凝结水泵，正常运行一运一备。600MW同类型机组凝结水泵设计性能比较见表5-145。

表5-145　　　　　　　600MW同类型机组凝结水泵设计性能比较

项目	单位	HB电厂	SD二期	JW电厂	GG电厂	YM电厂	ST电厂	JT电厂	SDK二厂
凝泵厂家	—	长沙水泵	KSB	KSB	沈阳水泵厂	上海凯士比		沈阳水泵厂	ABB
型号	—	C720Ⅲ-4	NLT500-570×5S	NLT500-570×4S	10LDTNB-4PJ	NLT500-570×4S	NLT500-570×4S	10LDTNB-5PJ	BDC550-4st
转速	r/min	1480	1480	1490	1489	1490	1480	1480	1491
扬程	m	313	357.8	329	329	328	350	353	312
流量	m³/h	1602	1808	1638	1620	1667	1424	1599	1571
汽蚀余量	m	4.1	5.95	0	0	—	6	4.55	—
效率	%	83	84.6	84.5	85	83.8	83.8	85	81.5
轴功率	kW	1646	2030	—	1681			1807	1630
电机厂家	—	湘潭电机厂	上海电机厂	上海电机厂	湘潭电机厂		上海电机厂		ABB
型号	—	YKSL2000-4	YLKS710-4	YLKS630-4	YKSL630-4		YLKS630-4	YLKK-630-4	QWV560ib4
转速	r/min	1491	1500	1493	1489	1490	1493	1480	1491
电压	V	10 000	10 000	6000	6000	6000	6000	6000	6000
电流	A	137	151.5	218.5	226	225.5	218.5	241	210
功率	kW	2000	2300	2000	2000	2000	2000	2100	1875
功率因数	—	0.88	0.95	0.915	0.89	0.89	0.915	0.88	0.89
流量/压力是否满足	—	是/是	是/是	是/是	是/是	是/是	是/是	是/是	是/是
变频/叶轮改造	—	否/否	否/否	否/否	否/否	否/否	否/否	否/否	否/否
统计耗电率	%	0.4	0.21	0.33	0.17	0.19	0.18	0.19	0.21

316

与同类型机组对比，可知 HB 电厂 1、2 号机组凝结水泵流量和扬程选型适中。600MW 机组凝结水泵运行参数对比见表 5-146。

表 5-146　　　　　　　　600MW 机组凝结水泵运行参数对比

项目	单位	HB电厂 1号凝结水泵			HB电厂 2号凝结水泵			SD电厂 3号凝结水泵			GG电厂 2号凝结水泵		YM电厂 6号凝结水泵		TC电厂 2号凝结水泵		JT电厂 1号凝结水泵	TC电厂 3号凝结水泵
运行方式	—	未变频			未变频			变频			变频		变频		变频		变频	变频
机组负荷	MW	560	450.7	360	551	461	360	548	452	300	355.6	600	353.7	532	300	520	572	560
凝泵出口压力	MPa	3.08	3.29	3.34	3.14	3.27	3.40	1.91	1.55	1.4	1.2	2.13	1.75	1.86	0.996	1.77	1.9	1.85
除氧器压力	MPa	0.73	0.58	0.51	0.76	0.62	0.51	0.98	0.87	0.59	0.51	0.88	0.81	0.76	0.56	0.87	0.96	0.88
凝泵出口压力与除氧器压力之差	MPa	2.35	2.71	2.83	2.38	2.65	2.89	0.92	0.68	0.81	0.69	1.25	0.94	0.9	0.436	0.9	0.94	0.97
除氧器水位调门开度/旁路开度	%	76/0	58/0	46/0	66.9/0	56/0	30/0	100/0	100/0	48/0	100/100	100/100	40/0	66.3/0	94/0	92/0	100/0	100/0
耗电率	—	0.30	0.35	0.42	0.30	0.35	0.43											

无论是满负荷还是部分负荷，通过运行参数比较可知 HB 电厂 1、2 号机组凝结水泵出口压力最高，在各负荷工况下，除氧器水位调门都没有全开，凝结水系统节流损失压力很大，存在较大的运行节能空间。

凝结水泵运行性能如图 5-67 所示，其对应的纵坐标和横坐标围成的长方形面积，代表凝结水泵轴功的大小，估算变频后凝泵运行点落入相应的阴影区域，变频前后轴功面积变化巨大，可见变频将有很大的节能潜力。

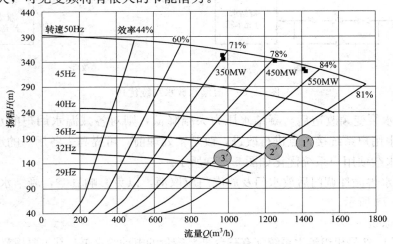

图 5-67　凝结水泵运行性能

（2）凝结水泵节能措施及建议。

1）凝结水泵电机变频改造。尽快实施凝结水泵电动机变频改造，变频后除氧器水位调门和旁路门运行保持全开，依靠变频维持除氧器水位稳定。降低凝结水泵出口压力，减少凝结水结水系统压力损失，最大程度降低凝结水泵耗电率。

2）加强泄漏治理。建议利用检修机会加强泄漏治理，减少通过凝结水泵凝结水量，以降低其耗电率。通过治理高品质蒸汽和疏水内漏，减少其耗用的减温水量以减少凝结水的空循环；减少系统外漏，降低凝汽器补水率。

3）凝结水系统优化。

a. HB电厂5、6号低压加热器小旁路改为大旁路，可减少凝结水系统阻力约0.1MPa，精简下来的门可以作为备品。缺点是5、6号低压加热器切除运行时需要整体切除。低压加热器凝结水系统优化如图5-68所示。

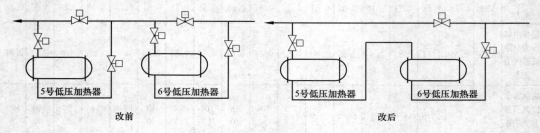

图5-68 低压加热器凝结水系统优化

b. 取消凝结水至凝结水储存水箱一路，该路设计原意是凝汽器水位高时放水至水箱，但实际由于凝汽器横截面积很大，没有凝汽器满水的可能，所以该路实际没有用处，建议取消。凝结水放水系统优化如图5-69所示。

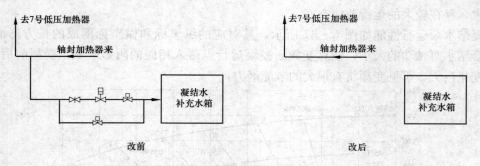

图5-69 凝结水放水系统优化

c. 凝结水泵变频改造后，凝结水压力大幅降低，则对各减温水用户的水压有影响，建议对凝结水用户系统接入点进行改进，改至精处理前，可提高去各用户的水压0.1MPa以上，凝结水杂项用户系统优化如图5-70所示。

d. 凝结水再循环调门后放水门及放汽门应取消，以免影响真空，凝结水再循环系统优化如图5-71所示。

5. 给水系统

HB电厂1、2号机组给水系统配有三台35%容量的电动给水泵，其主要规范见表5-147，

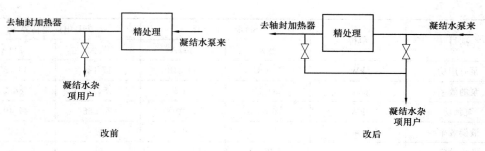

图 5 - 70　凝结水杂项用户系统优化

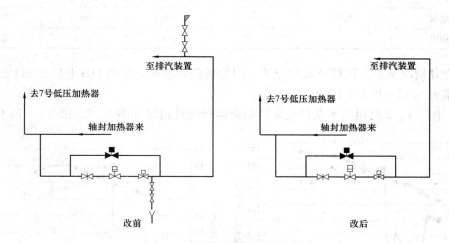

图 5 - 71　凝结水再循环系统优化

其与 SD 电厂亚临界 600MW 机组配备的给水泵对比见表 5 - 148。

表 5 - 147　　　　　　　　　　　　　给水泵设计规范

项目	单位	HB 超临界 35%	SD 亚临界 50%
厂家	—	沈阳鼓风机厂	泵 KSB/电机西门子
流量	m³/h	689	1139
扬程	m	3199	2283.4
转速	r/min	1548~6080	1270~5300
电流	A	586	730
电压	V	10 000	10 000
电机功率	kW	9000	11 000

表 5 - 148　　　　　　　　　　　　　设计工况耗电率核算对比

项目	单位	SD 电厂亚临界		HB 电厂超临界	
		最大	THA	最大	THA
泵流量	t/h	2278	1831	1977	1707
泵扬程	m	2283	2283	3199	3199

项目	单位	SD电厂亚临界		HB电厂超临界	
		最大	THA	最大	THA
泵有用功	kW	14 081	11 318	17 124	14 785
泵的效率	%	84.5	84.5	84.5	84.5
泵轴功	kW	16 664	13 394	20 265	17 497
液偶效率	%	92	90	92	90
电机效率	%	95	95	95	95
电机功率	kW	19 066	15 666	23 186	20 465
发电量	MW	664	600	660	600
厂用电	%	2.87	2.61	3.51	3.41

从设计情况来看，同样负荷状况下，因为扬程要求高，使得HB电厂比SD电厂给泵耗电率偏大0.65～0.8个百分点。

HB电厂1、2机组给水泵耗电率随负荷运行统计情况如图5-72和图5-73所示。

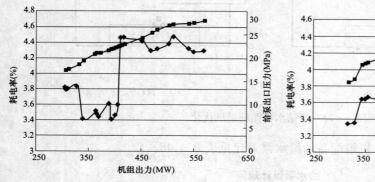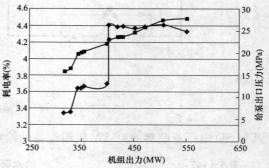

图5-72　1号机给水泵运行曲线　　　　图5-73　2号机给水泵运行曲线

HB电厂1、2号机组给水泵耗电率长期统计数据为3.95%～4.4%。给水泵耗电率偏高的主要原因是机组负荷大于410MW后，给水泵三泵全部运行，耗电率迅速升高。1号机组低负荷给水泵耗电率大，是再循环漏量大所致。

从运行数据看，BH电厂1、2号机组给水泵运行性能良好。三台35%容量的给水泵，在68%负荷下节电效果比较明显，高负荷与两台50%容量的给水泵耗能基本相当，所以HB电厂这种给水泵的选型在这种窝电比较严重的区域还是非常节能的。

给水泵本身节能空间较少，建议对给水系统进行优化，减少给水泵耗功，主要优化内容介绍如下。

（1）机组正常运行时，锅炉上水旁路小调节门也应保持全开，减少给水系统阻力，降低给泵耗功。

（2）机组正常运行时，应尽量开大主蒸汽调节汽门，减少主蒸汽调节汽门节流损失，滑压运行降低给水泵的耗功。

（3）给水泵再循环泄漏，建议将调节汽门前电动门控制逻辑设为常关，动作逻辑先于调节汽门开启，后于调节汽门关闭，即当给水流量小于 $Q+100t/h$ 时，开启电动门，当给水流量大于 $Q+100t/h$ 时，关闭电动门，这样在正常运行状态下，可以减少给水泵再循环的泄漏概率，降低给水泵的耗功。Q 为给泵设计最小流量。

（4）给水泵节电运行方式介绍如下。

1）两台机组总负荷 816MW 以下时，经济性差的一台机组带尽量低负荷，此时两台机组都是两台给水泵运行。

2）两台机组总负荷在 816～1000MW 时，经济性差的一台机组带尽量低负荷（两台给水泵运行），其余负荷由经济性好的一台机组带（三台给水泵运行）。若经济性差的一台机组必须启第三台泵，此时应调整至两机组平均带负荷，此后两台机组都是三台给水泵运行。

3）两台机组总负荷高于 1000MW 时，两机应平均带负荷，都是三台给水泵运行。

（5）为了减少给水系统阻力，降低给水泵耗功，建议取消省煤器入口电动主给水门和止回门，小流量上水调节门移至给水泵出口，主给水系统改进如图 5-74 所示。

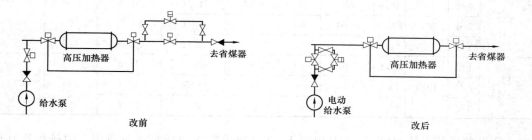

图 5-74　主给水系统改进

6. 脱硫浆液循环泵

（1）脱硫浆液循环泵现状分析。HB 电厂 1 号、2 号机组各有一套石灰石—石膏湿法烟气脱硫装置，设计脱硫装置入口 SO_2 浓度 460mg/m³（标准），设计脱硫效率 95%。目前，实际燃脱硫装置入口 SO_2 浓度最大 1400mg/m³（标准），一般在 590mg/m³（标准）附近波动，机组实际运行脱硫效率保持在 95%附近。

为了提高脱硫系统 SO_2 的吸收率，通过浆液循环泵推动浆液循环起到保证汽液两相充分接触的作用。脱硫系统配有 3 台离心式浆液循环泵，其主要性能规范见表 5-149。

表 5-149　　脱硫浆液循环泵性能规范

泵编号		流量 (m³/h)	扬程 (m)	电机功率 (kW)	轴功率 (kW)	泵转速 (r/min)	入口管道标高 (m)	出口管道标高 (m)	运行液位 (m)	长期统计耗电率
HB 1、2号	1号	9700	22.5	900	772	528	1.5	23	7.9	—
	2号		24.5	1000	840	543	1.5	25		
	3号		26.5	1120	909	557	1.5	27		
YM 6号	1号	8900	20.8	800	640	454	1.6	19.3	7	0.33
	2号		22.5	900	690	466	1.6	21		
	3号		24.2	900	745	458	1.6	22.7		

续表

泵编号		流量 （m³/h）	扬程 （m）	电机功率 （kW）	轴功率 （kW）	泵转速 （r/min）	入口管道 标高（m）	出口管道 标高（m）	运行液位 （m）	长期统计 耗电率
SD 3、4号	1号	11 260	27.7	1250	—	475	1.6	27.5	8	1.25
	2号		25.7	1250	—	—	1.6	25.5		
	3号		23.7	1400	—	—	1.6	23.5		
JW 3、4号	1号	6500	20.6	560	—	592	2.77	16.5	7.6	0.40
	2号		22.4	630	—	592	2.77	18.3		
	3号		24.3	630	—	592	2.77	20.1		
GG 1、2号	1号	10 220	17.88	800	673	410	1.6	20.66	7.8	1.23
	2号		19.88	900	749	420	1.6	22.64		
	3号		21.88	1000	824	430	1.6	24.62		
	4号		23.88	1200	899	440	1.6	26.60		
YM 6号	1号	9652	19.9	800	677	413	1.74	20.75	9	0.87
	2号		23.59	1000	800	443	1.74	24.41		
	3号		21.8	900	—	—	1.74	22.58		
JT 1号	1号	7350	17.6	560	—	460	0.5	16.6	4	0.79
	2号		19.4	630	—	475	0.5	18.4		
	3号		21.2	710	—	490	0.5	20.2		

从设备规范表数据可知，HB电厂1、2号机组浆液循环泵流量适中，但扬程比其他厂大一些。

由于HB1电厂、2号机组2号脱硫浆液循环泵与减速箱配套正确，其实际工作标高如图5-75所示。

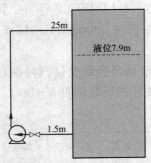

图5-75 脱硫浆液循环泵工作标高示意图

对2号脱硫浆液循环泵举例分析可知，其实际运行需要的最小扬程为25-1.5=23.5（m），其设计扬程为24.5m，取吸收塔实际正常运行液位为7.9m，则设计扬程加上净压头24.5+（7.9-1.5）=30.9（m），泵的出口压头即为30.9（m），比实际需要的扬程大了约30.9-23.5=7.4（m），扣掉喷头需要的压头5～8（m），则2号脱硫浆液循环泵可以满足运行需要。

同理分析1号机组1号脱硫浆液循环泵、2号机3号脱硫浆液循环泵，扬程裕量与以上分析的2号脱硫浆液循环泵相同，可以满足运行需要。

目前现场1号机组3号脱硫浆液循环泵和2号机组1号脱硫浆液循环泵存在位置互相放错的问题，单独分析如下：

1号机组3号脱硫浆液循环泵应该配设计扬程为26.5m的泵，目前现场实际配的是设计扬程为22.5m的泵，其转速由528r/min升至557r/min，其实际运行状况为扬程：$h_2 = h_1 \times (n_2/n_1)^2 = 22.5 \times (557/528)^3 = 25$ （m）

流量：$Q_2 = Q_1 \times \dfrac{n_2}{n_1} = 9700 \times \dfrac{557}{528} = 10\ 232$ （m³/h）

实际运行扬程裕量为 $7.4 - (26.5 - 25) = 5.9$ （m），虽然扬程可以满足运行需要，但略有偏低，流量增加了 $10\ 232 - 9700 = 532$ （m³/h）。

2号机组1号脱硫浆液循环泵应该配设计扬程为 22.5m 的泵，目前现场实际配的是设计扬程为 26.5m 的泵，其转速由 557r/min 降至 528r/min，其运行状况为

扬程：$h_2 = h_1 \times (n_2/n_1)^2 = 26.5 \times (528/557)^2 = 23.81$ （m）

流量：$Q_2 = Q_1 \times \dfrac{n_2}{n_1} = 9700 \times \dfrac{528}{557} = 9195$ （m³/h）

实际运行扬程裕量为 $7.4 + (23.8 - 22.5) = 8.7$ （m），可以满足运行需要，流量减少了 $9700 - 9195 = 505$ （m³/h）。

（2）脱硫吸收塔循环泵措施。从目前浆液循环泵的设计和运行情况出发，提出以下几点节能建议：

由于 HB 电厂燃煤含硫较低，脱硫装置排放 SO_2 的绝对浓度很低，95%和90%的脱硫效率，排放浓度相差仅 25mg/Nm³，加之当地人口较少，地势开阔且四季多风，排放逸散能力强，对环境几乎没有任何影响。目前，运行完全可以尝试停运一台浆液泵，低负荷时甚至可以尝试停两台浆液泵运行，降低耗电率。若停运一台浆液泵，厂用电率可以下降约 0.15 个百分点。

停运一台浆液泵，会使脱硫后排烟温度升高约 10℃，从目前的 54℃升高至 64℃。同类机组 YM 电厂三期几乎没有出现吸收塔衬胶脱落的问题，其夏季满负荷两泵运行工况脱硫后排烟温度为 62℃。

从检修角度，及时利用检修机会，减少浆液循环系统喷头、滤网、弯头的堵塞情况，使浆液泵扬程下降，流量增加，也能为提高脱硫效率或停运备用浆液泵创造条件。

如果有机会的话，可以将1号机3号浆液泵和3号机1号浆液泵调换过来，当然不调换也不影响目前的运行。

7. 电除尘系统

HB 电厂1、2号机组电除尘耗电率约为 0.25%，高出国内先进水平约 0.15 个百分点。耗电率偏高是由电除尘一直在最大能力工况运行、灰斗加热器耗电率高、机组出力系数低等因素综合造成的。

HB 电厂1、2号机组电除尘系统是浙江菲达环保科技股份有限公司设计的双室四电场电除尘，保证除尘效率 99.75%。除尘器目前运行二次电流普遍较高，基本在最大能力工况运行。针对两台机组除尘耗电率偏高的状况，建议在精确测量各工况电除尘器现场运行数据后，选择出不同工况最优运行模式，并对控制逻辑进行修改，使得除尘系统根据工况分析和变化的情况自动调整运行参数、自动选择间歇脉冲供电占空比，使电除尘器始终处于一个经济的运行模式和运行工况，从而达到在保证除尘效率的前提下最大限度地节约电除尘器的耗电量，实现提效最优化和节能最大化。

另建议高温季节尝试停运灰斗加热器，也可显著降低除尘耗电率。

HB电厂2号600MW机组除尘运行画面（I2范围基本在1100mA）如图5-76所示。

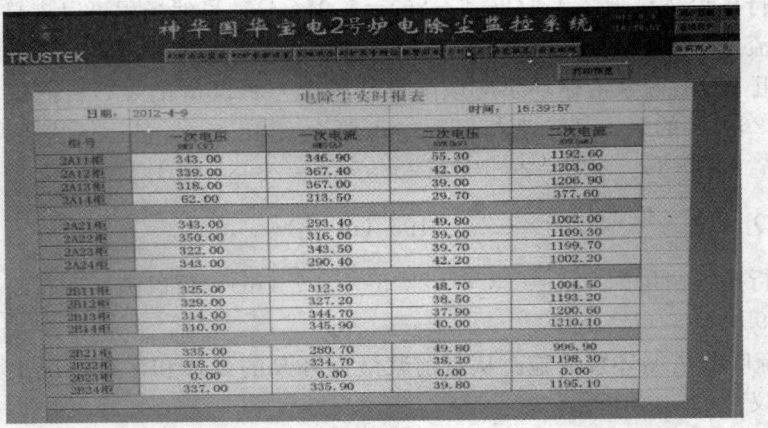

图5-76　HB电厂2号600MW机组除尘运行画面（I2范围基本在1100mA）

某电厂350MW机组改造后电除尘运行画面（I2范围90～295mA）如图5-77所示。

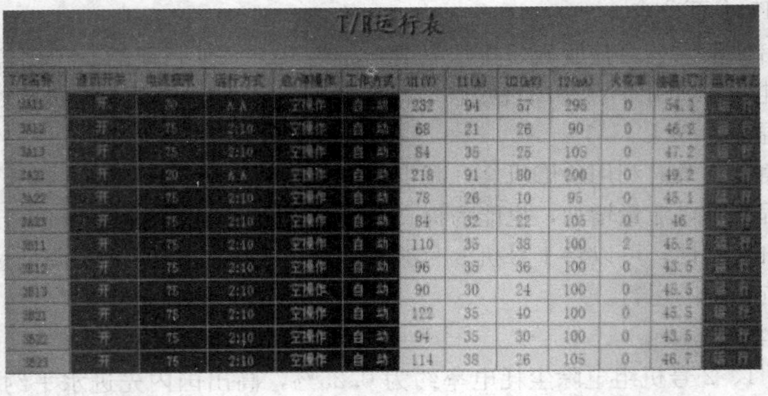

图5-77　某电厂350MW机组改造后电除尘运行画面（I2范围90～295mA）

8. 其他系统

以下设备，耗电率较少，但平时运行也应注意和积极控制其耗电情况。

（1）空压机。1、2号机组一共配有六台空压机，其出力40m³/min、0.8MPa。两机运行时三台除灰运行、三台仪用正常运行两台。六台空压机总耗电率一般在0.15%。

空压机的节能运行，建议注意以下几点：

1）因为本厂有不少时间是单机运行，运行应注意及时停备多余的空压机。

2）另请技术人员咨询调研本厂配备空压机的运行设置是否有正常和空载两种状态，空载状态运行电流会下降一半以上，是一种间歇的节能方式。当系统压力高于某值时，其中一台空压机自动切为空载状态，当系统压力低于某值时，该空压机退出空载进入正常工作状态。

3）平时运行时应注意查找空气系统的漏点，提高压缩空气的利用率。

4）将空压机的实时运行电流和功率应引入 DCS 和 PI 系统，方便运行监测和查询。

（2）辅机循环水泵。1、2 号机组一共配有三台辅机循环水泵，流量为 4250t/h，扬程为 55m（扬程较高，设计取消了开式循环水泵），正常两运一备。辅机冷却水系统运行数据见表 5 - 150。

表 5 - 150　　　　　　　　　　　　　辅机冷却水系统运行数据

项目	单位	冬季		夏季	
		2012/1/3 15：00	2012/1/3 18：40	2011/8/26 3：00	2011/8/21 20：20
负荷	MW	1 号 390 2 号 418	1 号 581 2 号 533	1 号 350 2 号 360	1 号 530 2 号 560
1 号机力塔出口冷却水温度	℃	11.9	11.0	21.2	23.0
2 号机力塔出口冷却水温度	℃	10.5	10.3	17.4	20.2
3 号机力塔出口冷却水温度	℃	13.3	12.8	19.7	22.8
辅机冷却水泵出口母管压力	MPa	0.501	0.501	0.488	0.486
1 号辅机冷却水泵出口压力	MPa	0.503	0.505	—	—
2 号辅机冷却水泵出口压力	MPa	—	—	0.487	0.485
3 号辅机冷却水泵出口压力	MPa	0.505	0.506	0.494	0.491
1 号辅机冷却水泵电流	A	53.6	54.1	—	—
2 号辅机冷却水泵电流	A	—	—	51.9	52.0
3 号辅机冷却水泵电流	A	50.5	50.2	63.0	63.0
1 号机力塔风机电流	A	—	—	—	—
2 号机力塔风机电流	A	184.9	186.6	190.1	187.9
3 号机力塔风机电流	A	182.2	183.6	182.5	181.2
合计耗电率	%	0.21	0.15	0.26	0.17

从以上数据可知：

1）无论冬夏，机力塔风机和辅机冷却水泵都是两运一备，从电流来看它们冬夏两季耗电率基本一样。

2）冬季机力塔出口水温为 10～13℃，夏季为 17～23℃。冬季运行存在较大流量裕量，可以尝试再停一台辅机冷却水泵或对其中两台进行电机变频改造。

若考虑电机变频改造，变频后可以依据各用户运行值和报警值的偏差调节变频的幅度，这样汽温较低季节可以减少冷却水量，降低水泵耗电。另由于本厂常有单机运行的工况，运行应及时停备多余的辅机冷却水泵。开式循环水运行数据见表 5 - 151。

表 5 - 151　　　　　　　　　　　　开式循环水运行数据

项目		单位	冬季		夏季	
			2012/1/3 15：00	2012/1/3 18：40	2011/8/26 3：00	2011/8/21 20：20
1号机组	负荷	MW	390	581	350	530
	闭式冷却器开式水入口母管压力	MPa	0.442	0.443	0.425	0.426
	闭式冷却器开式水出口母管压力	MPa	0.123	0.123	0.120	0.205
	闭式冷却器开式水入口母管温度	℃	13.1	13.0	20.5	23.4
	闭式冷却器开式水出口母管温度	℃	15.4	15.2	21.8	25.1
2号机组	负荷	MW	418	533	360	560
	闭式冷却器开式水入口母管压力	MPa	0.463	0.462	0.438	0.438
	闭式冷却器开式水出口母管压力	MPa	0.140	0.139	0.136	0.190
	闭式冷却器开式水入口母管温度	℃	11.1	10.8	18.8	21.5
	闭式冷却器开式水出口母管温度	℃	14.4	14.2	20.8	24.1

就闭式冷却水泵和辅机冷却水泵电机变频，相比较而言，应优先进行节能量的大的辅机冷却水泵变频改造，原因是其用户单一，系统阻力稳定，影响变频调节的因素较少。粗略估算节能量在30%以上。

（3）闭式水泵。1、2号机组各配有三台闭式水泵，流量为1980t/h，扬程为40m，两运一备。其运行数据见表 5 - 152 和表 5 - 153。

表 5 - 152　　　　　　　　　　　1号机组闭式循环水运行数据

项目	单位	冬季		夏季	
		2012/1/3 15：00	2012/1/3 18：40	2011/8/26 3：00	2011/8/21 20：20
负荷	MW	390	581	350	530
闭式冷却水入口母管压力	MPa	0.198	0.198	0.204	0.204
闭式冷却水泵出口母管压力	MPa	0.527	0.528	0.545	0.545

项目	单位	冬季		夏季	
		2012/1/3 15：00	2012/1/3 18：40	2011/8/26 3：00	2011/8/21 20：20
闭式冷却器闭式水出口母管压力	MPa	0.457	0.458	0.414	0.412
闭式冷却器闭式水出口母管温度	℃	17.8	18.0	23.0	26.5
闭式冷却水入口母管温度	℃	18.5	18.6	23.7	27.2
闭式冷却水泵 A 电流	A	19.2	19.3	—	—
闭式冷却水泵 B 电流	A	20.4	20.4	20.3	20.3
闭式冷却水泵 C 电流	A	—	—	19.0	19.0
耗电率	%	0.14	0.10	0.16	0.10

表 5 - 153   2 号机组闭式循环水运行数据

项目	单位	冬季		夏季	
		2012/1/3 15：00	2012/1/3 18：40	2011/8/26 3：00	2011/8/21 20：20
负荷	MW	418	533	360	560
闭式冷却水入口母管压力	MPa	0.129	0.128	0.151	0.149
闭式冷却水泵出口母管压力	MPa	0.520	0.519	0.588	0.582
闭式冷却器闭式水出口母管压力	MPa	0.422	0.423	0.422	0.413
闭式冷却器闭式水出口母管温度	℃	17.6	17.3	22.8	26.2
闭式冷却水入口母管温度	℃	23.4	23.3	27.0	30.8
闭式冷却水泵 A 电流	A	—	—	—	—
闭式冷却水泵 B 电流	A	20.2	20.2	20.3	20.3
闭式冷却水泵 C 电流	A	19.7	19.7	19.6	19.8
耗电率	%	0.13	0.11	0.16	0.10

由表 5 - 152 和表 5 - 153 可知，无论冬夏，闭式冷却水泵都是两运一备，从电流看它们冬、夏两季耗电率基本一样；闭式冷却水器出口水温冬季为 17℃，夏季高负荷为 26℃，夏季低负荷为 23℃。可见冬季和夏季低负荷运行都存在较大流量裕量。

首先建议在最冷季节尝试再停运一台闭式冷却水泵，看能否满足各用户的冷却要求；其次，对闭式冷却水泵进行变频改造，冬季使得闭式冷却水器入口水温升高 1℃，闭冷水流量可以下降 15%，扬程从 40m 降至 29.3m，节能量达到 37%。但由于闭式水用户较多，系统庞杂，对闭式冷却水泵的扬程有一定要求，可能会限制变频后的节能潜力。

9. 小结

(1) HB 电厂 1、2 号机组生产厂用电率基本为 10.0%～10.5% 附近。耗电率偏大的主要辅机有：三大风机、给水泵、凝结水泵、除尘。

(2) 与低海拔，水分较低的烟煤锅炉相比，由于电厂当地大气压力低，导致送、引、一次风机电耗增加约 0.20 个百分点。由于煤质水分偏大，使引风机电耗增加约 0.1 个百分点，一次风机电耗增加 0.3～0.4 个百分点。

(3) 空气预热器漏风率偏大，使得一次风机和引风机电耗增加约 0.2 个百分点。

(4) 引风机和送风机运行效率偏低，使 1、2 号锅炉引风机电耗上升 0.4 个百分点，送风机电耗上升 0.06 个百分点。可通过风机本体改造或者电机改造使风机电耗下降。

(5) 给水泵耗电率偏高，主要原因是超临界机组要求给水泵出口压力高所致，另低负荷难以做到及时停备一台泵，建议进行给水泵优化运行，并对给水系统进行优化，控制再循环泄漏等。

(6) 凝结水泵耗电率高，建议尽快实施变频改造，并对凝结水系统进行优化。

(7) 除尘系统耗电率偏高，主要原因是电除尘基本在最大出力运行，建议实施除尘优化运行试验。

(8) 机组启停次数多也是厂用电高的一个原因，一是启停过程中主机发电量较少，二是主机不发电后或发电前，大量辅机还要运转一段时间，甚者机组长期备用期间，一些辅机也要运行。建议尽量减少停机次数。

(9) 针对脱硫系统目前运行方式，建议适当降低脱硫效率，停备一台浆液泵。

(10) 辅机冷却水泵、闭式泵、空压机也可进行适当改进以降低厂用电，但节能潜力较少。

5.2.5 出力系数及机组启停

1. 出力系数

根据上汽 600MW 超临界机组在不同工况下的设计热力特性数据，经拟合得到出力系数对发电煤耗的影响曲线和出力系数对发电厂用电率的影响曲线，如图 5-78 和图 5-79 所示。

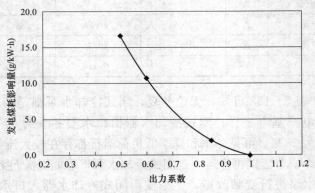

图 5-78　出力系数对机组发电煤耗的影响曲线

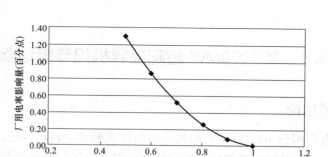

图 5-79　出力系数对发电厂用电率的影响曲线

根据上述曲线，HB电厂1、2号机组，2011年出力系数分别为0.70、0.72，相对于出力系数1.0，使得机组发电煤耗分别增加6.2g/(kW·h)、5.5g/(kW·h)，发电厂用电率增加0.51个百分点、0.45个百分点，见表5-154。

表 5-154　　　　**出力系数对1、2号机组发电煤耗和厂用电率的影响量**

项目	时间	1号机组	2号机组
出力系数	—	0.70	0.72
发电煤耗	g/(kW·h)	6.2	5.5
厂用电率	%	0.51	0.45

2. 机组启停

机组启停过程消耗的燃料量、厂用蒸汽以及辅助设备消耗的电量主要与机组启停过程中花费时间的长短有关，而正常情况下机组启停所用时间取决于机组启动时的状态。虽然各机组或每台机组每次启动时间均不相同，但当其消耗能量分摊至全月或全年时（尤其是全年时）其所占比例将很小。通过对单次启动和单次停运时对机组发电煤耗和厂用电率影响量的估算，机组启停一次对发电煤耗及厂用电率的总影响量，见表5-155。

表 5-155　　　　**单次启停对发电煤耗及厂用电率的总影响量**

项目	冷态启停	温态启停	热态启停
煤耗［g/(kW·h)］	3.3 (0.28)	1.4~1.9 (0.12~0.16)	1.1 (0.09)
厂用电率（%）	0.08 (0.007)	0.06 (0.005)	0.014 (0.0012)

注　表中括号外数据为折算至当月，括号内数据为折算至全年。

由电厂可靠性统计数据可知，HB电厂1、2号机组2011年分别存在10次、6次启停，根据表5-155影响量核算，1、2号机组2011年由于机组启停导致全年发电煤耗分别上升2.3g/(kW·h)、1.5g/(kW·h)，厂用电率分别升高0.07个百分点、0.035个百分点，见表5-156。

表 5-156　　　　**机组启停对1、2号机组发电煤耗和厂用电率的影响量**

项目	时间	1号机组	2号机组
启停次数	—	10	6
发电煤耗	g/(kW·h)	2.3	1.5
厂用电率	%	0.07	0.035

5.3 某1000MW超超临界机组节能诊断

5.3.1 诊断结论

通过对NH电厂两台1000MW超超临界机组深入细致的现场调研,综合分析大量设计资料和运行数据,并进行相关现场试验,结合机组实际运行及各项能耗指标完成情况,以及相关现场试验结果,形成以下诊断分析结论。

1. 当前能耗状况

NH电厂两台1000MW超超临界机组自投运以来,通过持续的技术改进,各项能耗指标得到不断改善,目前机组的能耗状况和主要影响因素介绍如下。

(1) 通过对NH电厂5、6号机组主辅设备运行分析,认为目前5、6号机组汽轮机热耗率均为7400kJ/(kW·h),锅炉效率均为94.0%,电厂统计厂用电率分别为4.63%、4.28%。

(2) 2011年在实际运行条件下,与额定负荷原设计值相比较,各种因素使NH电厂5、6号机组发电煤耗分别升高约8.1g/(kW·h)和7.1g/(kW·h),分析核算认为,在该时段应完成发电煤耗分别为278.6g/(kW·h)和277.6g/(kW·h),供电煤耗分别为292.1g/(kW·h)和290.1g/(kW·h)。同时段电厂统计的两台机组的发电煤耗分别为279.8g/(kW·h)、276.6g/(kW·h),供电煤耗分别为293.4g/(kW·h)和288.9g/(kW·h)。

(3) 表5-157分析汇总了5、6号机组实际运行煤耗高于设计水平的主要因素,主要包括:

1) 主、再热蒸汽温度偏低对5、6号机组的发电煤耗影响分别为1.2g/(kW·h)和1.0g/(kW·h)。

2) 热力及疏水系统阀门内漏使两台机组发电煤耗均升高约2.0g/(kW·h)。

3) 2011年,5、6号机组出力系数分别仅为0.817和0.843,使发电煤耗分别升高约3.5g/(kW·h)和3.0g/(kW·h)。

4) 排烟温度偏高使5、6号机组发电煤耗均升高约2.0g/(kW·h)。

5) 其他包括系统蒸汽消耗、回热系统、真空、再热器减温水和启停机均对机组能耗有一定影响。

表5-157   2011年各种因素对NH电厂5、6号机组指标影响量分析汇总

参数名称		5号机组			6号机组		
		热耗率	锅炉效率	发电煤耗	热耗率	锅炉效率	发电煤耗
		kJ/(kW·h)	%	g/(kW·h)	kJ/(kW·h)	百分点	g/(kW·h)
设计值		7377	94.0	270.5	7377	94.0	270.5
锅炉部分	排烟温度	—	0.7	2.1	—	0.7	2.1
	飞灰含碳量	—	−0.5	−1.5	—	−0.5	−1.5
	锅炉其他损失	—	−0.2	−0.6	—	−0.2	−0.6

续表

参数名称		5 号机组			6 号机组		
		热耗率	锅炉效率	发电煤耗	热耗率	锅炉效率	发电煤耗
		kJ/(kW·h)	百分点	g/(kW·h)	kJ/(kW·h)	百分点	g/(kW·h)
汽轮机部分	缸效率	27.27	—	1.0	27.27	—	1.0
	主再热蒸汽温度	32.73	—	1.2	27.27	—	1.0
	再热减温水流量	5.45	—	0.2	5.45	—	0.2
	热力系统严密性	54.55	—	2.0	54.55	—	2.0
	机组正常蒸汽消耗	13.64	—	0.5	13.64	—	0.5
	回热系统（高、低压加热器）	13.64	—	0.5	13.64	—	0.5
	排汽压力（真空）	−32.73	—	−1.2	−32.73	—	−1.2
启停机		—	—	0.4	—	—	0.2
出力系数		—	—	3.5	—	—	3.0
影响量小计		114.55	0	8.1	109.1	0	7.2
发电煤耗		—	—	278.6	—	—	277.6
厂用电率		—	—	4.63	—	—	4.28
供电煤耗		—	—	292.1	—	—	290.1

注 5、6 号机组 2011 年负荷率分别为 81.7% 和 84.3%。

NH 电厂相关辅机厂用电率与其他同类型机组对比见表 5-158。

表 5-158   辅机耗电率与同类型机组一般水平对比   %

辅机名称	NH	TS 电厂	JL 电厂	FZ 二期亚临界 350MW 西门子
风机	1.37	1.62	1.44	1.25
磨煤机	0.34	0.37	0.36	0.40
循环水泵	0.79	0.75	0.6（开式）	0.6（开式）
除尘除灰系统	0.16	0.35	0.2	0.10
凝结水泵	0.30（未变频）	0.30（未变频）	0.18	0.18
脱硫	0.84	1.04	1.0	0.96
特殊备注	—	—	—	前置泵与给水泵同轴除灰形式特殊

根据表 5-158 中对 NH 电厂辅机厂用电率统计数据与同类型机组一般水平对比分析，认为：

1) 与同类型机组一般水平对比，NH 电厂 5、6 号机组其他辅机耗电率指标相对较好，节能空间不是很大。

2) 与同类型机组一般水平对比，NH 电厂 5、6 号机组辅机中主要是凝结水泵耗电率偏高，其原因是凝结水泵尚未进行变频改造，除氧器水位调门节流损失大。

3) NH 电厂 5 号机组厂用电率比 6 号机组厂用电率偏高约 0.25 个百分点，分析其主要原因为：2011 年 5~9 月循环水泵采用两机三泵的运行方式，其中两泵用电主要由 5 号机组承担；输煤系统及其他公用系统用电也多由 5 号机组承担。

2. 节能降耗措施及目标

根据 NH 电厂 5、6 号机组实际运行情况，以及各种因素对能耗指标影响的定量分析结果，结合同类型机组设备及系统改造经验，对 5、6 号机组的节能工作提出以下建议：

(1) 通过对泄漏阀门的治理，以及疏水及热力系统的优化改造，预计可使机组发电煤耗下降约 1.5g/(kW·h)。

(2) 通过采用基于凝结水节流的一次调频技术，减小高压调节汽门运行方式的节流损失，预计可使机组发电煤耗下降约 1.0g/(kW·h)。

(3) 通过循环水泵运行方式优化，以及抽真空泵运行方式改进，预计可使机组发电煤耗下降约 0.5g/(kW·h)。

(4) 通过进行热一次风加热技术改造，降低排烟温度，预计可降低发电煤耗约 0.5g/(kW·h)。

(5) 通过采用燃烧优化调整及增加再热器受热面积等方式，提高主、再热蒸汽温度，预计可降低发电煤耗约 0.5g/(kW·h)。

(6) 通过凝结水泵变频改造及给水泵密封改造，预计可使厂用电率下降约 0.13 个百分点。

(7) 通过循环水泵双速改造，预计可使厂用电率下降约 0.04 个百分点；同时循环水泵运行方式优化，预计可导致厂用电率升高约 0.05 个百分点。

(8) 通过低压加热器疏水泵变频改造，预计可降低厂用电率约 0.01 个百分点。

(9) 通过前置泵降低扬程改造，预计可降低厂用电率约 0.04 个百分点。

(10) 通过对引风机进行与增压风机合并或更换叶轮改造，预计可使厂用电率下降约 0.1 个百分点；对送风机进行叶轮改造，预计可使厂用电率下降约 0.02 个百分点。

(11) 通过脱硫系统停运一台浆液循环泵，预计可使厂用电率下降约 0.1 个百分点。

NH 电厂 5、6 号机组节能潜力预测分析汇总见表 5 - 159。

表 5 - 159　　　　NH 电厂 5、6 号机组节能潜力预测分析汇总

项目名称	5 号机组		6 号机组	
	发电煤耗	厂用电率	发电煤耗	厂用电率
	[g/(kW·h)]	(%)	[g/(kW·h)]	(%)
高压调节汽门经济运行	1.0	—	1.0	—
系统内漏治理和热力系统优化	1.5	—	1.5	—
循环水泵优化运行及抽真空泵运行方式改进	0.5	−0.05	0.5	−0.05
循环水泵双速改造		0.04		0.04
脱硫系统停运一台浆液泵	—	0.1		0.1
前置泵降低扬程		0.04		0.04
低压加热器疏水泵变频		0.01		0.01
凝结水泵变频改造及给水泵密封改造		0.13		0.13
引风机改造或引风机与增压风机合并		0.1		0.1
送风机减少叶片数或者更换叶型改造		0.02		0.02
利用热一次风加热技术改造来降低排烟温度	0.5	—	0.5	—
燃烧调整及增加再热器受热面积，提高再热蒸汽温度	0.5	—	0.5	—
机组发电煤耗降低的影响量	—	0.08		0.08
合计	4.0	0.47	4.0	0.47

通过表5-159所示各方面工作的努力，在目前基础上5、6号机组发电煤耗均可下降约4.0g/(kW·h)，厂用电率均可下降约0.47个百分点，经折算，供电煤耗均可下降约5.6g/(kW·h)。

当出力系数为75%时，5、6号机组发电煤耗分别可达到276.2g/(kW·h)、275.8g/(kW·h)，厂用电率分别可达到4.25%、3.94%，供电煤耗分别可达到288.5g/(kW·h)、287.1g/(kW·h)。不同出力系数下5、6号机组经济性指标预计值见表5-160、表5-161。

表5-160　　　　　NH电厂5号机组各负荷率下经济性指标预计值

负荷率	单位	65%	70%	75%	80%	85%
发电煤耗	g/(kW·h)	279.1	277.6	276.2	275.0	273.9
厂用电率	%	4.54	4.39	4.25	4.15	4.06
供电煤耗	g/(kW·h)	292.4	290.3	288.5	286.9	285.5

表5-161　　　　　NH电厂6号机组各负荷率下经济性指标预计值

负荷率	单位	65%	70%	75%	80%	85%
发电煤耗	g/(kW·h)	278.7	277.2	275.8	274.6	273.5
厂用电率	%	4.23	4.07	3.94	3.83	3.75
供电煤耗	g/(kW·h)	291.0	288.9	287.1	285.5	284.1

5、6号机组厂用电率存在差别的原因是目前两台机组部分公用系统耗电主要由5号机组承担。

5.3.2　锅炉

1. 锅炉效率

NH电厂二期工程5、6号锅炉为上海锅炉厂有限公司采用Alstom Power公司Boiler Gmbh技术生产的SG-3091/27.46-M531超超临界压力直流锅炉，该锅炉采用超超临界压力参数变压运行、单炉膛塔式布置、一次中间再热、四角切圆燃烧、平衡通风、固态排渣、全钢悬吊构造、运转层以上露天布置。设计煤种为活鸡兔矿煤，校核煤种为乌兰木伦矿煤。锅炉采用正压直吹式制粉系统，配6台上海重型机器厂生产的HP1163/Dyn型中速辊式磨煤机，设计BMCR工况5运1备。

根据设计资料，NH电厂5、6号机组BRL工况下锅炉热效率设计值为94.07%，保证值为93.72%。

（1）历史试验。2009～2011年，杭州意能电力技术有限公司对NH电厂5、6号锅炉进行了热效率考核试验和修后试验，试验结果见表5-162。

表5-162　　　　NH电厂5、6号锅炉额定负荷工况热效率考核试验和修后试验结果

项目	单位	设计值	5号机组			6号机组		
			考核工况1	考核工况2	2011年修后	考核工况1	考核工况2	2010年修后
电负荷	MW	BRL	1032.4	1002.1	—	1003.2	1005.1	1005.3
全水分 M_t	%	14.00	15.86	15.84	—	15.28	15.16	13.9

项目	单位	设计值	5 号机组			6 号机组		
			考核工况 1	考核工况 2	2011 年修后	考核工况 1	考核工况 2	2010 年修后
收到基灰分 A_{ar}	%	7.04	9.46	8.76	—	9.58	10.77	9.11
干燥无灰基挥发分 V_{daf}	%	33.19	36.16	36.43	—	36.3	37.08	35.33
低位发热量 $Q_{net,ar}$	MJ/kg	23.39	22.77	23.2	—	23.39	22.75	23.886
送风温度	℃	21.00	26.38	26.68	37.43	20.65	18.15	5.95
飞灰可燃物	%	—	0.3	0.36	0.33	0.83	0.84	0.75
炉渣可燃物	%	—	1.10	1.14	0.60	0.48	0.58	0.91
排烟氧量	%	3.50	4.11	4.29	3.89	4.42	4.47	4.61
排烟温度（实测）	℃	124.00	129.3	129.7	140.45	126.05	123.25	115.5
排烟温度（修正）	℃	119.00	125.53	125.72	129.11	126.29	125.25	126.02
排烟热损失 q_2	%	4.84	5.38	5.2	5.38	5.21	5.26	5.35
固体未完全燃烧热损失 q_4	%	0.60	0.05	0.06	0.088	0.11	0.13	0.10
其他热损失	%	0.84	0.49	0.49	1.43	0.49	0.49	0.49
锅炉效率 η（实测）	%	93.72	94.08	94.25	93.1	94.19	94.12	94.06
锅炉效率 η（修正）	%		94.35	94.29	94.04	94.18	94.26	94.14

从表 5-162 中数据可见，考核试验中，NH 电厂 5 号锅炉额定负荷两工况下实测热效率分别为 94.08%、94.25%，修正后分别为 94.35%、94.29%，平均热效率为 94.32%，超过保证值 0.6 个百分点；6 号锅炉额定负荷两工况下实测热效率分别为 94.19%、94.12%，修正后分别为 94.18%、94.26%，平均值为 94.22%，超过保证值 0.5 个百分点。

5、6 号锅炉 2011 和 2010 年检修后试验，热效率也分别达到 94.04% 和 94.14%，超过保证值 0.32 和 0.42 个百分点。

对比设计值，考核试验额定负荷两工况下 5 号锅炉排烟热损失分别为 5.38%、5.20%，比设计值偏高 0.54 个百分点、0.36 个百分点，固体未完全燃烧热损失分别为 0.05%、0.06%，低于设计值约 0.55 个百分点、0.54 个百分点；6 号锅炉两个工况排烟热损失分别为 5.21%、5.26%，高于设计值 0.37 个百分点、0.42 个百分点，固体未完全燃烧热损失分别为 0.11%、0.13%，低于设计值约 0.49 个百分点、0.47 个百分点。

5、6 号锅炉修后试验中，排烟热损失分别为 5.38%、5.35%，超出设计值约 0.54 个百分点、0.51 个百分点，固体未完全燃烧热损失分别为 0.09%、0.10%，低于设计值约 0.51 个百分点、0.50 个百分点。

根据 5、6 号锅炉考核试验及检修后热效率试验数据分析，两台锅炉排烟热损失均高于设计值，固体未完全燃烧热损失均低于设计值，多方面因素综合导致 NH 电厂 5、6 号锅炉热效率超过设计值。

（2）运行统计数据。根据 NH 电厂 5、6 号锅炉 2011 年 1～12 月运行月报统计数据及入炉煤质、灰渣可燃物含量化验结果，对 5、6 号锅炉各月运行效率进行估算，主要数据及结果见表 5-163～表 5-166。

表 5-163　NH 电厂 5 号锅炉 2011 年 1~12 月热效率估算结果

参数	单位	设计值	2011/1	2011/2	2011/3	2011/4	2011/5	2011/6	2011/7	2011/8	2011/9	2011/10	2011/11	2011/12
负荷率	%	BRL	86.25	75.78	90.13	87.47	大修	78.90	82.86	82.37	78.96	75.78	76.61	83.24
全水分 M_t	%	14.00	15.61	15.40	15.58	15.20	大修	15.25	15.38	15.56	15.27	14.28	15.19	13.53
收到基灰分 A_{ar}	%	7.04	14.32	14.52	14.52	14.43	大修	15.42	14.78	13.90	15.99	13.58	13.28	14.66
干燥无灰基挥发分 V_{daf}	%	33.19	36.49	35.74	36.47	36.39	大修	36.53	37.02	36.73	37.95	35.77	35.94	35.32
低位发热量 $Q_{net,ar}$	MJ/kg	23.39	21.28	21.38	21.24	21.30	大修	21.07	21.20	21.31	20.72	19.95	20.37	19.85
送风温度	℃	21.00	5.50	6.50	10.00	16.00	大修	24.50	29.00	28.50	24.50	19.00	14.00	8.00
飞灰可燃物	%	—	0.15	0.17	0.19	0.15	大修	0.18	0.24	0.46	0.35	0.49	0.57	0.33
炉渣可燃物	%	—	0.69	1.35	1.25	1.53	大修	1.41	1.48	1.98	1.30	2.22	2.71	2.23
排烟氧量	%	3.50	5.54	5.39	4.43	4.43	大修	5.91	4.64	4.49	4.59	4.82	4.64	4.25
排烟温度	℃	124.00	112.00	115.20	119.57	124.10	大修	126.90	135.38	134.09	130.46	125.41	124.97	119.14
排烟温度（修正）	℃	119.00	123.04	125.43	127.28	127.60	大修	124.42	129.83	128.87	128.02	126.82	129.82	128.21
排烟热损失 q_2	%	4.84	5.59	5.65	5.40	5.32	大修	5.51	5.31	5.22	5.28	5.37	5.54	5.42
排烟热损失 q_2（修正）	%	—	5.62	5.70	5.49	5.50	大修	5.83	5.68	5.59	5.57	5.58	5.68	5.47
固体未完全燃烧热损失 q_4	%	0.60	0.05	0.07	0.07	0.07	大修	0.07	0.09	0.14	0.12	0.15	0.17	0.13
其他热损失	%	0.84	0.34	0.37	0.33	0.34	大修	0.36	0.35	0.34	0.37	0.37	0.37	0.36
锅炉效率 η	%	93.72	94.03	93.91	94.20	94.28	大修	94.05	94.26	94.30	94.23	94.10	93.92	94.09
锅炉效率 η（修正）	%	—	94.05	93.92	94.18	94.16	大修	93.80	93.94	93.99	94.01	93.95	93.84	94.11

表 5-164　NH 电厂 5 号锅炉 2011 年 1~12 月热效率主要指标与设计值偏差

参数	单位	2011/1	2011/2	2011/3	2011/4	2011/5	2011/6	2011/7	2011/8	2011/9	2011/10	2011/11	2011/12
修正效率与设计值偏差	%	0.33	0.20	0.46	0.44	大修	0.08	0.22	0.27	0.29	0.23	0.12	0.39
修正排烟温度与设计值偏差	℃	4.04	6.43	8.28	8.60	大修	5.42	10.83	9.87	9.02	7.82	10.82	9.21
修正 q_2 与设计值偏差	%	0.78	0.86	0.65	0.66	大修	0.99	0.84	0.75	0.73	0.74	0.84	0.63
q_4 与设计值偏差	%	−0.55	−0.53	−0.53	−0.53	大修	−0.53	−0.51	−0.46	−0.48	−0.45	−0.43	−0.47

表5-165　　NH电厂6号锅炉2011年1～12月热效率估算结果

参数	单位	设计值	2011/1	2011/2	2011/3	2011/4	2011/5	2011/6	2011/7	2011/8	2011/9	2011/10	2011/11	2011/12
负荷率	%	BRL	93.20	89.36	96.13	87.84	90.46	78.72	81.28	81.94	79.19	76.02	76.98	83.29
全水分率 M_t	%	14.00	15.61	15.40	15.58	15.20	15.77	15.25	15.38	15.56	15.27	14.28	15.19	13.53
收到基灰分 A_{ar}	%	7.04	14.32	14.52	14.52	14.43	14.32	15.42	14.78	13.90	15.99	13.58	13.28	14.66
干燥无灰基挥发分 V_{daf}	%	33.19	36.49	35.74	36.47	36.39	36.63	36.53	37.02	36.73	37.95	35.77	35.94	35.32
低位发热量 $Q_{net.ar}$	MJ/kg	23.39	21.28	21.38	21.24	21.30	21.09	21.07	21.20	21.31	20.72	19.95	20.37	19.85
送风温度	℃	21.00	5.50	6.50	10.00	16.00	21.00	24.50	29.00	28.50	24.50	19.00	14.00	8.00
飞灰可燃物	%	—	0.17	0.23	0.33	0.18	0.18	0.18	0.21	0.17	0.18	0.25	0.30	0.36
炉渣可燃物	%	—	2.11	1.81	1.87	1.82	1.07	2.44	1.66	1.97	2.11	3.93	2.72	1.88
排烟氧量	%	3.50	5.46	4.50	4.00	4.19	4.06	4.77	4.50	4.43	4.50	4.79	4.72	4.30
排烟温度(修正)	℃	124.00	114.96	120.00	123.15	124.60	128.68	127.60	134.64	134.64	132.58	127.73	125.25	120.14
排烟温度	℃	119.00	124.96	130.05	130.75	128.09	128.68	125.13	129.08	129.43	130.16	129.12	130.10	129.17
排烟热损失 q_2(修正)	%	4.84	5.67	5.60	5.44	5.27	5.21	5.18	5.23	5.23	5.36	5.48	5.59	5.49
排烟热损失 q_2(修正)	%	—	5.70	5.65	5.53	5.45	5.44	5.48	5.60	5.59	5.66	5.69	5.72	5.54
固体未完全燃烧热损失 q_4	%	0.60	0.08	0.09	0.11	0.08	0.06	0.06	0.08	0.08	0.10	0.15	0.12	0.13
其他热损失	%	0.84	0.32	0.33	0.32	0.33	0.33	0.37	0.35	0.35	0.37	0.37	0.36	0.36
锅炉效率 η	%	93.72	93.93	93.97	94.13	94.31	94.41	94.35	94.33	94.35	94.17	94.00	93.93	94.02
锅炉效率 η(修正)	%	—	93.96	93.99	94.10	94.19	94.23	94.12	94.02	94.04	93.94	93.85	93.85	94.04

表5-166　　NH电厂6号锅炉2011年1～12月热效率主要指标与设计值偏差

参数	单位	2011/1	2011/2	2011/3	2011/4	2011/5	2011/6	2011/7	2011/8	2011/9	2011/10	2011/11	2011/12
修正效率与设计值偏差	%	0.24	0.27	0.38	0.47	0.51	0.40	0.30	0.32	0.22	0.13	0.13	0.32
修正排烟温度与设计值偏差	℃	5.96	11.05	11.75	9.09	9.68	6.13	10.08	10.43	11.16	10.12	11.10	10.17
修正 q_2 与设计值偏差	%	0.86	0.81	0.69	0.61	0.60	0.64	0.76	0.75	0.82	0.85	0.88	0.70
q_4 与设计值偏差	%	-0.52	-0.51	-0.49	-0.52	-0.54	-0.50	-0.52	-0.52	-0.50	-0.45	-0.48	-0.47

由表 5-163～表 5-166 可见，2011 年 1～12 月，5 号锅炉运行效率为 93.9％～94.3％，修正后平均值为 94.0％，高于保证值 0.28 个百分点。对比主要热损失，5 号锅炉各月排烟热损失修正后，高于设计值 0.6～0.9 个百分点，固体未完全燃烧热损失低于设计值 0.45～0.55 个百分点，散热、灰渣物理显热等其他热损失也低于设计值。

2011 年 1～12 月，6 号锅炉运行效率为 93.9％～94.4％，平均值为 94.16％，修正后平均值为 94.03％，高于保证值约 0.3 个百分点。对比主要热损失，5 号锅炉各月排烟热损失修正后，高于设计值 0.6～0.9 个百分点，固体未完全燃烧热损失低于设计值 0.45～0.55 个百分点，散热、灰渣物理显热等其他热损失也低于设计值。

综合上述试验数据及运行统计数据，可以得到：

目前，NH 电厂 5、6 号锅炉热效率达到 94％，超过设计保证值，锅炉运行情况均良好。其中排烟热损失高于设计值，固体未完全燃烧热损失低于设计值，因此，降低排烟热损失是进一步提高 5、6 号锅炉热效率的主要方向。

2. 排烟温度

(1) 试验测试数据。2009～2011 年，杭州意能电力技术有限公司对 NH 电厂 5、6 号锅炉进行了考核试验和修后试验，试验测得两台锅炉排烟温度结果见表 5-167。

表 5-167　　NH 电厂 5、6 号锅炉额定负荷工况热效率考核试验和修后试验结果

项目	单位	设计值	5 号机组			6 号机组		
			考核工况 1	考核工况 2	2011 年修后	考核工况 1	考核工况 2	2010 年修后
日期	—	—	091104	091106	1106	091212	091213	101216
电负荷	MW	BRL	1032.4	1002.1	—	1003.2	1005.1	1005.3
送风温度	℃	21.00	26.38	26.68	37.43	20.65	18.15	5.95
排烟氧量	％	3.50	4.11	4.29	3.89	4.42	4.47	4.61
排烟温度（实测）	℃	124.00	129.3	129.7	140.45	126.05	123.25	115.5
排烟温度（修正）	℃	119.00	125.53	125.72	129.11	126.29	125.25	126.02
排烟热损失 q_2	％	4.84	5.38	5.2	5.38	5.21	5.26	5.35

根据 5、6 号锅炉考核试验及修后试验测试数据，在额定负荷下，5、6 号锅炉排烟温度实测值经送风温度修正后均比设计值偏高 7℃ 左右。

(2) 历史运行数据。NH 电厂 5、6 号锅炉 2011 年 1～12 月排烟温度运行月报统计如图 5-80 所示。

根据月报统计数据，2011 年 1～12 月，5、6 号锅炉运行负荷率一般在 75％～90％（5 号锅炉 2011 年 5 月大修），月报统计排烟温度基本在 110～135℃，呈冬季排烟温度低，夏季排烟温度高的态势，变化规律正常。经送风温度修正后，5、6 号锅炉排烟温度稳定在 120～130℃，平均值分别

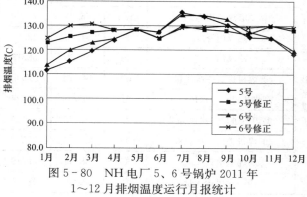

图 5-80　NH 电厂 5、6 号锅炉 2011 年
1～12 月排烟温度运行月报统计

约为 127.2℃ 和 128.7℃，而 5、6 号锅炉 BRL 和 75%BMCR 工况设计排烟温度分别为 119℃ 和 111℃，可见，目前 NH 电厂 5、6 号锅炉排烟温度比设计值偏高 10～15℃。

根据 NH 电厂 5、6 号机组锅炉设计参数核算，排烟温度变化 10℃，影响锅炉热效率约 0.49 个百分点。目前 NH 电厂 5、6 号锅炉由于排烟温度偏高，导致热效率下降约有 0.5 个百分点。

（3）影响排烟温度高的原因分析

NH 电厂目前燃用煤质主要为神混煤，挥发分含量较高，出于锅炉运行安全性考虑，电厂目前控制各台磨煤机出口风粉温度在 70～75℃，磨煤机进口一次风温度在 250～290℃。而空气预热器出口热一次风温度达到 330℃，因此需要部分冷一次风不经空气热预器加热，直接通过旁路与热一次风混合以控制磨煤机出口风温，导致经过空气预热器冷风量减少，排烟温度升高。根据 NH 电厂 5、6 号锅炉近期各典型负荷实际运行情况，估算制粉系统冷一次风掺入量见表 5-168、表 5-169。

表 5-168　　　　　　　　　　NH 电厂 5 号锅炉各典型负荷工况运行参数

	机组功率	MW	999.77	997.61	752.53	739.09	602.51	499.25
	一次风机 A 出口风温	℃	18.19	23.53	17.78	13.85	16.81	27.33
	一次风机 B 出口风温	℃	18.06	24.34	17.47	13.77	16.72	27.55
	空气预热器出口 A 一次风温	℃	323.26	324.56	315.63	310.97	305.94	302.48
	空气预热器出口 B 一次风温	℃	322.23	325.07	317.84	310.22	307.18	303.64
	冷一次风温	℃	18.12	23.93	17.63	13.81	16.77	27.44
	热一次风温	℃	322.74	324.82	316.74	310.60	306.56	303.06
A 磨煤机	磨煤机出力	t/h					52.67	
	热风门开度	%					41.51	
	冷风门开度	%					29.76	
	磨煤进口一次风量	t/h					127.54	
	磨煤进口一次风温 1	℃	停	停	停	停	194.89	停
	磨煤进口一次风温 2	℃					193.09	
	磨煤进口一次风温	℃					193.99	
	磨煤机出口风温	℃					64.80	
	冷一次风掺入量	%					38.85	
B 磨煤机	磨煤机出力	t/h	76.81	70.09	57.68	56.00		50.87
	热风门开度	%	51.79	42.81	38.80	39.22		38.08
	冷风门开度	%	18.20	38.13	29.18	28.05		28.47
	磨煤机进口一次风量	t/h	144.61	139.61	130.06	129.30		126.64
	磨煤机进口一次风温 1	℃	299.74	270.69	271.69	268.12	停	261.43
	磨煤机进口一次风温 2	℃	295.81	264.86	267.47	263.52		257.57
	磨煤机进口一次风温	℃	297.77	267.78	269.58	265.82		259.50
	磨煤机出口风温	℃	68.34	69.19	70.64	69.29		67.54
	冷一次风掺入量	%	8.20	18.96	15.77	15.09		15.80

续表

C磨煤机	磨煤机出力	t/h	77.17	70.38	57.96	56.25	57.93	51.10
	热风门开度	%	52.56	39.85	36.64	38.81	36.24	36.27
	冷风门开度	%	22.22	32.86	26.17	23.36	32.33	25.16
	磨煤机进口一次风量	t/h	145.19	136.81	130.18	129.45	135.54	127.14
	磨煤机进口一次风温1	℃	302.41	274.49	266.62	267.11	249.87	259.56
	磨煤机进口一次风温2	℃	298.87	270.49	264.12	264.18	246.81	256.79
	磨煤机进口一次风温	℃	300.64	272.49	265.37	265.65	248.34	258.18
	磨煤机出口风温	℃	68.53	69.51	69.86	69.19	64.73	67.86
	冷一次风掺入量	%	7.26	17.39	17.17	15.15	20.09	16.28
D磨煤机	磨煤机出力	t/h	76.99	70.19	57.73	56.10	52.73	50.92
	热风门开度	%	46.60	33.64	26.69	34.58	31.48	29.44
	冷风门开度	%	48.25	48.60	50.71	36.14	42.45	46.75
	磨煤机进口一次风量	t/h	146.33	139.73	135.18	129.26	130.52	131.59
	磨煤机进口一次风温1	℃	235.70	221.27	188.38	234.26	213.11	206.10
	磨煤机进口一次风温2	℃	241.19	226.58	192.99	236.99	217.97	211.32
	磨煤机进口一次风温	℃	238.45	223.92	190.69	235.63	215.54	208.71
	磨煤机出口风温	℃	72.34	74.70	75.28	72.85	74.74	74.61
	冷一次风掺入量	%	27.67	33.53	42.14	25.26	31.41	34.23
E磨煤机	磨煤机出力	t/h	76.47	69.73	57.35	55.73	60.38	50.59
	热风门开度	%	51.43	45.87	42.79	42.31	47.32	39.04
	冷风门开度	%	23.36	28.69	29.27	29.02	24.48	32.78
	磨煤机进口一次风量	t/h	143.40	136.74	130.18	129.25	136.77	126.51
	磨煤机进口一次风温1	℃	283.46	277.46	265.97	256.66	269.98	249.14
	磨煤机进口一次风温2	℃	282.02	275.43	263.61	253.99	268.79	246.56
	磨煤机进口一次风温	℃	282.74	276.44	264.79	255.33	269.38	247.85
	磨煤机出口风温	℃	72.49	73.53	64.51	63.00	68.66	61.68
	冷一次风掺入量	%	13.13	16.08	17.37	18.62	12.83	20.03
F磨煤机	磨煤机出力	t/h	76.41	69.66	57.28	55.58	停	停
	热风门开度	%	63.65	51.50	48.63	51.76		
	冷风门开度	%	20.81	42.71	41.55	31.79		
	磨煤机进口一次风量	t/h	140.31	139.82	135.35	134.28		
	磨煤机进口一次风温1	℃	273.28	222.77	212.71	226.63		
	磨煤机进口一次风温2	℃	271.58	224.06	214.66	225.86		
	磨煤机进口一次风温	℃	272.43	223.42	213.68	226.24		
	磨煤机煤机出口风温	℃	68.16	69.42	65.85	70.13		
	冷一次风掺入量	%	16.52	33.70	34.45	28.42		
	平均冷风掺入量	%	14.57	24.00	25.58	20.57	25.51	21.71
	占炉膛总风量比例	%	3.35	5.52	5.88	4.73	5.87	4.99

表 5-169　　　　　　　**NH 电厂 6 号锅炉各典型负荷工况运行参数**

		开始时间	—	2012/2/27 10：00	2012/2/20 20：00	2012/2/15 23：00	2012/2/8 21：00	2012/1/7 2：30	2012/1/22 4：00
		结束时间	—	2012/2/27 10：30	2012/2/20 20：30	2012/2/15 23：30	2012/2/8 21：30	2012/1/7 3：00	2012/1/22 4：30
		机组功率	MW	1000.69	1000.52	753.39	738.99	602.83	506.36
		一次风机 A 出口风温	℃	18.23	23.20	17.84	14.43	17.26	14.74
		一次风机 B 出口风温	℃	17.81	23.11	17.51	13.85	16.76	14.50
		空气预热器出口 A 一次风温	℃	326.56	327.89	316.15	313.98	304.09	286.96
		空气预热器出口 B 一次风温	℃	326.47	330.52	317.19	314.08	305.79	288.50
		冷一次风温	℃	18.02	23.15	17.67	14.14	17.01	14.62
		热一次风温	℃	326.51	329.21	316.67	314.03	304.94	287.73
A 磨煤机		磨煤机出力	t/h	停	停	停	停	停	停
		热风门开度	%						
		冷风门开度	%						
		磨煤机进口一次风量	t/h						
		磨煤机进口一次风温 1	℃						
		磨煤机进口一次风温 2	℃						
		磨煤机进口一次风温	℃						
		磨煤机出口风温	℃						
		冷一次风掺入量	%						
B 磨煤机		磨煤机出力	t/h	78.82	72.31	57.73	56.86	57.59	52.18
		热风门开度	%	47.74	32.04	29.30	28.55	29.21	27.81
		冷风门开度	%	22.65	38.05	40.95	33.68	37.58	23.35
		磨煤机进口一次风量	t/h	141.34	133.16	131.53	130.01	130.99	121.00
		磨煤机进口一次风温 1	℃	284.89	254.78	233.55	244.00	230.24	240.91
		磨煤机进口一次风温 2	℃	283.12	253.00	232.14	242.66	228.70	239.52
		磨煤机进口一次风温	℃	284.01	253.89	232.84	243.33	229.47	240.21
		磨煤机出口风温	℃	70.50	70.23	69.83	69.51	69.89	70.06
		冷一次风掺入量	%	13.78	24.61	28.04	23.58	26.21	17.40
C 磨煤机		磨煤机出力	t/h	78.36	71.94	57.41	56.50	57.27	51.84
		热风门开度	%	75.52	51.99	45.97	42.85	41.71	46.52
		冷风门开度	%	24.10	35.68	40.95	29.68	26.15	26.76
		磨煤机进口一次风量	t/h	142.26	132.57	136.81	129.88	129.27	127.93
		磨煤机进口一次风温 1	℃	290.40	274.95	249.85	253.40	251.02	247.04
		磨煤机进口一次风温 2	℃	285.46	272.04	248.08	251.92	249.90	245.13
		磨煤机进口一次风温	℃	287.93	273.50	248.97	252.66	250.46	246.09
		磨煤机出口风温	℃	70.56	70.39	69.60	69.88	70.30	70.37
		冷一次风掺入量	%	12.51	18.20	22.64	20.46	18.92	15.25

续表

D 磨煤机	磨煤机出力	t/h	78.56	72.08	57.55	56.70	52.35	51.92
	热风门开度	%	50.84	36.91	30.32	36.25	30.04	34.48
	冷风门开度	%	43.70	47.63	47.07	29.62	37.07	35.89
	磨煤机进口一次风量	t/h	141.52	137.49	127.82	118.76	122.51	126.86
	磨煤机进口一次风温1	℃	226.46	216.09	174.72	261.43	219.57	221.08
	磨煤机进口一次风温2	℃	226.05	214.59	173.07	260.69	218.13	219.96
	磨煤机进口一次风温	℃	226.26	215.34	173.90	261.06	218.85	220.52
	磨煤机出口风温	℃	77.14	76.79	76.74	77.13	76.60	76.79
	冷一次风掺入量	%	32.50	37.20	47.75	17.66	29.90	24.61
E 磨煤机	磨煤机出力	t/h	78.49	71.96	60.67	56.53	59.32	55.08
	热风门开度	%	60.29	48.04	46.76	41.67	49.02	44.09
	冷风门开度	%	26.89	20.86	22.58	13.28	9.25	31.04
	磨煤机进口一次风量	t/h	133.68	131.80	129.59	120.43	124.11	128.57
	磨煤机进口一次风温1	℃	288.72	294.44	279.58	278.05	280.67	236.46
	磨煤机进口一次风温2	℃	291.56	296.89	281.77	279.93	282.41	237.15
	磨煤机进口一次风温	℃	290.14	295.66	280.68	278.99	281.54	236.80
	磨煤机出口风温	℃	69.21	68.73	70.14	70.02	66.17	70.03
	冷一次风掺入量	%	11.79	10.96	12.04	11.68	8.13	18.65
F 磨煤机	磨煤机出力	t/h	78.47	71.97	60.60	56.53	停	停
	热风门开度	%	81.68	62.95	57.77	58.83		
	冷风门开度	%	15.58	34.39	38.27	32.47		
	磨煤机进口一次风量	t/h	135.27	128.16	128.15	124.51		
	磨煤机进口一次风温1	℃	298.54	267.96	248.80	281.30		
	磨煤机进口一次风温2	℃	294.38	260.79	242.94	276.92		
	磨煤机进口一次风温	℃	296.46	264.38	245.87	279.11		
	磨煤机出口风温	℃	70.43	70.32	66.23	69.46		
	冷一次风掺入量	%	9.74	21.18	23.68	11.64		
	平均冷风掺入量	%	16.17	22.57	26.74	17.12	20.82	18.98
	占炉膛总风量比例	%	3.72	5.19	6.15	3.94	4.79	4.37

从目前的运行参数可知，5、6 号锅炉制粉系统掺入的冷风量约占一次风量的 15%～25%，占入炉总风量约 3%～6%，导致经过空气预热器的风量减少，锅炉排烟温度升高约 6～8℃。

（4）降低排烟温度的主要建议措施。根据 NH 电厂 5、6 号锅炉实际运行情况，降低排烟温度的主要建议是采用热一次风加热技术。

由前文分析可知，目前 NH 电厂 5、6 号锅炉由于制粉系统冷一次风的掺入，导致排烟温度升高 6～8℃。针对此情况，5、6 号锅炉可以考虑采用一次风加热器技术对热一次风系统进行改造，以降低热一次风温度，减少制粉系统掺入的冷风量，增加通过空气预热器的热一次风量，从而达到降低锅炉排烟温度的目的。

热一次风加热器系统主要目的在于减少制粉系统掺入的冷风量,增加流经空气预热器的一次风量,从而降低锅炉排烟温度,其示意图如图 5-81 所示。

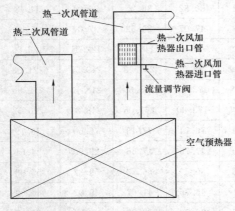

图 5-81　热一次风加热器系统示意图

热一次风加热器被加热的工质为来自机组回热系统的主凝结水,其工质经加热后再回到机组的回热系统,以此来回收热一次风中多余的热量。

热一次风加热器主要特点:①工质(即凝结水)与热一次风的传热温压大,热一次风加热器的面积小,阻力小;②布置在一次风道中,无低温腐蚀堵灰问题,因此,受热面管壁不需要防腐处理,投资成本小;③热一次风与凝结水的传热温压大,凝结水温度可以取值比较高,对回热系统的影响小;④通过对凝结水量的调节,可以根据煤质变化,改变冷风的掺入比例,提高一次风温对煤质的适应性。

根据目前情况估算,5、6 号锅炉采用一次风加热器技术后,锅炉排烟温度可分别降低约 5℃,考虑一次风加热器对热一次风温度、回热系统及一次风机电耗增加的影响后,实际 5、6 号机组发电煤耗均可下降约为 0.5g/(kW·h)。

(5)关于低压省煤器等烟气余热利用装置分析说明。尾部烟气余热回收方案主要有三种:①低压省煤器布置在空气预热器与电除尘器之间的烟道上;②深度烟气余热回收装置安装在除尘器之后,引风机之前;③深度烟气余热回收装置安装在引风机出口之后,脱硫塔入口之前。从其本质上看,三者均属于烟气余热回收装置,且各有利弊。从传热学的观点看,安装位置越靠后(以烟气流向划分),烟气温度越低,低温腐蚀的潜在危险越大;烟温与烟气余热回收装置的传热温压则越小,烟气余热回收装置的换热面积越大,阻力越大。另外,烟气余热回收装置布置在除尘器之后,余热装置磨损和堵灰的几率却大大降低。

烟气余热回收装置的面积大小取决于降低烟气温度的幅度以及其与烟气传热温压的大小;而烟气余热回收装置是否经济则完全取决于后者。也就是说,只有在烟气余热回收装置与烟气的传热温压足够大时采用烟气余热回收装置才是经济的。从目前国内外烟气余热回收装置的工程应用情况看,锅炉原排烟温度通常大于 150℃,同时机组的负荷率也处于较高水平。

目前,NH 电厂 5、6 号锅炉排烟温度与设计值偏高约 10~15℃,为保证不发生低温腐蚀,烟气余热回收装置传热温压相对较小。这样,一方面势必使烟气余热回收装置的换热面积增加,投资增加;另一方面,也使烟气系统阻力增加,将造成引风机电耗增加。是否经济则需要仔细核算。

按照传热学的观点,过去通常认为,在传热温压小于 30℃时,换热装置很难收回其投资;目前,受热面钢材和电厂的燃煤价格和过去相比都有很大的变化,虽然此观点是否适合目前需要进行验证,但由此可见,当传热温压小于 30℃时,达到相同的换热效果,受热面的面积将大幅度增加,这样,一方面使投资成本增加,另一方面,运行成本(电耗增加幅度)也增加,其结果必然是投资回收年限增加,与其他技术相比未必经济。

与增加省煤器或空气预热器面积的技术措施相比，烟气余热回收装置对机组回热系统有一定的影响。在同样的烟气温度下降，烟气余热回收装置的经济效益是增加省煤器或空气预热器面积的技术措施的 50% 左右。因此，对于具体某台排烟温度偏高的锅炉，在现场条件允许的情况下，应优先采用增加省煤器或空气预热器面积的技术措施；只有在该技术措施不可行时，且排烟温度偏高幅度较大时，才考虑采用烟气余热回收装置，否则，应慎重对待。

近两三年，烟气余热回收装置才在国内得到一定程度的应用，但应用此项工程的锅炉排烟温度均大于 150℃；且因为投运时间比较短，所担心的腐蚀堵灰、磨损等问题是否可避免尚未得到证实。因此，国内目前关于烟气余热回收装置的争议仍然比较大；在国外，烟气余热回收装置仅在德国受到青睐，其应用比较广泛但也多局限褐煤锅炉上，在欧美等其他国家则应用较少。

综上所述，初步认为 NH 电厂采用烟气余热回收装置的收益将比较小，其投资回收年限将比较长，因此，建议 NH 电厂慎重考虑进行烟气余热回收装置可行性研究，以免得不偿失。

3. 飞灰可燃物

2009～2011 年 NH 电厂 5、6 号锅炉热效率考核试验、修后试验，及运行月报统计的飞灰、炉渣可燃物含量见表 5-170。

表 5-170 NH 电厂 5、6 号锅炉飞灰、炉渣可燃物含量统计

项目	5 号锅炉		6 号锅炉	
	飞灰含碳量（%）	炉渣含碳量（%）	飞灰含碳量（%）	炉渣含碳量（%）
考核工况 1	0.3	1.1	0.83	0.48
考核工况 2	0.36	1.14	0.84	0.58
修后试验	0.33	0.6	0.75	0.91
2011 年 1 月	0.15	0.69	0.17	2.11
2011 年 2 月	0.17	1.35	0.23	1.81
2011 年 3 月	0.19	1.25	0.33	1.87
2011 年 4 月	0.15	1.53	0.18	1.82
2011 年 5 月	大修		0.18	1.07
2011 年 6 月	0.18	1.41	0.18	2.44
2011 年 7 月	0.24	1.48	0.21	1.66
2011 年 8 月	0.46	1.98	0.17	1.97
2011 年 9 月	0.35	1.30	0.18	2.11
2011 年 10 月	0.49	2.22	0.25	3.93
2011 年 11 月	0.57	2.71	0.30	2.72
2011 年 12 月	0.33	2.23	0.36	1.88

目前，NH 电厂实际燃用煤质多为神混煤，挥发分含量较高，燃尽性能较好。从 NH 电厂 5、6 号锅炉历史热效率考核试验、修后试验，及运行月报统计的飞灰、炉渣可

燃物含量数据可见，目前两台锅炉飞灰、炉渣可燃物含量均较低，对应的固体未完全燃烧热损失远低于设计值（见表 5 - 162～表 5 - 166）。从该数据分析，通过降低飞灰、炉渣可燃物含量的节能潜力较小。

4. 运行氧量

NH 电厂 5、6 号锅炉运行氧量 2011 年运行月报统计值见表 5 - 171。

表 5 - 171　　　　　　　　　　NH 电厂 5、6 号锅炉运行氧量月报统计

项目	5 号锅炉（%）	6 号锅炉（%）
2011 年 1 月	4.94	4.86
2011 年 2 月	4.78	3.86
2011 年 3 月	3.79	3.34
2011 年 4 月	3.79	3.54
2011 年 5 月	—	3.40
2011 年 6 月	5.32	4.14
2011 年 7 月	4.00	3.86
2011 年 8 月	3.85	3.78
2011 年 9 月	3.95	3.86
2011 年 10 月	4.19	4.16
2011 年 11 月	4.00	4.09
2011 年 12 月	3.59	3.65

通过对电厂运行参数的分析了解，目前 NH 电厂 5、6 号锅炉在 100%、75%、60% 负荷时，运行氧量分别控制在 3%、4%、6% 左右。根据同类型燃用煤质相近机组运行经验分析，100%、75% 负荷左右运行氧量相对合适，而 60% 左右低负荷时运行氧量控制相对偏高。

目前限制 NH 电厂 5、6 号锅炉 60% 左右低负荷运行氧量偏高的主要原因是低负荷时氧量下降会导致引风机电流波动幅度较大。结合锅炉 60% 负荷运行参数及引风机特性曲线分析，NH 电厂 5、6 号锅炉采用静叶可调轴流风机设计选型裕量较大，同时低负荷失速安全裕量不够，导致在目前烟风系统阻力特性情况下，烟气流量较小时，引风机容易发生失速，引起较大幅度的电流波动。

由于 NH 电厂 5、6 号锅炉存在再热蒸汽温度偏低的问题，低负荷运行氧量偏高有利于改善再热汽温，但会导致排烟温度升高，排烟热损失以及风机耗电率增加，同时 NO_x 生成量增加，其总体经济性较差。在目前情况下，降低低负荷运行氧量的主要途径包括：①降低引风机出口压力设定值，即降低引风机压头，这样在降低氧量时尽量避开失速区；②对引风机进行改造，通过提高引风机与烟风系统阻力特性匹配程度，彻底解决低负荷下引风机失速问题。

5. 空气预热器漏风率

2009～2011 年 NH 电厂 5、6 号锅炉进行的考核试验和修后试验测得空气预热器漏风率见表 5 - 172。

表 5 - 172　　　　　　NH 电厂 5、6 号锅炉 2011 年空气预热器漏风率测试数据

项目	单位	5 号			6 号		
		考核工况 1	考核工况 2	2011修后	考核工况 1	考核工况 2	2010修后
日期	—	091104	091106	1106	091212	091213	101216
电负荷	MW	1032.4	1002.1	—	1003.2	1005.1	1005.3
实测空气预热器 A 侧进口氧量	%	3.56	3.65	2.38	3.65	3.7	4.07
实测空气预热器 B 侧进口氧量	%	3.48	3.72	3.98	3.63	3.68	4.12
实测空气预热器 A 侧出口氧量	%	4.13	4.25	3.1	4.51	4.55	4.54
实测空气预热器 B 侧出口氧量	%	4.08	4.32	4.68	4.32	4.38	4.68
空气预热器 A 侧漏风率	%	3.05	3.23	3.09	4.71	4.65	2.6
空气预热器 B 侧漏风率	%	3.2	3.25	3.29	3.74	3.8	3.09
空气预热器平均漏风率	%	3.125	3.24	3.19	4.225	4.225	2.845

从 NH 电厂 5、6 号锅炉历次试验漏风率测试结果来看，两台锅炉空气预热器漏风率目前基本都在 3%～4%，与国内同类型机组平均漏风率 6%～7% 相比，处于优秀水平。由于 5、6 号锅炉空气预热器同时采用了柔性接触式密封和热端径向密封自动跟踪控制系统，并且工作人员维护得当，两种密封手段配合良好，目前两台锅炉空气预热器漏风率处于较好水平。

6. 一次风压力

目前，NH 电厂 5、6 号锅炉额定负荷下一次风机出口压力约为 12.5～13kPa，经过空气预热器后热一次风母管压力为 11.5～12kPa，磨煤机入口压力为 7～9kPa，因此从热一次风母管到磨煤机入口，一次风压降低在 2kPa 以上，损失较大。目前，实际运行中多数时间各台磨煤机入口冷、热一次风门开度通常控制在 30%～50%，风门开度偏小，节流损失明显，导致一次风机耗电增加。由此建议电厂进行降低一次风压试验，在目前基础上适当降低一次风机出口压力（可以开始降低 0.3～0.5kPa），将磨煤机进口冷、热风门开大，维持磨煤机通风量、磨出口温度不变，稳定运行一段时间，观察磨煤机出力及出口风粉压力变化情况，在此基础上再考虑继续下降的可行性。不同典型负荷工况下 5、6 号锅炉磨煤机入口风门开度分别见表 5 - 173、表 5 - 174。

表 5 - 173　　　　　不同典型负荷工况下 5 号锅炉磨煤机入口风门开度

机组负荷		MW	999.77	997.61	752.53	739.09	602.51	499.25
一次风机 A 出口压力		kPa	13.24	12.51	11.40	11.28	11.10	10.69
一次风机 B 出口压力		kPa	13.19	12.49	11.37	11.24	11.10	10.68
空气预热器 A 出口一次风压力		kPa	12.07	11.65	10.60	10.45	10.50	10.16
空气预热器 B 出口一次风压力		kPa	12.00	11.55	10.57	10.39	10.54	10.13
A 磨煤机	热风门开度	%	−0.41	−0.32	−0.40	−0.42	41.51	−0.31
	冷风门开度	%	4.88	9.77	5.73	−0.10	29.76	9.79
	磨煤机进口一次风压	kPa	−0.12	−0.12	−0.12	9.83	5.49	−0.12
	磨煤机出口风压	kPa	−0.09	−0.09	−0.09	−0.09	2.98	−0.09

续表

B磨煤机	热风门开度	%	51.79	42.81	38.80	39.22	−0.24	38.08
	冷风门开度	%	18.20	38.13	29.18	28.05	0.53	28.47
	磨煤机进口一次风压	kPa	8.47	7.16	5.51	5.42	5.92	5.03
	磨煤机出口风压	kPa	3.44	3.11	2.27	2.18	5.81	2.01
C磨煤机	热风门开度	%	52.56	39.85	36.64	38.81	36.24	36.27
	冷风门开度	%	22.22	32.86	26.17	23.36	32.33	25.16
	磨煤机进口一次风压	kPa	9.21	7.48	5.95	5.95	5.96	5.41
	磨煤机出口风压	kPa	4.62	3.77	2.91	2.85	2.94	2.67
D磨煤机	热风门开度	%	46.60	33.64	26.69	34.58	31.48	29.44
	冷风门开度	%	48.25	48.60	50.71	36.14	42.45	46.75
	磨煤机进口一次风压	kPa	9.31	7.51	6.20	6.30	5.95	5.86
	磨煤机出口风压	kPa	4.69	4.05	3.31	3.18	3.19	3.01
E磨煤机	热风门开度	%	51.43	45.87	42.79	42.31	47.32	39.04
	冷风门开度	%	23.36	28.69	29.27	29.02	24.48	32.78
	磨煤机进口一次风压	kPa	8.57	7.51	6.42	6.14	6.71	5.61
	磨煤机出口风压	kPa	4.51	4.03	3.33	3.17	3.52	2.93
F磨煤机	热风门开度	%	63.65	51.50	48.63	51.76	−0.18	−0.16
	冷风门开度	%	20.81	42.71	41.55	31.79	4.82	9.81
	磨煤机进口一次风压	kPa	8.46	7.47	6.16	6.10	−0.05	−0.12
	磨煤机出口风压	kPa	4.43	4.10	3.40	3.30	−0.07	−0.07

表 5-174　　　　　　不同典型负荷工况下 6 号锅炉磨煤机入口风门开度

机组负荷		MW	1000.69	1000.52	753.39	738.99	602.83	506.36
一次风机 A 出口压力		kPa	12.95	12.43	11.38	11.25	11.27	11.11
一次风机 B 出口压力		kPa	12.96	12.36	11.32	11.20	11.22	11.10
空气预热器 A 出口一次风压力		kPa	11.25	11.11	10.12	9.95	10.22	10.12
空气预热器 B 出口一次风压力		kPa	11.58	11.36	10.45	10.24	10.51	10.41
A磨煤机	热风门开度	%	−0.38	−0.32	−0.38	−0.39	−0.33	−0.39
	冷风门开度	%	−0.08	−0.05	−0.01	−0.09	4.87	−0.10
	磨煤机进口一次风压	kPa	9.00	8.62	9.96	7.65	−0.12	8.42
	磨煤机出口风压	kPa	−0.09	−0.09	9.20	−0.09	−0.03	−0.09
B磨煤机	热风门开度	%	47.74	32.04	29.30	28.55	29.21	27.81
	冷风门开度	%	22.65	38.05	40.95	33.68	37.58	23.35
	磨煤机进口一次风压	kPa	8.23	6.82	5.65	5.26	5.47	4.71
	磨煤机出口风压	kPa	3.98	3.34	2.78	2.59	2.73	2.13
C磨煤机	热风门开度	%	75.52	51.99	45.97	42.85	41.71	46.52
	冷风门开度	%	24.10	35.68	40.95	29.68	26.15	26.76

续表

C磨煤机	磨煤机进口一次风压	kPa	9.56	8.24	6.88	6.03	6.14	6.11
	磨煤机出口风压	kPa	5.48	4.70	4.07	3.56	3.59	3.47
D磨煤机	热风门开度	%	50.84	36.91	30.32	36.25	30.04	34.48
	冷风门开度	%	43.70	47.63	47.07	29.62	37.07	35.89
	磨煤机进口一次风压	kPa	8.80	7.28	5.57	5.68	5.15	5.50
	磨煤机出口风压	kPa	4.63	3.99	3.06	3.02	2.83	3.02
E磨煤机	热风门开度	%	60.29	48.04	46.76	41.67	49.02	44.09
	冷风门开度	%	26.89	20.86	22.58	13.28	9.25	31.04
	磨煤机进口一次风压	kPa	8.93	7.39	6.46	5.47	6.55	6.26
	磨煤机出口风压	kPa	4.98	4.04	3.50	2.89	3.51	3.49
F磨煤机	热风门开度	%	81.68	62.95	57.77	58.83	−0.26	−0.23
	冷风门开度	%	15.58	34.39	38.27	32.47	4.41	4.41
	磨煤机进口一次风压	kPa	8.78	7.29	6.37	6.18	−0.13	−0.12
	磨煤机出口风压	kPa	0.83	1.20	1.35	1.32	−0.09	0.26

7. 低负荷磨煤机投运方式经济性对比

根据 NH 电厂要求，于 2012 年 3 月 1 日 19：00～22：30 进行了低负荷上四台磨煤机与中四台磨煤机运行方式经济性对比试验。试验过程中主要进行磨煤机切换，机组负荷、煤量、运行氧量以及燃烧器摆角等其他参数均基本保持不变。650MW 负荷上四台磨煤机与中四台磨煤机两种方式主要运行参数对比见表 5-175。

表 5-175 650MW 负荷上四台磨煤机与中四台磨煤机两种方式主要运行参数对比

项目		单位	上四台磨煤机运行 CDEF 2012-3-1 19：20～19：50	中四台磨煤机运行 BCDE 2012-3-1 21：30～22：00
机组负荷		MW	649.60	649.94
主蒸气流量		t/h	1734.40	1764.10
给水流量		t/h	1731.38	1752.05
给水温度		℃	264.76	264.98
过热蒸汽	出口蒸气温度 1	℃	602.36	601.89
	出口蒸气温度 2	℃	601.79	603.18
	出口蒸气温度 3	℃	602.32	603.26
	出口蒸气温度 4	℃	602.76	588.80
	出口蒸汽温度	℃	602.31	599.28
再热蒸汽	出口蒸气温度 1	℃	600.07	579.24
	出口蒸气温度 2	℃	573.57	562.22
	出口蒸气温度 3	℃	578.52	565.74
	出口蒸气温度 4	℃	600.33	591.40
	出口蒸汽温度	℃	588.12	574.65

续表

项目		单位	上四台磨煤机运行 CDEF	中四台磨煤机运行 BCDE
			2012－3－1 19：20～19：50	2012－3－1 21：30～22：00
再热减温水	减温水流量 1	t/h	0.00	0.00
	减温水流量 2	t/h	0.00	0.00
	减温水流量 3	t/h	0.00	0.00
	减温水流量 4	t/h	8.71	0.00
	减温水量	t/h	8.71	0.00
省煤器出口表盘氧量		%	4.93	4.97
一次风机 A 出口空气温度		℃	22.83	22.14
一次风机 B 出口空气温度		℃	22.52	21.85
送风机 A 出口空气温度		℃	13.08	12.07
送风机 B 出口空气温度		℃	12.11	11.84
空气预热器 A 出口烟气温度		℃	114.10	108.52
空气预热器 B 出口烟气温度		℃	118.24	113.53
空气预热器出口烟温温度		℃	116.17	111.03
炉膛负压		Pa	－165.32	－165.73
SCR 进口 NO_x		ppm	203.40	129.83
脱硫塔出口 CO		ppm	6.42	6.35
风箱与炉膛差压		kPa	0.78	0.84
A 磨煤机出力		t/h	0.21	0.21
B 磨煤机出力		t/h	0.09	64.01
C 磨煤机出力		t/h	63.58	63.74
D 磨煤机出力		t/h	63.73	63.90
E 磨煤机出力		t/h	63.56	63.74
F 磨煤机出力		t/h	63.61	0.04
飞灰含碳量		%	0.32	0.35
炉渣含碳量		%	2.62	4.35

表 5－176　　　　　　　　　两种运行方式经济性对比

项目	单位	CDEF 磨运行	BCDE 磨运行	变化量	经济性影响量 [g/(kW·h)]
过热蒸汽温度	℃	602.31	599.28	＋3.0	－0.26
再热蒸汽温度	℃	588.12	574.65	＋13.5	－0.67
再热减温水量	t/h	8.71	0	＋8.71	＋0.28
排烟温度	℃	116.17	111.03	＋5.1	＋0.77
NO_x 生成量	ppm	203.40	129.83	＋73.6	—

项目	单位	CDEF 磨运行	BCDE 磨运行	变化量	经济性影响量 [g/(kW·h)]
CO 生成量	ppm	6.42	6.35	+0.07	0
飞灰含碳量	%	0.32	0.35	−0.03	−0.06
炉渣含碳量	%	2.62	4.35	−1.73	
合计	—	—	—	—	−0.22

注 上述经济性影响量比较是以电厂低负荷习惯中四台磨煤机 BCDE 运行为基础，"−"表示煤耗下降，"+"表示煤耗上升。

从运行参数对比分析，低负荷采用上四台磨煤机与中四台磨煤机两种方式运行相比，两种投磨方式其经济性差别很小［参数上对比，下四台磨煤机经济性略好 0.22g/(kW·h)，但考虑运行参数误差，两种方式经济性基本相当］，但可明显看到，采用上四台磨煤机运行，脱硝系统 SCR 入口 NO_x 浓度升高约 73.6ppm，NO_x 浓度增加明显。从机组经济性以及环保性综合来看，低负荷采用下四台磨煤机运行，该方式相对较好。

8. 主再热蒸汽温度

NH 电厂 5、6 号锅炉 2011 年运行月报统计数据显示，主蒸汽温度基本接近设计值，再热蒸汽温度偏低 15℃左右，蒸汽温度偏差影响机组发电煤耗约 1.0～1.2g/(kW·h)。

从目前的运行情况看，造成再热蒸汽温度偏低的主要原因是一级再热器管壁温度局部超温，且局部超温的位置（即管屏）比较固定。因此，解决蒸汽温度偏低的主要途径是解决受热面管壁局部超温问题。

(1) 炉内原因。从炉内原因来看，造成管壁超温的原因除了切圆燃烧方式固有的烟气流量偏差外，另一个非常重要的原因是炉膛燃烧截面的温度场存在较大的温度偏差（主要由各个煤粉管的煤粉浓度分配不均造成的），温度场的分布偏差传递到下一级受热面，势必造成热量分配偏差，个别管屏出现吸热偏差，进而导致受热面管壁的局部超温。因此从炉内方面解决管壁局部超温的途径主要有：

1) 减弱烟气的残余旋转动量，以改善烟道的能量分配，缓解管壁局部超温问题。

2) 通过炉膛配风，改善炉膛断面的烟气温度场，使进入烟道的烟气温度分布趋于均匀，缓解管壁的局部超温问题。

途径 1) 与途径 2) 均需要进行专项试验研究，虽然难度较大，按照对应调整技术思路，通过非常细致的调整试验，目前已经较为成功地解决了数个电厂因锅炉受热面局部超温造成的蒸汽温度偏低问题。虽然目前已调整的锅炉为 600MW 等级 π 形炉膛，但其原理相同，由此判断，通过该项调整试验，NH 电厂 5、6 号锅炉能够收到一定的效果。

需要说明的是，上述调整方法是采用一种新的技术思路，不同于传统的燃烧调整试验，其调整效果很大程度上取决于调整人员的技术水平与调整的精细程度。

(2) 锅内原因。从锅内方面来看，需要检查超温管屏及其他管屏的流量分配，以便确定超温管屏是否存在流量偏低问题，为选择从炉内还是锅内采取措施（即选择科学的技术路线）提供决策依据。据了解，由于 NH 电厂 5、6 号锅炉均未设置有节流圈，所以从管屏的流量分配均匀性方面分析较为困难。

（3）受热面布置原因。从材料方面来看，再热蒸汽温度偏低与一级再热器吸热与设计值相比偏少有关，因此可采用增加部分一级再热器受热面的方案，来解决再热汽温偏低的问题，同时还能降低锅炉的排烟温度。上海锅炉厂在提供的再热汽温优化方案中，除增加一级再热器受热面积外，还提出通过减少二级过热器和减少三级过热器面积以提高再热汽温。由于减少二级过热器和三级过热器面积，会导致目前主蒸汽温度接近设计值的情况恶化，同时带来排烟温度升高。因此，减少二级过热器和减少三级过热器副作用较大，应该慎重考虑其可行性。

综合上述分析，建议如下：

（1）进行以减缓局部管壁超温问题为主要目标的专项燃烧调整优化试验，通过炉膛的合理配风，使炉膛火焰温度分布趋于均匀，减少炉膛火焰温度分布偏差对局部管壁超温的影响，减缓局部管壁超温程度，最终达到缓解局部管壁超温问题，提高机组蒸汽温度。

（2）在燃烧优化调整的基础上，增加部分一级再热器面积，应该能有效解决再热汽温偏低的问题，同时该方案还在一定程度上能降低锅炉排烟温度，该方案经济性相对较好。

9. 锅炉部分小结

（1）目前，NH电厂5号、6号锅炉效率约为94％，超出设计保证值。降低排烟热损失是进一步提高5、6号锅炉效率的主要方向。

（2）降低5、6号锅炉排烟热损失的主要措施有：采用热一次风加热技术，减少冷风掺入量；通过减小引风机出口压力，或进行引风机改造，降低低负荷工况下运行氧量。

初步估计，通过采用热一次风加热技术改造，降低排烟温度，5、6号锅炉热效率至少可提高约0.3个百分点以上，机组煤耗可下降0.5～1.0g/（kW·h）；

（3）提高再热蒸汽温度的主要方法：进行燃烧优化调整专项试验，查找并解决目前再热汽温偏差及一级再热器超温问题，并在燃烧优化调整专项试验基础上，进行增加一级再热器受热面改造，解决再热汽温偏低问题的可行性研究。

初步估计，通过燃烧优化调整专项试验，以及考虑进行增加一级再热器受热面积改造，解决再热汽温偏低问题，5、6号机组煤耗可下降约0.5g/（kW·h）。

5.3.3　汽轮机及热力系统

1. 汽轮机本体

（1）汽轮机本体性能现状分析。NH电厂5、6号机组系上汽引进德国西门子技术生产的1000MW超超临界、一次中间再热、单轴、四缸四排汽、双背压、纯凝汽式汽轮机。两台机组分别于2009年9月和10月投产。

对汽轮机及其系统性能进行描述的综合指标为热耗率。热耗率由机组本体性能（指缸效率）、运行参数和热力系统状况三方面因素决定，其与设计值的偏差将决定机组的实际运行水平。

本次节能诊断将从机组实际运行状况、各项指标的完成情况、西安热工研究院对同类型机组的性能测试经验，以及国内类似机组的实际性能状况等多个角度出发，并结合对5、

6 号机组性能考核试验数据的可靠性分析，对该机组的热耗率及本体状况做出评价。

1）缸效率。汽轮机缸效率是汽轮机本体最重要的性能指标，其高低直接决定汽轮机的热耗率和机组的循环效率，进而影响到整台机组的发、供电煤耗。表 5-177 给出了 NH 电厂 1000MW 超超临界汽轮机各缸效率每变化 1 个百分点对机组循环效率、热耗率和发电煤耗的影响量。由表 5-177 可知由于低压缸所占做功份额较大，因此其变化对机组的经济性影响最大。

表 5-177　　NH 电厂 1000MW 超超临界汽轮机缸效率变化 1 个百分点对机组经济性影响

项目	循环效率（%）	热耗率［kJ/(kW·h)］	发电煤耗［g/(kW·h)］
高压缸效率变化	0.172	12.6	0.46
中压缸效率变化	0.252	18.5	0.68
低压缸效率变化	0.412	30.1	1.11

两台汽轮机投产后，杭州意能电力技术有限公司依据 ASME PTC6-2004《汽轮机性能试验规程》进行了性能考核试验。试验结果表明，5 号汽轮机在热耗率保证工况（THA）下修正计算后的热耗率为 7365.5kJ/(kW·h)，比保证值 7377kJ/(kW·h) 低 11.5kJ/(kW·h)；6 号汽轮机在热耗率保证工况（THA）下修正计算后的热耗率为 7364.2kJ/(kW·h)，比保证值 7377kJ/(kW·h) 低 12.8kJ/(kW·h)。5 号和 6 号机组 THA 工况下试验结果见表 5-178。

表 5-178　　　　NH 电厂 1000MW 超超临界机组性能考核试验结果

名称	单位	设计值	5 号机组	6 号机组
高压缸效率	%	91.06	90.30	90.60
中压缸效率	%	93.27	93.38	92.86
低压缸效率（UEEP）	%	90.15/90.82	89.15	89.17
一、二类和老化修正后热耗率	kJ/(kW·h)	7377	7365.5	7364.2

注　设计排汽压力为 6.2kPa。

表 5-179 和表 5-180 为 NH 电厂 5、6 号汽轮机投产性能考核试验各项指标偏差对机组经济性的影响量。可以看到，高、中压缸效率基本达到设计水平，两台机组的低压缸效率比设计值偏低至少 1 个百分点。若仅从缸效率角度进行偏差分析核算，5 号汽轮机考核试验各项指标偏差导致机组热耗率在设计值的基础上升高约 47.7kJ/(kW·h)，折合发电煤耗上升约 1.8g/(kW·h)；6 号汽轮机考核试验各项指标偏差导致机组热耗率在设计值的基础上升高约 53.0kJ/(kW·h)，折合发电煤耗上升约 2.0g/(kW·h)。

表 5-179　　　NH 电厂 5 号汽轮机考核试验各项性能指标偏差对经济性的影响量

名称	设计值（%）	试验值（%）	对热耗率影响量［kJ/(kW·h)］	对发电煤耗影响量［g/(kW·h)］
高压缸效率	91.06	90.3	9.6	0.4
中压缸效率	93.27	93.38	−2.0	−0.1
低压缸效率	90.485	89.15	40.2	1.5
合计	—	—	47.7	1.8

表5-180　　　　NH电厂6号汽轮机考核试验各项性能指标偏差对经济性的影响量

名称	设计值（%）	试验值（%）	对热耗率影响量 [kJ/(kW·h)]	对发电煤耗影响量 [g/(kW·h)]
高压缸效率	91.06	90.6	5.8	0.2
中压缸效率	93.27	92.86	7.6	0.3
低压缸效率	90.485	89.17	39.6	1.5
合计	—	—	53.0	2.0

　　国产1000MW等级的超超临界汽轮机组形式均为一次中间再热、单轴、四缸四排汽、八级回热抽汽。而其参数等级可分为两类：一类是上汽-西门子的参数为26.25MPa/600℃/600℃级的超超临界汽轮机，保证热耗率在7320kJ/(kW·h)左右，以YH电厂、WGQ三厂和TS电厂为代表；另一类是东方-日立和哈汽-东芝分别推出的参数为25MPa/600℃/600℃级的超超临界汽轮机，保证热耗率小于7360kJ/(kW·h)，以ZX电厂和TZ电厂为代表。

　　由于主要结构特点不同，汽轮机三缸效率设计值不尽相同。上汽-西门子机组采用全周进汽＋补汽阀调节方式，无调节级，故其设计高压缸效率比采用喷嘴调节的东方-日立和哈汽-东芝机组高。

　　表5-181给出了已投运的部分国产1000MW超超临界机组主要性能指标的设计值及性能考核试验值。可以看到，目前三大汽轮机厂的1000MW超超临界机组考核试验汽轮机高、中、低压缸效率和热耗率均能达到设计保证值。其中，HM电厂考核试验热耗率较差，在揭缸处理后现已基本达到设计水平；JL电厂1号机组考核试验热耗率受系统内漏的影响偏大。

表5-181　　　　1000MW超超临界机组主要性能指标设计值及性能考核试验值

电厂名称	设备制造商	试验单位	机组名称	高压缸效率（%）	中压缸效率（%）	低压缸效率（%）	热耗率[1] [kJ/(kW·h)]
YH电厂	上汽-西门子	西安热工研究院有限公司	设计值	90.39	93.31	89.07	7316
			1号机组	90.81	93.27	89.22	7295.8
			2号机组	90.87	91.89	89.01	7314.9
			3号机组	89.7	93.41	91.2	7290.9
			4号机组	89.52	93.17	90.34	7313.6
WS电厂	上汽-西门子	西安热工研究院有限公司	设计值	91.03	93.12	88.64	7318
			7号机组	90.08	93.2	89.52	7298.4
			8号机组	91.37	93.9	89.62	7289.2
JL电厂[2]	上汽-西门子	西安热工研究院有限公司	设计值	90.75	93.41	88.21	7318
			1号机组	90.35	93.0	87.3	7338.6
TS电厂	上汽-西门子	江苏方天电力技术有限公司	设计值	90.16	92.70	89.67	7347
			5号机组	91.04	93.64	86.77	7345.4
			6号机组	90.72	93.42	88.77	7339.4
ZX电厂	东方-日立	山东电力研究院	设计值	87.18	92.29	92.57	7354
			7号机组	87.36	92.83	92.5	7330.1

电厂名称	设备制造商	试验单位	机组名称	高压缸效率（%）	中压缸效率（%）	低压缸效率（%）	热耗率[kJ/(kW·h)]
HM电厂	东方-日立	西安热工研究院有限公司	设计值	88.87	92.36	92.94	7343
			7号机组	85.7	91.26	89.0	7437
TZ电厂	哈汽-东芝	江苏方天电力技术有限公司	设计值	90.2	94.55	89.16	7366
			1号机组	85.48	94.58	91.9	7347.7
			2号机组	87.16	94.83	91.38	7353

注 ① 热耗率为一、二类修正和老化修正后数值。
② 华能JL电厂热耗率未排除系统泄漏的影响。

可以看到，与其他上汽-西门子机组比较，NH电厂1000MW超超临界机组的高、中压缸效率均可达到同类型机组的平均水平，基本反映了目前该型机组的设计制造水平和设备安装工艺。主要由于上汽-西门子机组高中压模块厂内精装，整体发货，故对高、中压模块通流效率控制较好。

从试验数据来看，NH电厂5、6号机组的低压缸效率偏低1个百分点。事实上，低压缸排汽处于湿蒸汽区，其排汽焓需要通过整机的能量平衡和流量平衡计算而得，测量过程和方法十分复杂，容易引入一些无法预料的不确定因素。除了对基准流量的测量精度有较高要求外，对整个机组热力系统的严密性也有严格的要求。据了解，两台机组试验期间存在不同程度的系统内漏，这会对准确计算低压缸效率产生一定的负面影响。例如，每1%主蒸汽流量的高压排汽通风阀泄漏量和低压旁路门泄漏量将分别导致机组试验热耗率升高81.5kJ/(kW·h)和70.3kJ/(kW·h)，在通过能量和质量平衡计算低压缸效率时，将分别使低压缸效率降低2.7和2.3个百分点。

一般来说，蒸汽膨胀至低压缸时压力已较低，比容较大，相对于低压缸的叶片高度，汽封间隙占整个通流尺寸的比例很小，故在低压缸各级中汽封的泄漏损失已不再是影响低压缸效率的主要因素，也就是说低压缸通流效率对安装间隙的控制并不敏感，低压缸效率主要决定于设计水平和制造工艺。因此，同类型机组的低压缸若无重大安装缺陷，其效率水平应比较稳定。故从机组整体热耗率水平来看，NH电厂两台机组的低压缸效率应可达设计水平。

2）抽汽参数。表5-182为NH电厂1000MW超超临界机组抽汽温度比。可以看到，NH电厂5、6号机组整体抽汽温度良好，投产之初六段抽汽温度两侧偏差高达50℃，经检查性大修对抽汽管道加装隔热罩后，改善至偏差仅10℃。另外，从低压抽汽参数来看，低压缸通流效率应可达到设计水平。

表5-182　　　　　NH电厂1000MW超超临界汽轮机抽汽温度比较

参数名称	单位	设计值	5号机		6号机	
			试验值	运行值	试验值	运行值
负荷	MW	THA	THA	1000	THA	1000
主蒸汽门前温度	℃	600	600.6	600.7	601.0	600.8
再热蒸汽门前温度	℃	600	596.7	589.2	581.9	597.6

参数名称	单位	设计值	5 号机		6 号机	
			试验值	运行值	试验值	运行值
一段抽汽温度	℃	393.0	407.1	402.5	406.6	400.3
二段抽汽温度	℃	351.2	364.8	360.0	362.9	362.7
三段抽汽温度	℃	482.6	462.9	456.8	449.0	458.7
四段抽汽温度	℃	379.8	365.7	360.9	351.2	363.3
五段抽汽温度	℃	295.6	282.8	276.2	269.2	281.6
六段抽汽温度	℃	193.6	134.5/182.4	170.9/189.2	126.9/155.6	172.6/192.4
七段抽汽温度	℃	87.3	—	90.7	—	88.9
八段抽汽温度	℃	64.4	—	64.0/62.3	—	61.7/61.4

3）机组实际性能。根据以上分析，可判断 NH 电厂 5、6 号汽轮机组的实际性能水平，见表 5-183。

表 5-183   NH 电厂 1000MW 超超临界机组的实际性能水平

项目名称	单位	5 号	6 号
高压缸效率	%	90.5	90.5
中压缸效率	%	93	93
低压缸效率	%	90	90
热耗率 1	kJ/(kW·h)	7400	7400
热耗率 2	kJ/(kW·h)	7495	7495
热耗率 3	kJ/(kW·h)	7555	7550

注   热耗率 1 仅反映汽轮机本体水平。
　　　热耗率 2 反映本体及目前系统状况水平。
　　　热耗率 3 反映机组全年运行参数及循环水温的实际运行水平。

由表 5-183 可知，NH 电厂 5、6 号 1000MW 超超临界汽轮机热耗率水平均在 7400kJ/(kW·h) 左右，比设计值略高，基本达到了该背压下上汽-西门子机组的整体水平，比东方-日立和哈汽-东芝机组的热耗率略低。

（2）汽轮机高压调节汽门经济运行。

1）高压调节汽门运行现状。上汽-西门子 1000MW 超超临界机组采用全周进汽节流调节，无调节级。在稳态工况时，调节阀保持 5％ 主蒸汽压力的节流压降，当需变动负荷时，先由调节阀通过改变节流压降进行调节，以满足负荷快速响应的要求。然后，再由机组的协调控制系统调节锅炉的热负荷及汽压，直至调节阀压降恢复正常值。虽然在多数工况下都存在一定的节流损失，但由于取消了调节级，不但提高了高压缸总体内效率，而且消除了调节级所带来的其他相关问题。

该类型机组在调节阀全开方式下效率最高，如果全程采用纯滑压方式运行，调节阀全开，由锅炉进行负荷调节，其热耗率水平将优于设计值，但负荷响应速度不能满足 AGC 的要求。如图 5-82 所示为根据汽轮机设计参数核算的不同调节汽门运行方式下的热耗率随负荷变化的曲线。可以看到，调节汽门压损变化对汽轮机热耗率的影响较为可观，尤其是在低负荷工况下。例如，800MW 工况下，若调节汽门节流增大，压损由 5% 升至 15%，则热耗率将上升约 25kJ/（kW·h）；600MW 工况下，若调节汽门节流增大，压损由 10% 升至 20%，则热耗率将上升约 30kJ/（kW·h）。

目前，国内大多数上汽-西门子 1000MW 超超临界机组采取与 NH 电厂相同的运行方式，即运行中高压调节汽门开度随负荷的不同控制在 30%～40%，以便及时响应电网调度。如图 5-82 所示给出了目前 NH 电厂不同调门运行方式下热耗率变化趋势，可以看到，与阀门全开滑压运行方式相比，热耗率平均升高约 30kJ/（kW·h）以上。另外，根据杭州意能电力技术有限公司完成的 6 号机组大修前后性能试验报告，1000MW 工况下，6 号机组高压调节汽门开度约为 48%，两次高压缸效率试验值分别为 88.7% 和 89.1%，而性能考核试验中高压调节汽门全开工况下，高压缸效率达 90.6%。可知，仅额定负荷下，高压调节汽门的不同运行方式就可影响机组热耗率变化约 20kJ/（kW·h）。NH 电厂 1000MW 超超临界机组高压调节汽门运行情况见表 5-184。

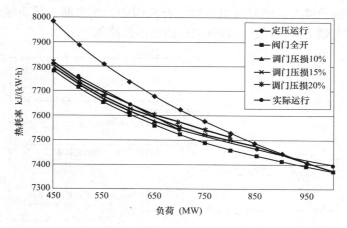

图 5-82 NH 电厂 1000MW 超超临界汽轮机不同调节
汽门运行方式下热耗率与负荷的关系

表 5-184 NH 电厂 1000MW 超超临界机组高压调节汽门运行情况

负荷 MW	5 号机组			6 号机组		
	门前压力（MPa）	门后压力（MPa）	压损（%）	门前压力（MPa）	门后压力（MPa）	压损（%）
1000	26.8	24.8	7.5	26.3	24.8	5.7
850	26.1	24.7	5.7	25.9	24.4	5.8
700	21.5	19.0	11.6	—	—	—
600	17.4	14.6	16.1	17.5	14.7	16.0
500	14.9	12.6	15.4	15.9	12.8	19.5

2）高压调节汽门运行方式

西门子技术的超超临界机组无调节级，采用节流调节的全周进汽方式，增加了高压缸的效率，使机组在额定负荷时具有较高的经济性，另外由于全周进汽无任何附加汽隙激振，提高了机组的轴系稳定性。但在满足电网调频时，全周进汽的节流调节方式尚存不足，即高压调节汽门任何情况下必须保持一定程度的节流，为一次调频（负荷的快速反应）储备一定的裕量，从而引起机组经济性的下降［例如，5%的节流将使热耗率上升12~20kJ/(kW·h)］。

为此西门子提出了多种快速处理负荷变化的措施，例如，增加补汽阀、增大锅炉减温水喷水量，以及通过减少给水流量、凝结水流量、抽汽量的方法来增加功率等。由于这些方法和措施仅在负荷调整阶段投入使用，而在机组正常稳定运行阶段则完全退出，因此对机组经济性的影响微乎其微。

一般对于燃煤机组，燃料添加的变化不能在几秒内改变输出功率，燃料量的变动在2~3min内才会影响功率的输出。而采用补汽阀和增大锅炉减温水喷水量与开大高压调节汽门效果相同，均是锅炉的储备热容量，虽然能够快速的提升负荷，但其只能维持短暂的时间，各种快速增加负荷的方法对时间的相应规律如图5-83所示。另外，从目前国内已投产的配有补气阀的1000MW等级上汽-西门子机组的运行情况来看，补汽阀的投入会造成机组振动增大，同时投用几次后补汽阀会产生泄漏，反而导致机组正常运行情况下热耗率的大幅上升，因此多数机组目前已不再使用。

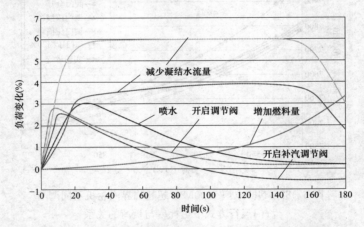

图5-83　各种快速增加负荷的方法对时间的相应规律

减少给水流量或凝结水流量是通过减少进入加热器的抽汽量，从而增加流过汽轮机的蒸汽量来提高机组出力，因此其功率的增加可以持续、有效地弥补增加燃料量所带来的滞后性。该方法已由西门子成功应用在多个电厂，对炉侧也不会产生任何负面的影响。

减少通过低压加热器的凝结水流量，功率可在30~60s内大约上升3%~5%。在此过程中应保持主蒸汽流量和给水流量不变，故会导致整个系统汽水流量的不平衡，即在部分部位会造成工质的大量积聚（例如，凝汽器热井），而部分部位的工质则会大量流失（例如，除氧器水箱），因此采用减少凝结水流量实现功率快速上升的方法所持续的最大时间取决于系统内几大容器的有效容积。如果系统内有效容积不足，可再设置一个单独的水箱，或借用系统外的有效容积，（例如，凝补水箱），通过减少凝结水流量实现功率快速增加的系统示意图如图5-84所示。

3）NH电厂基于凝结水节流的调频方式可行性研究。通过详细的热力性能计算，

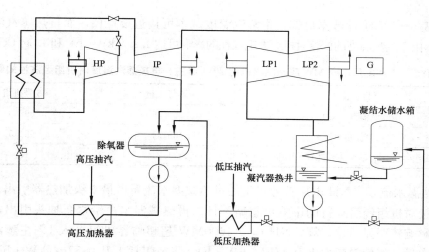

图 5-84　通过减少凝结水流量实现功率快速增加的系统示意图

NH 电厂两台西门子 1000MW 超超临界机组，当凝结水流量减少 1000t/h 时，机组功率将上升 2.9%～3.2%（约 27 500～31 500kW，负荷水平较高时，功率上升量较多），因此可以满足一次调频的要求。

该机组除氧器长约 35.7m，直径约为 4.2m，除氧器中心线以下的有效容积约 350m³，当给水流量保持不变，凝结水流量减少 1000t/h 时，该有效容积能够满足约 20min 的水位持续下降。

该机组单个凝汽器长约 13.4m，宽约 7.1m，故自凝汽器底部至冷却管束间的总有效空间约为 300m³。考虑到凝汽器运行时的正常水位 1790mm，冷却管束底部仍有约 570mm，其有效空间也接近 130m³。当给水流量保持不变，凝结水流量减少 1000t/h 时，该有效容积能够满足约 8min 的持续上升时间。

目前，国内对一次调频的时间要求约为 3～5min，故除氧器及凝汽器的有效容积均能满足一次调频的要求（5min 之内除氧器水位下降约 350mm，凝汽器水位上升约 450mm），而无须增设额外的系统外储水箱。

鉴于该方法在一次调频中的有效性，目前西门子在其控制的电厂中主要推荐该方法作为一次调频的首选方法。另外，JL 电厂与西安热工研究院有限公司合作就该方法在国内百万机组的实际应用申报了华能 2012 年度的科技项目，建议 NH 电厂在 JL 电厂成功实施该方法后加以借鉴，预计可使发电煤耗下降约 1.0g/(kW·h)。

2. 热力系统和运行参数

（1）机组运行参数。表 5-185 给出了 NH 电厂 1000MW 超超临界机组主、再热蒸汽温度变化时对机组经济性的影响量。

表 5-185　NH 电厂 1000MW 超超临界机组主、再热蒸汽温度变化对机组经济性的影响

项目	循环效率（%）	热耗率 [kJ/(kW·h)]	发电煤耗 [g/(kW·h)]
主蒸汽温度	0.031	2.27	0.086
再热蒸汽温度	0.018	1.32	0.050

注　表中数据指主、再热蒸汽温度每变化 1℃时的影响量。

根据表 5-186 统计数据可知，主蒸汽温度基本可接近设计值，而再热蒸汽温度偏低 15℃以上，由于蒸汽温度的偏差对机组发电煤耗的影响可达 1.2g/(kW·h) 和 1.0g/(kW·h)。

表 5-186　　NH 电厂 1000MW 超超临界机组 2011 年主、再热蒸汽温度对机组经济性的影响

项目名称	5 号机组	6 号机组
主蒸汽温度（℃）	596.9	597.3
再热蒸汽温度（℃）	581.4	584.5
对机组经济性的影响 [g/(kW·h)]	1.2	1.0

（2）减温水流量。NH 电厂百万机组的过热减温水流量由最末级加热器引出，因此过热减温水量对机组经济运行的影响可忽略不计。再热减温水由给水泵抽头引出，对机组的经济性影响较明显。据计算，NH 电厂 1000MW 超超临界机组投入 1% 主蒸汽流量的再热减温水量，将使热耗率上升 15kJ/(kW·h)，发电煤耗上升 0.57g/(kW·h)。

表 5-187 给出了 5、6 号机组进汽再热减温水的投入情况，数据表明两台机组的再热减温水量平均分别为 12t/h 和 10t/h，再热减温水量影响机组发电煤耗上升 0.2g/(kW·h) 以上。

表 5-187　　NH 电厂 1000MW 超超临界机组 2011 年再热器减温水对机组经济性的影响

项目名称	5 号机组	6 号机组
再热器减温水量（t/h）	12	10
对机组经济性的影响 [g/(kW·h)]	0.2	0.2

（3）机组的蒸汽消耗。机组正常的蒸汽消耗主要包括锅炉吹灰用汽、除氧器排汽和热力系统外漏等，由于这些用汽量无法测量，因此一般仅能通过机组的补水率进行反映。

目前，NH 电厂 5、6 号机组补水率统计值在 0.5%～1.0% 之间波动，由于水流量表计不准，两台机组的补水率偏差较大，仅能定性反映现状。同类型机组包括 YH 电厂、TS 电厂以及 JL 电厂的补水率均可控制在 1% 以内。

按经验估算，NH 电厂两台机组目前的蒸汽消耗量影响机组的发电煤耗上升约为 0.5g/(kW·h)。

（4）热力系统严密性。机组热力系统泄漏是影响机组经济性的一项重要因素，国内外各研究机构及电厂的实践表明，机组阀门的泄漏虽然对机组煤耗的影响较大，但仅需较小的投入就能获得较大的节能效果。在一定条件下其投入产出比远高于对通流部分的改造，因此在节能降耗工作中首先应重视对系统阀门严密性的治理。

另外热力系统的内漏在使机组经济性下降的同时，还会给凝汽器带来额外的热负荷，经估算可知凝汽器热负荷每增加 10%，将使低压缸排汽压力上升 0.2kPa（真空下降约 0.2kPa）。

表 5-188 给出了 NH 电厂 1000MW 超超临界机组各部位阀门泄漏对机组经济性的影响量。由表 5-188 可知，蒸汽品质越高，其泄漏对机组经济性的影响越大，而水侧发生的泄漏对机组经济性的影响相对较小，因此电厂必须关注与高品质蒸汽有关的阀门（表中所列一类阀门），务必保持其严密性。

表 5-188 NH 电厂 1000MW 超超临界机组各部位阀门泄漏对机组经济性的影响

分类	部位	循环效率（%）	热耗率 [kJ/(kW·h)]	发电煤耗 [g/(kW·h)]
一类阀门（高品位蒸汽）	主蒸汽管道	1.035	75.4	2.8
	热再热管道	0.965	70.3	2.7
	冷再热管道	0.735	53.5	2.0
	高压旁路	0.249	18.1	0.7
	低压旁路	0.965	70.3	2.7
	一段抽汽管道	0.799	58.2	2.2
	二段抽汽管道	0.735	53.5	2.0
	三段抽汽管道	0.715	52.1	2.0
	四段抽汽管道	0.564	41.1	1.6
	五段抽汽管道	0.443	32.3	1.2
	六段抽汽管道	0.360	26.2	1.0
	七段抽汽管道	0.170	12.4	0.5
	八段抽汽管道	0.070	5.1	0.2
二类阀门（高品位水）	1号高压加热器危急疏水	0.197	14.4	0.5
	2号高压加热器危急疏水	0.120	8.8	0.3
	3号高压加热器危急疏水	0.088	6.4	0.2
	除氧器溢放水	0.078	5.7	0.2
三类阀门（水）	5号低压加热器危急疏水	0.031	2.3	0.09
	6号低压加热器危急疏水	0.009	0.7	0.03
	7号低压加热器危急疏水	0.005	0.4	0.02

注 表中数据为当泄漏量为1%主蒸汽流量时的影响量。

本次诊断过程中使用 Fluke@Ti55 型红外影像仪，对 NH 电厂 5、6 号机组热力系统阀门内漏情况进行了测试见表 5-189 和表 5-190，结果表明两台机组的系统内漏较为严重，大量一类阀门的测试显示高品位蒸汽损失较多。另外，5 号机组低压旁路阀后温度90℃，存在微漏。

据估算，两台机组系统严密性对经济性的影响均可达到 2.0g/(kW·h) 左右。

表 5-189 NH 电厂 5 号机组阀门内漏情况检查

序号	部位名称	红外线图片	可见光图片
1	5A 高压缸排汽管道疏水罐疏水		

序号	部位名称	红外线图片	可见光图片
2	.5B 高压缸排汽管道疏水罐疏水		
3	冷段再热蒸汽母管疏水罐疏水		
4	1B 高压加热器危急疏水		
5	2B 高压加热器危急疏水		

续表

序号	部位名称	红外线图片	可见光图片
6	3B 高压加热器危急疏水		
7	1A 高压加热器危急疏水 2A 高压加热器危急疏水		
8	2 号中压调节汽门前疏水		
9	2 号中压主蒸汽门前疏水		

续表

序号	部位名称	红外线图片	可见光图片
10	2号主蒸汽门前疏水	365.0 320 280 240 200 160 120 80 40 14.6 ℃	
11	1号高压调节汽门前疏水	365.0 320 280 240 200 160 120 80 40 11.6 ℃	
12	2号高压调节汽门前疏水	177.2 160 140 120 100 80 60 40 12.1 ℃	
13	1号中压主蒸汽门前疏水	134.9 120 110 100 90 80 70 60 50 40 30 14.3 ℃	

续表

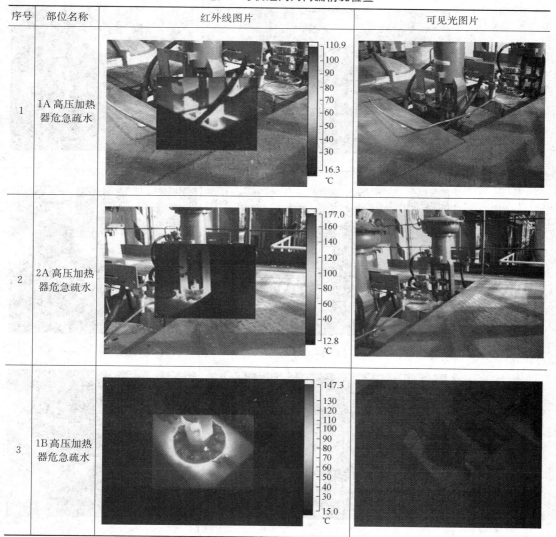

序号	部位名称	红外线图片	可见光图片
14	1号中压调节汽门前疏水		

表 5 - 190 **NH 电厂 6 号机组阀门内漏情况检查**

序号	部位名称	红外线图片	可见光图片
1	1A 高压加热器危急疏水		
2	2A 高压加热器危急疏水		
3	1B 高压加热器危急疏水		

续表

序号	部位名称	红外线图片	可见光图片
4	2B 高压加热器危急疏水		
5	2 号高压调节汽门前疏水		
6	1 号中压主蒸汽门前疏水		
7	1 号中压调节汽门前疏水		

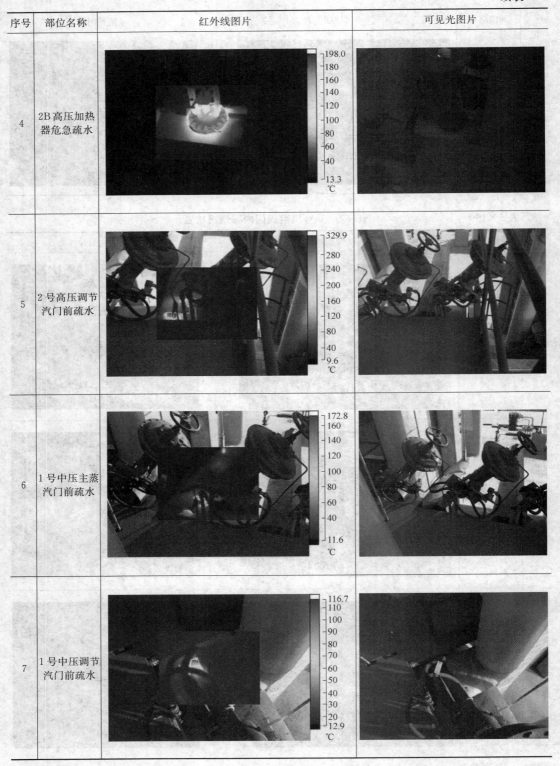

序号	部位名称	红外线图片	可见光图片
8	6号补汽阀前疏水		
9	6A 高压缸排汽管道疏水罐疏水		
10	6B 高压缸排汽管道疏水罐疏水		
11	2A 高压加热器进汽电动门后疏水		

序号	部位名称	红外线图片	可见光图片
12	冷段再热蒸汽母管疏水罐疏水		

（5）回热系统。

1）高、低压加热器。根据计算，NH 电厂 1000MW 超超临界机组上、下端差对机组经济性的影响量分别见表 5－191、表 5－192。

表 5－191　　NH 电厂 1000MW 超超临界机组加热器上端差对机组经济性的影响

项目	循环效率（%）	热耗率 [kJ/(kW·h)]	发电煤耗 [g/(kW·h)]
1 号高压加热器上端差	0.305	22.22	0.82
2 号高压加热器上端差	0.100	7.28	0.27
3 号高压加热器上端差	0.147	10.75	0.40
5 号低压加热器上端差	0.107	7.80	0.29
6 号低压加热器上端差	0.079	5.73	0.21
7 号低压加热器上端差	0.186	13.55	0.50
8 号低压加热器上端差	0.112	8.15	0.30

注　表中数据指加热器上端差变化 10℃时的影响量。

表 5－192　　NH 电厂 1000MW 超超临界机组加热器下端差对机组经济性的影响

项目名称	循环效率（%）	热耗率 [kJ/(kW·h)]	发电煤耗 [g/(kW·h)]
1 号高压加热器下端差	0.112	0.47	0.02
2 号高压加热器下端差	0.567	2.37	0.09
3 号高压加热器下端差	0.694	2.91	0.11
5 号低压加热器下端差	0.539	2.25	0.08

注　表中数据指加热器上端差变化 10℃时的影响量。

高、低压加热器是回热系统的重要组成部分，描述加热器性能的主要指标是加热器的上、下端差。加热器自身及运行缺陷均会反映在加热器的端差上，通常电厂将加热器的上、下端差作为小指标考核的重要内容。计算结果表明加热器上端差对机组经济性的影响较下端差明显，是下端差影响量的数倍。

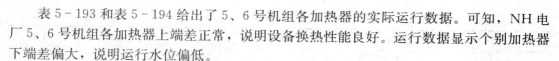

表 5－193 和表 5－194 给出了 5、6 号机组各加热器的实际运行数据。可知，NH 电厂 5、6 号机组各加热器上端差正常，说明设备换热性能良好。运行数据显示个别加热器下端差偏大，说明运行水位偏低。

诊断期间对 5 号机组 5 号低压加热器水位进行了调整，水位从 －22mm 上调至 14.6mm，疏水端差由 8.5℃ 降至 6.6℃，说明设备状况良好，运行中可适当调高水位，将疏水端差控制在合理范围内。

一般加热器水位偏低会导致串汽现象，在疏水冷却段入口处易形成汽水两相流动，导致该处换热管振动，严重的还会造成疏水管道和调节汽门振动，并损坏下级加热器疏水入口管路附件。考虑到加热器水位计精度不高，故运行中，水位的控制应以下端差为准，必要时可上调水位报警定值。

据核算，回热系统对机组经济性的负面影响不足 0.5g/(kW·h)。

表 5－193　　　　　　　　　　　　5 号机组 1000MW 工况加热器数据

项目名称	单位	高 1	高 2	高 3	低 5	低 6
加热器进汽压力	MPa	7.64	5.65	2.30	0.59	0.24
加热器进水温度	℃	270.5	220.9	192.1	123.5	86.1
加热器出水温度	℃	293.8	270.5	220.9	154.7	123.5
加热器疏水温度	℃	274.3	225.9	195.6	132.0	—
进汽压力下饱和温度	℃	291.8	271.66	219.55	158.38	125.98
加热器温升	℃	23.3	49.60	28.80	31.20	37.40
加热器上端差	℃	－2.03	1.16	－1.35	3.68	2.48
加热器下端差	℃	3.80	5.00	3.50	8.50	—
设计上端差	℃	－1.70	0.00	0.00	2.80	2.80
设计下端差	℃	5.60	5.00	5.60	5.60	—
设计温升	℃	20.20	54.80	29.40	31.40	38.70
上端差比设计值高	℃	－0.33	1.16	－1.35	0.88	－0.32
下端差比设计值高	℃	－1.80	－0.60	－2.10	2.90	—
比设计温升低	℃	－3.10	5.20	0.60	0.20	1.30

表 5－194　　　　　　　　　　　　6 号机组 1000MW 工况加热器数据

项目名称	单位	高 1	高 2	高 3	低 5	低 6
加热器进汽压力	MPa	7.54	5.59	2.37	0.59	0.24
加热器进水温度	℃	270.8	221.0	191.6	123.1	83.9
加热器出水温度	℃	293.2	270.8	221.0	155.0	123.1
加热器疏水温度	℃	276.3	225.0	195.2	131.4	—
进汽压力下饱和温度	℃	290.9	270.97	221.12	158.05	125.89
加热器温升	℃	22.4	49.80	29.40	31.90	39.20
加热器上端差	℃	－2.34	0.17	0.12	3.05	2.79
加热器下端差	℃	5.50	4.00	3.60	8.30	—

项目名称	单位	高 1	高 2	高 3	低 5	低 6
设计上端差	℃	−1.70	0.00	0.00	2.80	2.80
设计下端差	℃	5.60	5.60	5.60	5.60	—
设计温升	℃	20.20	54.80	29.40	31.40	38.70
上端差比设计值高	℃	−0.64	0.17	0.12	0.25	−0.01
下端差比设计值高	℃	−0.10	−1.60	−2.00	2.70	—
比设计温升低	℃	−2.20	5.00	—	−0.50	−0.50

2）低压加热器疏水泵。NH 电厂 1000MW 超超临界机组 6 号低压加疏水由疏水泵打至该低压加热器凝结水出口。疏水泵设计扬程 220m，运行中，6 号低压加热器的水位依靠疏水泵出口调节汽门调节节流，节流损失较大。1000MW 工况下，疏水泵出口压力高达 2.3MPa，扬程约为 200m，根据除氧器运行参数和凝结水母管压力估算可知，若出口调节汽门全开，该负荷下疏水泵扬程仅需 135m 即可，说明调节汽门存在较大的节流损失。在低负荷工况下，调节汽门节流损失将更大。

另外，需要指出的是 NH 电厂疏水泵选型偏大，表 5-195 是部分 1000MW 超超临界机组疏水泵设计规范比较。

表 5-195　　　　部分 1000MW 超超临界机组疏水泵设计规范比较

	用户	NH 电厂	YH 电厂、TS 电厂	JL 电厂
疏水泵	制造厂	上海阿波罗机械制造有限公司	长沙水泵厂有限公司	沈阳工业泵制造有限公司
	型号	AHD350-48×5A	200DG43×5	D300-50x4
	功率（kW）	315	250	199
	流量（m³/h）	315	288	300
	扬程（mH₂O）	220	190.0	190.0
	转速（r/min）	1450	1480	1480
	必需汽蚀余量（m）	1.8	4.7	2.8
电动机	电动机型号	YKK400-4	YKK355-4	Y2-355M-4
	功率（kW）	315	250	250
	电压（V）	6000	6000	6000
	电流（A）	36.6	30.4	29.3

建议 NH 电厂考虑对 1000MW 超超临界机组的低压加热器疏水泵进行变频改造。运行中疏水泵调门可全开，通过变频调速控制 6 号低压加热器水位，消除调节汽门节流损失。

依据疏水泵当前的运行状况，若仅考虑除氧器滑压运行的影响，则变频改造后，在 90% 负荷下，疏水泵扬程可降至 135m 左右，则疏水泵功率可下降约 110kW；在 75% 负荷下，疏水泵扬程可降至 120m 左右，则疏水泵功率可下降约 130kW。

NH 电厂 5、6 号机组的平均负荷率约为 83%，综合考虑各种因素的影响，疏水泵变频改造后，可影响厂用电率下降约 0.01 个百分点。

另外，需要指出的是，受系统布置和疏水温度的影响，低压加热器疏水泵常因汽蚀而故障。而变频改造后，低压加热器疏水泵因变速调节而降低了必需汽蚀余量，有助于改善疏水泵的汽蚀状况，提高设备的安全可靠性。

（6）热力及疏水系统优化。建议 NH 电厂采用下文各方案实施热力系统优化改造，以取消冗余系统，减少管道和阀门数量，提高系统运行可靠性及经济性，并有效降低运行人员操作强度。需要注意的是，为了保证合并后疏水通畅（不积水），所有的疏水管道合并，从水平标高的角度来讲必须由高点并入低点。

1）高排通风阀系统改进。高排通风阀容易泄漏，且工质品位较高，根据核算，每 1% 主蒸汽流量的高排通风阀泄漏量将导致机组热耗率升高 53kJ/(kW·h)。建议在高排通风阀前增设一道严密性好的电动门，机组运行中关闭，需要开启通风阀时先开启该电动门。电动门一般在 1s 左右即可开启，全部开启约需 1min 高排通风阀系统改进如图 5-85所示。

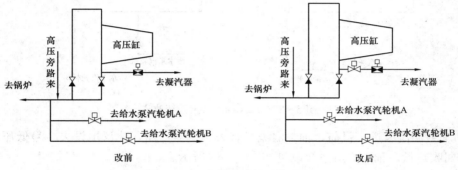

图 5-85 高排通风阀系统改进

高排通风阀主要应用与中压缸启动的机组，是由于高压缸可能产生鼓风效应，造成高压缸过热，与机组的突然甩负荷等突发事件并无直接关系，因此对时间的要求并不高。故目前许多采用高压缸启动的机组已不设高排通风阀，而部分设有高排通风阀的机组，本来就已设计电动门。

2）冷再供给水泵汽轮机疏水改进。冷再供给水泵汽轮机疏水改进如图 5-86 所示。

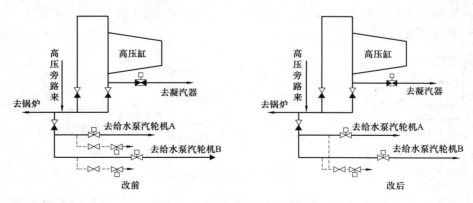

图 5-86 冷再供小机疏水改进

3) 四段抽汽管道系统改进。取消四段抽汽管道至给水泵汽轮机母管和支管的管道放气，将两台给水泵汽轮机电动门前疏水合并。四段抽汽管道系统改进如图 5 - 87 所示。

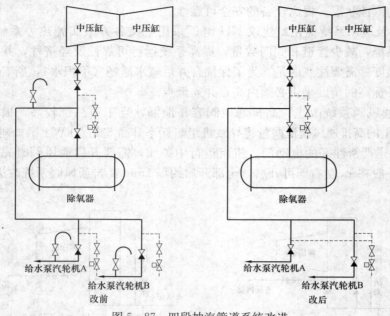

图 5 - 87　四段抽汽管道系统改进

4) 轴封溢流改进。目前，轴封溢流只有去凝汽器一路，建议增设去 8 号低压加热器一路，回收热量。轴封溢流系统改进如图 5 - 88 所示。

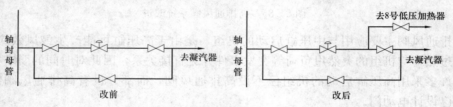

图 5 - 88　轴封溢流系统改进

5) 凝结水补水系统改进。目前，凝结水补水管路中放水门有可能存在漏真空，建议如图 5 - 89 所示进行改进。

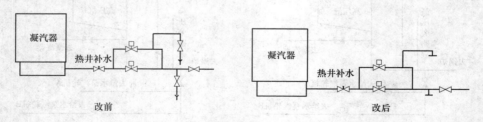

图 5 - 89　凝结水补水系统改进

6) 疏水冷却器系统改进。目前，疏水冷却器系统中放水，放气门有可能存在漏真空，建议如图 5 - 90 所示进行改进。

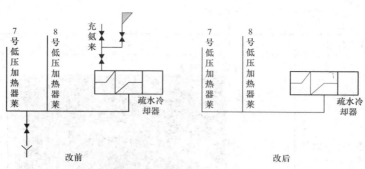

图 5-90 疏水冷却器系统改进

3. 机组保温

2012 年 3 月 3 日使用 Fluke@Ti55 型红外影像仪对 NH 电厂 5、6 号机组热力设备保温工程性能进行了测试。从测试图像来看，两台机组热力设备保温情况总体较好，未发现大面积严重超标现象，测试红外热像图见表 5-196、表 5-197。

表 5-196   NH 电厂 5 号机组保温情况检查

序号	部位名称	红外线图片
1	右墙	
2	炉顶	

序号	部位名称	红外线图片
3	5 号低压加热器	
4	1B 高压加热器	
5	1A 高压加热器	
6	高中压缸	

续表

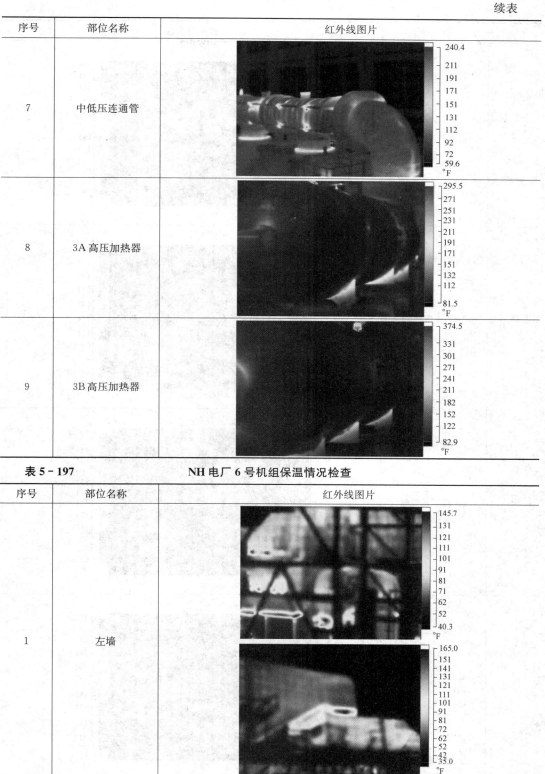

序号	部位名称	红外线图片
7	中低压连通管	
8	3A 高压加热器	
9	3B 高压加热器	

表 5 - 197　　　　　　　　NH 电厂 6 号机组保温情况检查

序号	部位名称	红外线图片
1	左墙	

序号	部位名称	红外线图片
2	高中压缸	
3	中低压连通管	
4	3A 高压加热器	
5	3B 高压加热器	

续表

序号	部位名称	红外线图片
6	1A 高压加热器	
7	1B 高压加热器	
8	5 号低压加热器	

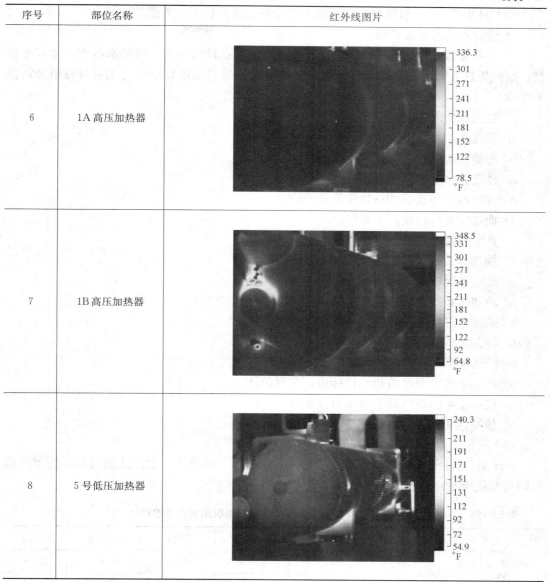

从以往对大容量火电机组的保温测试结果来看，即使整体保温较差，超温面积较多，根据 DL/T 934—2005《火力发电厂保温工程热态考核测试与评价规程》给出的计算方法核算，其保温对机组煤耗的影响一般也在 0.1g/(kW·h) 之内，对机组经济性影响很小。

4. 冷端系统

火电厂汽轮机冷端系统能耗诊断，主要是以电厂凝汽器、循环水泵的设计技术规范以及汽轮机设计热平衡图等为根据，对冷端系统运行性能参数和循环水泵运行方式进行分析，考查其偏离设计值的程度，根据偏离程度计算其对机组经济性的影响量，进而对主要经济性影响因素进行分析，最后提出解决问题和改善经济性的措施。

对 NH 电厂 5、6 号机组冷端系统节能诊断主要包括六个方面的内容：

1）设计参数对比及评价。

2）主要参数对经济性影响定量计算，主要包括：排汽压力、冷却水温度、冷却水流量、凝汽器热负荷、凝汽器冷却面积以及清洁系数等主要参数单位变化量对机组经济性的影响。

3）凝汽器性能诊断，主要包括：

a. 凝汽器压力测点校核及评价。

b. 冷端系统运行指标统计数据分析。

c. 凝汽器典型工况性能分析。

d. 凝汽器冷却管清洁系数核算及评价。

4）抽真空系统诊断，主要包括：

a. 真空严密性试验。

b. 抽真空装置运行性能分析。

c. 真空系统现场实际检查。

5）冷却水系统诊断，主要包括：

a. 循环水泵耗电率分析。

b. 冷却塔性能评价。

c. 循环水泵运行方式优化。

6）冷端系统主要经济指标目标值，主要包括：

a. 核算全年内凝汽器平均压力目标值。

b. 核算全年内循环水泵耗电率目标值。

（1）设备规范。

NH 电厂 5、6 号机组凝汽器为双背压、双壳体、单流程、表面式凝汽器，技术规范与同类型机组对比见表 5-198、表 5-199。

表 5-198　　　　　NH 电厂 5、6 号机组凝汽器与同类型机组设计性能对比

名称	单位	NH 电厂	TS 电厂	JL 电厂	HM 电厂	YH 电厂
凝汽器冷却面积	m²	54 000	55 000	50 000	51 670	49 000
冷却水流量	m³/h	90 849.6	103 816	103 978	112 846	114 181.2
冷却水入口温度	℃	24.5	21	19	23.5	—
设计压力	kPa	6.2	5.3	4.7	5.7	4.9
冷却管总数（主凝区＋空冷区）	根	51 696	47 012	39 892	—	37 180
冷却管材质（主凝区＋空冷区）	—	钛	TP316L	TP316L	TA2	TA2
冷却管外径×壁厚	mm	Φ25×0.5	Φ28×0.5	Φ30×0.559	Φ25×0.559	Φ32×0.559

表 5 - 199　　　　　NH 电厂 5、6 号机组与同类型机组循环水泵技术参数对比

项目	单位	NH 电厂	TS 电厂	JL 电厂	HM 电厂	YH 电厂
制造厂	—	荏原	长沙水泵	日立泵	—	德国 KSB
型号	—	2600VZNM	88LKXA	2600HD	90LKXA	SEZA26
是否双速	—	否	否	否	否	否
配置		两泵	三泵	两泵	三泵	两泵
流量	m³/h	16.6	10.91	13	11.3	16.1
扬程	mH₂O	24.5	25.5	18.59	11.8	21.89
转速	r/min	330	372	295	370	296
效率	%	85	87.5	88.5	87	87
电机功率	kW	5800	3600	3600	2700	4600

NH 电厂 5、6 号机组凝汽器设计冷却面积为 54 000m²，比 TS 电厂略小，比 JL 电厂凝汽器冷却面积偏大 8%。

NH 电厂 5、6 号机组设计循环水量为 90 849.6m³/h，比 JL 电厂设计循环水量偏小约 14.4%。

NH 电厂 5、6 号机组设计循环水温度为 24.5℃，比 JL 电厂设计循环水温度偏高 5.5℃。

NH 电厂 5、6 号机组凝汽器设计压力为 6.2kPa，比 JL 电厂凝汽器设计压力偏高 1.5kPa，导致机组发电煤耗升高约 3.0 g/(kW·h)，其主要原因：相比 JL 电厂（开式水冷却系统），NH 电厂 5、6 号机组设计出塔水温度偏高 5.5℃。

综合考虑，NH 电厂 5、6 号机组冷端系统各设备设计情况，可满足机组运行条件。

（2）主要参数对经济性的影响。一般凝汽器的工作状况能够通过相应的参数予以表征，主要包括：冷却水温度、凝汽器清洁系数、冷却水流量、凝汽器热负荷、空气侧分压力、凝汽器冷却面积。以 NH 电厂 5、6 号机组凝汽器、循环水泵的技术规范为基础，参考排汽压力变化对功率和热耗率的修正曲线，以及对凝汽器变工况进行了详细核算等，得出排汽压力、冷却水温度、冷却水流量、凝汽器热负荷、凝汽器冷却面积以及清洁系数等主要参数的单位变化量对机组经济性的影响，以供参考。具体计算结果见表 5 - 200。

表 5 - 200　NH 电厂 5、6 号机组冷端系统主要参数单位变化量对经济性的影响（额定工况下）

项目名称	变化	对热耗率的影响 [kJ/(kW·h)]	对发电煤耗的影响 [g/(kW·h)]
排汽压力（kPa）	1kPa	52.8	2.0
冷却水温度（℃）	1℃	18.5	0.7
清洁系数	0.1	15.8	0.6
冷却水流量（t/h）	10%	15.8	0.6
凝汽器热负荷（MJ/h）	10%	13.2	0.5
凝汽器冷却面积（m²）	10%	7.9	0.3

（3）现场凝汽器压力测点校核及评价。凝汽器压力测量不准确的现象在我国电厂中比较普遍，一方面在机组实际运行中误导了运行人员，另一方面妨碍了对凝汽器性能的

准确评价。

为了摸清 5、6 号机组凝汽器真空显示值是否准确,并对凝汽器性能进行评价,本次对 5、6 号机组的现场诊断中,利用我院携带的经校验的 ROSEMOUNT 3051 绝压变送器(精度等级 0.075),对 5、6 号机组现场凝汽器压力测点进行了校核及评价,具体现场实测参数见表 5-201、表 5-202。主要结论为:

1) 5 号机组 DCS 显示的真空值不准确,低压缸排汽温度对应的饱和压力与现场实测凝汽器绝对压力基本一致。

2) 6 号机组 DCS 显示的真空值不准确,低压缸排汽温度对应的饱和压力与现场实测凝汽器绝对压力基本一致。

3) 建议电厂按相关规范要求对低压缸排汽压力测点进行规范,并考虑将真空表改为绝对压力表。

表 5-201　　　　　　　　NH 电厂 5 号机组凝汽器压力测点校核数据

时间 2 月 29 日	负荷 (MW)	高压侧凝汽器绝对 压力(kPa)	高压侧凝汽器真空对 应绝对压力(kPa)	高压侧排汽温度 (℃)	高压侧排汽温度对应的 饱和压力(kPa)
14:20	1001.78	5.3	4.6	33.6	5.2
14:25	1001.78	5.3	4.6	33.6	5.2
时间 2 月 29 日	负荷 (MW)	低压侧凝汽器绝对 压力(kPa)	低压侧凝汽器真空对应 绝对压力(kPa)	低压侧排汽温度 (℃)	低压侧排汽温度对应的 饱和压力(kPa)
14:30	1001.78	4.5	3.7	30.8	4.5
14:35	1001.78	4.5	3.7	30.8	4.5

表 5-202　　　　　　　　NH 电厂 6 号机组凝汽器压力测点校核数据

时间 2 月 29 日	负荷 (MW)	高压侧凝汽器绝对 压力(kPa)	高压侧凝汽器真空 对应绝对压力(kPa)	高压侧排汽温度 (℃)	高压侧排汽温度对应的 饱和压力(kPa)
14:40	899.56	5.2	4.2	33.3	5.1
14:45	899.56	5.2	4.2	33.3	5.1
时间 2 月 29 日	负荷 (MW)	低压侧凝汽器绝对 压力(kPa)	低压侧凝汽器真空对 应绝对压力(kPa)	低压侧排汽温度 (℃)	低压侧排汽温度对应的 饱和压力(kPa)
14:50	899.56	4.3	3.1	29.9	4.2
14:55	899.56	4.3	3.1	29.9	4.2

　　注　现场实测大气压力为 102.2kPa。

(4) 冷端系统运行统计数据分析。通过对 2011 年 5、6 号机组冷端系统运行统计数据进行了核算分析,结果表明:5、6 号机组凝汽器实际运行性能基本达到设计水平。

1) 5 号机组。2011 年 NH 电厂 5 号机组凝汽器运行统计数据见表 5-203。从中可以看出:5 号机组平均出力系数为 81.7%,循环水平均入口温度 20.7℃,循环水平均出口温度 31.5℃,低压缸平均排汽温度 34.2℃,凝汽器平均端差为 2.7℃,凝汽器平均压力为 5.6kPa,经核算,在上述工况下凝汽器压力应达到 5.6kPa,可见凝汽器实际运行水平基本达到了设计水平。

表 5 - 203　　　　　　　　　　　**NH 电厂 5 机组冷端系统运行性能统计**

时间	出力系数（%）	循环水入口温度（℃）	循环水出口温度（℃）	排汽温度（℃）	凝汽器端差（℃）	循环水泵耗电率（%）	凝汽器压力（kPa）
2011.01	86.3	8.6	17.6	26.6	9	0.60	3.5
2011.02	75.8	12.6	23.6	28.3	4.7	0.67	3.9
2011.03	90.1	14.5	27.1	30.4	3.3	0.59	4.3
2011.04	87.5	18.5	33.9	32.1	3	0.78	4.8
2011.05				检修			
2011.06	78.9	28.0	35.1	39.0	3.9	1.09	7.0
2011.07	82.9	31.2	40.2	41.6	1.4	1.07	8.0
2011.08	82.4	30.6	40.0	41.2	1.2	1.05	7.9
2011.09	79.0	26.7	37.5	38.5	1	0.86	6.8
2011.10	75.8	22.2	33.9	35.1	1.2	0.68	5.6
2011.11	76.6	20.9	32.4	34.0	1.6	0.69	5.3
2011.12	83.2	13.6	25.8	29.2	3.4	0.62	4.1
平均	81.7	20.7	31.5	34.2	2.7	0.79	5.6

2）6 号机组。2011 年 NH 电厂 6 号机组凝汽器运行统计数据见表 5 - 204。从中可以看出：6 号机组平均出力系数为 84.5%，循环水平均入口温度 20.8℃，循环水平均出口温度 32.2℃，低压缸平均排汽温度 34.3℃，凝汽器平均端差为 2.0℃，凝汽器平均压力为 5.6kPa，经核算，在上述工况下凝汽器压力应达到 5.6kPa，可见凝汽器实际运行水平基本达到设计水平。

表 5 - 204　　　　　　　　　　　**NH 电厂 6 机组冷端系统运行性能统计**

时间	出力系数（%）	循环水入口温度（℃）	循环水出口温度（℃）	排汽温度（℃）	凝汽器端差（℃）	循环水泵耗电率（%）	凝汽器压力（kPa）
2011.01	93.2	8.4	17.4	26.8	9.4	0.63	3.5
2011.02	89.4	13.4	26.3	28.0	1.7	0.60	3.8
2011.03	96.1	14.2	27.7	30.6	2.9	0.59	4.4
2011.04	87.8	19.1	32.0	33.3	1.3	0.63	5.1
2011.05	90.5	23.1	35.9	36.5	0.6	0.71	6.1
2011.06	78.7	27.3	38.0	38.6	0.6	1.09	6.9
2011.07	81.3	31.1	40.3	41.2	0.9	1.07	7.8
2011.08	81.9	30.4	40.3	41.1	0.8	1.05	7.8
2011.09	79.2	26.6	37.5	38.2	0.7	1.09	6.7
2011.10	76.0	22.2	33.6	34.5	0.9	0.74	5.6
2011.11	77.0	20.7	32.3	33.5	1.2	0.71	5.2
2011.12	83.3	13.5	25.5	29.0	3.5	0.66	4.0
平均	84.5	20.8	32.2	34.3	2.0	0.79	5.6

（5）凝汽器性能。选取近期典型工况凝汽器实际运行数据对其性能进行了核算，具体结果介绍如下。

1）5 号机组负荷为 1000.2MW、冷却水入口温度 10.8℃、冷却水出口温度 25.0℃，一台循环水泵运行，低压缸平均排汽温度为 29.8℃、凝汽器平均压力为 4.2kPa、凝汽器端差为 4.8℃，核算凝汽器清洁系数在 0.86 左右，具体核算结果见表 5 - 205。由凝汽器特性曲线及性能核算结果可知，在上述工况下凝汽器压力应达到 4.2kPa，故 5 号凝汽器实际性能基本达到设计水平。

2）6 号机组负荷为 1001.8MW、冷却水入口温度 11.0℃、冷却水出口温度 25.2℃、一台循环水泵运行，低压缸平均排汽温度为 29.9℃，凝汽器平均压力为 4.2kPa，凝汽器端差为 4.7℃，核算凝汽器清洁系数在 0.87 左右，具体核算结果见表 5 - 206。由凝汽器特性曲线及性能核算结果可知，在上述工况下凝汽器压力应达到 4.2kPa，故 6 号凝汽器实际性能基本达到设计水平。

表 5 - 205　　　　　　　　　　NH 电厂 5 机组凝汽器性能计算结果

项目名称	单位	设计	设计
冷却管材料	—	钛	钛
冷却管总数		51 696	51 696
主凝结区冷却管数	—	44 464	44 464
主凝结区冷却管外径	mm	25	25
主凝结区冷却管壁厚	mm	0.5	0.5
空冷区、顶部三排及通道外侧冷却管数	—	7232	7232
空冷区、顶部三排及通道外侧冷却管外径	mm	25	25
空冷区、顶部三排及通道外侧冷却管壁厚	mm	0.7	0.7
加热管有效长度	m	13.3	13.3
冷却水流程数	—	1	1
凝汽器冷却面积	m²	54 001	54 001
冷却管总通流面积	m²	11.6	11.6
实测数据			
机组负荷	MW	1000.0	1000.2
凝汽器冷却水流量	m³/h	90 849.6	53 000.0
低压凝汽器冷却水进口温度	℃	24.5	10.8
高压凝汽器冷却水出口温度	℃	33.7	25.0
低压凝汽器压力	kPa	5.2	4.0
高压凝汽器压力	kPa	7.2	4.4
大气压力	kPa	101.5	101.5
冷却水总温升	℃	9.2	14.2
低压凝汽器出口温度	℃	29.1	17.9
高压凝汽器进口温度	℃	29.1	17.9
低压凝汽器进水温度修正系数	—	1.029	0.847

项目名称	单位	设计	设计
高压凝汽器进水温度修正系数	—	1.058	0.961
管径修正系数	—	2705.0	2705.0
冷却管内水流速	m/s	2.2	1.3
基本传热系数	kW/(m²·K)	3.983	3.042
壁厚修正系数	—	0.952	0.952
设计数据			
凝汽器冷却水密度	kg/m³	998.5	998.5
凝汽器冷却水流量	m³/h	90 849.6	53 000.0
低压凝汽器冷却水进口温度	℃	24.5	10.8
高压凝汽器冷却水进口温度	℃	33.7	25.0
低压凝汽器设计进水温度修正系数	—	1.029	0.847
高压凝汽器设计进水温度修正系数	—	1.082	1.033
设计管径修正系数		2705.0	2705.0
设计冷却管内水流速	m/s	2.2	1.3
设计基本传热系数	kW/(m²·K)	3.983	3.042
设计壁厚修正系数	—	0.952	0.952
低压凝汽器运行清洁系数	—	0.9	0.9
高压凝汽器运行清洁系数	—	0.9	0.9
低压凝汽器			
冷却水密度	kg/m³	998.5	998.5
定压比热	kJ/(kg·℃)	4.179	4.186
低压凝汽器压力下饱和温度	℃	33.6	29.0
低压凝汽器冷却水温升	℃	4.6	7.1
低压凝汽器热负荷	MJ/h	1 743 773.9	1 572 848.6
低压凝汽器热负荷	MW	484.4	436.9
低压凝汽器传热端差	℃	4.5	11.1
低压凝汽器对数平均温差	℃	5.0	14.3
低压凝汽器总体传热系数	kW/(m²·K)	3.5	2.3
低压凝汽器运行清洁系数	—	0.9	0.86
在设计冷却水进口温度和流量条件下			
修正后的传热系数	kW/(m²·K)	3.6	2.0
修正后的温升	℃	4.6	7.1
修正后的凝汽器传热端差	℃	3.1	4.9
修正后的凝汽器压力饱和温度	℃	32.2	22.8
修正后的凝汽器压力	kPa	4.8	2.8
在设计冷却水进口温度、流量和清洁系数条件下			

续表

项目名称	单位	设计	设计
修正后的传热系数	kW/(m²·K)	3.513	2.208
修正后的温升	℃	4.6	7.1
修正后的凝汽器传热端差	℃	3.2	4.4
修正后的凝汽器压力饱和温度	℃	32.3	22.3
修正后的凝汽器压力	kPa	4.8	2.7
高压凝汽器			
冷却水密度	kg/m³	1001.0	1001.0
定压比热	kJ/(kg·℃)	4.2	4.2
高压凝汽器压力下饱和温度	℃	39.6	30.6
高压凝汽器冷却水温升	℃	4.6	7.1
高压凝汽器热负荷	MJ/h	1 747 877.9	1 574 795.5
高压凝汽器热负荷	MW	485.5	437.4
高压凝汽器传热端差	℃	4.2	4.4
高压凝汽器对数平均温差	℃	5.0	6.7
高压凝汽器总体传热系数	kW/(m²·K)	3.6	2.4
高压凝汽器运行清洁系数	—	0.9	0.87
凝汽器运行压力	kPa	6.2	4.2
清洁系数修正后的凝汽器压力	kPa	6.2	4.2

表 5-206 　　　　　　　　　　NH 电厂 6 机组凝汽器性能计算结果

项目名称	单位	设计	设计
冷却管材料	—	钛	钛
冷却管总数	—	51 696	51 696
主凝结区冷却管数	—	44 464	44 464
主凝结区冷却管外径	mm	25	25
主凝结区冷却管壁厚	mm	0.5	0.5
空冷区、顶部三排及通道外侧冷却管数	—	7232	7232
空冷区、顶部三排及通道外侧冷却管外径	mm	25	25
空冷区、顶部三排及通道外侧冷却管壁厚	mm	0.7	0.7
加热管有效长度	m	13.3	13.3
冷却水流程数	—	1	1
凝汽器冷却面积	m²	54 001	54 001
冷却管总通流面积	m²	11.6	11.6
实测数据			
机组负荷	MW	1000.0	1001.8
凝汽器冷却水流量	m³/h	90 849.6	53 000.0

项目名称	单位	设计	设计
低压凝汽器冷却水进口温度	℃	24.5	10.8
高压凝汽器冷却水出口温度	℃	33.7	25.0
低压凝汽器压力	kPa	5.2	4.0
高压凝汽器压力	kPa	7.2	4.4
大气压力	kPa	101.5	101.5
冷却水总温升	℃	9.2	14.2
低压凝汽器出口温度	℃	29.1	17.9
高压凝汽器进口温度	℃	29.1	17.9
低压凝汽器进水温度修正系数	—	1.029	0.847
高压凝汽器进水温度修正系数	—	1.058	0.961
管径修正系数	—	2705.0	2705.0
冷却管内水流速	m/s	2.2	1.3
基本传热系数	kW/(m² · K)	3.983	3.042
壁厚修正系数	—	0.952	0.952
设计数据			
凝汽器冷却水密度	kg/m³	998.5	998.5
凝汽器冷却水流量	m³/h	90 849.6	53 000.0
低压凝汽器冷却水进口温度	℃	24.5	10.8
高压凝汽器冷却水进口温度	℃	33.7	25.0
低压凝汽器设计进水温度修正系数	—	1.029	0.847
高压凝汽器设计进水温度修正系数	—	1.082	1.033
设计管径修正系数	—	2705.0	2705.0
设计冷却管内水流速	m/s	2.2	1.3
设计基本传热系数	kW/(m² · K)	3.983	3.042
设计壁厚修正系数	—	0.952	0.952
低压凝汽器运行清洁系数	—	0.9	0.9
高压凝汽器运行清洁系数	—	0.9	0.9
低压凝汽器			
冷却水密度	kg/m³	998.5	998.5
定压比热	kJ/(kg · ℃)	4.179	4.186
低压凝汽器压力下饱和温度	℃	33.6	29.0
低压凝汽器冷却水温升	℃	4.6	7.1
低压凝汽器热负荷	MJ/h	1 743 773.9	1 572 848.6
低压凝汽器热负荷	MW	484.4	436.9
低压凝汽器传热端差	℃	4.5	11.1
低压凝汽器对数平均温差	℃	5.0	14.3

续表

项目名称	单位	设计	设计
低压凝汽器总体传热系数	kW/(m² · K)	3.589	2.3
低压凝汽器运行清洁系数	—	0.9	0.85
在设计冷却水进口温度和流量条件下			
修正后的传热系数	kW/(m² · K)	3.6	2.0
修正后的温升	℃	4.6	7.1
修正后的凝汽器传热端差	℃	3.1	4.9
修正后的凝汽器压力饱和温度	℃	32.2	22.8
修正后的凝汽器压力	kPa	4.8	2.8
在设计冷却水进口温度、流量和清洁系数条件下			
修正后的传热系数	kW/(m² · K)	3.513	2.208
修正后的温升	℃	4.6	7.1
修正后的凝汽器传热端差	℃	3.2	4.4
修正后的凝汽器压力饱和温度	℃	32.3	22.3
修正后的凝汽器压力	kPa	4.8	2.7
高压凝汽器			
冷却水密度	kg/m³	1001.0	1001.0
定压比热	kJ/(kg · ℃)	4.2	4.2
高压凝汽器压力下饱和温度	℃	39.6	30.6
高压凝汽器冷却水温升	℃	4.6	7.1
高压凝汽器热负荷	MJ/h	1 747 877.9	1 574 795.5
高压凝汽器热负荷	MW	485.5	437.4
高压凝汽器传热端差	℃	4.2	4.4
高压凝汽器对数平均温差	℃	5.0	6.7
高压凝汽器总体传热系数	kW/(m² · K)	3.6	2.4
高压凝汽器运行清洁系数	—	0.9	0.87
凝汽器运行压力	kPa	6.2	4.2
清洁系数修正后的凝汽器压力	kPa	6.2	4.2

（6）真空系统。

1）真空系统严密性。现场进行了 5、6 号机组真空严密性试验，试验值基本在 150Pa/min 以内，表明两台机组真空严密性处于良好的水平。具体试验数据间表 5 - 207、表 5 - 208。

表 5 - 207　　　　　NH 电厂 5 号机组真空严密性现场试验结果

试验时间 2012 年 2 月 17 日	低压侧真空（kPa）	高压侧真空（kPa）
20：15	99.36	99.11
20：16	99.38	99.11

续表

试验时间 2012 年 2 月 17 日	低压侧真空 (kPa)	高压侧真空 (kPa)
20：17	99.16	98.87
20：18	99.03	98.74
20：19	98.91	98.62
20：20	98.68	98.4
20：21	98.5	98.2
20：22	98.54	98.24
20：23	98.3	97.99

试验进行了 8min，取后 5min 数据，真空严密性试验值 148Pa/min

表 5 - 208　　　　　NH 电厂 6 号机组真空严密性现场试验结果

试验时间 2012 年 2 月 7 日	低压侧真空 (kPa)	高压侧真空 (kPa)
11：31	98.99	98.69
11：32	98.99	98.76
11：33	98.64	98.47
11：34	98.5	98.4
11：35	98.38	98.22
11：36	98.25	98
11：37	98.01	97.88
11：38	97.89	97.76
11：39	97.77	97.65

试验进行了 8min，取后 5min 数据，真空严密性试验值 148Pa/min

　　本次评估进行了真空泵运行数量对机组真空影响的现场试验。试验结果表明增开一台真空泵运行，两台真空泵分别对 5 号机组高低压侧进行抽真空，低压侧凝汽器压力仍有近 0.4kPa 的下降空间。具体实验数据见表 5 - 209。

表 5 - 209　　　　　NH 电厂 5 号机组真空泵运行台数对机组真空影响

时间 2012 年 2 月 29 日	机组负荷 (MW)	排汽温度 (℃) (低压侧/高压侧)	凝汽器真空 (kPa) (低压侧/高压侧)
9：18	962.7	29.2/30.2	97.9/97.6
9：24	980.5	29.2/30.1	97.9/97.6
增开一台真空泵，两台真空泵单独对凝汽器高低压侧抽真空			
9：30	993.79	27.9/29.0	98.3/97.6
9：40	989.71	27.4/28.4	98.3/97.6
增开一台真空泵，低压侧真空提高了约 0.4kPa			

　　2) 抽真空系统。NH 电厂 5、6 号机组原设计抽真空系统如图 5 - 91 (a) 所示，运行中常出现凝汽器高压侧排挤低压侧抽气，使部分非凝结气体积聚在低压侧凝汽器冷却管

周围，增大了冷却管的空气热阻，降低了冷却管的换热系数，造成低压侧凝汽器压力偏高，最终使凝汽器高、低压侧压力差不明显。

为了发挥双背压机组的经济性，5、6号机组抽真空系统改为如图5-9（b）所示形式，改后可实现两台真空泵单独对高、低压侧凝汽器进行抽真空。经现场试验测试表明，相比一台真空泵运行，两台真空泵单独对高低压侧凝汽器进行抽真空，凝汽器压力仍有0.4kPa的下降空间。（注：此试验是在冬季环境温度较低情况下进行的，如在夏季凝汽器压力下降空间更大。）

目前，华能沁北电厂、九台电厂、日照电厂、伊敏电厂、福州电厂以及华电贵港电厂600MW超临界等级发电机组均陆续对抽真空系统进行了如图5-91所示形式的改进，改后效果良好，机组发电煤耗下降近1g/(kW·h)。

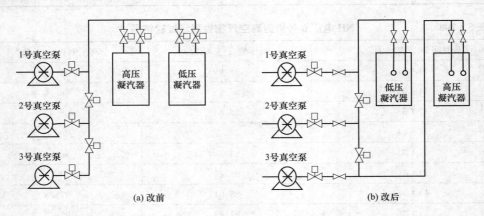

图5-91　NH电厂5、6号机组抽真空系统

参考其他机组以及现场实测结果，NH电厂5、6号机组两台真空泵单独对高、低压侧凝汽器进行抽真空，相比一台真空泵运行，凝汽器平均压力仍有0.3~0.5kPa的下降空间，机组发电煤耗下降至少0.5g/(kW·h)。

3）真空泵。目前，5、6号机组真空严密性良好，试验测试可知真空泵可以及时抽走真空系统内非凝结气体，因此建议对真空泵工作液冷却水的改造仅作为储备方案。

一般对真空泵冷却水系统的改造方案有两种，以供电厂参考。

方案一：如图5-92所示，将温度较低的工业水直接引入真空泵冷却水入口，对真空泵工作液进行冷却。见表5-210是WH电厂真空泵冷却水改造后试验数据，供参考。

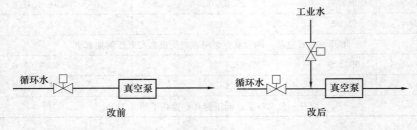

图5-92　NH电厂5、6号机组真空泵冷却水系统改造（方案一）

表 5-210 WH电厂真空泵冷却水调整试验结果

序号	项目	单位	工况 1	工况 2	工况 3
1	机组负荷	MW		300	
2	循环泵运行方式	—		三台循泵	
3	冷却水运行方式	MW	循环水	混合水	工业水
4	循环水进口温度	℃	30.964	30.998	
5	工业冷却水温度	℃	—	18.5	18.5
6	真空泵冷却水温度	℃	30.964	22.25	18.5
7	循环液出口温度	℃	45.109	38.875	35.343
8	真空泵耗功	kW	134.395	130.929	128.137
9	凝汽器循环冷却水量	m³/h	40 690	40 690	40 690
10	循环水出口温度	℃	38.476	39.641	39.510
11	凝结水温度	℃	47.872	42.261	44.616
12	凝汽器压力	kPa	11.280	9.940	9.534
13	修正后的传热系数	kW/(m²·℃)	1.2063	1.8656	2.0096
14	修正后的温升加端差	℃	19.57	16.39	15.51
15	修正后的饱和温度	℃	39.57	36.39	35.51
16	修正后凝汽器压力	kPa	7.207	6.070	5.782

方案二：如图 5-93 所示，由于采用工业水对真空泵进行冷却会增加发电水耗且考虑到水质较差等因素，建议电厂亦可加装制冷装置对真空泵工作液冷却水进行冷却，以提高夏季真空泵的抽吸能力，达到降低凝汽器压力的目的。

图 5-93 NH电厂 5、6 号机组真空泵冷却水系统改造（方案二）

（7）循环水系统。

1）现状及问题。NH电厂 5、6 号机组冷端系统各配置两台定速循环水泵，两台机组循环水系统之间有联络管，循环水泵的运行方式主要有：一机一泵、两机三泵和一机两泵。目前循环水系统存在的主要问题介绍如下。

a. 冬季期间两台机组均在较高真空状态下运行，循环水流量偏大。

b. 目前，5、6 号机组没有进行过冷端优化试验，其循环水泵精确运行方式还没有制定，所以其运行方式仍需要优化。

2）冷端优化建议。冷端优化即在某一确定的机组负荷、循环水入口温度以及冷却管清洁度的前提下，通过改变循环水泵的运行方式使汽轮机功率的增加值与循环水泵消耗功率的增加值之间的差值达到最大来确定最佳凝汽器压力以及冷却水量，从而选择循环水泵的最佳运行方式。

a. 机组微增出力与凝汽器压力的关系。目前，国内汽轮机制造厂提供的修正曲线排汽压力对功率修正量较大，通过参考西门子公司提供的修正曲线，本报告按排汽压力变化 1kPa，对机组功率修正量按 0.7% 核算。凝汽器压力对功率的修正曲线如图 5-94 所示。

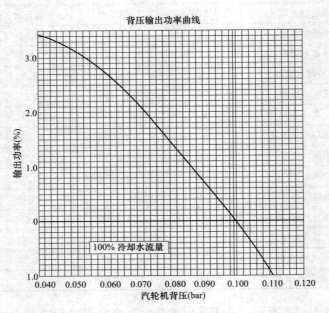

图 5-94　凝汽器压力对功率修正曲线

b. 凝汽器变工况特性。以电厂凝汽器、循环水泵的设计技术规范为根据，对 5、6 号机组在不同工况、不同循环水温度时凝汽器压力进行计算（共计 312 组数据），计算结果见表 5-211、表 5-212、表 5-213。

表 5-211　　　　　　　　变工况凝汽器压力计算（一机一泵）　　　　　　　　（kPa）

冷却水入口温度	50%负荷	60%负荷	70%负荷	80%负荷	90%负荷	100%负荷
5℃	1.8	2.0	2.3	2.6	2.9	3.3
6℃	1.9	2.1	2.4	2.7	3.0	3.4
7℃	2.0	2.2	2.5	2.8	3.2	3.6
8℃	2.1	2.3	2.6	3.0	3.3	3.8
9℃	2.2	2.5	2.8	3.1	3.5	3.9
10℃	2.3	2.6	2.9	3.3	3.7	4.1
11℃	2.4	2.8	3.1	3.5	3.9	4.3
12℃	2.6	2.9	3.3	3.6	4.1	4.5
13℃	2.7	3.1	3.4	3.8	4.3	4.8
14℃	2.9	3.2	3.6	4.0	4.5	5.0
15℃	3.1	3.4	3.8	4.3	4.7	5.3
16℃	3.2	3.6	4.0	4.5	5.0	5.5

续表

冷却水入口温度	50%负荷	60%负荷	70%负荷	80%负荷	90%负荷	100%负荷
17℃	3.4	3.8	4.3	4.7	5.3	5.8
18℃	3.6	4.0	4.5	5.0	5.5	6.1
19℃	3.8	4.3	4.7	5.3	5.8	6.5
20℃	4.0	4.5	5.0	5.5	6.1	6.8

表 5 - 212　　　　　　变工况凝汽器压力计算（两机三泵）　　　　　　(kPa)

冷却水入口温度	50%负荷	60%负荷	70%负荷	80%负荷	90%负荷	100%负荷
10℃	2.1	2.3	2.5	2.8	3.1	3.4
11℃	2.2	2.4	2.7	3.0	3.2	3.6
12℃	2.3	2.6	2.8	3.1	3.4	3.7
13℃	2.5	2.7	3.0	3.3	3.6	3.9
14℃	2.6	2.9	3.2	3.5	3.8	4.1
15℃	2.8	3.0	3.3	3.7	4.0	4.4
16℃	2.9	3.2	3.5	3.9	4.2	4.6
17℃	3.1	3.4	3.7	4.1	4.4	4.8
18℃	3.3	3.6	3.9	4.3	4.7	5.1
19℃	3.5	3.8	4.1	4.5	4.9	5.4
20℃	3.7	4.0	4.4	4.8	5.2	5.7
21℃	3.9	4.2	4.6	5.0	5.5	6.0
22℃	4.1	4.5	4.9	5.3	5.8	6.3
23℃	4.3	4.7	5.2	5.6	6.1	6.6
24℃	4.6	5.0	5.4	5.9	6.4	7.0
25℃	4.9	5.3	5.7	6.2	6.8	7.3
26℃	5.1	5.6	6.1	6.6	7.1	7.7
27℃	5.4	5.9	6.4	6.9	7.5	8.1
28℃	5.7	6.2	6.7	7.3	7.9	8.5
29℃	6.0	6.6	7.1	7.7	8.3	9.0
30℃	6.4	6.9	7.5	8.1	8.8	9.5

表 5 - 213　　　　　　变工况凝汽器压力计算（一机两泵）　　　　　　(kPa)

冷却水入口温度	50%负荷	60%负荷	70%负荷	80%负荷	90%负荷	100%负荷
18℃	3.0	3.3	3.5	3.8	4.1	4.4
19℃	3.2	3.5	3.7	4.0	4.3	4.6
20℃	3.4	3.7	3.9	4.2	4.6	4.9
21℃	3.6	3.9	4.2	4.5	4.8	5.2
22℃	3.8	4.1	4.4	4.7	5.1	5.4

续表

冷却水入口温度	50%负荷	60%负荷	70%负荷	80%负荷	90%负荷	100%负荷
23℃	4.0	4.3	4.7	5.0	5.4	5.7
24.5℃	4.4	4.7	5.1	5.4	5.8	6.2
25℃	4.5	4.8	5.2	5.6	6.0	6.4
26℃	4.8	5.1	5.5	5.9	6.3	6.7
27℃	5.1	5.4	5.8	6.2	6.6	7.1
28℃	5.3	5.7	6.1	6.5	7.0	7.5
29℃	5.6	6.0	6.4	6.9	7.4	7.9
30℃	6.0	6.4	6.8	7.3	7.8	8.3
31℃	6.3	6.7	7.2	7.7	8.2	8.7
32℃	6.6	7.1	7.6	8.1	8.6	9.2
33℃	7.0	7.5	8.0	8.5	9.1	9.7
34℃	7.4	7.9	8.4	9.0	9.5	10.2
35℃	7.8	8.3	8.8	9.4	10.0	10.7

c. 循环水泵耗功。通过改变循环水泵的运行方式，得出一机一泵、两机三泵和一机两泵，循环水泵耗功与其流量的关系，见表 5-214。

表 5-214　　　NH 电厂 5 号、6 号机组不同循环水泵运行方式循环泵耗功变化

运行方式	凝汽器流量（t/h）	总耗功（kW）	耗功差（kW）
一机两泵	99 849.6	11 600	—
两机三泵	71 000	8700	2900
一机一泵	55 000	5800	2900

注　表中耗功差为循环水泵运行方式发生改变时功率消耗之差。

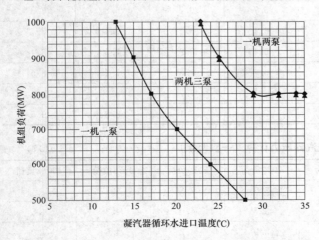

图 5-95　NH 电厂 5、6 号机组循环水泵运行方式优化结果

d. 冷端优化结果。通过对机组微增出力与凝汽器压力关系、凝汽器变工况性能、不同循环水泵运行方式耗功变化等进行分析、核算，得到 NH 电厂 5 号、6 号机组冷端优化的结果，如图 5-95 所示。建议今后严格按照冷端优化结果调度循环水泵的运行方式，使循环水泵运行方式更加科学合理。

经核算，5、6 号机组负荷在 80%以上，循环水出塔水温在 29℃以上时，循环水泵应采用一机两泵的运行方式，通过对循环水泵运行方式优化后，发电煤耗可下降 0.3～0.4 g/(kW·h)，但循环水泵耗电率会上升 0.04～

0.05 个百分点。

3）循环水泵双速改造。电厂可以考虑将其中一台循环水泵电机进行双速改造，改造前后参数见表 5-215。改造后电机功率会下降约 1600kW，厂用电会下降约 0.19 个百分点，折算到全年平均厂用电会下降 0.0375 个百分点。

表 5-215   **NH 电厂循环水泵改造前后参数对比**

项 目	单 位	改前	改后（高速/低速）
循环水泵制造厂	—	荏原	荏原
型号	—	2600VZNM	2600VZNM
是否双速	—	否	是
配置	—	两泵	两泵
流量	m^3/h	16.6	16.6/14.8
扬程	mH_2O	24.5	24.5/19.6
转速	r/min	330	330/295
效率	%	85	85
电机功率	kW	5800	5800/4143

需要说明的是循环水泵电机为东芝原装设备，建议联系制造厂商榷电机双速改造的可行性。

（8）冷却水塔。

1）现状。NH 电厂 5、6 号机组各配用一座 13 000m² 自然通风冷却塔，冷却水塔相关设计参数以及与同类型机组对比见表 5-216。

表 5-216   **NH 电厂 5、6 号机组与同类型机组冷却水塔技术参数对比**

项目	NH 电厂 5、6 号机组冷却水塔	XZ 电厂 1000MW 机组冷却水塔	PDS 电厂 1000MW 机组冷却水塔
塔型	双曲线自然通风逆流式	双曲线自然通风逆流式	双曲线自然通风逆流式
冷却面积	13 000m²	12 000m²	12 000m²
水池底径	151m	141m	141m
水塔全高	177.2m	167m	167m
水池深度高度	1.8m	2.0m	2.0m

2010 年 9 月中国水利水电科学研究院对 NH 电厂 5 号机组冷却塔性能进行了热力性能测试，测试结果：双泵运行循环水流量为 91 680t/h，5 号塔冷却幅高基本在 5.5～6.0℃，其平均实测冷却能力值为 102.4%，达到了设计要求。

2）冷却塔对经济性的影响。目前存在的主要问题：相比开式冷却水系统，电厂无法明确闭式循环冷却水系统（冷却塔）对经济性的影响程度。

相比开式冷却水系统，闭式循环冷却水系统对经济性影响主要有两方面：

a. 闭式循环冷却水系统循环水出塔水温偏高。查找 1、2 号以及 5、6 号凝汽器冷却水进水温度历史数据可知（时间：全年；间隔：每小时），相比开式冷却水系统，闭式循环冷却水系统全年平均循环水出塔水温偏高约 2℃，经核算，使发电煤耗升高 1.2～1.5g/(kW·h)。5、6 号机组循环水出塔水温与 1、2 号机组相比如图 5-96 所示。

b. 闭式循环冷却水系统循环水泵耗电率偏高。相比开式冷却水系统，闭式循环冷却水系统循环水泵扬程偏高 8～10m。导致循环水泵年耗电率偏高 0.25～0.3 个百分点。NH 电厂 5、6 号机组循环水泵耗电率与 JL 电厂相比如图 5-97 所示。

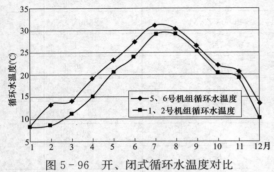

图 5-96　开、闭式循环水温度对比

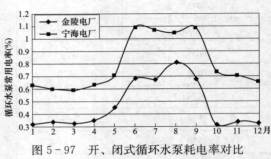

图 5-97　开、闭式循环水泵耗电率对比

c. 综合考虑，年平均循环水出塔水温在 21～22℃，与开式水系统相比，闭式循环冷却水系统对供电煤耗影响基本在 2～2.5 g/(kW·h)。

3）建议。

a. 冷却塔加装导流板。冷却塔淋水区，由于气液间的热质交换和相互作用力，空气温度沿径向由外向内逐渐升高，速度逐渐降低，塔中心处空气的温度高、湿度大、速度低，如图 5-98 所示。中心区域较高的空气温度和湿度，降低了空气换热能力，导致中心区域温度过高，冷却效果受影响。

近几年来，国内开始出现冷却塔加装导流板以对其气侧流场进行改造，达到降低循环水出塔水温的目的。冷却水塔加装导流板的具体原理：在冷却塔的进风口处沿圆周方向均匀地安装了一定数目的具有一定高度和角度的导风板（如图 5-99 所示），在进风口周围形成多个曲面光滑的进风通道，以平衡冷却塔的四周进风，提高冷却塔的性能。

国内某 600MW 机组冷却塔加装导流板后，夏季工况循环水出塔水温可下降 0.5～0.8℃，综合全年循环水出塔水温可降低约 0.5℃，发电煤耗可下降 0.3～0.4g/(kW·h)。

考虑冷却塔加装导流板改造项目没有较多的成功案例，建议 NH 电厂对此项目继续进行追踪论证。

b. 定期监测冷却塔性能。建议在夏季环境温度较高时段及时监测冷却塔热力性能，一般认为：机组在额定负荷下，一机两台循环水泵运行，其循环水出塔水温与湿球温度相差 7℃以下，表明冷却塔性能可达到设计水平。

（9）冷端系统主要经济指标目标值。冷端系统内各设备的工作状况不仅通过凝汽器压力影响机组的经济性，而且通过辅机电耗影响厂用电。通常在凝汽流量和气象参数一定的条件下，冷端系统存在着能耗最小的运行工况。因此以凝汽器变工况计算模型为理论基础，对 5、6 号机组进行核算，得到了全年内最佳凝汽器压力和最佳循环水泵耗电率，其结果介绍如下。

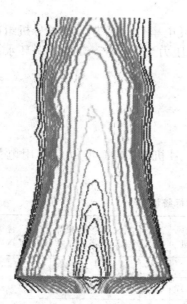
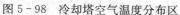
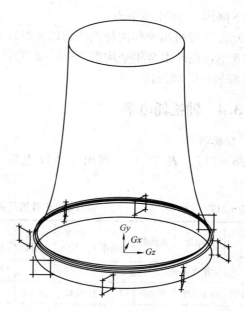

图 5-98　冷却塔空气温度分布区　　　　图 5-99　冷却塔加装导流板

机组出力系数在 0.8 时，循环水全年平均温度 20～21℃，排汽压力为 5.4～5.5kPa，循环水泵耗电率为 0.83%～0.85%。

电厂相关技术人员可根据此结果及时指导相关设备检修维护（加强循环水泵运行方式优化调度、提高胶球系统投运频率、凝汽器高压水冲洗、真空系统查漏、清理冷却塔内淤泥以及堵塞喷头、减少阀门内漏降低凝汽器热负荷等），达到了冷端系统节能降耗的目的。

5. 本节小结

(1) NH 电厂两台 1000MW 超超临界汽轮机热耗率水平均在 7400kJ/(kW·h) 左右，比设计值略高，基本达到了该背压下上汽-西门子机组的整体水平，比东方-日立和哈汽-东芝机组的热耗率略低。

(2) 通过汽轮机高压调节汽门运行方式优化，采用基于凝结水节流的一次调频技术，减小高压调节汽门节流损失，预计可使机组发电煤耗下降约 1.0g/(kW·h)。

(3) 两台机组热力系统阀门内漏状况对经济性有一定影响，尤其是涉及高品质蒸汽的阀门内漏，通过热力系统严密性治理和优化改造，减少泄漏可使得 5、6 号机组发电煤耗均下降约 1.5 g/(kW·h)。

(4) 通过低压加热器疏水泵变频改造，预计可降低厂用电率约 0.01 个百分点。

(5) 通过对 2011 年 5、6 号机组冷端系统运行统计数据进行核算分析，表明：5、6 号机组凝汽器实际运行性能达到设计水平。

(6) 5、6 号机组真空严密性试验值基本在 150Pa/min 以内，其真空严密性处于良好的水平。

(7) 5、6 号机组冷却水塔性能可达到设计水平。

(8) 对循环水泵运行方式进行优化计算，5、6 号机组发电煤耗降低 0.3～0.4g/(kW·h)，但循环水泵耗电率升高约 0.05 个百分点。对循环水泵电机进行双速改造，其全年平均耗电率可下降约 0.04 个百分点。

（9）5、6 号机组全年内排汽压力以及循环水泵耗电率目标值为：5、6 号机组出力系数在 0.8 下，循环水全年平均温度 20～21℃，排汽压力为 5.4～5.5kPa，循环水泵耗电率为 0.83%～0.85%。

5.3.4　辅机耗电率

1. 指标状况

表 5 - 217、表 5 - 218 列出了 NH 电厂 5、6 号机组 2011 年每月厂用电指标统计值。

表 5 - 217　　　　　　　　　　　2011 年 5 号机厂用电指标统计

时间	发电量	负荷率	生产厂用电率	磨煤机	一次风机	引风机	送风机	脱硫	除尘/灰	循环水泵	凝结水泵	输煤	停机次数	启机次数
	万 Wh	%	%	%	%	%	%	%	%	%	%	%	—	—
2011 年 1 月	64 169.28	86.25	4.39	0.35	0.43	0.70	0.17	0.87	0.22	0.60	0.28	0.10	—	—
2011 年 2 月	50 924.16	81.28	4.71	0.35	0.44	0.73	0.17	0.94	0.25	0.67	0.30	0.09	1	1
2011 年 3 月	67 057.2	84.43	4.36	0.34	0.44	0.71	0.20	0.86	0.21	0.59	0.28	0.09	—	—
2011 年 4 月	48 195	85.05	4.52	0.33	0.46	0.75	0.21	0.90	0.21	0.78	0.30	0.13	1	—
2011 年 5 月	检修	—	—	—	—	—	—	—	—	—	—	—	—	—
2011 年 6 月	40 763.52	84.07	5.02	0.37	0.47	0.80	0.22	0.81	0.18	1.48	0.38	0.12	—	1
2011 年 7 月	61 644.24	83.84	5.01	0.36	0.40	0.79	0.21	0.73	0.12	1.24	0.34	0.11	—	—
2011 年 8 月	61 281.36	83.61	5.00	0.36	0.43	0.79	0.24	0.83	0.13	1.41	0.32	0.11	—	—
2011 年 9 月	56 851.2	82.99	4.76	0.34	0.41	0.73	0.21	0.82	0.13	1.01	0.34	0.10	—	—
2011 年 10 月	56 382.48	82.12	4.56	0.33	0.41	0.72	0.20	0.83	0.13	0.68	0.31	0.10	—	—
2011 年 11 月	55 157.76	81.55	4.55	0.34	0.41	0.72	0.19	0.94	0.13	0.69	0.31	0.10	—	—
2011 年 12 月	61 931.52	81.71	4.24	0.34	0.41	0.71	0.20	0.85	0.13	0.62	0.29	0.10	—	—
2011 年累计	624 357.72	81.95	4.63	0.34	0.44	0.73	0.20	0.84	0.16	0.87	0.30	0.11	2	2

表 5 - 218　　　　　　　　　　　2011 年 6 号机厂用电指标统计　　　　　　　　　　（%）

时间	发电量	负荷率	生产厂用电率	磨煤机	一次风机	引风机	送风机	脱硫	除尘/灰	循环水泵	凝结水泵	输煤	停机次数	启机次数
	万 Wh	%	%	%	%	%	%	%	%	%	%	%	—	—
2011 年 1 月	64 978.2	93.20	4.07	0.35	0.42	0.71	0.18	0.72	0.23	0.63	0.28	0.00	1	—
2011 年 2 月	29 279.88	89.36	4.67	0.36	0.44	0.71	0.18	0.75	0.31	0.80	0.32	0.01	—	1
2011 年 3 月	71 517.6	96.13	3.89	0.32	0.42	0.69	0.19	0.73	0.18	0.59	0.27	0.00	—	—
2011 年 4 月	63 246.96	87.84	4.13	0.33	0.45	0.70	0.19	0.77	0.21	0.63	0.29	0.00	—	—
2011 年 5 月	67 299.12	90.46	4.30	0.33	0.44	0.71	0.21	0.81	0.17	0.71	0.28	0.04	—	—

续表

时间	发电量	负荷率	生产厂用电率	磨煤机	一次风机	引风机	送风机	脱硫	除尘/灰	循环水泵	凝结水泵	输煤	停机次数	启机次数
	万 Wh	%	%	%	%	%	%	%	%	%	%	%	—	—
2011 年 6 月	56 677.32	78.72	4.43	0.35	0.47	0.75	0.21	0.89	0.13	0.71	0.31	0.00	—	—
2011 年 7 月	60 472.44	81.28	4.58	0.34	0.46	0.75	0.22	0.88	0.12	0.91	0.30	0.01	—	—
2011 年 8 月	60 963.84	81.94	4.30	0.34	0.46	0.75	0.22	0.82	0.12	0.69	0.30	0.00	—	—
2011 年 9 月	57 017.52	79.19	4.31	0.34	0.47	0.74	0.19	0.80	0.12	0.70	0.30	0.00	—	—
2011 年 10 月	56 556.36	76.02	4.37	0.34	0.47	0.73	0.16	0.74	0.13	0.74	0.31	0.00	—	—
2011 年 11 月	55 422.36	76.98	4.48	0.34	0.47	0.74	0.17	0.93	0.13	0.71	0.30	0.00	—	—
2011 年 12 月	61 969.32	83.29	4.14	0.34	0.44	0.70	0.16	0.86	0.13	0.66	0.29	0.00	—	—
2011 年累计	705 400.92	84.78	4.28	0.34	0.45	0.72	0.19	0.82	0.16	0.70	0.29	0.01	1	1

辅机耗电率与一般机组水平对比见表 5 - 219。

表 5 - 219　　　　　　　　　辅机耗电率与一般机组水平对比　　　　　　　　　（%）

辅机名称	NH 电厂	TS 电厂	JL 电厂	FZ 电厂 350MW 亚临界
风机	1.37	1.62	1.44	1.25
磨煤机	0.34	0.37	0.36	0.4
循环水泵	0.79	0.75	0.6（开式）	0.6（开式）
除尘、除灰系统	0.16	0.35	0.2	0.1
凝结水泵	0.30（未变频）	0.30（未变频）	0.18	0.18
脱硫	0.84	1.04	1.0	0.96
特殊备注				前置泵与给水泵同轴除灰形式特殊除尘优化控制

（1）通过对以上数据分析可知：NH 电厂辅机节能空间比较大的是凝结水泵，其耗电率偏高的主要原因是尚未进行变频改造，除氧器水位调节门节流损失大。

（2）其他辅机耗电率指标比较先进，节能空间有限，具体见后面各节分析。

（3）5 号机厂用电率比 6 号机厂用电率高 0.25 个百分点，主要原因：2011 年 5～9 月循环水泵采用两机三泵的运行方式，其中两泵用电由 5 号机带；输煤系统由 5 号机带；其他公用系统多由 5 号机带。

（4）5、6 号机组各有一套脱硫系统，脱硫装置入口 SO_2 浓度波动范围为 600～1800mg/Nm³，多数情况下在 1000mg/Nm³ 附近波动，稳定工况脱硫耗电率基本在 0.85% 的水平。随机工况下脱硫主设备耗电率情况见表 5 - 220。

表 5 - 220　　　　　　　　　随机工况下脱硫主设备耗电率

项目	单位	5 号机			6 号机		
发电机功率	MW	1001	753	499	1001	739	506
脱硫效率	%	96.47	96.51	97.38	97.46	96.78	95.96
入口 SO_2 浓度	mg/Nm³	1053	1252	956	971	1053	950

续表

项目	单位	5 号机			6 号机		
A 增压风机电流	A	178.4	143.1	134.6	203.0	151.4	138.8
B 增压风机电流	A	179.2	144.3	136.0	201.8	150.6	138.1
A 浆液循环泵电流	A	80.5	78.3	81.9	87.0	88.1	0.0
B 浆液循环泵电流	A	94.4	91.7	96.3	87.5	87.3	84.6
C 浆液循环泵电流	A	96.0	93.0	97.4	104.1	103.8	100.7
D 浆液循环泵电流	A	97.7	95.3	99.2	95.7	96.9	93.4
A 氧化风机电流	A	0.0	0.0	0.0	17.3	0.0	17.0
B 氧化风机电流	A	18.4	18.0	17.4	17.1	16.7	0.0
C 氧化风机电流	A	18.1	18.0	17.3	0.0	17.0	17.1
380V 电压	V	389.7	384.9	385.5	397.9	393.7	388.6
380V 母线电流 1	A	688.5	865.3	690.3	826.9	868.3	810.3
380V 母线电流 2	A	864.9	1177.4	1299.9	586.6	481.4	475.1
6kV 电压	kV	6.19	6.16	6.14	6.19	6.10	6.05
增压风机耗电率	%	0.33	0.35	0.49	0.37	0.37	0.49
浆液循环泵耗电率	%	0.34	0.43	0.68	0.34	0.46	0.49
氧化风机耗电率	%	0.03	0.04	0.06	0.03	0.04	0.06
低压辅机耗电率	%	0.09	0.15	0.23	0.08	0.11	0.15
以上耗电率合计	%	0.78	0.98	1.46	0.82	0.97	1.18

由表 5-200 可知：

（1）增压风机耗电率应该为 0.33%～0.49%，多数工况上在 0.35% 附近。

（2）浆液泵中目前基本是四泵运行，耗电率 0.34%～0.6%，多数工况在 0.40% 附近。

（3）氧化风机一般是 2 用 1 备，耗电率为 0.03%～0.06%，多数情况为 0.04%。

（4）脱硫 380V 低压辅机耗电为 0.09%～0.23%，多数情况为 0.11%。

（5）以上各辅机耗电之和基本在 0.80%～0.9%。

（6）本厂脱硫系统存在机组负荷率高、燃煤含硫低、无 GGH 等优点，但也存在浆液泵运转台数偏多的缺点。

2. 烟风系统和风机

（1）风机主要设计参数。NH 电厂 5、6 号锅炉送风机、引风机、一次风机和增压风机设备规范见表 5-221。

表 5-221　NH 电厂 5、6 号锅炉送风机、引风机、一次风机和增压风机主要设计参数（TB）

项目名称	单位	送风机	引风机	一次风机	增压风机
风机型号	—	FAF28-13.3-1	AN42e6（V13+4°）	PAF20-14-2	RAF40-19-1
调节方式	—	动叶调节	静叶调节	动叶调节	动叶调节
台数	—	2	2	2	2

项目名称	单位	送风机	引风机	一次风机	增压风机
风机流量	m³/s	413.2	836.4	151.9	749.83
风机全压	Pa	5321	6844	18938	2670
风机入口温度	℃	31.00	—	31	
风机转速	r/min	985	595	1470	580
生产厂家	—	上海鼓风机有限公司	成都电力机械厂	上海鼓风机有限公司	
电动机型号	—	YKK800-6	YKK1120-10	YKK800-4	YKK800-10
额定功率	kW	2800	6100	3500	2500
额定电压	V	6000	6000	6000	6000
额定电流	A	312	710	382	304
功率因素	—	0.891	0.851	0.908	0.824
额定转速	r/min	995	597	1494	597
生产厂家	—	上海电气集团有限公司			

（2）风机耗电率统计。NH 电厂 5、6 号锅炉送风机、引风机、一次风机、增压风机 2011 年耗电率统计如表 5-222 和表 5-223 所示。

表 5-222　NH 电厂 5 号机组送风机、引风机、一次风机和增压风机 2011 年耗电率统计（％）

2011 年	负荷	磨煤机	送风机	引风机	一次风机	脱硫
1 月	86.25	0.35	0.17	0.70	0.43	0.87
2 月	75.78	0.35	0.17	0.73	0.47	0.94
3 月	90.13	0.34	0.20	0.71	0.44	0.86
4 月	87.47	0.33	0.21	0.75	0.46	0.90
5 月	—			—		—
6 月	78.90	0.37	0.22	0.80	0.47	0.81
7 月	82.86	0.33	0.21	0.70	0.40	0.73
8 月	82.37	0.36	0.24	0.79	0.43	0.83
9 月	78.96	0.34	0.21	0.73	0.41	0.82
10 月	75.78	0.33	0.20	0.72	0.41	0.83
11 月	76.61	0.34	0.19	0.72	0.41	0.94
12 月	83.24	0.33	0.18	0.71	0.38	0.85
累计	81.67	0.34	0.20	0.73	0.43	0.85

表 5-223　NH 电厂 6 号机组送风机、引风机、一次风机和增压风机 2011 年耗电率统计（％）

2011 年	负荷	磨煤机	送风机	引风机	一次风机	脱硫
1 月	93.20	0.35	0.18	0.71	0.42	0.72
2 月	89.36	0.36	0.18	0.71	0.44	0.75
3 月	96.13	0.32	0.19	0.69	0.42	0.73

续表

2011 年	负荷	磨煤机	送风机	引风机	一次风机	脱硫
4 月	87.84	0.33	0.19	0.70	0.45	0.77
5 月	90.46	0.33	0.21	0.71	0.44	0.81
6 月	78.72	0.35	0.21	0.75	0.47	0.89
7 月	81.28	0.34	0.22	0.75	0.46	0.88
8 月	81.94	0.34	0.22	0.75	0.46	0.82
9 月	79.19	0.34	0.19	0.74	0.47	0.80
10 月	76.02	0.33	0.18	0.73	0.47	0.80
11 月	76.98	0.34	0.18	0.73	0.47	0.93
12 月	83.29	0.33	0.16	0.70	0.44	0.86
累计	84.53	0.34	0.19	0.72	0.45	0.81

由表 5-222 和表 5-223 可知,与同容量同类型安装有 SCR 的锅炉相比,NH 电厂 5、6 号锅炉送风机、引风机、一次风机电耗率约为 1.3‰,处于目前平均水平。然而,从风机实际运行情况判断,其风机电耗仍有进一步下降的空间,主要包括:

1) 送风机和引风机运行效率较低。

2) 一次风机电耗略高,主要原因是一次风机出口压力偏高,导致一次风机电耗偏高。

(3) 风机主要运行参数。为分析研究 NH 电厂 5、6 号锅炉风机实际运行状况以及烟风系统阻力状况,从 DCS 中导出近期烟风系统的主要运行数据,作为分析风机运行状况的依据。NH 电厂 5 号锅炉送风机、引风机、一次风机和增压风机在典型负荷下的运行参数见表 5-224。

表 5-224   NH 电厂 5 号锅炉送风机、引风机、一次风机和增压风机运行参数

日期	单位	2011-12	2012-2-27	2012-2-15	2012-1-7	2012-2-22
机组负荷	MW	835.3	999.8	752.5	602.5	499.3
主蒸气流量	t/h	2271.5	2698.6	1973.8	1585.8	1368.2
总风量	t/h	2542.8	2898.2	2323.5	2015.9	1963.4
给水流量	t/h	2283.3	2775.6	2007.5	1570.6	1348.1
给水温度	℃	279.2	290.7	273.3	259.9	251.8
给水压力	MPa	25.5	29.7	22.5	18.3	15.6
主蒸汽压力	MPa	23.0	26.8	20.6	16.7	14.2
主蒸汽温度	℃	602.1	601.8	605.1	603.3	593.7
再热蒸汽压力	MPa	4.5	5.3	4.0	3.2	2.7
主蒸汽温度	℃	584.2	601.4	596.2	585.1	577.0
省煤器出口表盘氧量	%	3.6	2.8	3.8	5.4	6.6
空气预热器出口表盘氧量 1	%	3.7	3.3	4.1	5.0	6.0
空气预热器出口表盘氧量 2	%	4.2	4.7	4.7	5.6	6.5

续表

日期	单位	2011 - 12	2012 - 2 - 27	2012 - 2 - 15	2012 - 1 - 7	2012 - 2 - 22
空气预热器出口表盘氧量3	%	3.8	3.6	4.2	5.3	6.4
空气预热器出口表盘氧量4	%	4.3	4.2	5.0	5.8	7.1
大气温度	℃	8.9	4.7	6.3	5.4	14.9
一次风机A出口空气温度	℃	21.1	18.2	17.8	16.8	27.3
一次风机A出口空气压力	kPa	11.9	13.2	11.4	11.1	10.7
一次风机B出口空气压力	kPa	11.9	13.2	11.4	11.1	10.7
一次风机A电机电流	A	178.2	210.0	174.5	149.9	153.9
一次风机A动叶开度	%	67.0	71.0	61.6	55.0	58.3
一次风机B动叶开度	%	61.6	71.6	60.3	50.5	56.1
一次风机B出口空气温度	℃	21.0	18.1	17.5	16.7	27.5
一次风机B电机电流	A	178.3	208.0	174.4	149.3	153.2
送风机A进口空气温度	℃	8.2	4.1	5.4	4.9	15.5
送风机A出口空气温度	℃	10.6	7.0	7.4	6.9	17.5
送风机A出口空气压力	kPa	1.5	2.2	1.1	0.9	1.0
送风机B出口空气压力	kPa	1.5	2.1	1.1	1.0	1.0
送风机A电机电流	A	114.7	135.1	104.5	100.7	99.8
送风机A动叶开度	%	54.1	64.2	49.2	44.7	47.6
送风机B动叶开度	%	58.7	71.7	49.5	44.0	46.8
送风机B进口空气温度	℃	10.9	4.4	5.5	5.3	15.8
送风机B出口空气温度	℃	10.9	7.3	7.5	7.1	17.8
送风机B电机电流	A	113.7	137.5	102.3	98.8	97.6
空气预热器A进口烟气温度	℃	355.5	369.7	352.9	338.9	335.6
空气预热器A进口烟气压力	Pa	−1055.0	−1299.3	−983.9	−851.2	−768.2
空气预热器A出口烟气温度	℃	118.4	120.5	114.6	108.8	110.7
空气预热器A出口烟气压力	Pa	−1945.2	−2453.2	−1780.7	−1489.7	−1376.8
空气预热器A出口二次风温度	℃	330.9	343.6	328.5	317.3	313.0
空气预热器A出口二次风压力	Pa	0.9	1.3	0.7	0.7	0.6
空气预热器A出口一次风温度	℃	316.3	323.3	315.6	305.9	302.5
空气预热器A出口一次风压力	Pa	11.1	12.1	10.6	10.5	10.2
空气预热器B进口烟气温度	℃	355.7	367.0	351.6	338.8	333.2
空气预热器B进口烟气压力	Pa	−951.3	−1191.4	−855.7	−737.8	−672.6
空气预热器B出口烟气温度	℃	120.1	120.9	117.4	110.7	114.2
空气预热器B出口烟气压力	Pa	−1954.1	−2449.2	−1762.3	−1499.4	−1383.3
空气预热器B出口二次风温度	℃	327.0	336.5	324.8	313.4	308.6
空气预热器B出口二次风压力	Pa	0.9	1.4	0.7	0.7	0.7
空气预热器B出口一次风温度	℃	317.6	322.2	317.8	307.2	303.6

续表

日期	单位	2011 - 12	2012 - 2 - 27	2012 - 2 - 15	2012 - 1 - 7	2012 - 2 - 22
空气预热器 B 出口一次风压力	Pa	11.1	12.0	10.6	10.5	10.1
引风机 A 进口烟气温度	℃	114.3	117.1	111.3	105.3	108.1
引风机 A 进口烟气压力	Pa	−2453.0	−3115.1	−2209.1	−1832.2	−1709.8
引风机 A 出口烟气温度	℃	116.2	118.7	112.8	107.4	110.0
引风机 A 出口烟气压力	Pa	132.0	−64.3	−59.9	126.7	−43.1

　　NH 电厂 6 号锅炉送风机、引风机、一次风机和增压风机在典型负荷下的运行参数如表 5 - 225 所示。

表 5 - 225　　NH 电厂 6 号锅炉送风机、引风机、一次风机和增压风机运行参数

日期	单位	2011 - 12	2012 - 2 - 27	2012 - 2 - 15	2012 - 1 - 7	2012 - 1 - 22
机组负荷	MW	838.0	1000.7	753.4	602.8	506.4
主蒸气流量	t/h	2287.3	2747.8	2008.6	1624.9	1292.7
总风量	t/h	2485.2	2811.4	2264.0	1972.0	1940.8
给水流量	t/h	2303.5	2809.8	2036.8	1609.6	1271.3
给水温度	℃	278.7	290.9	273.5	260.4	214.9
给水压力	MPa	26.4	29.8	24.7	19.2	16.0
主蒸汽压力	MPa	24.0	26.8	22.8	17.5	14.8
主蒸汽温度	℃	601.9	602.5	602.3	596.2	601.8
再热蒸汽压力	MPa	4.4	5.3	3.9	3.2	2.7
再热蒸汽温度	℃	586.0	597.6	590.5	579.1	585.6
大气温度	℃	9.7	5.6	5.9	6.6	4.0
一次风机 A 出口空气温度	℃	21.3	18.2	17.8	17.3	14.7
一次风机 A 出口空气压力	kPa	11.9	12.9	11.4	11.3	11.1
一次风机 B 出口空气压力	kPa	11.8	13.0	11.3	11.2	11.1
一次风机 A 电机电流	A	199.4	214.3	185.9	169.7	166.3
一次风机 A 动叶开度	%	64.1	68.5	61.8	55.4	54.5
一次风机 B 动叶开度	%	60.1	64.4	58.0	52.2	51.9
一次风机 B 出口空气温度	℃	20.9	17.8	17.5	16.8	14.5
一次风机 B 电机电流	A	199.8	219.4	186.5	165.4	165.5
送风机 A 进口空气温度	℃	8.7	4.5	5.6	5.5	3.1
送风机 A 出口空气温度	℃	11.0	7.4	7.6	7.4	5.0
送风机 A 出口空气压力	kPa	1.3	1.9	1.1	0.8	0.8
送风机 B 出口空气压力	kPa	1.3	1.9	1.1	0.8	0.8
送风机 A 电机电流	A	108.1	124.5	101.9	97.2	96.1
送风机 A 动叶开度	%	51.3	60.8	46.6	41.3	39.8

续表

日期	单位	2011-12	2012-2-27	2012-2-15	2012-1-7	2012-1-22
送风机 B 动叶开度	%	53.4	62.8	48.7	43.4	43.6
送风机 B 进口空气温度	℃	10.4	4.3	5.4	5.3	3.0
送风机 B 出口空气温度	℃	10.4	7.1	7.3	7.2	4.9
送风机 B 电机电流	A	109.9	128.5	102.5	97.6	97.7
空气预热器 A 进口烟气温度	℃	355.2	371.8	351.7	336.8	321.6
空气预热器 A 进口烟气压力	Pa	−963.0	−1155.7	−879.4	−784.9	−744.5
空气预热器 A 出口烟气温度	℃	118.1	119.2	113.2	107.4	94.7
空气预热器 A 出口烟气压力	Pa	−1898.6	−2342.4	−1695.4	−1450.1	−1361.8
空气预热器 A 出口二次风温度	℃	324.1	337.0	321.4	309.6	292.5
空气预热器 A 出口二次风压力	Pa	0.7	1.1	0.6	0.5	0.5
空气预热器 A 出口一次风温度	℃	316.7	326.6	316.2	304.1	287.0
空气预热器 A 出口一次风压力	Pa	10.6	11.2	10.1	10.2	10.1
空气预热器 B 进口烟气温度	℃	356.1	372.8	353.0	337.9	323.0
空气预热器 B 进口烟气压力	Pa	−881.1	−1017.7	−787.4	−705.0	−651.3
空气预热器 B 出口烟气温度	℃	122.3	121.9	117.5	111.9	99.1
空气预热器 B 出口烟气压力	Pa	−1901.0	−2341.1	−1691.2	−1463.5	−1369.1
空气预热器 B 出口二次风温度	℃	326.5	338.5	323.7	312.2	295.1
空气预热器 B 出口二次风压力	Pa	0.7	1.2	0.6	0.5	0.5
空气预热器 B 出口一次风温度	℃	318.0	326.5	317.2	305.8	288.5
空气预热器 B 出口一次风压力	Pa	10.9	11.6	10.5	10.5	10.4
引风机 A 进口烟气温度	℃	109.1	109.3	105.0	100.2	87.9
引风机 A 进口烟气压力	Pa	−2457.6	−3042.6	−2161.2	−1840.7	−1713.6
引风机 A 出口烟气温度	℃	118.2	118.7	113.1	108.2	95.2
引风机 A 出口烟气压力	Pa	275.1	331.5	247.9	270.5	240.5
引风机 A 电机电流	A	377.4	422.1	355.4	335.2	328.7
引风机 A 静叶开度	%	48.3	54.3	45.0	41.6	40.1
引风机 B 静叶开度	%	47.6	54.5	44.3	40.2	38.5
引风机 B 进口烟气温度	℃	116.2	115.3	111.6	107.0	93.9
引风机 B 进口烟气压力	Pa	−2471.6	−3055.8	−2187.9	−1877.1	−1749.1
引风机 B 出口烟气温度	℃	120.4	120.6	115.8	111.0	98.0
引风机 B 出口烟气压力	Pa	126.3	25.2	−1.4	6.8	−1.5
引风机 B 电机电流	A	377.4	421.6	355.6	335.6	328.5
炉膛负压	Pa	−162.6	−162.9	−167.6	−163.5	−168.9
SCR 进口 NO_x	ppm	160.2	130.6	196.0	158.1	301.7
SCR 进口 O_2	%	5.0	3.0	3.9	6.0	7.1
增压风机入口压力 1	Pa	161.3	152.3	163.6	137.9	150.9

续表

日期	单位	2011-12	2012-2-27	2012-2-15	2012-1-7	2012-1-22
增压风机入口压力 2	Pa	138.2	169.1	142.0	192.5	217.2
增压风机入口压力 3	Pa	148.9	146.0	157.2	157.1	159.8
增压风机入口温度 1	℃	118.0	117.6	113.7	108.6	96.0
增压风机入口温度 2	℃	117.8	116.7	112.7	108.4	95.7
增压风机 A 动叶角度	%	50.2	60.9	45.0	37.6	34.1
增压风机 B 动叶角度	%	56.2	67.4	51.0	43.0	39.7
增压风机 A 电流	A	166.6	191.6	154.1	143.4	138.8
增压风机 B 电流	A	166.4	190.6	152.9	142.2	138.1
吸收塔入口压力	Pa	919.8	840.6	736.9	600.8	459.1

（4）烟风系统理论烟风量计算。为分析研究 NH 电厂 5、6 号锅炉风机实际运行状况，需要得到整个烟风系统的介质流量，本报告根据典型工况所燃用的煤质分析结果，结合空气预热器漏风率、风煤比等参数，计算得到一次风、二次风和烟气量，为风机运行工况研究提供参考。

NH 电厂 5、6 号锅炉在典型负荷下，风机风量计算见表 5-226、表 5-227。

表 5-226　　　　　　　　　　　NH 电厂 5 号锅炉理论烟风量计算

日期	单位	2012 年 2 月 27 日 10：00	2012 年 2 月 15 日 23：00	2012 年 1 月 7 日 2：30	2012 年 2 月 22 日 23：00
M_t	%	17.40	14.70	17.60	16.20
A_{ar}	%	14.77	16.75	16.06	15.25
V_{daf}	%	38.12	36.96	38.42	37.38
$S_{t,ar}$	%	0.58	0.56	0.58	0.55
$Q_{net,ar}$	MJ/kg	20 440.00	20 791.86	20 490.00	20 810.00
负荷	MW	999.77	752.53	602.51	499.25
炉膛氧量	%	2.81	3.78	5.35	6.58
排烟温度	℃	120.68	115.99	109.74	112.44
总燃料量	t/h	401.39	297.01	241.31	196.88
1kg 煤燃烧实际空气量	kg/kg	8.01	8.56	9.11	10.22
1kg 煤燃烧实际烟气量	kg/kg	8.85	9.37	9.93	11.05
总风量	kg/s	893.64	706.20	610.77	558.98
总风量（不含炉膛漏风）	kg/s	866.84	685.01	592.44	542.21
一次风率	%	0.24	0.22	0.22	0.22
一次风（冷＋热）（空气预热器出口）	kg/s	208.04	150.70	130.34	119.29
二次风（空气预热器出口）	kg/s	658.79	534.31	462.11	422.92
烟气量（空气预热器入口）	kg/s	986.53	773.25	665.72	604.18

日期	单位	2012年2月27日 10：00	2012年2月15日 23：00	2012年1月7日 2：30	2012年2月22日 23：00
空气预热器漏风率	%	7.00	7.00	7.00	7.00
空气泄漏量	kg/s	69.06	54.13	46.60	42.29
一次风泄漏	kg/s	62.15	48.71	41.94	38.06
二次风泄漏	kg/s	6.91	5.41	4.66	4.23
一次风量（空气预热器入口）	kg/s	270.19	199.42	172.28	157.35
送风机风量（空气预热器入口）	kg/s	665.70	539.72	466.77	427.15
引风机烟气量（空气预热器出口）	kg/s	1055.58	827.38	712.32	646.48
一次风机风量	m³/s	212.60	157.83	135.89	128.39
送风机风量	m³/s	523.80	427.18	368.19	348.54
引风机烟气量	m³/s	1221.93	963.79	820.32	750.35

表 5 - 227　　　　　　　　　　NH 电厂 6 号锅炉理论烟风量计算

日期	单位	2012年2月27日 10：00	2012年2月15日 23：00	2012年1月7日 2：30	2012年1月22日 4：00
M_t	%	17.40	14.70	17.60	16.20
A_{ar}	%	14.77	16.75	16.06	15.25
V_{daf}	%	38.12	36.96	38.42	37.38
$S_{t,ar}$	%	0.58	0.56	0.58	0.55
$Q_{net,ar}$	MJ/kg	20 440.00	20 791.86	20 490.00	20 810.00
负荷	MW	1000.69	753.39	602.83	506.36
炉膛氧量	%	2.78	3.76	5.47	6.89
排烟温度	℃	120.55	115.36	109.64	96.87
总燃料量	t/h	401.75	297.35	241.43	199.68
1kg 煤燃烧实际空气量	kg/kg	8.00	8.55	9.18	10.44
1kg 煤燃烧实际烟气量	kg/kg	8.83	9.36	10.00	11.27
总风量	kg/s	892.68	705.91	615.80	579.13
总风量（不含炉膛漏风）	kg/s	865.90	684.73	597.33	561.76
一次风率	%	0.23	0.23	0.23	0.23
一次风（冷＋热）（空气预热器出口）	kg/s	199.16	157.49	137.38	129.20
二次风（空气预热器出口）	kg/s	666.74	527.24	459.94	432.55
烟气量（空气预热器入口）	kg/s	985.65	773.04	670.77	624.98
空气预热器漏风率	%	7.00	7.00	7.00	7.00
空气泄漏量	kg/s	69.06	54.11	46.95	43.75
一次风泄漏	kg/s	62.10	48.70	42.26	39.37
二次风泄漏	kg/s	6.90	5.41	4.70	4.37

日期	单位	2012年2月27日 10：00	2012年2月15日 23：00	2012年1月7日 2：30	2012年1月22日 4：00
一次风量（空气预热器入口）	kg/s	261.25	206.19	179.64	168.58
送风机风量（空气预热器入口）	kg/s	673.64	532.65	464.64	436.93
引风机烟气量（空气预热器出口）	kg/s	1054.65	827.15	717.73	668.73
一次风机风量	m³/s	206.25	162.95	142.32	132.31
送风机风量	m³/s	531.81	420.96	368.11	342.92
引风机烟气量	m³/s	1243.39	961.91	826.50	745.21

表 5-226 和表 5-227 中所核算的风量基于理论计算，不能代表实际风机运行风量，但根据与多台机组风机热态试验结果对比，本方法所核算的烟风流量与实际试验测试结果偏差在 5％之内，因此，可作为风机能耗初步评价的依据。

（5）风机能耗分析。

1）送风机。

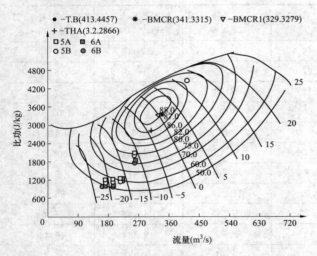

图 5-100　送风机性能特性曲线和送风机运行参数

a. 风机现状。NH 电厂 5、6 号锅炉送风机为动叶可调轴流风机。根据送风机运行参数结合送风机特性曲线，参考估算的送风机流量，可以估计送风机的效率，如图 5-100 所示。

由图 5-100 可知，5、6 号锅炉在 100％BRL 时，送风机运行平均效率在 80％～75％以下；在 75％BRL 时，送风机运行平均效率在 60％左右；50％～60％BRL 时，送风机运行平均效率在 60％以下。

由此可见，5、6 号锅炉送风机与送风系统阻力匹配性偏差，送风机运行效率较低。

b. 措施建议。建议电厂通过对送风机进行热态试验，就全套叶轮改半套叶轮方案或叶轮改造方案进行论证，减小送风机裕量，提高送风机效率。按照锅炉负荷为 75％时，送风机效率达到 75％，送风机电耗可进一步下降 0.02 个百分点。

2）一次风机。

a. 风机现状。NH 电厂 5、6 号锅炉一次风机为动叶可调轴流风机。根据一次风机运行参数结合一次风机特性曲线，参考估算得到的一次风机流量，可以估计一次风机的效率，如图 5-101 所示。

由图 5-101 可知，5、6 号锅炉在 100％BRL、75％BRL 时，一次风机运行平均效率在 77％以上；在 50％BRL 时，一次风机运行平均效率在 75％以上。

由此可见，5、6 号锅炉一次风机与一次风系统阻力匹配性较高，一次风机运行效率较高。

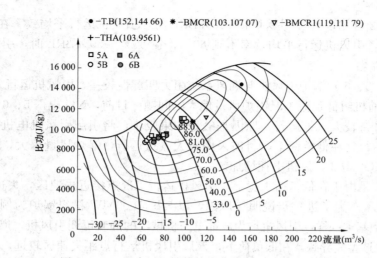

图 5 - 101　一次风机性能特性曲线和送风机运行参数

b. 措施建议。建议电厂积极调整一次风压力，降低一次风压力，同时增加磨煤机入口热风门开度，减小节流损失。若以一次风机出口压力下降 1kPa 计算，一次风机电耗可下降约 0.03 个百分点。

3）引风机。

a. 风机现状。NH 电厂 5、6 号锅炉引风机为静叶可调轴流风机。根据引风机运行参数结合引风机特性曲线，参考估算的引风机烟气量，可以估计引风机的效率，如图 5 - 102 所示。

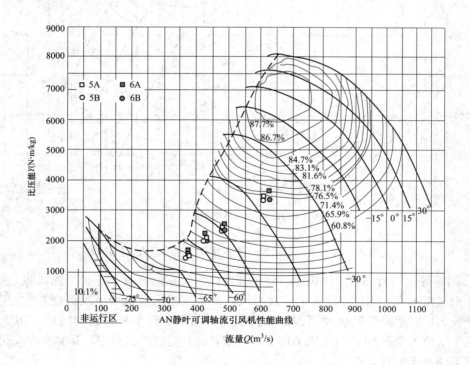

图 5 - 102　引风机性能特性曲线和引风机运行参数

由图 5-102 可知，5、6 号锅炉在 100%BRL 时，引风机运行平均效率在 75% 左右；在 75%BRL 时，引风机运行平均效率不到 60%；在 60%~50%BRL 时，引风机运行平均效率在 45% 左右。

由此可见，5、6 号锅炉引风机与烟风系统阻力匹配性较差，引风机运行效率较低。

b. 关于目前机组低负荷工况锅炉风量偏大的问题。目前，NH 电厂 5、6 号机组在低负荷工况下，维持较大氧量运行，原因是氧量如果较小，将引起引风机电机电流波动较大。为了安全运行，在低负荷下，目前采用较大氧量运行，锅炉风量偏大，这将导致锅炉效率降低，NO_x 增加，风机电耗增加。

初步分析，是由于在低负荷工况下，引风机运行工况点接近失速区，失速裕量较小，如图 5-103 所示。为了进一步说明该原因，以某厂 1000MW 机组锅炉为例，该锅炉与5、6 号锅炉炉型基本一样，引风机均为成都电力机械厂的静叶可调引风机，燃用煤质也相似。而由于风机选型差异致，在低负荷下，该厂引风机运行点距失速区较远，如图 5-103 所示。

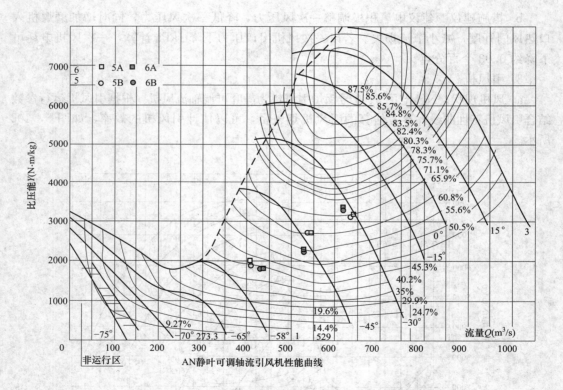

图 5-103　某厂引风机性能特性曲线和引风机运行参数

c. 措施建议。目前，引风机运行效率偏低，而且在低负荷下存在失速风险，导致低负荷下烟气量偏大。因此，建议电厂就引风机改造或者引风机增压风机合并方案进行可行性研究，同时解决引风机效率偏低以及引风机在低负荷下易失速的问题。初步计算，按照锅炉负荷为 75% 时，引风机平均效率（或者合并后的风机效率）达到 75%，引风机电耗可下降 0.1 个百分点。

在目前情况下，为减小引风机在低负荷下的失速风险，不建议电厂在低负荷下采用较大烟气量的方法。建议电厂在低负荷下，减小引风机出口压力，减小引风机出力，可将引风机出口压力设为−0.5kPa左右，然后再逐步减小送风机风量，降低锅炉氧量，降低烟气量。

4）增压风机。

NH电厂5、6号锅炉增压风机为动叶可调轴流风机。根据增压风机运行参数结合增压风机特性曲线，参考估算的增压风机流量，可以估计增压风机的效率，如图5-104所示。

由图5-104可知，5、6号锅炉在100%BRL时，增压风机运行平均效率在80%以上，在负荷为83%BRL时，增压风机运行效率在75%左右。

由此可见，5、6号锅炉增压风机与烟气脱硫系统阻力匹配性较好，增压风机运行效率较高。需要指出的是，由于脱硫吸收塔入口压力易堵塞，建议运行人员加强维护，或者将该测点更换位置，采用防堵的测点装置，防堵型风压取样示意图如图5-105所示。

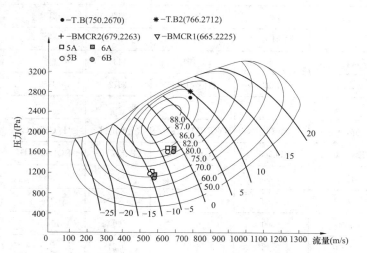 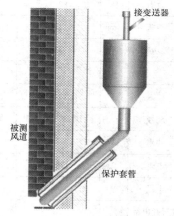

图5-104　增压风机性能特性曲线和增压风机运行参数　　图5-105　防堵型风压取样示意图

（6）风机结论

1）目前5、6号锅炉送风机裕量偏大，运行效率偏低，建议对送风机进行改造，就减小叶片数量或者更换叶型的方案进行可行性分析。若以送风机平均运行效率达到75%计算，5、6号锅炉送风机电耗可下降0.02个百分点。

2）一次风机出口压力偏高，建议电厂积极调整减小一次风压力，若以一次风机出口压力下降1kPa计算，一次风机电耗可下降约0.03个百分点。

3）引风机运行效率偏低且低负荷运行时存在失速风险，建议对引风机改造或引风机增压风机合并方案进行可行性研究。初步计算，若按照锅炉负荷为75%时，引风机（或者合并后的风机）效率达到75%，引风机和增压风机电耗可下降0.1个百分点。

3. 凝结水及闭式水系统

(1) 凝结水泵节能分析。NH 电厂 5、6 号机组，每台机组凝结水系统配有 3 台 50%的凝结水泵，正常运行 2 运 1 备，将凝结水推入低压加热系统，并向一些辅助设备提供减温水、补水。1000MW 同类型机组凝结水泵设计性能比较见表 5-228。对比凝结水泵设计性能，可知 NH 电厂 5、6 号凝结水泵规格与同型机组基本相当。

表 5-228　　　　　　　　1000MW 同型机组凝结水泵设计性能比较

		NH 电厂	TS 电厂	HM 电厂	YH 电厂 2 号	JL 电厂	WGQ
凝结水泵							
厂家	—	KSB	沈阳水泵	沈阳水泵	SULZER	沈阳水泵	Ingersoll - dresser（西班牙）
型号		NLT400-500×5S	9.5LDTNB-5PJ	9.5LDTNB-5PJ	BDC 500-510	11LDTNB-4PJ	30APKD
台数及容量	—	3 台 50%	3 台 50%	3 台 50%	2 台 100%	2 台 100%	2 台 100%
扬程	m	330	335	320	316	338	330.6
流量	m³/h	1230	1147	1265	1847	2376	2174
效率	%	82.4	83	84.5	81.5	87	83
转速	r/min	1480	1480	1480	1490	1480	1490
轴功率		1330	1260	1329	2340 (1944)	2512	2360
电机							
厂家	—	上海电机	湘潭电机	湘潭电机	HYUNDAL（韩国）	上海电机	HYUNDAL
型号	—	YBPLKS560-1	YKSL630-4	YKSL560-4	HRQI 569-D4	YBPLKS710-4	HRQ1 569-D4
功率	kW	1600	1700	1500	2700	3000	2590
电流	A	173.6	197.8	169.6	294.8	332	174
电压	V	6000	6000	6000	6000	6000	10 000
统计耗电率	%	0.30	0.30	0.18	0.21	0.24	—

同类型机组凝组水泵运行参数对比见表 5-229。

1) 从满负荷运行数据进行比较，凝结水泵出口压力最低的是 HM 电厂，不到 2MPa，其主调节门达到全开，凝结水系统压力损失也最小，不到 1MPa，变频装置节能潜力发挥到最大。NH 电厂 5、6 号机组尚未进行变频改造，凝结水泵出口压力最高，自然耗电率最高。

2) 与也未变频的 TS 电厂相比，NH 电厂各工况凝结水泵出口压力都略有偏大。对于低负荷，两厂都能做到停运一台凝结水泵，仅一台 50%容量凝结水泵运行，节能效果较好。

NH 电厂 5、6 号机组凝结水泵性能曲线如图 5-106 所示，与 TS 电厂凝结水泵相比可知：流量低于设计点，扬程大于 TS 电厂；流量大于设计点，扬程低于 TS 电厂。

表 5-229 同型机组凝结水泵运行参数对比

项目	单位	NH电厂5号			NH电厂6号			TS电厂5号			TS电厂6号			JL电厂2号				HM电厂1号	YH电厂2号	
运行方式	—	未变频			未变频			未变频			未变频			变频				变频	变频	
运行台数	—	2	3	2	2	2	2	2	2	1	2	2	1	1	1	1	1	2	1	1
机组负荷	MW	1001	739	499	1001	739	506	1023	757	648	946	764	642	998	924	763	708	1002	1001.7	702.1
凝结水泵出口压力	MPa	3.41	3.68	3.27	3.44	3.69	3.23	3.31	3.53	2.93	3.3	3.46	2.86	2.62	2.55	2.48	2.23	1.956	2.6	2.5
精处理出口压力	MPa	3.21	3.53	3.18	3.12	3.55	3.06	3.10	3.4	2.82	3.11	3.32	2.75	2.32	2.32	2.26	2.06	—	—	—
除氧器水位调节门后压力	MPa	—	—	—	—	—	—	1.51	1.04	1.26	1.79	1.46	1.26	1.95	1.84	1.58	1.48	—	—	—
除氧器压力	MPa	1.06	0.82	0.58	1.05	0.78	0.74	1.05	0.76	0.63	0.94	0.77	0.63	1.02	0.96	0.81	0.75	0.988	—	—
除氧器水位调节门开度	%	65.6	49.2	42.2	71.4	49.1	41.9	61	39	38	54	39	37	66	54	41	37	100	49.1	17.02
副调节门开度	%	—	—	—	—	—	—	0	0	0	0	0	0	99	99	99	99	0	—	—
旁路开度	%	0	0	0	0	0	0	0	0	0	—	—	—	0	0	0	0	0	—	—
凝结水系统压力损失	MPa	2.35	2.86	2.69	2.39	2.91	2.49	2.26	2.77	2.3	2.36	2.69	2.23	1.6	1.59	1.67	1.48	0.968	—	—

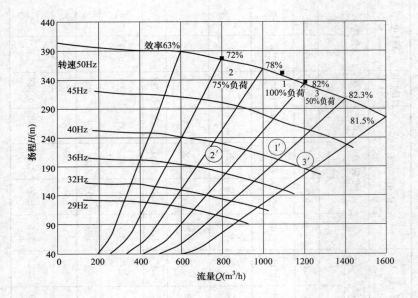

图 5-106 凝结水泵运行性能

如图 5-106 所示，1 点是满负荷工况，2 点是 75% 负荷工况，3 点是 50% 负荷工况（单泵运行），预计变频改造后，各工况运行数据将落在对应阴影区域，其对应的纵座标和横坐标围成的长方形面积，代表凝结水泵轴功的大小，变频前后面积的变化，代表了变频运行的节能潜力。

（2）凝结水泵节能措施及建议。可通过采用如下建议降低凝结水泵耗电率：

1）尽早实施凝结水泵变频改造，从运行曲线上估算，节电率应该可以达到 45%，如果变频后科学合理的运行，凝结水泵耗电率可从 0.30% 降到 0.17%，年节电上网效益为 385 万元。

2）凝结水泵电机实施变频改造后，若给水泵密封水要求压力不能过低，则会限制凝泵变频的深度，这时应考虑将密封形式改为机械密封，目前机械密封的产品质量较以前改进许多，可靠性大大提高。

3）若凝结水压力不受给水泵密封等因素的限制，其最经济的运行方式就是除氧器水位调节门全开，直接依靠凝结水泵变频控制除氧器水位。

4）利用检修机会加强泄漏治理，减少通过凝结水泵凝结水量，以降低其耗电率。通过治理高品质蒸汽和疏水内漏，以减少其耗用的减温水量，减少凝结水的空循环；减少系统外漏，降低凝汽器补水率。

5）凝结水系统优化。

a. 5、6 号低压加热器小旁路改为大旁路，减少凝结水系统阻力，缺点是 5、6 号低压加热器切除运行时需要整体切除。低压加热器系统改进如图 5-107 所示。

b. 凝结水系统最高点在除氧器入口，该处才有积聚空气的可能，其他低点处无法积聚空气，所以建议取消 5 号低压加热器出口凝结水管道放气。凝结水管道放气系统改进如图 5-108 所示。

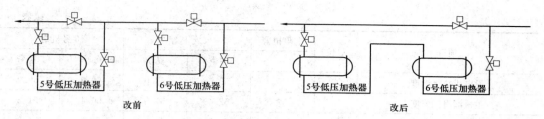

图 5-107 低压加热器系统改进

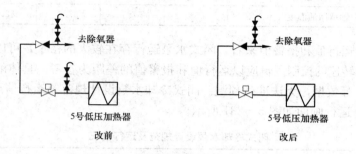

图 5-108 凝结水管道放气系统改进

c. 凝结水泵变频改造后，凝结水压力大幅降低，则会对各减温水用户的水压有影响，建议对凝结水用户系统接入点进行改进，改至精处理前，可提高去各用户的水压0.15～0.2MPa。若担心凝汽器海水泄漏，原系统可保留，可在精处理前增设一路，正常运行靠精处理前供水，若怀疑凝汽器泄漏时，运行切换至精处理后供水。

（3）闭式冷却水系统。

1）机组正常运行，炉水循环泵停运，但通过该路的闭式冷却水系统常开，这是否有必要，如果该路关掉，可以节约一些闭冷水量。

2）闭式冷却水去循环水泵一路，目的是冷却循环水泵电机和推力轴承，然后再回到闭式水系统。该路已增设了管道泵，目的是机组启动或停机过程中，启动该管道泵，减少闭式水泵运行时间。具体运行顺序：启机，启动该管道泵，先启动循环水泵，再启动闭式水泵；停机，启动该管道泵，关闭闭式水泵，再关闭循环水泵。目前的运行方式是：启机，先开闭式水泵，再停循环水泵；停机，先停循环水泵，再停闭式泵。建议探讨是否可以按照设计方式运行，减少启停过程中的闭式水泵运行时间，降低耗电率。

3）闭式水用户的运行情况见表 5-230。

表 5-230 闭式水用户的运行情况

项目	单位	上限报警	5 号机组		6 号机组	
		—	冬季	夏季	冬季	夏季
发电机出力	MW	—	1004.89	963.19	1002.31	976.64
发电机密封油冷却器出口温度	℃	50	45.3	47.8	45.4	45.3
发电机定子冷却水进水温度	℃	53	44.9	44.9	45.4	45.2
发电机定子冷却水出水温度	℃	75	61.0	59.8	62.6	61.7
发电机冷氢温度	℃	48	38.0	38.6	37.2	38.0

项目	单位	上限报警	5号机组		6号机组	
		—	冬季	夏季	冬季	夏季
发电机热氢温度	℃	88	59.6	59.0	60.0	59.9
主机润滑油温度	℃	57	52.4	51.8	50.4	51.2
给水泵汽轮机前轴承回油温度	℃	70	54.5	54.8	55.9	56.6
给水泵汽轮机前轴承后油温度	℃	70	53.7	54.0	52.2	53.2
给水泵汽轮机推力轴承回油温度	℃	70	57.4	57.6	52.8	53.7

从以上用户运行值和报警值来看，闭式水泵运行存在较大的裕量，可以考虑实施电机变频改造，变频转速的控制逻辑应以运行值和报警值的差距为参考。具体的节能潜力因为没有闭式水流量等数据，无法准确预测。闭式冷却水泵设计规范及运行情况见表 5-231。闭式冷却水系统运行画面如图 5-231 所示。

表 5-231　　　　　　　　闭式冷却水泵设计规范及运行情况

项目	单位	设计	运行
流量	m³/h	2840	—
扬程	m	47	—
转速	r/min	970	—
电流	A	58	46~50.3
电压	kV	6	6.2
电机功率	kW	500	440
85%负荷时耗电率	%		0.05

4. 给水系统

机组正常运行转动两台 50% 汽动给水泵组，汽动给水泵配备了杭州汽轮机股份有限公司引进西门子技术制造的冲动式给水泵汽轮机（进汽参数：压力 1.1MPa、温度 379.8℃、流量 73t/h），给水泵汽轮机设计效率达 82.2%，给水泵设计效率达 85% 以上。

如果给水泵组效率偏低，给水泵汽轮机进汽量必然增大，则主机热耗率相应升高。从理论计算可知：给水泵汽轮机进汽量增大 1t/h，热耗率升高 1.52kJ/(kW·h)，发电煤耗升高 0.06g/(kW·h)。从考核试验结果看，NH 电厂两台机组汽轮机热耗率 THA 工况分别比保证值低 11.5kJ/(kW·h) 和 12.8kJ/(kW·h)，可见给水泵组效率应该是达到了设计水平。

一般机组投产后，汽动给水泵组可以改进的节能潜力很小，只能从系统优化方式进行少许改进。建议利用大修机会，对给水系统进行优化，主要包括：

（1）为了减少给水系统阻力，降低给水泵耗功，建议取消省煤器入口电动主给水门和止回门，将旁路调节门移至给水泵出口，供锅炉小流量上水用。主给水系统改进如图 5-110 所示

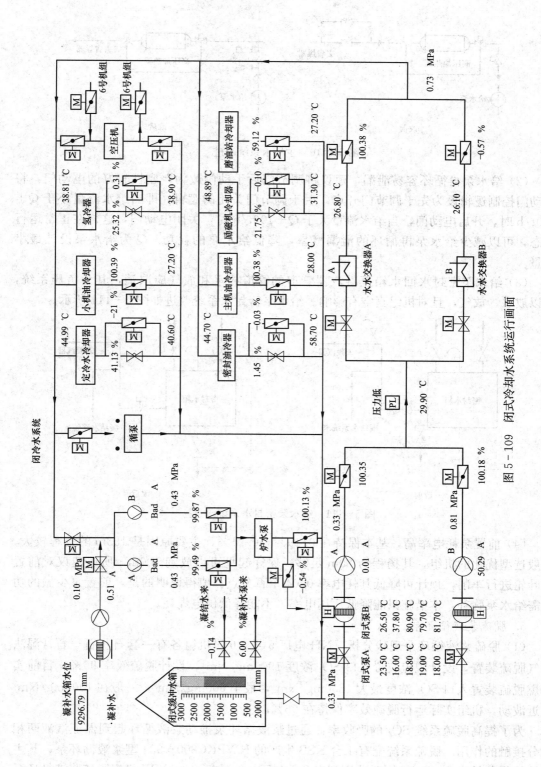

图 5-109 闭式冷却水系统运行画面

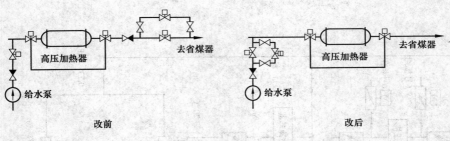

图 5-110　主给水系统改进

（2）给水泵再循环容易泄漏，建议将调节门后手动门改为严密性较好的电动门，将电动门控制逻辑设为先于调节门开启，后于调节门关闭的逻辑，即当给水流量小于 $Q+100t/h$ 时，开启电动门，当给水流量大于 $Q+100t/h$ 时，关闭电动门，这样在正常运行状态，可以减少给水泵再循环的泄漏概率，降低给水泵的耗功。Q 为给水泵设计最小流量。

（3）给水泵密封水回水箱至凝汽器管道的管道放水和放气应取消，其为负压系统，难以放水、放气，且对机组真空有影响。给水泵密封水系统改进如图 5-111 所示。

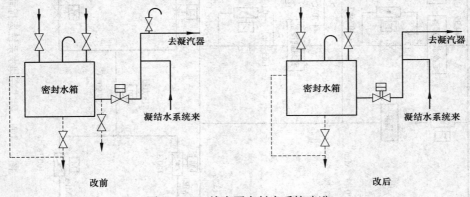

图 5-111　给水泵密封水系统改进

（4）前置泵耗电率高，基本保持在 $0.19\%\sim0.21\%$，主要原因是 153m 的扬程较大，一般选型优化的机组，其扬程为 80m 足够，保守起见可以放到 100m，所以建议对前置泵叶轮进行车削，预计可降低其耗电率 0.04 个百分点。值得说明的是，前置泵少做的功还需给水泵弥补，本措施只能降低厂用电率，不能降低供电煤耗。

5. 脱硫浆液循环泵

（1）脱硫浆液循环泵现状分析。NH 电厂 5 号、6 号机组各有一套石灰石－石膏湿法烟气脱硫装置，设计脱硫装置入口 SO_2 浓度 1900mg/Nm³，设计脱硫效率 95%。目前实际燃脱硫装置入口 SO_2 浓度最大 1800mg/Nm³，最小 600mg/Nm³，一般在 1000mg/Nm³ 附近波动，机组实际运行脱硫效率保持在 96% 以上。

为了提高脱硫系统 SO_2 的吸收率，通过浆液循环泵推动浆液循环起到保证汽液两相充分接触的作用。脱硫系统配有 4 台 KSB 生产的 KWPKC800-934 型浆液循环泵，其主要性能规范见表 5-232。同时分别列出 TS 电厂、JL 电厂 1000MW 机组脱硫浆液循环泵性能规范见表5-233、表5-234。

表5-232　　　　NH电厂1000MW机组脱硫浆液循环泵性能规范

泵编号	流量（m³/h）	扬程（m）	转速（r/min）	轴功率（kW）	电机功率（kW）	入口管道标高（m）	出口管道标高（m）
1		21.3	527	708	1000		22.65
2	10 500	23.3	540	758	1120	1.4	24.65
3		25.3	553	815	1120		26.65
4		27.3	567	880	1250		28.65

表5-233　　　　TS电厂1000MW机组脱硫浆液循环泵性能规范

泵编号	流量（m³/h）	扬程（m）	转速（r/min）	轴功率（kW）	电机功率（kW）	入口管道标高（m）	出口管道标高（m）
1		21.5	440	817	1120		23.3
2	12 000	23.5	455	895	1250	1.65	25.3
3		25.5	465	973	1400		27.3
4		27.5	475	1052	1400		29.3

表5-234　　　　JL电厂1000MW机组脱硫浆液循环泵性能规范

泵编号	流量（m³/h）	扬程（m）	转速（r/min）	轴功率（kW）	电机功率（kW）	入口管道标高（m）	出口管道标高（m）
1		18.7	405	651	900		21.9
2	11 000	20.5	414	714	1000	1.6	23.7
3		22.3	422	776.8	1000		25.5
4		24.1	443	839.5	1120		27.3

对比可知，NH电厂1000MW机组脱硫浆液循环泵流量比JL电厂和TS电厂都小，扬程与TS电厂基本相当，但比JL电厂约大2m，若运转相同台数的泵，则NH电厂比TS电厂浆液泵耗功相应小一些，比JL电厂大一些。

1号脱硫浆液循环泵实际工作标高如图5-112所示。

以1号脱硫浆液循环泵举例分析，其实际运行需要的最小扬程为22.65-1.4=21.25（m），其设计扬程为21.3m，取吸收塔实际正常运行液位为9m，则设计扬程加上净压头21.3+（9-1.4）=28.9（m），泵的出口压头即为28.9m，比实际需要的扬程大了约28.9-21.25=7.65（m），刚够喷淋层喷嘴运行要求。

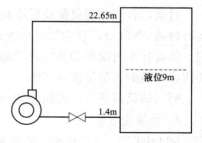

图5-112　脱硫浆液循环泵工作标高示意图

（2）脱硫浆液循环节能建议及措施。察看近期NH电厂5、6号机组脱硫运行情况，近期脱硫装置入口SO_2浓度在950mg/Nm³附近，四泵运行，脱硫效率96%以上，设计液气比13.9l/Nm³。TS电厂近期脱硫装置入口SO_2浓度在1800mg/Nm³附近，两泵运行，脱硫效率95%，设计液气比12.1l/Nm³。对比认为，NH电厂浆液循环泵运转台数偏多，诊断期间尝试停运一台泵，脱硫效率降至95%，但系统新浆补充量增大，pH值基本无变化。查看TS电厂和SZ电厂的百万机组，运行情况与 NH 电厂基本相同，而这三厂脱硫为同一公司设计。将 NH 电厂和 TS 电厂的百万机组在满负荷工况所需浆液量情况进行核算，见表 5 - 235。

表 5 - 235　　　　　　　　　　满负荷工况所需浆液量核算

项目	电厂	进口烟风量（干态）（$10^3 m^3/h$）		设计液气比 L/m^3	所需浆液量（m^3/h）		NH 浆液多出量（m^3/h）	
		设计	运行		设计	运行	设计	运行
按运行烟气量计算	TS 电厂	2974	2535	12.1	35 985.4	30 673.5	—	—
	NH 电厂	3058	2822	13.9	42 506.2	39 225.8	6520.8	8552.3
按相同烟气量计算	TS 电厂	—	2822	12.1	34 146.2		—	
	NH 电厂	—	2822	13.9	39 225.8		—	5079.6

对比可知，NH 电厂脱硫系统设计所需浆液量比 TS 电厂多了 6520m^3/h，如果按照满负荷表盘运行数据计算，多了 8552.3m^3/h，因为两厂表盘烟气量测量不具有可比性（位置不同、测量精度差），从煤质和现场情况看，认为两厂满负荷烟气量差别不大，那么取相同烟气量计算，则 NH 电厂比 TS 电厂所需浆液两多了 5079.6m^3/h。

从浆液核算的情况看，达到相同的脱硫效率 95%，如果 TS 电厂开两台泵，则 NH 电厂要开三台泵。由于 NH 电厂环保要求比 TS 电厂高，目前四泵运行，脱硫效率高出 1 个百分点以上。浆液循环泵大幅节电的唯一方式就是停备尽量多的台数，建议 NH 电厂探讨降低环保要求的可能性，停备一台浆液泵。

NH 电厂燃煤含硫低，是否还可停备浆液泵，需要进行诊断试验以测量准确的数据分析确定，请电厂考虑是否实施。

从 NH 电厂检修的情况看，浆液循环系统还存在一定堵塞的情况，建议及时利用检修机会，减少浆液循环系统喷头、滤网、弯头的堵塞情况，使浆液泵扬程下降，流量增加，也能为提高脱硫效率或停备浆液泵创造条件。

从 NH 电厂检修的情况看，个别浆液泵叶轮存在磨损情况，建议利用检修时间修复浆液泵叶轮的磨损，保持浆液泵的性能。

目前，各厂在高负荷或燃用高硫煤时，通过添加脱硫添加剂，能有效的减少浆液泵运行台数，NH 电厂曾尝试过此方式，但因成本高，危害性不明确等因素中止了添加脱硫剂。随着技术的发展和供货商的增多，添加剂成本在迅速降低，建议电厂对此方式继续关注，可能的话尽量摸索实施。

85% 的负荷率下，若能停运一台浆液泵，发电厂用电率可降低 0.1 个百分点。

6. 电除尘系统

NH 电厂 5、6 号机组电除尘系统已进行高频电源改造，耗电率很低，近期优化运行后耗电率为 0.08%~0.12%。几乎没有进一步下降的潜力。

7. 除灰系统

NH 电厂 5、6 号机组一共配有 5 台除灰空压机（224kW），其出力参数：41.8m^3/h、0.7MPa。一般停备一台，运行四台。耗电率一般在 0.05%，耗电率很小，基本没有节能空间。除灰空压机运行画面如图 5 - 113 所示，运行参数见表 5 - 236。

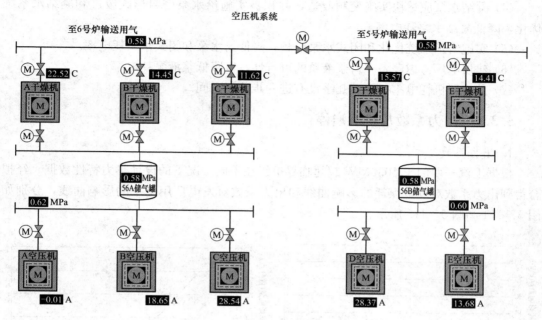

图 5 - 113　除灰空压机运行画面

表 5 - 236　　　　　　　　　　　　5、6 号机组除灰空压机运行参数

项目	单位	随机工况 1	随机工况 2	随机工况 3	随机工况 4
5 号发电机功率	MW	1000.36	877.56	753.36	603.46
6 号发电机功率	MW	1000.03	874.34	752.71	604.19
A 空压机电流	A	28.75	28.92	23.64	29.21
B 空压机电流	A	23.95	23.31	−14.32	22.88
C 空压机电流	A	−0.05	−0.03	28.98	28.86
D 空压机电流	A	28.09	28.26	28.81	−0.03
E 空压机电流	A	13.56	15.03	13.71	21.08
用电量	kW	860.68	871.65	737.64	931.00
耗电率	%	0.043	0.050	0.049	0.077

8. 本节小结

(1) 目前，NH 电厂 5、6 号锅炉送风机裕量偏大，运行效率偏低，建议对送风机进行改造，就减小叶片数量或者更换叶型的方案进行可行性分析。若以送风机平均运行效率达到 75% 计算，5、6 号锅炉送风机电耗可下降 0.02 个百分点。

(2) 一次风机出口压力偏高，建议电厂积极调整减小一次风压力，若以一次风机出口压力下降 1kPa 计算，一次风机电耗可下降约 0.03 个百分点。

(3) 引风机运行效率偏低且低负荷运行时存在失速风险，建议对引风机改造或引风机增压风机合并方案进行可行性研究。初步计算，若按照锅炉负荷为 75% 时，引风机（或者合并后的风机）效率达到 75%，引风机和增压风机电耗可下降 0.1 个百分点。

（4）凝结水泵应尽快实施变频改造，并积极实施给水泵密封形式改进和凝结水系统优化，降低凝结水泵耗电率。

（5）实施给水系统优化和闭式水泵变频，降低给水泵和闭式水泵耗电率。

（6）建议电厂考虑停备一台浆液泵的可行性，以降低浆液泵耗电率。

（7）其他辅机耗电率很小，几乎没有进一步节能空间。

5.3.5 出力系数及机组启停

1. 出力系数

根据上汽—西门子1030MW超超临界机组在不同工况下的设计热力特性数据，经拟合得到出力系数对发电煤耗的影响曲线和出力系数对发电厂用电率的影响曲线，分别如图5-114和图5-115所示。

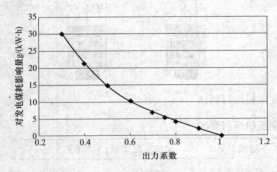

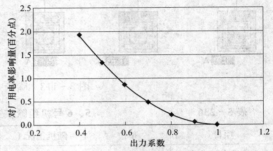

图5-114 出力系数对机组发电煤耗的影响曲线　　图5-115 出力系数对发电厂用电率的影响曲线

根据上述曲线，NH电厂5、6号机组2011年出力系数分别为0.817、0.843，相对于出力系数1.0，使得机组发电煤耗分别增加3.5g/(kW·h)、3.0g/(kW·h)，发电厂用电率增加0.16个百分点、0.12个百分点。出力系数对5、6号机组发电煤耗和厂用电率的影响量见表5-237

表5-237　　　　　出力系数对5、6号机组发电煤耗和厂用电率的影响量

项目	时间	5号机组	6号机组
出力系数	—	0.817	0.843
发电煤耗	g/(kW·h)	3.5	3.0
厂用电率	个百分点	0.16	0.12

2. 机组启停

机组启停过程消耗的燃料量、厂用蒸汽以及辅助设备消耗的电量主要与机组启停过程中花费时间的长短有关，而正常情况下机组启停所用时间决定于机组启动时的状态。虽然各机组或每台机组每次启动时间均不相同，但当其消耗能量分摊至全月或全年时（尤其是全年时）其所占比例将很小。通过估算单次启动和单次停运对机组发电煤耗和厂用电率的影响量，机组启停一次对发电煤耗及厂用电率的总影响量，见表5-238。

表 5 - 238 单次启停对发电煤耗及厂用电率的总影响量

项目	冷态启停	温态启停	热态启停
煤耗 g/(kW·h)	3.3 (0.28)	1.4~1.9 (0.12~0.16)	1.1 (0.09)
厂用电率（个百分点）	0.08 (0.007)	0.06 (0.005)	0.014 (0.0012)

注 表中括号外数据为折算至当月，括号内数据为折算至全年。

由电厂可靠性统计数据可知，NH 电厂 5、6 号机组 2011 年分别存在两停两启、一停一启，根据表 5 - 239 中影响量数据核算，5、6 号机组 2011 年由于机组启停导致全年发电煤耗分别上升 0.4g/(kW·h)、0.2g/(kW·h)，厂用电率分别升高 0.01 个百分点、0.005 个百分点。

表 5 - 239 机组启停对 5、6 号机组发电煤耗和厂用电率的影响量

项目	时间	5 号机组	6 号机组
启停次数	—	两停两启	1 停 1 启
发电煤耗	g/(kW·h)	0.4	0.2
厂用电率	个百分点	0.01	0.005

"大数据时代"的燃煤发电机组节能诊断

随着当前数字信息化时代的迅猛发展，信息量也呈爆炸性增长态势。在这汹涌来袭的数据浪潮下，社会各个领域也将加速其数据化进程，"大数据时代"不可避免。作为全球第二大经济体的基础能源支撑体系，中国电力工业概莫能外。

我国的资源结构决定了燃煤发电在我国的能源供应体系中占有举足轻重的地位，在可以预见的未来，大型燃煤发电机组节能问题仍将是实现我国电力工业资源节约和可持续发展需要解决的关键问题之一。因此，在"大数据时代"背景下，创新性发展大型燃煤发电机组节能诊断优化的理论方法与工程实践研究对我国工业节能与低碳经济目标的实现具有重要意义。

6.1　中国电力大数据发展路径

中国的电力工业经过几十年来的高速发展，随着下一代智能化电力系统建设的全面展开，中国的电力系统已经成为了世界上最大规模关系国计民生的专业物联网，甚至在某种程度上，这张遍及生产经营各环节的网络，构筑起了中国最大规模的"云计算"平台，为从时间和空间等多个维度进行大范围的能源资源调配奠定了基础。电力大数据将贯穿未来电力工业生产及管理等各个环节，起到独特而巨大的作用，是中国电力工业在打造下一代电力工业系统过程中有效应对资源有限、环境压力等问题，实现厚积厚发、绿色可持续性发展的关键。

大数据技术强调的是从海量数据中快速获取有价值信息的能力，如何从海量数据中高效获取数据，有效地深加工并最终得到有用的数据是企业涉足大数据的目的。对电力行业来说，大数据是电力企业提升应用层次、强化集团企业管控的有力技术手段。

基于大数据的智能电厂是通过对电厂物理和工作对象的全生命周期量化、分析、控制和决策，提高电厂价值的理论和方法。智能电厂既不是一个项目，也不是一个软件或系统，而是一种理论和方法。电厂将所有的信号数字化，所有管理的内容数字化，然后利用网络技术，实现可靠而准确的数字化信息交换，跨平台的资源实时共享，进而利用智能专家系统提供各种优化决策支持，为机组的操作提供科学指导。其作用是可以降低发电成本，提高电能质量，减少设备故障，最终实现电厂的安全、经济运行和节能增效，即发电企业的效益最大化。典型发电企业智能化解决方案如图 6-1 所示。

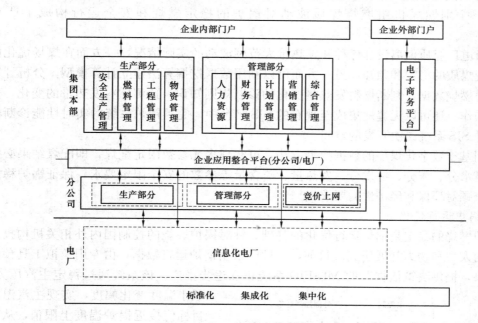

图 6-1　典型发电企业智能化解决方案

6.2　燃煤发电机组节能诊断方法的发展方向

6.2.1　基于数据挖掘的能耗分析与节能诊断方法的发展

近年来，随着先进测量技术手段、信息技术和数据库技术的高速发展，使得对电力生产过程关键参数的数据采集和在线监测成为现实，并以此为基础形成了海量数据信息积累。包括：①在横向上建立"机炉辅电仿"（汽机、锅炉、辅控、电气、仿真）的全厂全数字一体化控制系统；②在纵向上建立分段控制系统（DCS）、实时监控信息系统（SIS）、管理信息系统（MIS）的管控一体化模式；③在时间上建立发电厂的规划、设计、制造、基建、运行、报废等全寿命周期的物理三维信息系统。

这些海量实际运行数据能够真实反映机组的运行边界、设备特性、运行状态和操作水平，通过对数据信息的处理和分析能够快速、准确地获得机组各子系统、各热力设备的运行状态和相互影响关系。

为了充分挖掘和利用机组的历史运行数据，从累积的海量数据中发现潜在的性能优化模式和节能诊断规则，各种以智能数据分析算法为核心的数据挖掘方法，正在探索引入燃煤发电机组能耗特性指标和经济性评价的建模与诊断优化中。同时，数据挖掘技术在电站性能检测、状态检修、故障诊断、优化运行、专家系统等方面的逐步应用也将对促进燃煤发电机组节能诊断技术的发展有着重要的现实意义。

1. 基于数字化煤厂的燃料智能管理

目前，受国内外煤炭市场的制约，多数机组由于煤质波动对锅炉的经济运行影响较大，个别燃煤机组燃烧煤质波动对锅炉的稳定燃烧和安全运行构成了严重威胁。

针对电厂煤质偏离设计煤种和发热量大范围波动的实际情况，一方面在煤场优化配煤，实现煤质的稳定和预知；另一方面可以利用数据挖掘算法建立计算模型，分析计算锅炉实时燃烧数据，判断燃料发热量变化的诊断规则知识，预测燃料发热量的变化，优化运行操作。还可以无缝地集成至现有的 SIS 平台中，完善锅炉系统的实时性能诊断模块，提升 SIS 系统二次开发的空间。

采用基于数字化煤厂的数据挖掘方法，可实现多元参数限定配煤，即配煤结果必须同时满足水分、灰分、挥发分、发热量、硫含量等参数的安全限定要求，保证锅炉稳定燃烧，兼顾对环保和经济性的要求。

2. 锅炉运行优化

锅炉燃烧的稳定是锅炉运行优化的基础。针对锅炉燃烧的控制国内外相关机构投入了大量的人力和物力开展研究。目前，一种"根据锅炉运行数据，由专用模拟工具预测节能效果，提供决策依据"的 MD-PID 系统正在逐步推广。该系统通过稳定主汽压力，减小温度变化幅度，实现主汽温度目标值接近锅炉温度上限值，从而实现热效率的改善，且有助于解决调度指令引起的负荷变动频繁等问题。MD-PID 控制示意图如图 6-2 所示。

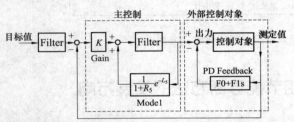

控制参数调整 ⇒ 调节仪K-1/对数Gain、T-对象时定数、L-对象无效时间

图 6-2　MD-PID 控制示意图

数据挖掘方法可在模拟工具改善和海量数据处理方面给予 MD-PID 系统更强大的数据处理分析能力和更准确的工况预测能力，提高其多目标优化能力，进一步改善其节能效果。

3. 冷端系统在线监测和诊断的实现

汽轮机冷端性能对机组的能耗影响较大，实现汽轮机冷端性能的在线监测、诊断和运行优化，可实时监测和诊断冷端系统及各设备的性能状态变化，提出冷端性能差的解决方法和技术措施，对冷端系统运行方式进行优化，指导运行和检修人员操作。但由于冷端系统复杂、影响因素较多，且相互关联性大，难以建立规范有效的计算模型实施在线监测。

数据挖掘方法擅长处理复杂关联数据，可有效应用于机组凝汽器运行数据分析，通过建立发电负荷和循环水温等参数与凝汽器压力之间的关联规则，形成了凝汽器运行方式的评价规则，为冷端设备的性能分析、状态监测与诊断的在线监测提供有效的计算模型。

4. 基于数据挖掘的火电厂性能诊断专家系统

专家系统是一个具有大量的专门知识与经验的决策指挥系统，它应用人工智能技术和计算机技术，根据某领域一个或多个专家提供的知识和经验，进行推理和判断，模拟人类专家的决策过程，以便解决那些需要人类专家处理的复杂问题。专家系统应用于火电厂性能诊断在 20 世纪 90 年代末就已提出，但受硬件配置和软件模型的制约，专家系统一直没能得到很好的应用。

随着数据挖掘方法的广泛应用，建立火电厂性能诊断专家系统的技术条件已基本具备。目前，数据挖掘方法已探索在火电厂性能诊断中的应用，包括：基于关联规则数据挖掘方法建立不同工况下燃煤电厂安全性和经济性指标与主要监控参数之间的关联关系，可通过监控热力设备的运行状况来判定机组运行工况偏离程度，为运行人员提供操作指导；针对火电机组数值型运行参数特点，可采用模糊关联规则数据挖掘方法，建立锅炉排烟温度等参数与锅炉效率之间的关联规则，得到提高机组经济性的学习规则；针对动态变化的机组运行数据，可建立锅炉烟气氧量特性模型等。

目前，数据挖掘方法在大型燃煤发电机组能耗分析和节能诊断优化领域已经在逐步探索使用，并显示出良好的应用前景，但是在理论方法和实际应用方面仍存在一定的局限性。

（1）目前，数据挖掘方法的研究和应用大多仅限于局部系统或参数的建模与优化。针对相对简单的子系统进行研究时，虽然能够充分利用已经掌握的领域知识，但是割裂了机组内部各子系统之间的耦合和关联，而目前对于各子系统间的协调优化研究相对滞后，使得综合各子系统优化目标得到的机组整体优化目标的合理性受到质疑，从而制约了机组的整体性能优化和节能诊断。

（2）在大型燃煤发电机组的海量历史数据中影响机组能耗指标的特征变量种类复杂，数量庞大。针对不同工况和边界条件，现有的数据挖掘方法还不包含准确有效地选择能够反映机组实际运行特性和能耗特性的关键输入特征的运行机理，而这种选择对于降低能耗特性模型的建模成本、缩短运行时间、实现在线监控与节能诊断至关重要。

（3）现有的数据挖掘方法在能耗分析与诊断中往往没有建立起能够反映复杂工况和边界约束条件的运行机理模型。受运行边界、运行工况、设备特性和运行方式等多种因素的影响，大型燃煤发电机组的能耗特性往往呈现一定的不确定性。现有的数据挖掘方法处理能耗特性建模与节能诊断优化问题时，一般没有考虑影响能耗的因素与能耗指标之间依赖度，更没有考虑依赖度随着负荷与工况动态改变的内在机理。

上述局限性在某种程度上限制了这些数据挖掘方法在大型燃煤发电机组的海量历史运行数据分析中的应用，是今后发展中需重点解决的问题。

6.2.2 "大数据时代"的燃煤发电机组节能诊断

随着我国发电企业由高耗能、高排放、低效率的粗放性发展方式向低耗能、低排放、高效率的绿色发展方式转变，燃煤发电机组节能诊断工作日益得到发电企业的重视。燃煤发电机组节能诊断工作基于系统的理论研究成果，采用先进的仪器设备，依靠技术人员丰富的经验及海量的资料，提出成熟有效的技术措施。

燃煤发电机组节能诊断通过对机组主要运行经济指标现状的分析，以及现场设备和系统运行状况的实地调研，提出影响机组运行经济性的主要因素。在此基础上进一步定量计算这些因素对机组经济性指标的影响量，得出机组能耗的损失分布及主要原因，明确下一步节能降耗工作的方向和重点，并有针对性地提出机组节能降耗的技术途径与实施方案，并预测分析各项改造后机组的能耗水平，以指导电厂优化运行、设备维护及技术改造工作，同时便于区域公司、集团公司掌握所属电厂真实能耗指标，以推动公司整体节能降耗目标的实现。其具体工作流程如图6-3所示。

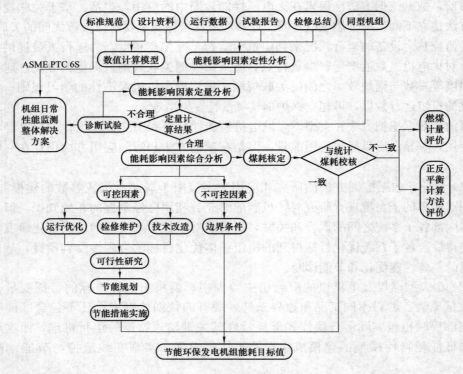

图6-3　火电机组节能诊断流程图

未来，随着发电厂智能化建设，发电厂将所有的信号数字化，所有管理的内容数字化，然后利用网络技术，实现可靠而准确的数字化信息交换跨平台的资源实时共享，进而利用智能专家系统提供各种优化决策支持，为机组的操作提供科学指导。届时，燃煤发电机组节能诊断中的设计资料查阅、运行数据分析、试验数据分析、事故检修分析、标准规范查询等基础性工作将由DCS和SIS等信息系统完成，基于数据挖掘方法建立的数值计算模型，智能控制系统和专家系统将对资料和数据进行定性和定量分析，并给出影响机组能耗的主要因素和对策。对于运行优化方面的对策将直接反馈至DCS进行调整，需要检修维护和技术改造的对策将结合三维设备信息系统进行决策。可以说，大数据时代的燃煤机组节能诊断将充分发挥和依托火电厂信息化和智能化发展的优势而完成。其具体工作流程如图6-4所示。

当然，未来科学技术的发展一定会带给我们意想不到的收获，使燃煤发电机组节能诊断变得更加科学、准确、便捷，但是，就像计算机永远替代不了人脑一样，最智能的诊断专家系统仍难以完全替代具有丰富经验的专业技术人员的现场诊断，故诊断工作中的试验验证和专家分析（图6-4中加黑方框流程）仍是必不可少的，这也是大数据时代下燃煤发电机组节能诊断的核心。

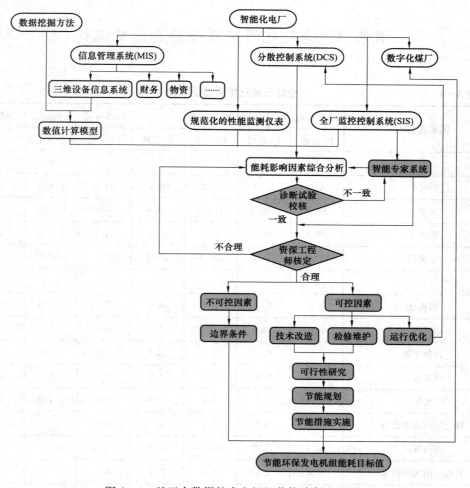

图 6-4　基于大数据的火电机组节能诊断流程图

附录 A 全球化石能源储量及消费统计

表 A-1　　　　　　　　全球石油已探明储量统计

国家或地区	1993 年底	2003 年底	2012 年底	2013 年底			储产比
	10 亿桶	10 亿桶	10 亿桶	10 亿吨	10 亿桶	占总量比例	—
美国	30.2	29.4	44.2	5.4	44.2	2.6%	12.1
加拿大	39.5	180.4	174.3	28.1	174.3	10.3%	*
墨西哥	50.8	16.0	11.4	1.5	11.1	0.7%	10.6
北美洲	120.5	225.8	229.9	35.0	229.6	13.6%	37.4
阿根廷	2.2	2.7	2.4	0.3	2.4	0.1%	9.8
巴西	5.0	10.6	15.3	2.3	15.6	0.9%	20.2
哥伦比亚	3.2	1.5	2.2	0.3	2.4	0.1%	6.5
厄瓜多尔	3.7	5.1	8.4	1.2	8.2	0.5%	42.6
秘鲁	0.8	0.9	1.4	0.2	1.4	0.1%	37.5
特立尼达和多巴哥	0.6	0.9	0.8	0.1	0.8		19.2
委内瑞拉	64.4	77.2	297.6	46.6	298.3	17.7%	*
其他中南美洲国家	0.9	1.5	0.5	0.1	0.5		9.6
中南美洲	80.7	100.4	328.6	51.1	329.6	19.5%	*
阿塞拜疆	n/a	7.0	7.0	1.0	7.0	0.4%	20.6
丹麦	0.7	1.3	0.7	0.1	0.7		10.3
意大利	0.6	0.8	1.4	0.2	1.4	0.1%	32.7
哈萨克斯坦	n/a	9.0	30.0	3.9	30.0	1.8%	46.0
挪威	9.6	10.1	9.2	1.0	8.7	0.5%	12.9
罗马尼亚	1.0	0.5	0.6	0.1	0.6		19.0
俄罗斯	n/a	79.0	92.1	12.7	93.0	5.5%	23.6
土库曼斯坦	n/a	0.5	0.6	0.1	0.6		7.1
英国	4.5	4.3	3.0	0.4	3.0	0.2%	9.6
乌兹别克斯坦	n/a	0.6	0.6	0.1	0.6		25.9

续表

国家或地区	1993 年底	2003 年底	2012 年底	2013 年底			储产比
	10 亿桶	10 亿桶	10 亿桶	10 亿吨	10 亿桶	占总量比例	—
其他欧洲和欧亚大陆国家	61.8	2.3	2.1	0.3	2.2	0.1%	15.1
欧洲和欧亚大陆	78.3	115.5	147.4	19.9	147.8	8.8%	23.4
伊朗	92.9	133.3	157.0	21.6	157.0	9.3%	*
伊拉克	100.0	115.0	150.0	20.2	150.0	8.9%	*
科威特	96.5	99.0	101.5	14.0	101.5	6.0%	89.0
阿曼	5.0	5.6	5.5	0.7	5.5	0.3%	16.0
卡塔尔	3.1	27.0	25.2	2.6	25.1	1.5%	34.4
沙特阿拉伯	261.4	262.7	265.9	36.5	265.9	15.8%	63.2
叙利亚	3.0	2.4	2.5	0.3	2.5	0.1%	*
阿拉伯联合酋长国	98.1	97.8	97.8	13.0	97.8	5.8%	73.5
也门	2.0	2.8	3.0	0.4	3.0	0.2%	51.2
其他中东国家	0.1	0.1	0.3	˄	0.3		3.4
中东地区	661.9	745.7	808.7	109.4	808.5	47.9%	78.1
阿尔及利亚	9.2	11.8	12.2	1.5	12.2	0.7%	21.2
安哥拉	1.9	8.8	12.7	1.7	12.7	0.8%	19.3
乍得	—	0.9	1.5	0.2	1.5	0.1%	43.5
刚果共和国	0.7	1.5	1.6	0.2	1.6	0.1%	15.6
埃及	3.4	3.5	4.2	0.5	3.9	0.2%	15.0
赤道几内亚	0.3	1.3	1.7	0.2	1.7	0.1%	15.0
加蓬	0.7	2.3	2.0	0.3	2.0	0.1%	23.1
利比亚	22.8	39.1	48.5	6.3	48.5	2.9%	*
尼日利亚	21.0	35.3	37.1	5.0	37.1	2.2%	43.8
南苏丹	—	—	3.5	0.5	3.5	0.2%	96.9
苏丹	0.3	0.6	1.5	0.2	1.5	0.1%	33.7
突尼斯	0.4	0.6	0.4	0.1	0.4		18.7
其他非洲国家	0.6	0.6	3.7	0.5	3.7	0.2%	47.7
非洲	61.2	106.2	130.6	17.3	130.3	7.7%	40.5

续表

国家或地区	1993 年底	2003 年底	2012 年底	2013 年底			储产比
	10 亿桶	10 亿桶	10 亿桶	10 亿吨	10 亿桶	占总量比例	—
澳大利亚	3.3	3.7	3.9	0.4	4.0	0.2%	26.1
文莱	1.3	1.0	1.1	0.1	1.1	0.1%	22.3
中国	16.4	15.5	18.1	2.5	18.1	1.1%	11.9
印度	5.9	5.7	5.7	0.8	5.7	0.3%	17.5
印度尼西亚	5.2	4.7	3.7	0.5	3.7	0.2%	11.6
马来西亚	5.0	4.8	3.7	0.5	3.7	0.2%	15.3
泰国	0.2	0.5	0.4	0.1	0.4		2.5
越南	0.6	3.0	4.4	0.6	4.4	0.3%	34.5
其他亚太国家	1.1	1.4	1.1	0.1	1.1	0.1%	11.2
亚太地区	38.8	40.5	42.1	5.6	42.1	2.5%	14.0
全球	1041.4	1334.1	1687.3	238.2	1687.9	100.0%	53.3
其中:							
OECD	140.8	247.5	249.6	37.3	248.8	14.7%	33.2
非 OECD	900.6	1086.6	1437.7	200.9	1439.1	85.3%	59.5
石油输出国	774.9	912.1	1213.8	170.2	1214.2	71.9%	90.3
非石油输出国 &	206.3	325.2	342.6	50.1	341.9	20.3%	26.0
欧盟 #	8.1	8.0	6.8	0.9	6.8	0.4%	13.0
前苏联	60.1	96.8	130.9	17.9	131.8	7.8%	25.9

注 1. * 超过 100 年。

2. ◆ 低于 0.05%。

3. & 不包括前苏联地区。

4. # 不包括爱沙尼亚、拉脱维亚和立陶宛 1993 年的数据。

5. 储量/产量（储产比）比率——用任何一年年底所余的储量除以该年度的产量，所得出的计算结果即表明如果产量继续保持在该年度的水平，这些剩余储量的可供开采的年限。

表 A - 2 全球天然气探明储量统计

国家或地区	1993 年底	2003 年底	2012 年底	2013 年底			储产比
	万亿 m³	万亿 m³	万亿 m³	万亿立方尺	万亿 m³	所占比例	
美国	4.6	5.4	8.7	330.0	9.3	5.0%	13.6
加拿大	2.2	1.6	2.0	71.4	2.0	1.1%	13.1

续表

国家或地区	1993 年底	2003 年底	2012 年底	2013 年底			储产比
	万亿 m³	万亿 m³	万亿 m³	万亿立方尺	万亿 m³	所占比例	
墨西哥	2.0	0.4	0.4	12.3	0.3	0.2%	6.1
北美洲	8.8	7.4	11.1	413.7	11.7	6.3%	13.0
阿根廷	0.5	0.6	0.3	11.1	0.3	0.2%	8.9
玻利维亚	0.1	0.8	0.3	11.2	0.3	0.2%	15.2
巴西	0.1	0.2	0.5	15.9	0.5	0.2%	21.2
哥伦比亚	0.2	0.1	0.2	5.7	0.2	0.1%	12.8
秘鲁	0.3	0.2	0.4	15.4	0.4	0.2%	35.7
特立尼达和多巴哥	0.2	0.5	0.4	12.4	0.4	0.2%	8.2
委内瑞拉	3.7	4.2	5.6	196.8	5.6	3.0%	*
其他中南美洲国家	0.2	0.1	0.1	2.2	0.1		24.9
中南美洲	5.4	6.8	7.7	270.9	7.7	4.1%	43.5
阿塞拜疆	n/a	0.9	0.9	31.0	0.9	0.5%	54.3
丹麦	0.1	0.1	0.0	1.2	0.0		7.0
德国	0.2	0.2	0.1	1.7	0.0		5.9
意大利	0.3	0.1	0.1	1.8	0.1		7.3
哈萨克斯坦	n/a	1.3	1.5	53.9	1.5	0.8%	82.5
荷兰	1.7	1.4	0.9	30.1	0.9	0.5%	12.4
挪威	1.4	2.5	2.1	72.4	2.0	1.1%	18.8
波兰	0.2	0.1	0.1	4.1	0.1	0.1%	27.5
罗马尼亚	0.4	0.3	0.1	4.1	0.1	0.1%	10.6
俄罗斯	n/a	30.4	31.0	1103.6	31.3	16.8%	51.7
土库曼斯坦	n/a	2.3	17.5	617.3	17.5	9.4%	*
乌克兰	n/a	0.7	0.6	22.7	0.6	0.3%	33.4
英国	0.6	0.9	0.2	8.6	0.2	0.1%	6.7
乌兹别克斯坦	n/a	1.2	1.1	38.3	1.1	0.6%	19.7
其他欧洲和欧亚大陆国家	35.6	0.4	0.3	8.8	0.2	0.1%	33.4
欧洲和欧亚大陆	40.5	42.7	56.5	1999.5	56.6	30.5%	54.8
巴林	0.2	0.1	0.2	6.7	0.2	0.1%	12.1
伊朗	20.7	27.6	33.6	1192.9	33.8	18.2%	*
伊拉克	3.1	3.2	3.6	126.7	3.6	1.9%	*
科威特	1.5	1.6	1.8	63.0	1.8	1.0%	*
阿曼	0.2	1.0	0.9	33.5	0.9	0.5%	30.7

续表

国家或地区	1993 年底	2003 年底	2012 年底	2013 年底			储产比
	万亿 m³	万亿 m³	万亿 m³	万亿立方尺	万亿 m³	所占比例	
卡塔尔	7.1	25.3	24.9	871.5	24.7	13.3%	*
沙特阿拉伯	5.2	6.8	8.2	290.8	8.2	4.4%	79.9
叙利亚	0.2	0.3	0.3	10.1	0.3	0.2%	63.9
阿拉伯联合酋长国	5.8	6.0	6.1	215.1	6.1	3.3%	*
也门	0.4	0.5	0.5	16.9	0.5	0.3%	46.3
其他中东国家	0.0	0.1	0.2	8.1	0.2	0.1%	35.3
中东	44.4	72.4	80.3	2835.4	80.3	43.2%	*
安哥拉	3.7	4.5	4.5	159.1	4.5	2.4%	57.3
埃及	0.6	1.7	2.0	65.2	1.8	1.0%	32.9
利比亚	1.3	1.5	1.5	54.7	1.5	0.8%	*
尼日利亚	3.7	5.1	5.1	179.4	5.1	2.7%	*
其他非洲国家	0.7	1.0	1.2	43.3	1.2	0.7%	56.9
非洲	10.0	13.9	14.4	501.7	14.2	7.6%	69.5
澳大利亚	1.0	2.4	3.8	129.9	3.7	2.0%	85.8
孟加拉	0.3	0.4	0.3	9.7	0.3	0.1%	12.6
文莱	0.4	0.4	0.3	10.2	0.3	0.2%	23.6
中国	1.7	1.3	3.3	115.6	3.3	1.8%	28.0
印度	0.7	0.9	1.3	47.8	1.4	0.7%	40.2
印度尼西亚	1.8	2.6	2.9	103.3	2.9	1.6%	41.6
马来西亚	1.8	2.5	1.1	38.5	1.1	0.6%	15.8
缅甸	0.3	0.4	0.3	10.0	0.3	0.2%	21.6
巴基斯坦	0.7	0.8	0.6	22.7	0.6	0.3%	16.7
巴布亚新几内亚	-	-	0.2	5.5	0.2	0.1%	*
泰国	0.2	0.4	0.3	10.1	0.3	0.2%	6.8
越南	0.1	0.2	0.6	21.8	0.6	0.3%	63.3
其他亚太国家	0.3	0.5	0.3	11.5	0.3	0.2%	17.5
亚太地区	9.3	12.7	15.2	536.6	15.2	8.2%	31.1
全球	118.4	155.7	185.3	6557.8	185.7	100.0%	55.1
其中：							
OECD	14.6	15.3	18.7	678.3	19.2	10.3%	16.0

续表

国家或地区	1993 年底	2003 年底	2012 年底	2013 年底			储产比
	万亿 m³	万亿 m³	万亿 m³	万亿立方尺	万亿 m³	所占比例	
非 OECD	103.8	140.4	166.6	5879.5	166.5	89.7%	76.7
欧盟	3.7	3.2	1.6	55.6	1.6	0.8%	10.7
前苏联	35.3	36.9	52.8	1869.5	52.9	28.5%	68.2

注　1. * 超过 100 年。
　　2. ◆低于 0.05%。
　　3. ˆ低于 0.05。

表 A－3　　　　　　　　　　　　**2013 年底全球煤炭探明储量**

国家或地区	无烟煤和烟煤	亚烟煤和褐煤	总计		储产比
	百万	百万吨	百万吨	占总量比例	—
美国	108 501	128 794	237 295	26.6%	266
加拿大	3474	3108	6582	0.7%	95
墨西哥	860	351	1211	0.1%	73
北美洲	112 835	132 253	245 088	27.5%	250
巴西	—	6630	6630	0.7%	*
哥伦比亚	6746	—	6746	0.8%	79
委内瑞拉	479		479	0.1%	206
其他中南美洲国家	57	729	786	0.1%	278
中南美洲	7282	7359	14 641	1.6%	149
保加利亚	2	2364	2366	0.3%	83
捷克	181	871	1052	0.1%	21
德国	48	40 500	40 548	4.5%	213
希腊	—	3020	3020	0.3%	56
匈牙利	13	1647	1660	0.2%	174
哈萨克斯坦	21 500	12 100	33 600	3.8%	293
波兰	4178	1287	5465	0.6%	38
罗马尼亚	10	281	291		12
俄罗斯	49 088	107 922	157 010	17.6%	452
西班牙	200	330	530	0.1%	120
土耳其	322	8380	8702	1.0%	141
乌克兰	15 351	18 522	33 873	3.8%	384
英国	228	—	228		18

续表

国家或地区	无烟煤和烟煤	亚烟煤和褐煤	总计		储产比
	百万	百万吨	百万吨	占总量比例	—
其他欧洲和欧亚大陆国家	1436	20 757	22 193	2.5%	236
欧洲和欧亚大陆	92 557	217 981	310 538	34.8%	254
南非	30 156	—	30 156	3.4%	117
津巴布韦	502	—	502	0.1%	315
其他非洲国家	942	214	1156	0.1%	466
中东	1122	—	1122	0.1%	*
中东和非洲	32 722	214	32 936	3.7%	126
澳大利亚	37 100	39 300	76 400	8.6%	160
中国	62 200	52 300	114 500	12.8%	31
印度	56 100	4500	60 600	6.8%	100
印度尼西亚	—	28 017	28 017	3.1%	67
日本	337	10	347		288
新西兰	33	538	571	0.1%	126
朝鲜	300	300	600	0.1%	15
巴基斯坦	—	2070	2070	0.2%	*
韩国		126	126		69
泰国	—	1239	1239	0.1%	69
越南	150	—	150		4
其他亚太国家	1583	2125	3708	0.4%	87
亚太地区	157 803	130 525	288 328	32.3%	54
全球	403 199	488 332	891 531	100.0%	113
其中					
OECD	155 494	229 321	384 815	43.2%	191
非 OECD	247 705	259 011	506 716	56.8%	86
欧盟＃	4883	51 199	56 082	6.3%	103
前苏联	86 725	141 309	228 034	25.6%	396

注　1. ＊超过 500 年。

　　2. ◆低于 0.05%。

（百万吨油当量）

表 A-4　全球各地区主要能源消费统计

国家或地区	1975	1980	1985	1990	1995	2000	2005	2006	2007	2008	2009	2010	2011	2012	2013	年增幅	所占比例
美国	1717.5	1812.6	1756.4	1968.4	2121.9	2313.7	2351.2	2332.7	2372.7	2320.2	2205.9	2277.9	2265.2	2208.0	2265.8	2.9%	17.8%
加拿大	187.0	218.0	233.0	251.7	278.1	302.3	326.8	321.7	327.5	327.7	314.0	315.7	328.6	326.9	332.9	2.1%	2.6%
墨西哥	49.6	76.5	95.4	106.4	117.3	141.4	161.1	164.6	168.4	170.8	166.6	170.4	180.5	188.5	188.0	◆	1.5%
北美洲	1954.1	2107.1	2084.8	2326.4	2517.3	2757.5	2839.2	2819.0	2868.6	2818.7	2686.5	2763.9	2774.3	2723.4	2786.7	2.6%	21.9%
阿根廷	33.2	39.4	40.0	44.7	53.6	60.2	68.8	71.4	74.4	76.2	75.1	77.1	80.4	82.2	84.5	3.2%	0.7%
巴西	64.2	91.5	109.2	124.5	153.7	186.0	207.0	212.6	225.6	235.9	234.3	258.0	269.7	276.0	284.0	3.2%	2.2%
智利	7.1	8.5	8.9	12.7	17.9	24.2	28.4	29.6	29.9	29.3	28.8	29.2	33.3	34.0	34.6	2.1%	0.3%
哥伦比亚	12.2	15.7	18.9	22.9	26.9	26.1	28.3	29.3	30.0	30.9	31.3	32.8	35.9	36.8	38.0	3.4%	0.3%
厄瓜多尔	1.8	3.3	5.0	5.5	6.6	8.4	9.8	10.7	11.0	11.7	11.5	12.7	13.6	14.3	14.7	2.7%	0.1%
秘鲁	7.6	8.8	8.4	8.6	10.8	11.9	13.4	13.6	14.9	16.2	16.6	18.8	20.6	21.6	21.8	1.0%	0.2%
特立尼达和多巴哥	4.1	4.2	5.1	6.0	8.1	10.9	14.8	19.6	19.9	21.6	20.5	22.1	22.4	21.7	22.0	1.5%	0.2%
委内瑞拉	24.6	37.2	40.4	48.2	58.2	65.2	71.0	77.1	77.4	81.3	81.8	85.4	84.7	79.9	82.9	4.0%	0.7%
其他中南美洲国家	34.6	43.4	38.7	52.6	60.9	73.5	80.3	82.4	85.3	84.1	82.6	83.1	89.0	90.3	91.0	1.0%	0.7%
中南美洲	189.3	252.0	274.6	325.8	396.4	466.3	521.8	546.3	568.4	587.3	582.6	619.0	649.5	656.9	673.5	2.8%	5.3%
澳大利亚	23.2	26.5	25.6	27.5	29.9	31.8	34.6	34.0	33.4	34.4	33.8	33.8	32.0	35.4	34.0	-3.7%	0.3%
阿塞拜疆	n/a	n/a	20.5	22.6	13.9	11.4	13.8	13.6	12.3	12.3	10.9	10.7	11.9	12.3	12.7	3.7%	0.1%
白俄罗斯	n/a	n/a	34.5	38.1	21.5	21.3	23.8	25.3	24.4	25.7	24.0	25.1	25.6	25.2	25.3	0.4%	0.2%
比利时	43.9	47.9	45.7	52.6	56.3	62.8	64.5	64.7	65.0	67.1	62.7	66.3	63.7	60.3	61.7	2.6%	0.5%
保加利亚	22.5	28.5	28.5	24.6	21.3	18.1	19.4	19.8	19.2	19.3	16.9	17.8	19.1	18.1	17.1	-5.2%	0.1%
捷克	50.5	53.9	53.5	50.0	41.4	40.1	45.4	46.1	45.5	44.5	41.8	43.4	42.8	42.4	41.9	-1.0%	0.3%

续表

国家或地区	1975	1980	1985	1990	1995	2000	2005	2006	2007	2008	2009	2010	2011	2012	2013	年增幅	所占比例
丹麦	18.2	19.5	18.4	17.1	20.7	20.1	19.8	21.9	20.9	20.1	18.8	19.6	18.3	17.2	18.1	5.3%	0.1%
芬兰	17.1	21.2	22.2	24.3	25.6	27.7	28.1	29.4	29.4	28.7	26.7	28.9	26.9	26.5	26.1	−1.1%	0.2%
法国	171.9	191.1	195.8	218.6	235.7	254.2	261.2	259.2	256.7	257.8	244.0	251.8	244.7	245.3	248.4	1.5%	2.0%
德国	319.9	355.9	358.9	349.6	332.9	332.3	333.2	339.5	324.4	326.7	307.5	322.4	307.5	317.1	325.0	2.8%	2.6%
希腊	16.9	17.2	18.7	24.3	26.7	32.0	33.9	34.9	34.9	34.5	33.1	31.7	30.4	29.3	27.2	−6.7%	0.2%
匈牙利	22.4	26.4	28.0	26.7	23.6	23.0	25.7	25.4	25.0	24.8	22.8	23.4	23.0	22.0	20.4	−6.9%	0.2%
爱尔兰共和国	5.8	7.4	7.1	8.5	10.0	13.7	15.1	15.5	15.9	15.4	14.4	14.4	13.3	13.2	13.3	1.7%	0.1%
意大利	132.1	144.6	138.3	154.7	161.9	175.7	185.1	184.6	181.8	180.4	168.1	173.1	169.6	163.2	158.8	−2.4%	1.2%
哈萨克斯坦	n/a	n/a	67.5	74.3	50.8	38.1	47.2	50.7	52.4	53.5	50.2	50.2	55.7	60.9	62.0	2.2%	0.5%
立陶宛	n/a	n/a	15.3	17.1	8.2	7.0	8.4	8.1	8.7	8.7	8.0	6.1	6.1	6.1	5.7	−7.2%	◆
荷兰	70.1	74.1	70.5	77.4	84.5	87.7	97.2	97.3	98.5	97.4	95.7	100.5	91.9	88.4	86.8	−1.6%	0.7%
挪威	26.6	30.1	34.5	39.6	40.8	46.3	46.0	42.4	46.1	47.1	43.9	42.1	43.2	47.9	45.0	−5.9%	0.4%
波兰	104.7	128.4	126.1	105.8	96.5	88.5	91.5	94.9	95.8	96.3	92.3	99.6	99.8	98.7	99.9	1.5%	0.8%
葡萄牙	8.7	11.1	12.1	16.2	19.3	25.2	25.6	25.5	25.4	24.1	24.6	25.5	24.1	22.2	23.8	7.3%	0.2%
罗马尼亚	52.2	66.7	66.6	60.6	48.6	37.0	39.8	40.6	37.5	38.5	34.0	34.1	35.4	34.3	33.0	−3.4%	0.3%
俄罗斯	n/a	n/a	816.9	863.8	664.0	613.9	650.7	670.3	673.8	679.3	644.4	668.7	696.3	699.3	699.0	0.2%	5.5%
斯洛伐克	14.7	18.4	20.3	20.4	17.3	18.1	18.8	17.8	17.2	17.7	16.0	17.0	16.5	16.0	16.6	3.8%	0.1%
西班牙	61.9	75.3	77.7	88.6	101.8	130.8	153.8	155.2	159.8	155.6	145.2	149.2	145.6	141.1	133.7	−5.0%	1.1%
瑞典	43.7	46.0	52.0	52.7	51.7	50.5	54.0	51.0	52.0	51.7	47.2	50.7	50.5	54.0	51.0	−5.2%	0.4%
瑞士	22.1	24.6	26.2	26.9	27.9	29.2	27.7	28.9	28.6	29.7	29.7	29.0	27.5	29.1	30.2	3.9%	0.2%
土耳其	20.5	24.2	31.2	46.2	59.1	73.4	86.0	96.2	103.1	102.7	102.8	108.8	118.1	122.7	122.8	0.4%	1.0%
土库曼斯坦	n/a	n/a	12.9	13.7	9.9	14.7	18.8	20.7	23.8	23.6	22.6	25.1	27.1	29.9	26.3	−11.7%	0.2%
乌克兰	n/a	n/a	233.7	269.9	145.9	135.1	136.1	137.5	135.4	131.9	112.2	120.9	125.6	122.7	117.5	−4.0%	0.9%

续表

国家或地区	1975	1980	1985	1990	1995	2000	2005	2006	2007	2008	2009	2010	2011	2012	2013	年增幅	所占比例
英国	202.8	201.4	201.7	211.2	214.5	224.0	228.2	225.5	218.3	214.8	203.7	209.0	200.5	201.6	200.0	−0.5%	1.6%
乌兹别克斯坦	n/a	n/a	45.0	48.3	46.4	50.5	46.0	45.9	48.7	52.3	46.9	48.9	51.6	48.9	47.8	−2.1%	0.4%
其他欧洲和欧亚大陆国家	1021.9	1184.1	115.7	123.1	74.4	75.7	89.7	87.2	88.8	89.7	86.2	90.8	92.4	91.4	94.3	3.4%	0.7%
欧洲和欧亚大陆	2494.4	2824.5	3021.8	3194.7	2782.9	2809.8	2969.0	3009.4	3002.6	3006.5	2831.0	2938.7	2936.6	2942.6	2925.3	−0.3%	23.0%
伊朗	42.5	40.7	60.1	72.9	95.1	123.8	179.2	189.3	195.1	200.9	212.6	223.0	227.0	238.8	243.9	2.4%	1.9%
以色列	6.3	7.9	8.4	11.1	16.2	19.7	21.6	21.8	22.9	23.8	23.3	23.7	24.0	24.8	24.2	−1.8%	0.2%
科威特	6.0	8.0	11.8	9.2	15.4	20.4	30.5	29.0	28.8	29.2	28.4	32.1	35.7	38.0	37.8	−0.1%	0.3%
卡塔尔	2.2	5.4	6.8	7.4	13.9	10.7	20.8	22.3	22.8	23.6	24.2	25.7	27.5	29.1	31.8	9.5%	0.2%
沙特	20.8	38.7	63.7	84.3	98.3	117.9	151.6	157.8	164.4	178.5	186.0	202.1	207.5	220.6	227.7	3.5%	1.8%
阿联酋	2.1	9.5	18.1	30.8	43.4	48.2	62.6	65.6	72.7	83.1	80.6	83.6	88.1	93.3	97.1	4.4%	0.8%
其他中东国家	17.9	27.5	38.6	50.6	64.4	79.9	96.1	101.6	104.8	113.1	116.3	126.3	117.7	119.9	122.9	2.8%	1.0%
中东	97.8	137.7	207.4	266.3	346.6	420.6	562.5	587.4	611.6	652.3	671.5	716.5	727.4	764.4	785.3	3.0%	6.2%
安哥拉	6.1	15.8	23.2	28.1	28.0	26.8	32.6	33.5	35.4	37.5	39.6	38.6	40.7	44.8	46.6	4.4%	0.4%
埃及	10.4	17.9	28.0	34.1	38.4	49.8	62.5	65.8	69.9	74.1	77.0	81.0	82.7	87.6	86.8	−0.7%	0.7%
南非	47.0	55.1	78.1	85.4	94.0	101.2	113.5	115.4	121.9	126.8	121.0	124.4	122.2	122.6	122.4	1.0%	1.0%
其他非洲国家	35.5	54.7	60.5	72.6	84.1	96.1	118.3	116.6	122.6	129.7	128.0	138.2	138.4	147.5	152.3	3.5%	1.2%
非洲	99.0	143.6	189.8	220.3	244.5	273.9	327.0	331.2	349.8	368.0	365.7	382.2	384.0	402.4	408.1	1.7%	3.2%
澳大利亚	58.9	68.9	71.9	86.8	97.0	106.7	117.8	123.8	124.0	124.0	123.7	126.5	125.7	118.0	116.0	−1.4%	0.9%
孟加拉	1.9	3.0	4.5	6.7	9.9	12.7	17.6	18.5	19.6	20.8	22.5	24.1	24.4	26.0	26.7	3.0%	0.2%
中国大陆	311.3	416.3	522.2	662.3	888.2	1010.7	1659.0	1831.9	1951.0	2041.7	2210.3	2402.9	2735.2	2731.1	2852.4	4.7%	22.4%

续表

国家或地区	1975	1980	1985	1990	1995	2000	2005	2006	2007	2008	2009	2010	2011	2012	2013	年增幅	所占比例
中国香港	4.7	6.5	8.6	11.8	15.2	16.1	22.9	24.7	26.2	24.5	27.0	27.7	28.6	27.2	27.9	3.0%	0.2%
印度	81.9	102.5	132.7	180.7	236.2	295.8	364.5	382.1	415.5	445.9	487.6	520.5	534.8	573.3	595.0	4.1%	4.7%
印度尼西亚	13.5	25.8	35.2	52.4	75.5	99.1	118.8	121.5	129.4	123.3	133.6	148.8	158.6	161.0	168.7	5.1%	1.3%
日本	329.3	355.6	371.7	434.1	492.2	514.6	527.1	527.6	522.9	515.3	474.0	503.0	481.1	478.0	474.0	-0.6%	3.7%
马来西亚	5.3	9.5	16.3	24.1	33.7	47.2	60.1	63.7	67.7	69.2	69.0	70.7	74.9	80.2	81.1	1.4%	0.6%
新西兰	10.1	10.8	12.6	15.8	17.7	18.7	18.8	19.0	19.0	19.1	19.1	19.7	19.5	19.7	19.8	1.1%	0.2%
巴基斯坦	9.9	14.3	20.0	27.8	37.3	44.3	58.9	61.8	65.1	64.8	66.9	67.9	68.1	69.1	69.6	1.0%	0.5%
菲律宾	10.2	12.3	11.0	15.1	21.0	25.2	27.6	25.9	27.1	27.0	27.3	26.7	28.8	30.4	31.8	4.8%	0.2%
新加坡	7.4	9.5	12.0	23.3	33.2	33.5	48.5	51.5	56.8	59.5	63.4	68.1	73.9	74.1	75.7	2.4%	0.6%
韩国	22.6	38.6	52.7	90.0	147.1	189.5	220.8	222.9	231.9	236.4	237.4	255.6	267.8	270.9	271.3	0.4%	2.1%
中国台湾	15.3	27.7	35.0	49.8	66.5	87.6	107.3	108.9	113.9	106.8	104.4	110.6	111.1	109.2	110.9	1.8%	0.9%
泰国	9.1	12.3	16.2	30.7	52.8	66.7	88.9	90.5	94.5	95.9	98.3	104.3	111.1	115.3	115.6	0.5%	0.9%
越南	10.2	9.7	10.1	11.1	12.2	17.7	29.8	32.3	34.9	36.7	42.1	43.7	48.4	52.5	54.4	3.9%	0.4%
其他亚太国家	30.0	43.0	50.0	48.7	40.3	41.2	46.8	48.7	47.3	48.8	47.7	48.2	56.1	57.6	60.7	5.7%	0.5%
亚太地区	931.7	1166.1	1382.8	1771.4	2276.0	2627.5	3535.0	3755.2	3946.7	4059.9	4254.1	4557.6	4753.2	4993.5	5151.5	3.4%	40.5%
全球	5766.3	6631.1	7161.3	8104.9	8564.1	9355.6	10 754.5	11 048.4	11 347.6	11 492.8	11 391.3	11 977.9	12 225.0	12 483.2	12 730.4	2.3%	100.0%
其中:																	
OECD 国家	3789.8	4146.2	4188.5	4630.2	4998.8	5435.1	5668.9	5673.7	5718.4	5660.9	5388.6	5572.4	5538.3	5484.4	5533.1	1.2%	43.5%
非OECD 国家	1976.5	2484.9	2972.8	3474.7	3565.3	3920.4	5085.5	5374.8	5629.2	5831.8	6002.7	6405.3	6686.6	6998.9	7197.3	3.1%	56.5%
欧盟	1406.3	1564.5	1604.5	1650.2	1648.6	1721.9	1808.7	1816.0	1791.3	1785.2	1682.0	1744.8	1687.4	1685.5	1675.9	-0.3%	13.2%
前苏联地区	988.1	1141.3	1311.6	1413.6	989.1	915.7	973.1	1000.0	1009.8	1016.0	945.9	984.9	1030.3	1036.6	1027.7	-0.6%	8.1%

注 ◆ 低于 0.05%。

附录 B　我国电力电源和生产结构

B1　电源结构

1. 水电装机

截至 2013 年底，全国水电装机容量 28 002 万 kW，同比增长 12.25%，占电力装机容量的比重为 22.45%。"十一五"以来，水电装机容量突破 2 亿 kW，得到了长足发展，与 2006 年底的 13 209 万 kW 相比，7 年来累计增长近 120%。

2013 年全国新增水电装机 3055 万 kW，比去年同期增加 1159 万 kW，同比增长 61.1%。预计未来几年，受国家节能减排力度的不断增强、新能源发电的快速发展等因素影响，水电装机容量在不断提升的同时，在整个电力装机容量中所占的比重会逐渐下降。2006～2013 年全国水电装机容量增长情况如图 B1 所示。

图 B-1　2006～2013 年全国水电装机容量增长情况

2. 火电装机

截止 2013 年，全国火电机组装机容量 86 238 万 kW，比 2012 年净增 4270 万 kW，增幅达 5.2%。如图 B2 所示近年来火电机组装机容量增长速度稳定，年增量平均超过 5500 万 kW，但增幅逐渐放缓。这也直接体现出全国电力供需总体平衡的形势。2013 年全国新增火电装机 4270 万 kW，比去年同期少投产 1152 万 kW，同比下降 21.2%。

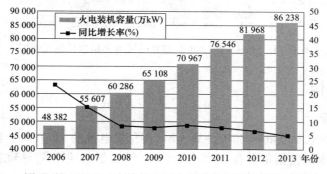

图 B-2　2006～2012 年全国火电装机容量及其增长率

3. 核电装机

截至 2013 年底，全国核电装机容量 1461 万 kW，核电发展速度滞后于其他主要发电类型。2013 年新增核电 204 万 kW，新增核电装机占比 14.0％。2006～2012 年全国核电装机容量增长情况如图 B3 所示。

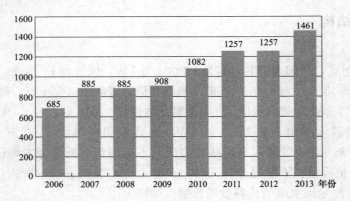

图 B-3　2006－2012 年全国核电装机容量增长情况（单位：万 kW·h）

4. 风电装机

并网风电新增容量在 2006～2009 年连续四年实现翻倍增长的基础上，继续高速增长，但增速逐渐回落。截至 2013 年底，全国并网风电容量 7548 万 kW，同比增长 23％。

2013 年全国新增风电装机 1465 万 kW，比去年同期少投产 113 万 kW，同比降低 7.2％。据国家能源局公布的数据显示，在"十一五"期间，中国风力发电装机由 500 万 kW 迅速增加至 6300 万 kW，10 年累计增长 158 倍，中国已成为全球第一风电大国，但增长速度已逐年降低。2006 年～2012 年全国并网风电装机容量增长情况如图 B4 所示。

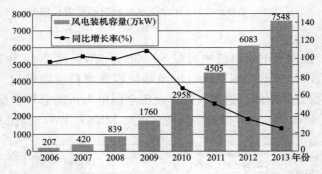

图 B-4　2006～2012 年全国并网风电装机容量增长情况

B2　生产结构

1. 水电发电量

2013 年全国水电发电量 8963 亿 kW·h，占总发电量的 16.76％，同比增长 4.76％。"十一五"以来，水电偏枯年份有 2006 年、2009 年和 2011 年，将导致或加剧电力供需紧张状况，而在电力供需宽松的年份，按照清洁能源优先调度的原则，充裕的水电又会对火电生产产生"挤压"的效果。

2014 年 1～6 月份，水电累计发电量 3713 亿 kW·h，同比增长 9.7％，增速比去年同期降低 2.2 个百分点。

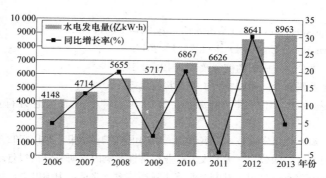

图 B-5 2006～2012 年全国水电发电量增长情况

2. 火电发电量

2013 年火电发电量 41 900 亿 kW·h，占总发电量的 78.35％，同比增长 6.7％。2014 年 1～6 月累计火力发电量为 20 995 亿千瓦时，同比增长 4.7％，增速比去年同期加快 2.1 个百分点。2006～2012 年全国火电发电量增长情况如图 B6 所示。

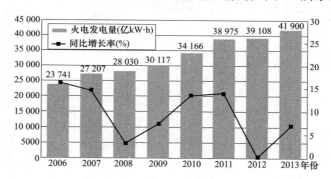

图 B-6 2006～2012 全国年火电发电量增长情况

3. 核电发电量

2013 年核电发电量 1121 亿 kW·h，占总发电量的 2.1％，同比增长 14.0％。核电的利用率处于稳定水平，在装机不变的情况下，核电发电量也维持稳定水平。2014 年 1～6 月份，我国核能发电量 566 亿 kW·h，同比增长 16.9％。

4. 风电发电量

2013 年风电发电量 1401 亿 kW·h，占总发电量的 2.62％，同比增长 36.0％，在 2007～2009 年连续三年翻倍增长的基础上，继续保持快速增长。2014 年 1～6 月累计风力发电量为 785 亿 kW·h，同比增长 12.0％。

参 考 文 献

［1］　BP．　BP Statistical Review of World Energy 2014．　2014．

［2］　EIA．　International Energy Outlook 2011．　2012．

［3］　国务院新闻办公室．中国的能源政策 2012．　2012．

［4］　中国电力企业联合会．中国电力工业现状与展望．　2011．

［5］　电监会，发改委，环保部，能源局．2010 年及"十一五"电力行业节能减排情况通报．　2011．

［6］　蒋敏华，黄斌．燃煤发电技术发展展望．中国电机工程学报，2012，32（29）．

［7］　西安热工研究院有限公司．火力发电行业经济性影响因素研究分析报告．2010．

［8］　西安热工研究院有限公司．发电企业节能降耗技术．北京：中国电力出版社，2010．

［9］　西安热工研究院有限公司．火电厂 SCR 烟气脱硝技术．北京：中国电力出版社，2013．

［10］　西安热工研究院有限公司．超临界、超超临界发电技术．中国电力出版社，2008．

［11］　西安热工研究院有限公司．机组效率核实程序及方法学．2011．

［12］　ASME．　Procedures for Routine Performance Tests of Steam Turbine［ASME PTC6S Report-1988（Reaffirmed 2003）］．　2003．

［13］　国家能源局信息中心．经济运行与能源形势．2013．